教育部高等学校电子信息类专业教学指导委员会规划教材

高等学校电子信息类专业系列教材

电子系统设计与创新基础技术训练教程

主 编　徐 成

副主编　张洪杰　钱彭飞　刘 峰

　　　　方恺晴　况 玲　韦理静

清华大学出版社

北京

内 容 简 介

本书包含以微控制器为核心的电子系统硬件制作、检测、测试、软件设计等基础训练与设计内容。第1至8章以STC15单片机学习板为例,讲解电子系统硬件制作、故障检测与功能测试,以及微控制器基础知识及其程序设计环境和基本方法。第9至14章以模数转换、通信和总线等较复杂接口和综合型案例为基础,讲解以微控制器为核心的电子系统常用知识、综合应用和程序设计。第15章以一块与单片机学习板应用电路相同的STM32开发板为例,以类比不同微控制器方式讲解STM32开发方法。

本书可作为信息类专业计算机系统硬件、软件及其应用的实践性课程教材,也可作为非信息类专业电子与计算机应用技术的通识实践教材,或作为相关人员学习和实践的参考书。

图书在版编目(CIP)数据

电子系统设计与创新基础技术训练教程/徐成主编.—北京:清华大学出版社,2022.10
高等学校电子信息类专业系列教材
ISBN 978-7-302-53879-0

Ⅰ.①电… Ⅱ.①徐… Ⅲ.①电子系统－系统设计－高等学校－教材 Ⅳ.①TN02

中国版本图书馆 CIP 数据核字(2019)第 218244 号

责任编辑:贾　斌
封面设计:李召霞
责任校对:焦丽丽
责任印制:朱雨萌

出版发行:清华大学出版社
    网   址:http://www.tup.com.cn,http://www.wqbook.com
    地   址:北京清华大学学研大厦 A 座   邮 编:100084
    社 总 机:010-83470000   邮 购:010-62786544
    投稿与读者服务:010-62776969,c-service@tup.tsinghua.edu.cn
    质量反馈:010-62772015,zhiliang@tup.tsinghua.edu.cn
    课件下载:http://www.tup.com.cn,010-83470236
印 装 者:三河市铭诚印务有限公司
经 销:全国新华书店
开 本:185mm×260mm 印 张:26 字 数:633 千字
版 次:2022 年 10 月第 1 版 印 次:2022 年 10 月第 1 次印刷
印 数:1～1500
定 价:79.00 元

产品编号:074759-01

前 言
PREFACE

工程实践能力训练是高等学校工科类专业教学中一个非常重要的环节。在当前形势下,如何给大学生提供有效的工程实践能力训练是高等学校工科类专业面临的一个普遍问题。工程训练中心被认为是开展系统、高效和规模化的基础工程实践能力培训最有效的校内承载平台,是适合现阶段中国国情的校内工程实践教学的新模式,工程训练中心因此在工科院校得到了建设和普及。尽管如此,由于不同专业的不同特点、不同内容、不同目的、不同要求等原因,在面向具体专业学生进行工程实践能力训练教学时,其教学内容、方式等仍是值得深入研究和探索的问题。

信息技术类专业不仅自身学科在高等学校工科类专业中占很大比重,而且一些信息类通识课的基础知识和实践能力也成为其他专业学生必须学习的内容,如互联网、计算机编程、软件工具使用等。为此,在面向信息类专业、近信息类专业和非信息类专业的学生时,信息技术工程实践能力训练都成为一个重要内容。

信息技术可分为硬件和软件两个方面,软件越来越丰富高效,硬件越来越体小价低。软硬件知识融会贯通和软硬件设计(编程)实践能力同步提高是信息技术工程实践训练的核心。电子系统设计与创新训练学习过程体系重在专业的通识教育与兴趣引导、系统的培养与提高、专业的深度训练。

本书针对信息类工程能力的培养特点,将信息类的专业基础知识、工程技术和技能等引入工程训练教学中,从计算机应用系统的硬件与软件子系统两个方面来构造工程训练的内容,通过指导学生动手搭建和制作硬件平台,完成软件案例学习、模拟设计、测试验证等过程,开展工程训练和创新实践,以提高大学生实践创新能力,实现教学成果的最大化。

全书以任务方式驱动,共 15 章。

第 1 章至第 8 章是基础训练,适合少学时的教与学入门,从 STC-B 单片机学习板制作、电路板检测、功能测试、质量管理入手硬件学习平台;认识电子产品和以嵌入式计算系统为代表的现代电子系统;熟悉以 Keil 为主的电子设计和 RDworks 激光切割工程软件的开发流程;重点以计算机应用系统框图介绍片上 C51 程序运行与 A51 汇编代码指令仿真、处理器外围并口、定时器和中断资源;从基础语法、C51 程序基本结构和代码风格的角度介绍 C51 软件编程方法,无障碍地深入接触分时制结构和 DEMO 示例模板,为后续编程开发综合项目提供现实保障。

第 9 章至第 14 章,适合多学时的教与学进阶,包含模拟信号数据采集、芯片间数据交换的有线和无线通信、用户与单片机交互;循序渐进地介绍 DEMO 模板编程和多文件模块化编程,执着于追求逻辑正确且时序理想的多任务软件代码;利用丰富外设与扩展接口完成对温度、光照、角度、距离、重量等的采集,从器件参数、电路图、控制方式和软件驱动多方面来介绍相关应用;将创意转变现实,如游戏趣味电子小制作、空调遥控的实用电子设备、Android 数据采集 APP 的智能电子设备。

第 15 章适合拓展训练,采用与 STC-B 学习板非常接近的电路板设计方案自制 STM32 开发板,掌握 STM32 软件开发流程的寄存器和库函数方法,从而能很方便地过渡到更先进的嵌入式系统应用开发阶段。

本书由徐成任主编,张洪杰、钱彭飞、刘峰、方恺晴、况玲、韦理静任副主编。湖南大学信息技术大学生创新训练中心和湖南大学嵌入式及网络实验室的殷素、宁晓兰、徐梓桑、陈海贤、杨芳、陈李培、王子豪、魏月露等学生完成了书中大量实验及资料的收集工作;湖南大学信息技术实验室各位同仁对本书提出了许多宝贵意见,信息科学与工程学院李仁发教授对本书创作给予了大量的专业指导,在此一并感谢他们的热情帮助。

由于编者水平有限,书中难免存在不足之处,敬请各位读者批评指正。

编　者

2021 年 12 月

目 录
CONTENTS

第 1 章	学习板制作
CHAPTER 1	

现代电子产品各色各样、功能繁多且更新换代快。本章将认识电子产品、现代电子产品的标志嵌入式系统、电子组装技术和工艺,掌握激光切割加工的工程软件设计方法,并亲手制作一块 STC-B 学习板,作为后续单片机学习的载体。

1.1 电子产品

当前,人们生活中围绕着大量电子产品,可以说电子产品已经深入人们的现代化生活。清晨,人们在服务型智能设备个性闹铃声中醒来,听着当天天气预报来指导自己穿衣。上学或上班路上,用智能手机或智能卡支付购买一份豆浆油条。大多数的日常生活场景中,人们经常接触的电子产品,小到电子表、计算器,大到家用电器,如电视机、洗衣机、电冰箱等,再到精密的计算机、移动通信设备。这些功能神奇的电子产品是怎样实现的呢? 各种电子产品都是由电子元器件组成的,按照预先的原理设计把电子元器件连接起来,在电源的作用下,电路就能实现特定的电气功能。

1.1.1 电子产品发展

传统的电子产品在 20 世纪 50 年代末以前处于分立元件阶段,主要以真空电子管和晶体管为主,在固定于托架上的电路板中,按照原理图完成元件的立体布局,通过导线连接好各接线点,如图 1-1 所示。

图 1-1　电子管收音机

20 世纪 50 年代末以后,集成电路的诞生、大规模集成电路和超大规模集成电路的相继出现,使得许多晶体管及其他元件可以集成在单块硅芯片上,从而促使电子产品在多功能、高性能、低功耗、小型化、智能化等各个方面取得巨大的进步,如图 1-2 所示。

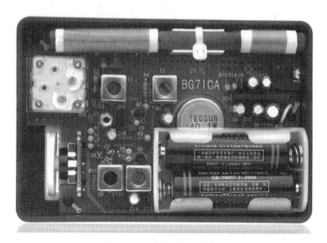

图 1-2　晶体管收音机

随着电子技术的发展,20 世纪 60 年代,电子计算机也跨进了集成电路计算机行列。此后,计算机朝更大规模集成电路发展的同时形成了专业化分工。20 世纪 70 年代末诞生的嵌入式计算机系统,迅速地将传统的电子系统发展到了智能化的现代电子系统时代,如图 1-3 所示。

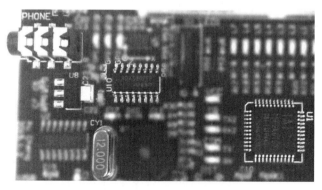

图 1-3　STC-B 学习板收音机部件

嵌入式系统,简单地说是"嵌入到对象体系中的专用计算机系统",流行的定义"是以应用为中心,以计算机技术为基础,软硬件可裁剪,对功能、可靠性、成本、功耗、体积等有严格要求的专用计算机系统"。

嵌入式系统的发展经历了几个阶段,从早期的单片机系统发展到今天的功能强大的多处理器系统,其系统理念和设计方法也在逐渐改变。以前的嵌入式系统受到系统处理能力和空间的严格限制,多用于如温度湿度控制、步进电动机控制等简单应用中,编程时关注更多的是存储空间和指令条数;现在的处理器系统可用于复杂系统控制,实现诸如多媒体播放等功能,系统在设计时更关注产品的上市时间和系统功能的多样性,将来更是朝着网络化和智能化的方向进一步发展。

1.1.2　嵌入式系统特点与发展趋势

嵌入式系统因其和普通的计算机系统使用场合不同而有不同的特点:

(1) 嵌入式系统是将先进的计算机技术、半导体技术以及电子技术与各个行业的具体应用相结合的产物。

(2) 嵌入式系统是面向用户、面向产品、面向特定应用的。嵌入式系统 CPU 都具有功耗低、体积小、集成度高、移动能力强、与网络的关系密切等特点。

(3) 嵌入式系统和具体应用有机地结合在一起,其升级换代也是和具体产品同步进行的,具有较长的生存周期。

(4) 嵌入式系统中的软件一般都固化在存储器芯片或单片机中,而不是存储于磁盘等载体中,从而提高了执行速度和系统可靠性。

(5) 嵌入式系统本身并不具备在其上进行进一步开发的能力,但可以增减构件或修改软件来满足二次功能开发新需求。

(6) 嵌入式系统的设计周期要求尽可能短,以降低系统成本,提升性价比。

在信息时代,未来嵌入式系统的发展趋势如下:

(1) 嵌入式开发是一项系统工程,嵌入式系统厂商在提供嵌入式软硬件系统的同时,也将大力推广强大的硬件开发工具和软件包支持。

(2) 网络化、信息化的要求随着因特网技术的成熟、带宽的提高而日益提高,电子产品设备由单一功能向结构复杂化发展。这就要求芯片设计厂商在芯片上集成更多的功能。为了满足应用功能的升级,设计师一方面采用处理能力更强的嵌入式处理器或信号处理器,同时增加功能接口、扩展总线类型,加强对多媒体、图形等的处理能力,逐步增强片上系统的功能。软件方面采用实时多任务编程技术和交叉开发工具技术来控制功能的复杂性,简化应用程序设计,保障软件质量和缩短开发周期。

(3) 网络互联成为必然趋势,未来的嵌入式设备硬件上将提供各种网络通信接口。新一代的嵌入式处理器已经开始内嵌多种网络接口,同时提供相应的通信组网协议软件和物理层驱动软件。软件方面系统内核支持网络模块,甚至可以在设备上嵌入 Web 浏览器,真正实现随时随地用各种设备上网。

(4) 精简系统内核、算法,降低功耗和软硬件成本,充分利用最少的资源实现最适当的功能。这就要求设计者选用最佳的编程模型并不断改进算法,优化编译器性能。因此,既要求软件人员有丰富的硬件知识,又需要掌握先进嵌入式软件技术。

(5) 提供友好的多媒体人机界面,是嵌入式设备能与用户友好交互的最重要因素。嵌入式软件设计者要在图形界面、多媒体技术上下苦功。

1.2　电子组装

1.2.1　电子组装技术

电子组装是由元器件、电路板到电子产品的物理实现过程。现代电子产品在功能、技术性能、结构、体积、重量、功耗等方面已经取得了巨大的进步。在它们的背后,电子产品制作工艺发生了很大的变化,决定电子产品是否成功的最基本因素之一是该产品的印制电路板

（Printed Circuit Board，PCB）的设计和制造。单面敷铜板的发明成为电路板设计与制作新时代的标志。布线设计和制作技术都已发展成熟。先在敷铜板上用模板印刷防腐蚀膜图，然后再腐蚀刻线，这种技术就像在纸上印刷那么简便，"印制电路板"因此得名。STC-B学习板 PCB 顶面上视图如图 1-4 所示。

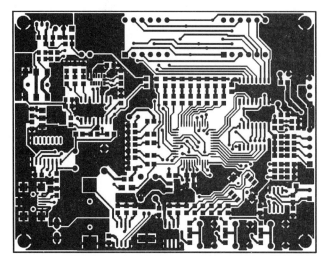

图 1-4　STC-B 学习板 PCB 顶面

电子产品采用印制电路板后，由于同类板的一致性，避免了人工接线可能出现的差错，并可实现电子元器件自动插装或贴装、自动焊接、自动检测，保证了电子产品的质量，提高了生产效率，降低了成本，且便于维修。这些益处主要是由于印制电路板在电子设备中具有如下功能。

（1）提供集成电路等各种电子元器件固定、装配的机械支撑，如图 1-5 所示。

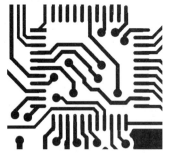 

(a) 表面贴装主芯片的焊盘　　　(b) 通孔插装数码管的焊盘　　(c) 固定电路板的安装孔

图 1-5　元件固定功能举例

（2）实现集成电路等各种电子元器件之间的布线和电气连接或电绝缘。多根长长的线条状的导线通过微小圆形过孔在双层印制电路板顶面和底面两层间蔓延，如图 1-6 所示。

（3）提供所要求的电气特性，如特性阻抗。特性阻抗与基板材料（覆铜板材）密切相关，故基板材料的选择在 PCB 设计中非常重要。

（4）为自动焊接提供阻焊图形，为元件插装、检查、维修提供识别字符和图形。

双面印制电路板的制作工艺流程如下：

双面覆铜板→下料→叠板→数控钻导通孔→检验、去毛刺刷洗→化学镀（导通孔金属化）→（全板电镀薄铜）→检验刷洗→网印负性电路图形、固化（干膜或湿膜、曝光、显影）→检验、修板→线路图形电镀→电镀锡（抗蚀镍/金）→去印料（感光膜）→蚀刻铜→（退锡）→清洁刷洗→网印阻焊图形常用热固化绿油（贴感光干膜或湿膜、曝光、显影、热固化，常用感光热固化绿油）→清洗、干燥→网印标记字符图形、固化→（喷锡或有机保焊膜）→外形加工→清洗、干燥→电气通断检测→检验包装→成品出厂。

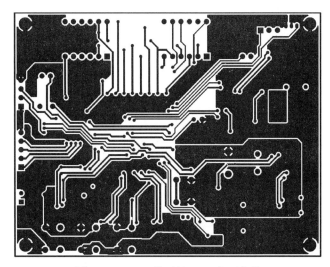

图 1-6　STC-B 学习板 PCB 底面布线

1.2.2　电路板组装及焊接工艺

目前，电路板主要采用通孔插装技术（Through Hole Technology，THT）和表面贴装技术（Surface Mounting Technology，SMT）两种组装技术。THT 是将导线插入 PCB 上的通孔，在板的背面进行焊接的技术。

SMT 不同于 THT，表面组装元器件直接被焊在电路板的表面。目前几乎 90% 的电子产品采用 SMT 工艺。首先在焊盘上印刷或涂布焊膏，再将表面贴装元器件准确地放到涂有焊膏的焊盘上，通过整体再流加热使得焊膏中的锡熔化、助焊剂挥发，冷却后就在元器件引脚与焊盘之间形成了焊点，完成元器件与 PCB 的互连。

SMT 的优点如下：

（1）组装密度高、结构紧凑、体积小、重量轻。双面贴装的元器件组装密度可达 5～20 个/平方厘米。

（2）可靠性高。贴片元器件（SMC/SMD）本身可靠性高、焊点面接触抗振能力强、生产自动化程度高，易于保证电子产品的质量。

（3）高频特性好。贴片元器件通常为无引线或短引线，可以大大降低寄生电容和引线间的寄生电感，减少电磁干扰和射频干扰；耦合通道的缩短，改善了高频性能。采用贴片元器件设计的电路最高频率达 3GHz，而采用通孔元器件时仅为 500MHz；也可缩短传输延迟时间，可用于时钟频率为 16MHz 以上的电路。

（4）成本低。SMT 的 PCB 面积仅为 THT 的 1/10，工序简单。一般电子产品采用 SMT 后可降低 30％左右的生产成本。

（5）适于自动化生产。SMT 生产中，自动贴片机采用真空吸嘴吸放贴片元器件及细间距的四边扁平封装（Quad Flat Package，QFP）元器件，真空吸嘴小于元器件外形，可提高安装密度，实现全线自动化生产，生产效率很高。

SMT 的缺点如下：

（1）元器件上的标称数值看不清。

（2）维修调换器件困难，需要专用工具。

（3）元器件与 PCB 之间线胀系数一致性差，受热后易引起焊接处开裂。

（4）采用 SMT 的 PCB 单位面积的功率密度大，散热问题复杂。

（5）塑封元器件的吸湿问题。

电子组装的工艺方面，也可以简单地分为 THT 工艺、SMT 工艺。THT 工艺采用波峰焊对插装好的直插通孔元器件（THC）进行焊接，如图 1-7 所示。

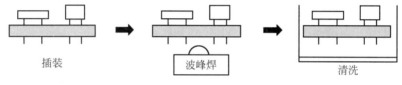

图 1-7　THT 工艺示意

SMT 具体过程可分为焊锡印刷、贴片、再流焊（或回流焊）、清洗 4 个步骤，如图 1-8 所示。

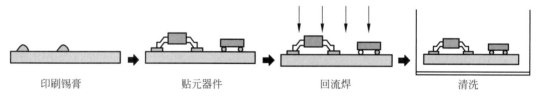

图 1-8　SMT 工艺示意

实际生产中，可根据电子产品的元器件、条件装备、生产等各方面需求，自由选择 THT、SMT 中的一种工艺或同时搭配两者的多种组装工艺。

按照 SMT 工艺流程建立一条完整的 SMT 生产线，如图 1-9 所示。电路板在整条生产线上从左往右顺序完成生产。

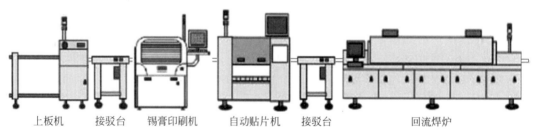

图 1-9　SMT 自动生产线

最中间的自动贴片机是生产中最关键、最复杂的设备,也是整条生产线投资占比最大的设备。自动贴片机通过移动贴装头把表面贴装元器件准确地放置到已涂锡膏的 PCB 焊盘上,是用来实现高速、高精度的全自动贴放元器件的设备。主要性能指标有可贴装元器件范围、贴装速度(最佳条件下每小时几万片)、贴装精度(图像可识别几丝,1 丝=0.01mm)。

上板机用于 SMT 生产线的源头,接收后置设备的需板动作要求,将存储在周转箱中的 PCB 板逐一传送到生产线上。主要性能指标有最小可用电路板厚度、传送高度、上板时间(几秒)。

接驳台用于在两道工序之间完成 PCB 板传递与寄存、人工干预活动等任务。

锡膏印刷机在贴片工序之前完成刷锡膏工序。先将要印刷的电路板固定在印刷定位台上,计算机自动控制左右刮刀将少量湿润锡膏浸过布满许多孔的钢网漏印在电路板焊盘上。主要性能指标有直连挂刀头、印刷精度(几丝)、印刷周期(不含印刷时间,几秒)、平台调整范围(X 轴、Y 轴几毫米)。

回流焊炉完成电路板智能加热焊接。回流焊设备可方便地根据电路板调节回流焊工艺曲线,智能协调焊炉的各种机构,如自动启停、调整加热区、链式传送带调节、焊接用气体转换等。

1.3 任务 电路板制作

SMT 生产线能自动完成电路板上大部分的贴片元器件焊接工作。人的角色从手工焊接转换为生产线设备工序设计、中间件检查和纠正。STC-B 学习板从生产线上下来后,还预留了一些元器件焊接空位可供实际操作。

1.3.1 规划设计

目标:通过对预留的元器件焊接空位进行手工焊接,辨别元器件并掌握电子焊接技术。

资源:STC-B 学习板、元器件(一袋)、936 型恒温焊台(一套,带 900K-M 刀型烙铁头)、焊锡丝、镊子、剪线钳、十字小起、PC。

任务:

(1) 认真阅读下一节"实现步骤",对比观看视频操作细节。

(2) 完成"1.6 思考题"节中的焊接自测部分后领取电路板和元件袋。

(3) 清点元器件并完成焊接准备后详细参照工序步骤进行操作。

(4) 严格执行实验室安全规定。

1.3.2 实现步骤

1. 焊接前的准备

1) 认识元器件

为了后续焊接的熟练度和准确度,请温习焊接视频("00 焊接准备工作")以加深记忆。焊接前先要认识并熟悉各个元器件以及电烙铁。学习板上需要焊接的元器件的名称及形状如图 1-10 所示。元器件清单如表 1-1 所示,注意元器件在电路板上的安装方向。焊接部位如图 1-11 所示,电路板上红色方框所圈中的地方就是可焊接的所有元器件的安装位置。焊接完的效果如图 1-12 所示。

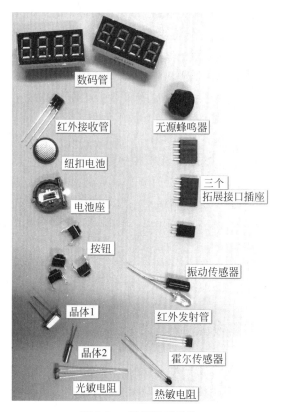

图 1-10　焊接用元器件

表 1-1　元器件清单表

元　　件	数　　量	有无方向	元　　件	数　　量	有无方向
数码管	2	有	霍尔传感器	1	有
红外接收管	1	有	红外发射管	1	有
纽扣电池	1	有	振动传感器	1	有
电池座	1	有	拓展接口插座	3	无
按钮	4	有	无源蜂鸣器	1	无
晶体 1(12MHz)	1	无	光敏电阻	1	无
晶体 2(32768Hz)	1	无	热敏电阻	1	无

　　2）电烙铁的使用

　　(1) 焊台型号：ATTEN936。烙铁头的形状：K 型(刀头型)。

　　(2) 电烙铁工作态：打开电焊台开关，这时电烙铁加热指示灯点亮，如图 1-13 所示。

　　(3) 电焊台工作时，烙铁适宜的加热温度调整范围是 $300℃\sim350℃$，可先将烙铁温度调到 $320℃$，等待亮了一段时间的加热指示灯熄灭，电烙铁温度达到设定值，之后视焊接情况可按需调节温度值。

　　(4) 等待一分钟后手持一长段焊锡丝接触烙铁头给电烙铁刀头涂上少量焊锡，观察电烙铁头上锡情况，刀型烙铁头刀刃两面都能正常裹上一层薄薄的焊锡即可以开始进行

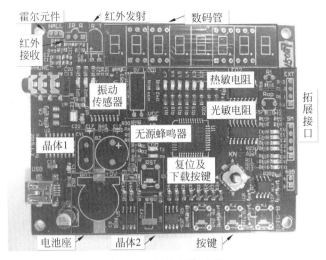

图 1-11 焊接部位示意

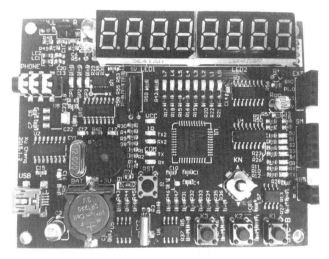

图 1-12 STC-B学习板成品顶视图

焊接工作,可将烙铁在浸湿的抗高温海棉上擦去过多的焊锡(详见视频"00 焊接准备工作")。

(5)检查烙铁头是否能正常工作:刀头焊接部位无氧化现象,能正常发热,上锡后能很快浸润。烙铁头发黑,不能粘锡,属不正常,多次清洁无改善后需更换烙铁头。

(6)以握笔状手持烙铁。

3)焊接方法

(1)用烙铁头的刀口贴近需要焊接的地方加热(焊盘和引脚同时加热),如图 1-14 所示。

(2)送焊锡丝到被加热的焊盘与引脚的结合处,等适量焊锡丝融化并且均匀地覆盖焊盘后,移开焊锡丝再移开电烙铁头(详见视频"01 按键焊接")。

2. 元器件的焊接步骤

建议按照以下顺序焊接。

图 1-13   电烙铁加热指示红灯亮

图 1-14   焊接方法示意图

1）按键焊接

本电路板需要 4 个按钮（按键）。按键有安装方向，无正负极，正面插入安装，有 16 个焊点。安装位置分别为 K1、K2、K3、RST，焊接步骤如下：

（1）将按键的 4 个引脚分别对准相应焊盘，半插入焊盘中的过孔，按住按键键帽处，用力使按键的 4 个引脚全插入焊盘。

（2）将电路板翻转底面朝上，放稳电路板。

（3）用已经加热的烙铁加热焊盘，如图 1-14 所示。

（4）送焊锡。

（5）焊锡丝离开，烙铁离开，观察焊点是否圆润光滑。

2）晶体 1 焊接

晶体 1 的可振荡频率为 12MHz，无方向，正面插入安装，有两个焊点，安装位置为 CY1，其焊接步骤如下：

（1）将 12MHz 晶体 1 插入电路板上相应的安装位置 CY1 处，用手指按住晶振 1 使其根部紧贴电路板。

（2）翻转电路板至底面朝上，稳定电路板。

（3）用已经加热的烙铁加热焊盘。

（4）送焊锡。

（5）焊锡丝离开，烙铁离开。

3）电池座焊接

电池是维持电路板上实时时钟的电源，纽扣电池无字的一面为负极，有字的一面为正极。电池座有方向，电池负极朝下、正极朝上装入电池座。电池座有两个焊点，安装位置为

BAT,焊接步骤如下：

（1）取电池座,将其贴放在电路板的正确位置焊盘上,而不用将其插入,电池座并非直插式元件,而是贴片式元件。

（2）电池座的焊接在正面,按住电池座使其与电路板接触,并压入到位,用电烙铁分别对一焊盘接触面加热。

（3）送焊锡。

（4）焊锡丝离开,烙铁离开。重复焊接另一个贴片焊点。

🕊 **注意**

（1）蜂鸣器与电池座焊接位置是相邻的,应先焊接电池座。若先焊接蜂鸣器,其在电路板上的位置会挡住电池座的部分焊接点。

（2）焊接电池座时,注意是对焊盘的整个面去加热,而不仅一个点,再将焊锡送入其结合部位,再移开焊锡丝,1~2s后等焊锡融化均匀覆盖整个焊盘,再移开烙铁。

4）无源蜂鸣器焊接

无源蜂鸣器共两个焊点,无方向,应正面插入安装。为养成好习惯,应将蜂鸣器的正负号对应电路板上器件位置的正负号。安装位置在BZ处,焊接步骤如下：

（1）将蜂鸣器插入电路板的正确位置,按住无源蜂鸣器的壳体使无源蜂鸣器引脚插入电路板焊盘。

（2）翻转电路板至底面朝上,稳定电路板。

（3）用已经加热的烙铁加热焊盘。

（4）送焊锡。

（5）焊锡丝离开,烙铁离开。

（6）焊接完后,用剪线钳剪掉引脚过长的部分,保留1mm（详见视频"04 无源蜂鸣器焊接"）。

5）数码管焊接

学习板上的数码管有两个,是有方向的,正面插入安装,共24个焊点。安装位置在电路板的右上角LED1和LED2,焊接步骤如下：

（1）取一个数码管与安装位置对准（注意数码管的引脚位置方向,数码管上的小数点的位置与电路板上安装位置的小数点位置相同）,将其12个引脚逐一插入电路板。

（2）取另一个数码管重复第一步。

（3）翻转电路板至底面朝上,稳定电路板。

（4）用已经加热的烙铁加热焊盘。

（5）送焊锡。

（6）焊锡丝离开,烙铁离开。

🕊 **注意**

（1）数码管安装到电路板上之前,应先检查数码管的引脚,若引脚歪斜,用镊子将歪斜的引脚掰直,如图1-15（a）所示。

（2）两个数码管都插入后,检查数码管的小数点是否在下面,确认无误再开始焊接,如图1-15（b）所示。

(a) 修正数码管的引脚　　　　　　　　(b) 数码管的小数点在下面

图 1-15　数码管焊接注意

6）红外发射管焊接

学习板上有一个红外发射管，它是有方向的，同时还有正负极之分（长的引脚为正极，短的引脚为负极），有两个焊点，要求正面插入安装。安装位置在电路板的左上角 IR_T 处，焊接步骤如下：

（1）取红外发射管，找到相应的安装位置（注意红外发射管引脚正负极性，将其正极的引脚插入带有正号的焊盘中），不要一次将其插入到底，两个引脚都需要留 2～4mm。

（2）检查红外发射管的安装位置、方向是否正确。

（3）2 个引脚距离板面 2～4mm 处将其掰倒。

（4）一只手按住红外发射管，将电路板翻转底面朝上。

（5）当烙铁加热后，另一只手用烙铁的刀面给焊盘和接触的引脚加热。

（6）送焊锡。

（7）焊锡丝离开，烙铁离开。

注意

红外发射管在电路板上需卧置于板面，将红外发射管的长引脚从正面对着电路板左上角 IR-T 处的"＋"，短引脚对着另一孔插到底，然后将其拉出一点点，再将其引脚向板子上合适的方向弯曲 90°，让其卧置在电路板上，如图 1-16 所示。

(a) 卧置方式　　　　　　　　　　(b) 正负顺序

图 1-16　红外发射管焊接注意

7）红外接收管焊接

学习板上的红外接收管有一个，是有方向的，正面插入安装。红外接收管突起的一面与电路板 IR-R 丝印符号突起方向一致。红外接收管是一个集传感器与集成电路于一体的元器件，有 3 个焊点。安装位置在电路板的左上角 IR_R 处，焊接步骤如下：

（1）取红外接收管，将其插入电路板上正确的安装位置，注意红外接收管的三个引脚方向，插入后它的外壳圆形凸起部分朝电路板外面，如图1-17所示。

（2）检查红外接收管的安装位置、方向是否正确。

（3）一只手按住红外接收管，将电路板底面翻转至朝上。

（4）当烙铁加热后，用烙铁的刀面后部给焊盘和接触的引脚加热。

（5）送少量焊锡。

（6）焊锡丝离开，烙铁离开。

（7）剪去引脚的多余部分。

 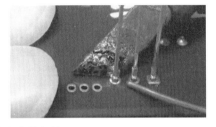

图1-17 红外接收管焊接

8）霍尔传感器焊接

学习板上有一个霍尔传感器，它是有方向的，要正面插入安装，梯形凸起部分朝电路板外面。它是一个半导体集成电路，有3个焊点。安装位置在电路板的左上角HALL处，焊接步骤如下：

（1）取一个霍尔传感器，将其插入电路板的相应位置，并检查其安装位置与方向。正面插入，梯形凸起部分朝电路板外面，如图1-18所示。

图1-18 霍尔传感器安装

（2）按住霍尔传感器，将电路板翻转至底面朝上置于桌面上。

（3）当烙铁加热后，用烙铁的刀面后部给焊盘和接触的引脚加热。

（4）送焊锡。

（5）焊锡丝离开，烙铁离开。

（6）剪去引脚的多余部分。

🌱 注意

（1）霍尔传感器安装是有方向的，按其黑色梯形窄边方向与STC学习板上HALL位置处窄边一致的方向插入，不要插到最低，高度与红外发射管同高或略低一点即可。

（2）焊接时注意，几个焊点间隔近，每次焊接时送极少量焊锡，防止焊锡粘连。

9）温度传感器焊接

温度传感器（热敏电阻）有一个，无方向，正面插入安装，两个焊点。安装位置在电路板右侧 Rt 处，焊接步骤如下：

（1）取温度传感器（热敏电阻），将其正面插入电路板的 Rt 处，引脚要留 3～5mm，不要把引脚完全插入焊盘。

（2）将电路板翻转到反面，稳定电路板。

（3）当烙铁加热后，用烙铁的刀面给焊盘和接触的引脚加热。

（4）送焊锡。

（5）焊锡丝离开，烙铁离开。

（6）剪去多余的引脚。

🕊️**注意**

（1）温度传感器的安装高度与数码管相同，或者稍稍低于数码管，距离电路板约 5mm 的高度，如图 1-19 所示。

（2）几个焊点比较靠近，注意焊接时少锡多焊，焊锡不要挨到一起。

图 1-19　热敏电阻和光敏电阻安装

10）光敏电阻焊接

光敏传感器（光敏电阻）有一个，无方向，正面插入安装，两个焊点。安装位置在电路板上的 Rop 处，焊接步骤如下：

（1）取一个光敏电阻，将其插入电路板的正确位置，其引脚要留 2～4mm（不要把引脚完全插入焊盘）。

（2）将电路板翻转至底面朝上，稳定电路板。

（3）当烙铁加热后，用烙铁的刀面给焊盘和接触的引脚加热。

（4）送焊锡。

（5）焊锡丝离开，烙铁离开。

（6）剪去引脚多余的部分。

🕊️**注意**

（1）光敏电阻没有正负极性之分，可以任意方向将其插入电路板的 Rop 处，注意不要全部按压到底，高度比之前焊接完的热敏电阻矮一点点（如图 1-19 所示），小心地翻转到板子背面，保持其距离不变，再开始焊接。

（2）焊接时无须手指按着光敏电阻，小心烫手。

11）振动传感器焊接

振动传感器有一个，有方向，正面插入安装，两个焊点。安装位置在电路板上的数码管下方 SV 处，焊接步骤如下：

（1）取一个振动传感器，将其插入电路板的正确位置，粗的一脚在 SV 左边，细的一脚在 SV 右边（如图 1-20 所示），且引脚要留 3～4mm。

图 1-20　振动传感器安装方向与卧置方式

（2）将振动传感器朝电路板外的方向压倒并用手指压住，电路板翻转到反面，稳定电路板。

（3）当烙铁加热后，先用电烙铁对插入粗脚的焊盘进行焊接，然后回到电路板正面，用镊子把细脚软线夹住往上提出 1～2mm，再把电路板反过来对插入细脚的焊盘进行焊接。

（4）剪去多余的引脚。

注意

（1）焊接时注意振动传感器的两个引脚的材质是不同的，一个是软线，另一个是硬线。

（2）振动传感器在电路板上处于横卧位，需在焊接之前将其粗的一脚掰成 90°，然后再按正确方向插入。

（3）软线易断，两线近且焊锡易粘连。

12）32768Hz 晶体 2 焊接

学习板上的 32768Hz 晶体有一个，是给实时时钟提供基准频率的，无方向，正面插入安装，2 个焊点。安装位置在电路板上最下方 CY2 处，焊接步骤如下：

（1）在电路板上的最下面一排找到 CY2 处，加热方块焊盘，先给方块焊盘上少量焊锡，如图 1-21 所示。

（2）再取晶体 2，将其插入电路板上相应的安装位置，注意引脚要留 2～3mm（不要把引脚完全插入焊盘）；插入后再将其掰倒横卧于板上。

（3）把晶体 2 朝电路板外侧的方向压倒并用镊子按压住，用烙铁加热方块贴片焊盘，使焊盘上的锡融化，此时不能松动镊子。

（4）烙铁移开后，等锡凝固粘住晶体 2 外壳以后再移开镊子。

（5）把电路板反过来，用电烙铁对引脚进行焊接。

（6）送焊锡；焊锡丝离开，烙铁离开。

（7）剪去引脚多余的部分。

注意

(1) 32768Hz 晶体在电路板上处于横卧位(如图 1-21 所示),将其插入 CY2 处,再将其掰倒卧于电路板上。

(2) 焊接时注意,方块焊盘处可多次大量堆锡来加固。

图 1-21　晶体 2 焊盘上锡和卧置方式

13) 拓展接口插座焊接

学习板上增加了一些拓展接口插座。增加拓展接口插座之后一方面影响电路板的美观,另一方面因插座的高度过高会导致携带不方便,应根据需要自由选择是否将其焊接。学习板有拓展接口 3 个,电路板正面朝上安装,如图 1-22 所示。安装在学习板的 EXT、SM、485 处,焊接步骤如下:

(1) 取一个拓展接口插座,把它插入电路板正面上相应的拓展接口插座安装位置并将引脚完全插入焊盘。

(2) 从电路板正面把拓展接口插座对准孔位垂直压下需要用手指抵住,把电路板反过来,用电烙铁对一个引脚焊盘焊接,检查插座对齐度,手抵住调整后位置,完成剩余焊点。

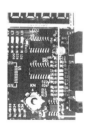

图 1-22　拓展接口插座与安装后效果

1.4　任务　电路板检测

电路板组件的焊接质量直接影响电子产品的电气可靠性和内部美观度。采用高密度组装元器件的复杂度不断增加,促使测试技术也随之不断发展。

1.4.1　目视检查与电气测试

每一质量控制点一般都制定有相应的检验标准,内容包括检验目标和检验内容,由质检员严格依照检验标准开展工作。一般测试的方法是先进行目视检查再进行电气测试。

目视检查,是利用人眼或借助简单光学放大系统对 PCB 表面质量、胶点、焊膏印刷、贴装、焊点等进行人工目视检查。即便现阶段高技术检查仪器大规模普及,目视检查仍然是一种投资少且行之有效的方法,对于尽快发现缺陷并改进、优化组装工艺和提高电路组件质量起重要作用。

如图 1-23 所示,自动光学检测仪可以运用高速高精度视觉处理技术自动检测 PCB 上各种不同贴装错误及缺陷,以提高生产效率及焊接质量。主要性能参数:CCD 彩色摄像机、分辨率 10 微米/点、图像处理速度 10 毫秒内;定位精确 10 微米内。

最基本的电气测试方法是在线测试(In-Circuit Testing,ICT)。传统 ICT 使用专门针床与已焊接好的 PCB 上的元器件接触,并用数百毫伏电压和 10mA 以内电流进行分立隔离测试,从而精确地测出所装电阻、电感、电容、二极管、三极管、可控硅、场效应管、集成块等通用和特殊元器件的漏装、错装、参数值偏差、焊点连焊、PCB 开路或短路等故障。它的优点是测试速度快、主机价格便宜、适合单一品种民用家电 PCB 大规模生产的测试,缺点是夹具制作麻烦和测试精度不够等问题,难以应对快速变化的各种 SMT 组装的高密度 PCB 测试。

飞针测试,用探针来取代针床,检查 PCB 电性功能的方法(开短路测试),是电气测试一些主要问题的新解决办法。它使用多个由马达驱动的、能够快速移动的电气探针同器件的引脚进行接触并进行电气测试,如图 1-24 所示。主要性能参数:测试面积万平方毫米、测试速度百点/分、最小焊盘尺寸几 mil(1mil(毫英寸)=0.0254mm)。

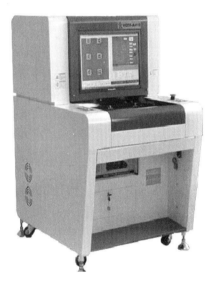

图 1-23　自动光学检测仪

图 1-24　智能线路板检测机

1.4.2　规划设计

目标:通过目视检查焊接质量和手工电气检测达到电路板上电前检测质量标准。

资源:STC-B 学习板、万用表、936 型恒温焊台一套(带 900K-M 刀型烙铁头)、焊锡丝、镊子、剪线钳、十字小起、PC。

任务:

(1) 从学员中优选焊接技能能手担任组长承担质检员。

(2) 质检员记录各组员焊接情况至表 1-2。

表 1-2 焊接流程与验收表

按表中顺序从左至右依次焊接

学号	姓名	元件清点	K1	K2	K3	RST	CY1	BAT	BZ	LED1	LED2	IR_T	IR_R	Hall	Rt	Rop	SV	CY2	485	EXT	SM	焊接质量	焊接验收人
																						/74	
																						/74	
																						/74	
																						/74	
																						/74	
																						/74	
																						/74	
																						/74	
																						/74	

（3）根据反馈意见，反复对比视频焊接操作细节，实施目视检查并改进焊接。

（4）焊点粘连、元器件拆焊、上电前电气检查等疑难焊接问题可求助维修部。

（5）严格执行实验室安全操作。

1.5 任务 亚克力背板设计

便携式的学习板配上亚克力背板不仅提升电子产品的观感，更是对电子产品的一种保护措施。亚克力采用的激光雕刻切割工艺广泛应用于广告装饰、工艺礼品、包装印刷、玩具、电子、模型、建筑装潢等行业，适用亚克力、木板、皮革、布料等非金属材料。

1.5.1 激光非金属切割

激光非金属切割系统通过计算机实现对激光数控机床的有效控制，根据用户的不同要求完成加工任务，外观如图 1-25 所示，4060 型主要性能参数：最大幅面 400mm×600mm、雕刻厚度达 2mm、切割厚度达 20mm（视材料而定）、雕刻速度达 1000mm/s、切割速度 300mm/s；激光器功率 80W，是水冷方式 CO_2 封离式激光管，0.01mm 精度的红光定位；电动 300mm 升降高度的蜂窝平板。整个系统具有以下特点：三线直线导轨、高品质激光管与高稳定光路支持快速曲线连续切割；睿达高性能主板，可脱机，全面支持 CAD、AI、CorelDRAW 等设计软件且人机界面友好。

图 1-25 激光雕刻机 4060 型

睿达控制板操作面板，如图 1-26 所示。复位键：复位主板。定位键：设置定位点。点射键：激光管点射出光。边框键：对当前加工文件进行走边框操作。文件键：内存文件和 U 盘文件管理。速度键：设置当前加工速度值。最大功率键与最小功率键：设置当前功率值。启动/暂停键：启动工作，暂停或重启工作。箭头符号键：左右代表 X 轴移动或在设置参数时用于左右方向键使用，而上下代表 Y 轴移动或在设置参数时用于上下方向键使用。Z/U 键：包含 Z/U 轴移动，定位点设置，语言设置功能等。

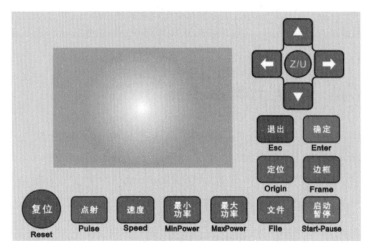

图 1-26　睿达操作面板

上电系统复位完毕后会显示主界面,如图 1-27 所示。图形显示区用于文件预览显示和加工时对加工文件图像进行描绘。加工参数显示区会显示当前加工文件的文件号、速度和最大能量。坐标显示区会显示激光头当前位置的坐标值。图层参数区显示当前加工文件的图层参数或预览文件的图层参数,从左到右依次为图层号、颜色、速度、最大能量参数。工作状态区用于显示系统当前工作状态,有空闲、暂停、完成和运行四种状态,右侧显示加工的时间。加工进度条显示当前加工进度。加工件数显示当前加工文件的已加工数量。加工文件边框大小显示加工文件的范围。在完成/空闲状态下,按键均可以响应,用户可进行文件加工、参数设置、文件预览等操作。在运行/暂停状态下,某些按键不响应,如定位键、边框键、文件键等。

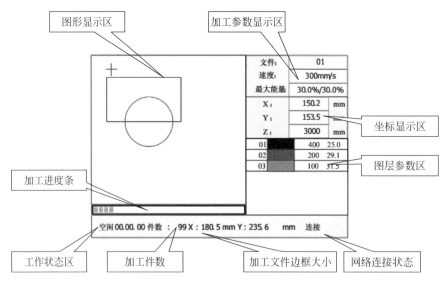

图 1-27　睿达操作主界面

1.5.2 规划设计

目标：学习和掌握激光非金属切割加工的工程设计软件使用，设计和制作电子产品的安装和装饰背板。

资源：RDworksV8、PC 激光雕刻机。

任务：

(1) 认识激光切割设计软件 RDworks。

(2) 安装软件 RDworks，获取"STC-B 学习板"基本尺寸参数。

(3) 用 RDworks 设计个性化装饰背板的激光切割加工文件。

(4) 完成激光切割加工，获取自己设计的亚克力背板并安装。

要求：亚克力装饰背板设计图应当遵循国家相关法律法规的基础上，充分发掘 STC-B 学习板的身材尺寸、电路布局和丝印样貌等特点，既要注重结构可靠和电气保护，又要设计有创意且映衬得更加美观，如图 1-28 所示。

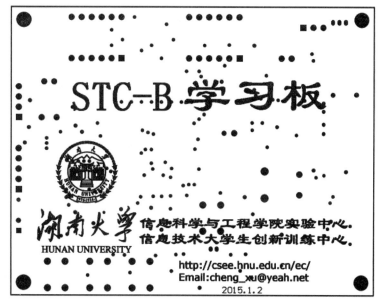

图 1-28　STC-B 学习板底视图

1.5.3 实现步骤

1. 设计准备

双击 RDWorksV8Setup 文件夹下的 .exe 文件开始安装，单击 Install 按钮，等待进度条结束弹出"欢迎使用"对话框，如图 1-29 所示。

新手安装，对话框中的选项按默认即可。单击"安装"按钮，软件提示"安装完成！"信息，Windows 系统桌面上会出现 RDWorksV8 红色图标。

2. 软件使用

双击图标打开软件，操作界面如图 1-30 所示。中间空白图纸为工作区，菜单栏处在界面最上方，包括文件、编辑、绘制、设置、处理、查看和帮助 7 个功能各异的菜单。执行菜单命令是最基本的操作方式。

图 1-29　安装欢迎

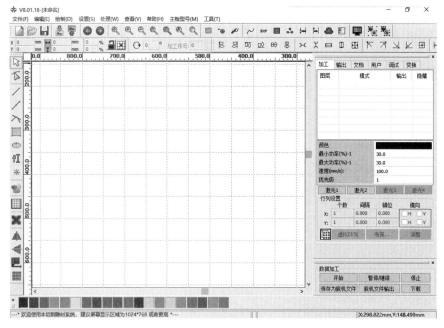

图 1-30　操作界面

　　菜单栏下一行是系统工具栏,放置了最常用的一些功能选项并通过命令按钮的形式体现,如新建、打开、保存、放大、缩小、曲线平滑、位图处理、曲线自动闭合、切割优化、加工预览等。

　　系统工具栏的下一行是图形属性栏与排版工具栏。图形属性栏是对图形基本属性进行操作,包含图形位置、尺寸、缩放、加工序号,而排版工具栏主要是使选择的多个对象对齐和完善页面的排版工具。

　　默认位于工作区左边的是编辑工具栏,放置了经常使用的编辑工具,如图形选取、直线、曲线、矩形、椭圆、文字、镜像、阵列复制等。

　　工作区下边的是图层工具栏，可修改被选择对象的颜色，不同颜色对应不同图层。

　　工作区右边是控制面板，主要是实现一些常用的操作和设置，如加工的图层、激光切割或激光扫描模式、功率、速度、保存为脱机文件等。

　　导入学习边框图纸。单击菜单"文件"→"导入"按钮，弹出"导入"对话框，如图1-31所示，通过"查找范围"下拉菜单选中文件所在目录下.dxf文件，并单击"打开"按钮完成导入，如图1-32所示。装饰用的BMP位图，最好选黑白色图案，可以同样方式导入为加工对象。

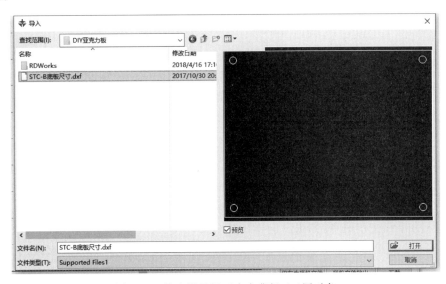

图1-31　导入学习板亚克力背板dxf图对象

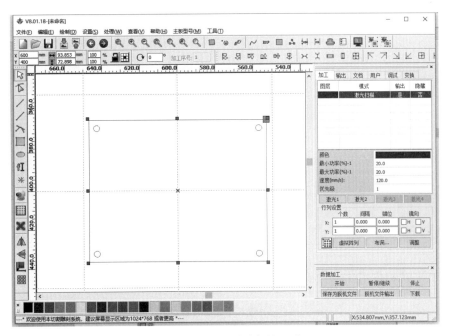

图1-32　dxf图形对象导入后

　　修改对象加工模式设置。在右侧的控制面板中,双击默认黑色块图层,弹出"图层参数"对话框,如图 1-33(a)所示设置黑色图层的加工方式为激光切割,激光 1,速度 12mm/s,功率82％。另一种加工方式为激光扫描,速度 120mm/s,功率 30％,如图 1-33(b)所示。

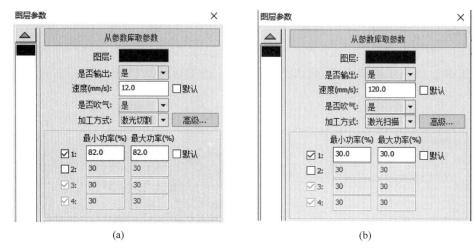

(a) (b)

图 1-33　图层参数设置

　　添加文字对象。在左侧的编辑工具栏中,单击 <kbd>𝐈</kbd> "文字"按钮,移动光标到背板的合适位置并左键单击,弹出"文字"对话框,如图 1-34 所示。选择计算机中字体,在左边空白的文本框中输入数字和文字信息,如张三同学的学号 201701010101,输入完毕后单击"确定"按钮返回工作,单击工作区下方图层工作栏中的蓝色块,并且按激光扫描加工方式来设置参数,效果如图 1-35 所示。文字显示效果可以多尝试,包括放置布局,直到符合个人设计意图。

图 1-34　"文字"对话框

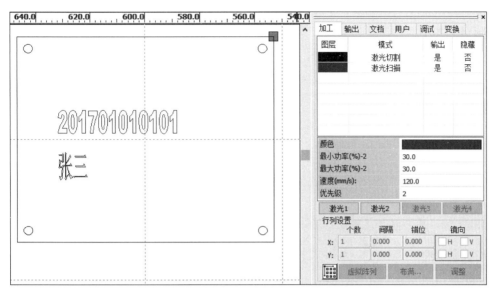

图 1-35 学生信息效果示例

加工预览来仿真加工制造过程。单击 ▣ "加工预览"按钮,弹出图 1-36 所示"加工预览"窗口。单击"仿真"按钮,可以观察一个"十字"在移动,移动过的轨迹会变色表示已加工。

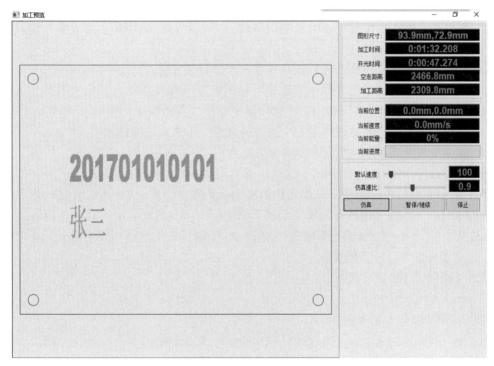

图 1-36 加工预览

保存为脱机文件。单击右侧的控制面板中"保存为脱机文件"按钮,弹出的 Save as 对话框中,选择保存的路径和文件名,保存类型为.rd,单击"保存"按钮完成保存。

交付切割加工。图形示例如图 1-37 所示,这类似于学习板背板图案的一角,也充当一个方形钥匙扣小样。切割加工后效果如图 1-38 所示,主要展示了文字、镜像文字和位图对象的激光扫描方式,边框和扣环的激光切割方式,几种扫描加工速度和功率。

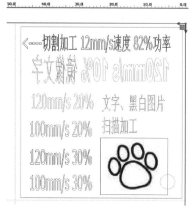

图 1-37　加工图形示例

图 1-38　激光切割加工小样

1.6　思考题

1. 你身边有哪些以微处理器为核心的智能设备?它们由哪些基本功能模块组成?基本工作原理是什么?

2. 流行的处理器有哪些?流行的存储器有哪些?各有什么性能和特点?

3. 当前智能设备的系统软件体系都是怎样的?各级软件功能和开发技术是什么?有哪些操作系统用于这些智能设备?这些操作系统有什么共同特点?

4. 设计一个电子产品的硬件是一个怎样的过程?用到哪些知识和工具?

5. 数字集成电路是如何设计和制造出来的?

6. 焊接自测 00。

(1) 填写领到的电路板手工焊接元件情况为:元件总共(　　)个,红外接收管和红外发射管各(　　)个,振动传感器与霍尔传感器各(　　)个,光敏电阻与热敏电阻各(　　)个,晶体有(　　)种,电池与电池座各(　　)个,蜂鸣器(　　)个,数码管(　　)对,按键(　　)个,可拓展(　　)种接口。

(2) 视频中出现的焊台型号是(　　)。

　　A. ATTEN936　　　　B. 白光 T12　　　　C. 快克 203　　　　D. 快克 236

(3) 视频中电焊台的电源开关在(　　)。

　　A. 后面　　　　　　B. 左边　　　　　　C. 前面　　　　　　D. 右边

(4) 烙铁处于加热状态时,电焊台面板上的指示灯(　　)。

　　A. 黄灯闪烁　　　　B. 红灯闪烁　　　　C. 绿灯闪烁

(5) 电焊台工作时,烙铁温度适宜的调整范围是(　　)。

　　A. 250℃～300℃　　　　　　　　　　　B. 300℃～350℃

　　C. 350℃～400℃　　　　　　　　　　　D. 250℃～350℃

(6) 焊接操作图片中出现的烙铁头的形状是(　　　)。

　　A. B 型(尖头型)　　　B. C 型(马蹄型)　　　C. K 型(刀头型)　　　D. D 型

(7) 关于正常工作的烙铁头最恰当地描述是(　　　)。

　　A. 平整光亮

　　B. 发热

　　C. 发烫

　　D. 焊接部位无氧化现象,能正常发热,上锡后能很快浸润

(8) 电焊台工作时,建议先将烙铁温度调到(　　　)。

　　A. 320℃　　　　　B. 350℃　　　　　C. 400℃　　　　　D. 340℃

(9) 烙铁头出现以下(　　　)现象,判断烙铁头不正常。

　　A. 烙铁头冒烟　　　B. 烙铁头发黑,不能粘锡　　　　　　C. 烙铁头过烫

(10) 正确手拿烙铁的把握方式是(　　　)。

　　A. 握笔状　　　　　B. 拳握式　　　　　C. 正握式　　　　　D. 反握式

7. 焊接自测 01。

(1) 电路板按键焊接分以下步骤,请填写正确排序是(　　　)。

　　A. 送焊锡

　　B. 焊锡丝离开,烙铁离开

　　C. 将电路板翻转到反面,稳定电路板

　　D. 用已经加热的烙铁加热焊盘

　　E. 将按键插入电路板的正确位置

(2) 按键焊接时,是在电路板的(　　　)进行焊接操作。

　　A. 正面　　　　　B. 反面　　　　　C. 侧面　　　　　D. 都可以

(3) 一个按键的焊接有(　　　)个焊点。

　　A. 1　　　　　B. 2　　　　　C. 4　　　　　D. 6

(4) 电路板手工焊接的第一个元器件是(　　　)。

　　A. 数码管　　　　　B. 电池盒　　　　　C. 无源蜂鸣器　　　　　D. 按键

(5) 判断:按键有正负号。　　　　　　　　　　　　　　　　　　　　(　　　)

(6) 判断:一个按键的 4 只引脚可分成两对,各自单独工作。　　　　　(　　　)

(7) 判断:这种 4 引脚按键,可随意挑选其中两只引脚,组成一对开关。　(　　　)

(8) 判断:按键安装到电路板上有上、下 2 种方向。　　　　　　　　　(　　　)

(9) 判断:按键安装到电路板上有左、右 2 种方向。　　　　　　　　　(　　　)

8. 焊接自测 02。

(1) 12M 的晶体有(　　　)个引脚。

　　A. 2　　　　　B. 1　　　　　C. 4　　　　　D. 3

(2) 12M 的晶体焊接时是安装在电路板的(　　　)位置。

　　A. CY2　　　　　B. CY1　　　　　C. Rop　　　　　D. Rt

(3) 判断:12M 晶体的 12M 代表晶体厂商。　　　　　　　　　　　　(　　　)

(4) 判断:12M 的晶体焊接时是从电路板反面插入安装。　　　　　　　(　　　)

(5) 判断:本书配套的视频中,12M 晶体焊接是二人协作完成的。　　　(　　　)

（6）判断：12M 晶体安装在电路板的正面，安装时无方向。　　　　　　　　（　　）

（7）判断：12M 晶体焊接完之后，不需要立刻剪短它的引脚。　　　　　　　（　　）

9. 焊接训练 03。

（1）电路板上电池座里电池作用是（　　）。

    A. 维持电路板上实时时钟的电源

    B. 给电路板供电

    C. 给晶振供电

    D. 维持电路板的 12M 晶体正常工作

（2）电池座应安装在电路板正面的（　　）位置。

    A. CY1   B. BAT   C. B7   D. Rop

（3）电池座的焊接为什么需要在蜂鸣器的焊接之前完成，（　　）。

    A. 焊完的蜂鸣器会挡住部分电池座的焊接点

    B. 蜂鸣器比电池座低一些

    C. 蜂鸣器比电池座低一些

    D. 蜂鸣器有正负号

（4）电池座中，安装电池（　　）。

    A. 将无字的一面朝上，有字的一面朝下卡进电池座

    B. 没有正反面，可以随便卡进电池座

    C. 将有字的一面朝上，无字的一面朝下卡进电池座

（5）判断：蜂鸣器与电池座位置靠近，先焊接蜂鸣器再焊接电池座。　　　（　　）

（6）判断：电池座焊接时，应将其引脚在电路板的正面的正确位置插入。　　（　　）

（7）判断：电池座是没有直插引脚，电路板上也没有电池座引脚过孔。　　　（　　）

（8）判断：焊接电池座时，是将其贴放在电路板的正确位置，而不是将其插入，因为它并非直插式元件，没有过孔。　　　　　　　　　　　　　　　　　　　　　（　　）

（9）判断：焊接电池座时，注意是给焊盘的一个面去加热，而不是一个点，再将焊锡送入其结合部位，再移开焊锡丝 1～2s 后，焊锡融覆盖均匀，再移开烙铁。　　　　（　　）

（10）判断：电池有正负极，无字的一面是正极，有字的一面是负极。　　　　（　　）

10. 焊接训练 04。

（1）关于视频中无源蜂鸣器的焊接，说法正确的是（　　）。

    A. 独自完成焊接   B. 多人协助完成焊接

    C. 老师独自完成焊接   D. 学生独自完成焊接

（2）焊接无源蜂鸣器时，有（　　）个焊点。

    A. 2   B. 4   C. 1   D. 8

（3）视频中，处理无源蜂鸣器焊接完后过长的引脚应（　　）。

    A. 焊接完后，没有立马剪掉过长的引脚

    B. 等电路板的所有需要焊接的器件焊完之后，再剪掉所有过长的引脚

    C. 焊接完后，直接剪掉过长的引脚

（4）焊接无源蜂鸣器时，要注意的（　　）。

    A. 焊接无源蜂鸣器之前，确保电池座已焊好

B. 无源蜂鸣器尽管没有方向,但为养成好习惯应参照电路板上的正负号

C. 无源蜂鸣器无方向,可以在电路板上随便放置

D. 焊接无源蜂鸣器,最好请同学帮忙稳定电路板,协助完成焊接

(5) 无源蜂鸣器焊在电路板的(   )。

    A. 反面   B. 正面   C. 两面都可以   D. 不知道

(6) 无源蜂鸣器焊接在电路板的(   )位置。

    A. CY1   B. BZ   C. CY2   D. BAT

(7) 判断:无源蜂鸣器有 2 个引脚,器件上标有正负号,要与电路板上的正负号对应,不能随便焊接。   (   )

(8) 判断:无源蜂鸣器无方向,但为养成好习惯,应确保蜂鸣器的正负号与电路板上该器件的位置指示的正负号一致。   (   )

11. 焊接训练 05。

(1) 一个数码管有(   )个引脚。

    A. 8   B. 12   C. 24   D. 6

(2) 数码管焊接时要注意(   )。

    A. 数码管安装在电路板的正面,而不是反面

    B. 在把数码管安装到电路板上之前,先检查数码管的引脚是否弯曲

    C. 数码管有方向,不能插反了,数码管的小数点朝下面

    D. 两个数码管插入后,再检查是否有插反的

    E. 两个数码管插入后,再将两个数码管往下按到位。

(3) 数码管在电路板上的正确摆放位置是(   )。

    A. 插放在电路板的正面,小数点朝下

    B. 插放在电路板的正面,小数点朝上

    C. 插放在电路板的反面,小数点朝下

    D. 插放在电路板的反面,小数点朝上

(4) 数码管的焊接,总共有(   )个焊点。

    A. 24   B. 16   C. 8   D. 32

(5) 判断:一个数码管有 12 个引脚,焊接安装时是有方向的,数码管上的小数点是在右下方。   (   )

(6) 判断:把一个数码管插入电路板上后,焊接完成后再插入另一个数码管,再次焊接。   (   )

(7) 判断:数码管安放在电路板上,其小数点朝上。   (   )

(8) 判断:一个数码管有 8 个引脚,把其插入电路板是有方向的。   (   )

(9) 判断:数码管焊接之前,可用镊子直接将其所有引脚弄竖直。   (   )

12. 焊接训练 06。

(1) 红外发射管有(   )引脚。

    A. 等长的 2 个引脚   B. 1 个

    C. 3 个   D. 一长一短的 2 个引脚

　　(2) 红外发射管焊接前,先将其安装在电路板的(　　)位置。

　　　A. IR_R 处　　　　　B. CY1 处　　　　　C. IR_T 处　　　　D. CY2 处

　　(3) 红外发射管在电路板上安装完后,填写焊接的正确步骤(　　)。

　　　A. 焊锡丝离开,烙铁离开。

　　　B. 送焊锡。

　　　C. 按住红外发射管,将电路板翻转,稳定电路板

　　　D. 检查红外发射管的安装位置、方向是否正确

　　　E. 当烙铁加热后,用烙铁的面给焊盘和接触的引脚加热

　　(4) 红外发射管安装到电路板上的正确方法(　　)。

　　　A. 将红外发射管的长脚一端从正面对着电路板左上角处的 IR_T 的"＋",短的一脚对着"－",插入即可

　　　B. 将红外发射管的两个引脚从反面任意安装在电路板的 IR_R 的位置,即可

　　　C. 将红外发射管的两个引脚从正面任意安装在电路板的 IR_R 的位置,即可

　　　D. 将红外发射管的长脚一端从正面对着电路板左上角处的 IR-T 的"＋",短的一脚对着另一孔,插进去,然后将其拉出一点点,再将其向板子上合适的方向弯曲90°,让其倒置在电路板上

　　(5) 电路板上 IR_T 的位置上的"＋"号,应该接红外发射管的引脚哪端(　　)。

　　　A. 都可以　　　　　　B. 长的一端　　　　　C. 短的那一端

　　(6) 红外发射管在电路板上安装完之后,摆放位置是(　　)。

　　　A. 直立的　　　　　　B. 卧置于板面　　　　C. 倾斜的

13. 焊接训练 07。

　　(1) 红外接收管有(　　)引脚。

　　　A. 2 个　　　　　　　B. 3 个　　　　　　　C. 4 个　　　　　D. 1 个

　　(2) 红外接收管焊接时,安装在电路板的(　　)位置。

　　　A. IR-R 处　　　　　B. IR-T 处　　　　　C. CY_2 处　　　　D. CY1 处

　　(3) 下列(　　)项能正确安装红外接收管。

　　　A. 将红外接收管突起的一面与电路板上 IR_R 突起的一面,方向一致地插入,即可

　　　B. 将红外接收管突起的一面与电路板上 IR_R 突起的一面,方向一致地插入,将其按下到最底的位置

　　　C. 将红外接收管突起的一面与电路板上 IR_R 突起的一面,按相反方向插入,即可

　　　D. 红外接收管安装无方向,随便插都可以

　　(4) 关于红外接收管、红外发射管的安装,(　　)有方向性。

　　　A. 红外接收管　　　B. 0　　　　　　　　C. 2 个都有　　　　D. 红外发射管

　　(5) 判断:红外接收管有 3 个脚,是黑色的,红外发射管是白色的,有 2 个脚。　　(　　)

　　(6) 判断:红外接收管是白色的,有 2 个脚,红外发射管是黑色的,有 3 个脚。　　(　　)

　　(7) 判断:红外接收管的安装是从电路板的正面插入,它的凸起一面与电路板上 IR_R 凸起的方向一致。

　　　　　　　　　　　　　　　　　　　　　　　　　　　　　　　　　　　(　　)

14. 焊接训练 08。

(1) 霍尔传感器有( )引脚。

    A. 3 个   B. 2 个   C. 4 个   D. 1 个

(2) 霍尔传感器安装在电路板的( )位置？

    A. CY1 处   B. 左上角的 IR-R 处

    C. 左上角的 HALL 处   D. IR-T 处

(3) 霍尔传感器焊接时应注意( )。

    A. 霍尔传感器安装是有方向的,不要插反了

    B. 霍尔传感器安装时,将其梯形窄边方向与电路板上 HALL 位置处窄边,方向一致插入,插到最底处即可

    C. 霍尔传感器安装时,将其梯形窄边方向与电路板上 HALL 位置处窄边,方向一致插入,不要插到最低处

    D. 焊接时注意,几个焊点靠得比较近,焊锡不要粘连

    E. 焊接时注意,焊锡如果粘连,自己解决。

(4) 判断：霍尔传感器是一个传感器与集成电路在一起的器件。   ( )

(5) 判断：霍尔传感器焊接时注意,焊锡如果粘连到一起,找专门人员处理。   ( )

15. 焊接训练 09。

(1) 温度传感器有几个引脚( )。

    A. 3 个   B. 2 个   C. 1 个   D. 4 个

(2) 温度传感器安装在电路板的( )。

    A. 电路板左上角的 IR_R 处   B. 电路板右上的 Rop 处

    C. 电路板右上角的 Rt 处   D. 电路板的 CY1 处

(3) 温度传感器焊接时安装的高度( )。

    A. 平数码管,或者稍稍低于数码管   B. 距离电路板约 5mm 的高度

    C. 插到底   D. 高于数码管

(4) 判断：电路板需要用到的温度传感器是一种热敏电阻。   ( )

(5) 判断：温度传感器从电路板的正面安装好后,翻转过来,需再次确认其位置保持不变,再开始焊接。   ( )

16. 焊接训练 10。

(1) 光敏电阻有几个引脚( )。

    A. 3 个   B. 1 个   C. 4 个   D. 2 个

(2) 光敏电阻安装在电路板的( )。

    A. Rt 处   B. Rop 处   C. IR_T 处   D. CY1 处

(3) 光敏电阻正确的安装方法是( )。

    A. 光敏电阻没有正负极性之分,可以任意方向将其插入电路板的 Rop 处,高度比之前焊接完的热敏电阻矮一点点,小心地翻转到板子背面,保持其位置不变,再开始焊接

    B. 将光敏电阻在电路板的 Rop 处插入,并将其按压到底,翻转电路板,再开始焊接

C. 将光敏电阻在电路板的 Rop 处的反面插入，并将其按压到底，翻转电路板到正面，再开始焊接

D. 光敏电阻有正负极性之分，将其在电路板的 Rop 处，以正确方向插入，不要插到底，翻转电路板，保持其位置不变，再开始焊接

(4) 判断：光敏电阻，在光照的情况下，它的阻值保持不变。   (   )

(5) 判断：光敏电阻没有正负极性之分。   (   )

17. 焊接训练 11。

(1) 振动传感器有几个引脚(   )。

    A. 3 个   B. 4 个   C. 2 个   D. 1 个

(2) 振动传感器安装在电路板的(   )。

    A. Rop 处   B. Rt 处   C. CY1 处   D. SV 处

(3) 判断：振动传感器有两个引脚，一长一短，同样粗。   (   )

(4) 判断：振动传感器安装是有方向的，粗的那一脚对着电路板 SV 处的左侧，细的那一脚对应 SV 处的右侧。   (   )

(5) 判断：振动传感器在电路板上是处于垂直位，是在焊接之后再将其掰到 90°，使其横卧在电路板上。   (   )

18. 焊接训练 12。

(1) 晶体 2 可产生频率大小是(   )。

    A. 12MHz   B. 32 768Hz   C. 6M   D. 8M

(2) 晶体 2 的作用是(   )。

    A. 给实时时钟提供基准频率   B. 用于分频产生不同频率的 CLK

    C. 给电路板供电   D. 配合晶体 1 工作

(3) 晶体 2 安装在电路板的(   )。

    A. Rt 处   B. Rop 处   C. CY2 处   D. CY1 处

(4) 晶体 2 的方块焊盘正确焊接步骤：(   )。

    A. 协助者扶稳电路板，用镊子按住晶体到位，给刚刚加热的焊盘再次加热，镊子离开，烙铁离开

    B. 协助者扶稳电路板，用镊子按住晶体到位，给刚刚加热的焊盘再次加热，镊子按住不动，到位后再移开烙铁

    C. 将晶体 2 插入后再将其掰倒横卧于板上

    D. 电路板上找到 CY2 处，加热方块焊盘，给焊盘上焊锡

(5) 判断：晶体 2 在电路板上的作用是给电路板供电。   (   )

(6) 判断：晶体 2 有两个引脚，总共有两个焊点需要焊接。   (   )

(7) 判断：晶体 2 的两个引脚无方向。   (   )

(8) 判断：晶体 2 先焊接反面的两个引脚，再翻转到正面焊接另一个点。   (   )

19. 焊接训练 13。

(1) 拓展接口插座的作用是(   )。

A. 接蜂鸣器　　　　　　　　　　B. 拨码开关不够,接开关

C. 用于扩展,可以接别的电路　　D. 数码管不够用,接数码管

（2）电路板底座安装所需器材：底板（　　　）块,一字起子（　　　）把,螺丝（　　　）个,六角铜柱（　　　）个,十字起子（　　　）把。

（3）判断：拓展接口插座的焊接依据各自需求,自由选择焊或者不焊。　　　　　　（　　　）

（4）判断：选择焊接拓展接口插座焊的好处是可扩展别的电路,坏处是,焊接完后影响美观。　　　　　　　　　　　　　　　　　　　　　　　　　　　　　　　　（　　　）

## 第 2 章

学习板认知

自己经过一系列目视检查和基本电气检查之后拿到亲手制作的学习板是非常有意义的,从不自信和不敢动到完成手工实现零的突破。在进入电子产品功能编程之前,设计者往往需要了解未来软件运行的目标硬件平台才能针对硬件特点优化软件代码性能。本章能理解计算机典型应用系统和嵌入式处理器,了解计算机系统概述,认知 STC-B 学习板参数资源,掌握功能测试方法,通过一系列案例测试逐渐深入会发现 STC-B 学习板板载及扩展功能丰富多彩,且中间有非常多生活中常用电子产品的真实写照,由掌中学习板出发,去寻找它们被应用到生活中的哪些地方吧。

2.1 计算机系统应用

一个源于计算机系统的嵌入式系统产品包括硬件子系统和软件子系统。硬件子系统又包括嵌入式处理器、存储器、可编程输入输出系统及外围设备驱动接口。

2.1.1 计算科学

1. 机器计算与计算机

计算是指算一个问题答案的过程。机器只能做"简单""重复"性的工作。

机器计算思考什么样的计算过程适合机器完成,或机器能完成什么样的计算?

计算机的研究在于探索:

(1) 能不能有一种机器帮我们将各种要解决的问题"算"出来?

(2) 什么样的机器可以做这样的事?

计算科学是对描述和变换信息的算法过程的系统研究,主要包括如下:

(1) 可计算与不可计算:数学问题是否是机械可解? 什么问题可以自动进行? 什么问题不能自动进行?

(2) 计算的复杂性:计算一个问题的最少计算工作量是多少?

(3) 算法:机器按什么过程计算,才能得到要算的问题的结果?

2. 图灵机模型

阿兰·图灵(Alan Turing,1912—1954)长期研究关注:什么是"机器计算"? 有没有可以由机器"算"出答案的问题? 这样的机器应该是个什么样子? 什么是"智能"?

1936 年 5 月 28 日,图灵向伦敦权威的数学杂志投了一篇论文,题为《论可计算数及其在判定问题上的应用》(*On Computable Numbers*, *with an Application to the Entscheidungs problem*)。在这篇开创性的论文中,图灵给"可计算性"下了一个严格的数学定义,并提出著名的"图灵机(Turing Machine)"的设想,如图 2-1 所示。

后世评价阿兰·图灵研究工作的贡献有:描述机器计算,成为现代计算机的工作原理;定义可计算性,是现在计算机理论的基础;设想的图灵机是理想计算机模型;提出的图灵测试是"人工智能"的行为描述。

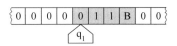

图 2-1　图灵机模型示意图

3. 冯·诺依曼结构

冯·诺依曼(John von Neumann,1903—1957)做出了一个实际可用的"图灵机",被誉为现代电子计算机之父,开创了现代电子程序存储式计算机。

1945 年 6 月 30 日,冯·诺依曼发表"101 页报告"——*First Draft of a Report on the EDVAC*;1946 年 7—8 月间,冯·诺依曼又提出了一个更加完善的设计报告《电子计算机逻辑设计初探》(*Preliminary discussion of the logical design of an electronic computing instrument*)。最终冯·诺依曼结构奠定了现代电子计算机系统结构。

冯·诺依曼体系结构基本特点:二进制、程序存储、5 个基本组成部分,如图 2-2 所示。例如,对存储在存储体的数据进行加法运算,可以使用以下算法:

(1)从存储器中读取一个将做加法的数据并放入一个通用寄存器中。

(2)从存储器中读取另一个将做加法的数据并放入另一个通用寄存器中。

(3)控制器启动运算器中加法运算电路对(1)和(2)中存入寄存器的数据完成加法运算,结果保存在另一个寄存器中。

(4)将(3)结果转存写入存储器中。

(5)停止。

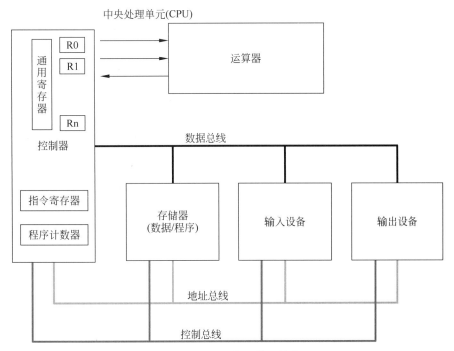

图 2-2　冯·诺依曼体系结构

2.1.2　计算机应用系统

计算机应用系统,指基于计算机的电子系统或计算机电路,典型示意图如图 2-3 所示。

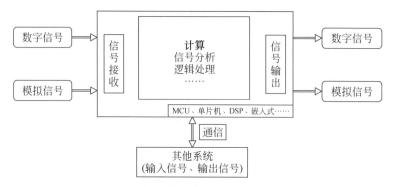

图 2-3　经典计算机应用系统示意

图正中心最大的方块代表应用方案的主要模块,一般使用嵌入式处理器构成通用系统来完成计算工作,如信号分析、逻辑处理、数据存储等。

嵌入式系统上的处理器单元称为嵌入式处理。实际上,处理单元的种类很多,包括嵌入式微处理器、嵌入式微控制器、数字信号处理器、嵌入式片上系统等。

通用系统模块拥有信号接收和信号输出两个接口,可以接收外部输入数字信号和模拟信号,也可以输出到外部数字信号和模拟信号。整个系统任务很多时,通用系统外围也可以挂载多个其他系统模块。

这些其他系统模块可独立完成有限项任务,依然可以处理输入信号和输出信号,也被称为专用功能模块或专用系统。当然专用系统也可以与通用系统进行通信来交换信息。

输入、输出方向都是相对处理器(如单片机)来说的。例如,按键是输入设备(箭头指向单片机),按键产生数字信号进入单片机;LED 指示灯为输出设备(箭头指向设备),在单片机控制下指示状态产生数字信号从单片机出发到 LED 灯显示出来。

人体也是一个充满"输入"和"输出"的系统。最简单的一个例子就是我们过马路,眼睛左右环视看看有没有车,视觉信号输入大脑。大脑判断如果没有车,就快速穿过马路。这里,眼睛就是输入设备,大脑相当于单片机,双腿就是输出设备。

和人体一样,单片机系统的生命也就体现在接收输入信号,经过分析和判断后,控制输出设备执行相应的操作。

2.1.3　嵌入式系统应用实例

1. 温度监测系统

系统主要在长期户外工作环境下自动记录测量温度,要求安装方便,并能保证有效的数据分析。系统的结构、原理构想如图 2-4 所示。

系统基本功能指标:

(1) 温度检查速率:1 次/分钟或 1 次/秒。

(2) 内部记录时长:1~2 年。

(3) 温度测量精度:0.1 度。

（4）采集接口：USB 或 RS-232。

（5）内部测量时间自维护。

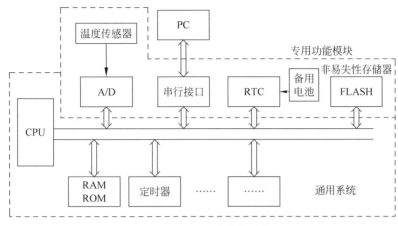

图 2-4 温度监测系统示意

2. 车载 MP3

系统主要应用于车载多媒体领域，包含 MP3 播放、收音机、时钟三大功能。系统组成的结构、原理构想如图 2-5 所示。

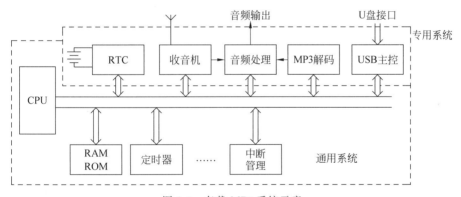

图 2-5 车载 MP3 系统示意

2.1.4 嵌入式处理器分类

几乎每个半导体制造商都生产嵌入式处理器，越来越多的公司成立自己的处理器设计部门。目前流行的体系结构有 30 多个系列，其中 8051 体系的占有超过 50% 多的市场，生产 8051 单片机的半导体厂家有 20 多个。现在嵌入式处理器的寻址空间一般为 64KB～4GB，处理速度为 0.1～2000MIPS，常用封装从 8 个引脚到 144 个引脚。嵌入式处理器可以分成下面几类。

1. 嵌入式微处理器（Embedded Microprocessor Unit，EMPU）

嵌入式微处理器的基础是通用计算机中的 CPU，目前主要有 AM186/88、386EX、Power PC、MIPS、ARM 等。在应用中，将微处理器装配在专门设计的电路板上，只保留和嵌入式应用有关的母版功能，这样可以大幅度地减小系统体积和功耗。为了满足嵌入式应用的特殊要求,嵌入式微处理器虽然在功能上和标准微处理器基本一样,但在工作温度、抗电磁干扰、可靠性等方面一般都做了各种增强。

　　和工业控制计算机相比,嵌入式微处理器具有体积小、重量轻、成本低、可靠性高的优点,但是在电路板上必须包括 ROM、RAM、总线接口、各种外设等器件,这一方面上降低了系统的可靠性和技术保密性。

　　2. 嵌入式微控制器（Microcontroller Unit,MCU）

　　嵌入式微控制器又称单片机,顾名思义,就是将整个计算机系统集成到一块芯片中。嵌入式微控制器一般以某一种微处理器内核为核心,芯片内部集成 ROM/EPROM、RAM、总线、总线逻辑、定时/计数器、WatchDog、I/O、串行口、脉宽调制输出、A/D、D/A、Flash RAM、EEPROM 等各种必要功能和外设。为适应不同的应用需求,一般一个系列的单片机具有多种衍生产品,每种衍生产品的处理器内核都是一样的,不同的是存储器和外设的配置及封装。这样可以使单片机最大限度地和应用需求相匹配,功能不多不少,从而减少功耗和成本。

　　和嵌入式微处理器相比,微控制器的最大特点是单片化,体积大大减小,从而使功耗和成本下降、可靠性提高。微控制器是目前嵌入式系统工业的主流。微控制器的片上外设资源一般比较丰富,适合于控制,因此称为微控制器。

　　嵌入式微控制器目前的品种和数量最多,约占嵌入式系统 70％ 的市场份额。比较有代表性的通用系列包括 8051、P51XA、MCS-251、MCS-96/196/296、C166/167 等。另外,还有许多半通用系列,如支持 USB 接口的 MCU 8X0930/931、C540、C541;支持 IIC 总线、CAN-BUS、LCD 的众多专用 MCU 和兼容系列。

　　3. 嵌入式 DSP 处理器（Embedded Digital Signal Processor,EDSP）

　　DSP 处理器对系统结构和指令进行了特殊设计,使其适合于执行 DSP 算法,编译效率较高,指令执行速度也较高。在数字滤波、FFT、谱分析等方面 DSP 算法正在大量进入嵌入式领域,DSP 应用正在从通用单片机中以普通指令实现 DSP 功能,过渡到采用嵌入式 DSP 处理器。

　　嵌入式 DSP 处理器有两个发展来源:一是 DSP 处理器经过单片化、EMC 改造、增加片上外设成为嵌入式 DSP 处理器,TI 的 TMS320C2000/C5000 等属于此范畴;二是在通用单片机或 SOC 中增加 DSP 协处理器,例如 Intel 的 MCS-296 和 Infineon（Siemens）的 TriCore。

　　推动嵌入式 DSP 处理器发展的另一个因素是嵌入式系统的智能化,例如各种带有智能逻辑的消费类产品,生物信息识别终端,带有加、解密算法的键盘,ADSL 接入、实时语音解压系统,虚拟现实显示等。这类智能化算法运算量一般都较大,特别是向量运算、指针线性寻址等,而这些正是 DSP 处理器的长处所在。

　　4. 嵌入式片上系统（System on Chip,SOC）

　　随着 EDI 的推广和 VLSI 设计的普及化及半导体工艺的迅速发展,在一个硅片上实现一个更为复杂的系统的时代已经来临,这就是 SOC。各种通用处理器内核将作为 SOC 设计公司的标准库,和许多其他嵌入式系统外设一样,成为 VLSI 设计中一种标准的器件,用标准的 VHDL 等语言描述,存储在器件库中。用户只需定义出其整个应用系统,仿真通过后就可以将设计图交给半导体工厂制作样品。这样除个别无法集成的器件以外,整个嵌入式系统大部分均可集成到一块或几块芯片中去,应用系统电路板将变得很简洁,对于减小体积和功耗、提高可靠性非常有利。

SOC 可以分为通用和专用两类。通用系列包括 Infineon 的 TriCore、Motorola 的 M-Core、某些 ARM 系列器件等。专用 SOC 一般专用于某个或某类系统中,不为一般用户所知。一个有代表性的产品是 Philips 的 Smart XA,它将 XA 单片机内核和支持超过 2048 位复杂 RSA 算法的 CCU 单元制作在一块硅片上,形成一个可加载 Java 或 C 语言的专用 SOC,可用于 Internet 安全方面。

2.2　计算机系统

单片机是计算机系统向"小"和"满足应用需要"方向发展的产物。单片机继续在技术支持下向"小而强"和"面向应用需要"方面发展,形成各种各样的单片系统。单片机"小而强"主要是指嵌入式系统和 SOC。单片机系统与通用计算机系统有很多共同点。研究 51 单片机系统、接口、硬件设计技术的目的除了认识与学习 51 单片机,更重要的是理解嵌入式系统结构、共性知识。

2.2.1　机器指令

机器指令是指被编程二进制码、存储在存储器中的一条条程序。机器语言是由机器指令构成的,指挥机器工作的程序语言。那么,指令集其实就是机器指令的总和。

计算机在一个机器指令周期里,完成取出指令 Fetch,译出指令 Decode,执行指令 Execute 三种操作,如图 2-6 所示。三种操作可循环直到程序运行停止。

基本指令集包括以下三类:

(1) 数据传输类。将数据从一个地方传到(复制)到另一个地方。

(2) 算术/逻辑运算类。请求算术逻辑单元对寄存器中的数据进行算术运算(＋、－、*、/)或逻辑操作(AND,OR,XOR,SHIFT…)。

(3) 程序控制类。控制程序执行顺序。

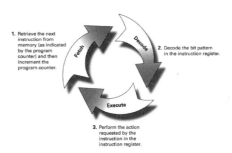

图 2-6　机器指令周期

2.2.2　RISC 与 CISC

目前设计制造微处理器的两种典型构架技术是精简指令集计算机(Reduced Instruction Set Computer,RISC)和复杂指令集计算机(Complex Instruction Set Computer,CISC)。

RISC 包含最少的指令集,电路简单,速度快。CISC 包含多功能、复杂指令集,程序效率高。虽然它们都试图在体系结构、操作运行、软件硬件、编译时间和运行时间等诸多因素中做出某种平衡,以求达到高效的目的,但采用的方法不同,因此在很多方面差异很大如下。

(1) 指令系统。RISC 设计者把主要精力放在那些经常使用的指令上,尽量使它们具有简单高效的特色。对不常用的功能,常通过组合指令来完成。因此,在 RISC 机器上实现特殊功能时,效率可能较低。但可以利用流水技术和超标量技术加以改进和弥补。而 CISC 计算机的指令系统比较丰富,由专用指令来完成特定的功能。因此,处理特殊任务效率较高。

(2) 存储器操作。RISC 对存储器操作有限制,使控制简单化;而 CISC 机器的存储器操作指令多,操作直接。

(3) 程序。RISC 汇编语言程序一般需要较大的内存空间,实现特殊功能时程序复杂,不易设计;而 CISC 汇编语言程序编程相对简单,科学计算及复杂操作的程序设计相对容易,效率较高。

(4) 中断。RISC 机器在一条指令执行的适当地方可以响应中断;而 CISC 机器是在一条指令执行结束后响应中断。

(5) CPU。RISC 处理器包含有较少的单元电路,因而面积小、功耗低;而 CISC 处理器包含有丰富的单元电路,因而功能强、面积大、功耗大。

(6) 设计周期。RISC 微处理器结构简单,布局紧凑,设计周期短,且易于采用最新技术;CISC 微处理器结构复杂,设计周期长。

(7) 用户使用。RISC 微处理器结构简单,指令规整,性能容易把握,易学易用;CISC 微处理器结构复杂,功能强大,实现特殊功能容易。

比较来看,RISC 与 CISC 各有优劣,而 RISC 的实用性则更强一些,应该是未来处理器架构的发展方向。但事实上,由于早期的很多软件是根据 CISC 设计的,单纯的 RISC 将无法兼容,此外,现代的 CISC 结构的 CPU 已经融合了很多 RISC 的成分,如超长指令集 CPU 就是融合了 RISC 和 CISC 的优势,其性能差距已经越来越小,而复杂的指令可以提供更多的功能,这是程序设计所需要的,因此,CISC 与 RISC 的融合应该是未来的发展方向。

2.3　STC-B 学习板资源概述

STC-B 学习板功能齐全、案例丰富、实用且易学、低成本地实现了实验装置便携口袋化,打破了传统实验箱体积大、成本高、无法人手一台的格局。

2.3.1　STC-B 学习板功能与特点

实验板小巧轻便,面积比两张银行卡还要小(约为 92mm×72mm);下载、通信与供电仅需一条 USB 线,方便用户随时随地与笔记本相连使用;平台中汇聚了尽可能多的常用传感模块及数字器件,如图 2-7、图 2-8 所示。

各式各样的经典板载元器件资源。学习板拥有 8 位 LED 数码显示、8 个 LED 灯、3 个输入按键、1 个蜂鸣器、1 个温度测量、1 个光照测量、步进电机驱动接口、2 个通用 AD 采集接口、DS1302 实时时钟、EEPROM 存储器、红外发送和接收、485 接口、5 键导航按键、1 个霍尔传感器、1 个 MEMS(Micro-Electro-Mechanical System,微电子机械系统)三轴加速度传感器、数字调谐 FM 收音机。

两个扩展 I/O 接口方便拓展外部模块/元器件,如步进电机、超声波测距、旋转编码、计数、测脉宽、称重、射频识别(Radio Frequency Identification,RFID)、蓝牙通信等,如图 2-9 所示。

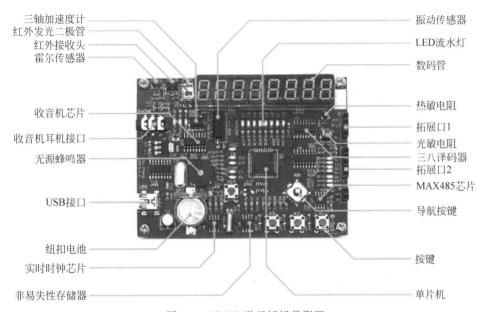

图 2-7　STC-B学习板板载资源

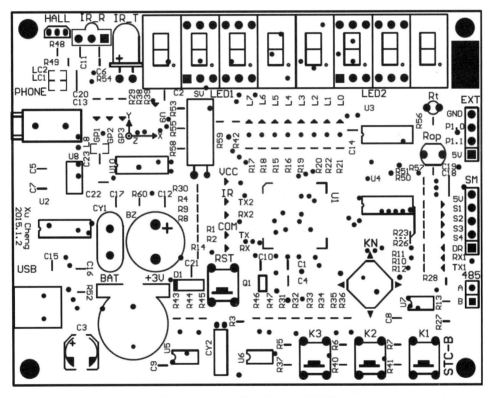

图 2-8　STC-B学习板 PCB 顶视图

　　一个 USB 接口完成供电、下载程序、仿真、通信功能,真正实现加一根 USB 线即可实验、开发、创作,如图 2-10 所示。

图 2-9　STC-B 学习板散件与可扩展模块/元器件

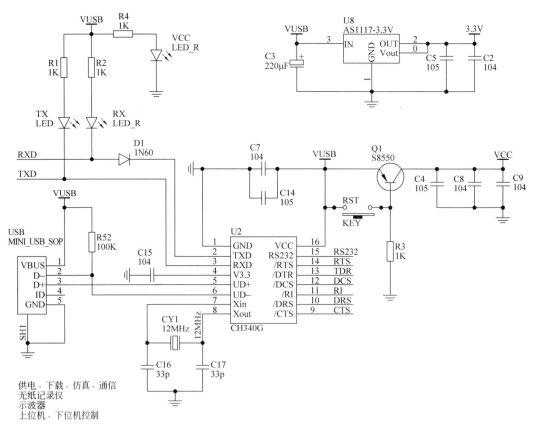

供电、下载、仿真、通信
无纸记录仪
示波器
上位机、下位机控制

图 2-10　USB 接口电路原理

2.3.2　主芯片 IAP15F2K61S2

STC-B 学习板主芯片采用 STC 宏晶公司的 STC15 增强 51 系列 IAP15F2K61S2 型号单片机,属于 STC15F2K60S2 型号 IAP(In Application Programming,在应用可编程)版本,本身就是仿真器。STC-B 学习板主芯片引脚功能如图 2-11 所示。

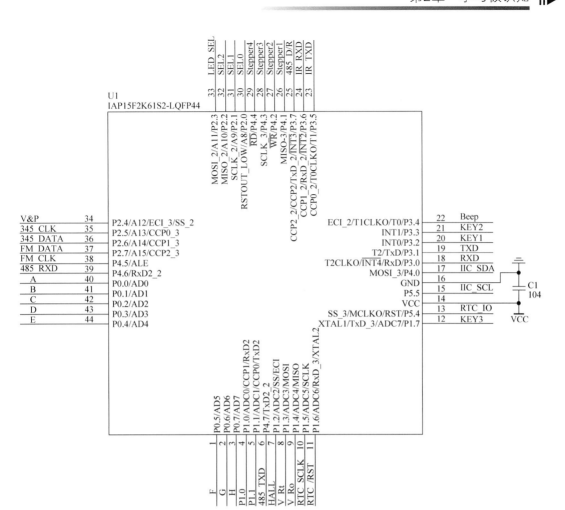

图 2-11 STC-B学习板主芯片引脚功能

STC15F2K60S2 系列主要性能包括：

（1）大容量 2048 字节片内 RAM 数据存储器。

（2）高速仅用 1 个时钟/机器周期,增强型 8051 内核,速度比传统 8051 快 7～12 倍。速度也比 STC 早期的 1T 系列单片机(如 STC12/11/10 系列)的速度快 20%。

（3）宽电压：5.5～3.8V,2.4～3.6V(STC15L2K60S2 系列)。

（4）低功耗设计：低速模式,空闲模式,掉电模式(可由外部中断或内部掉电唤醒定时器唤醒)。

（5）不需外部复位的单片机,ISP 编程时 8 级复位门槛电压可选,内置高可靠复位电路。

（6）不需外部晶振的单片机,内部时钟 5～35MHz 可选(相当于普通 8051：60～420MHz)。内部高精度 R/C 时钟($\pm 0.3\%$),$\pm 1\%$ 温飘($-40℃ \sim +85℃$),常温下温飘 $\pm 0.6\%$($-20℃ \sim +65℃$)。

（7）支持掉电唤醒的资源有：INT0/INT1(上升沿/下降沿中断均可),INT2/INT3/INT4(下降沿中断)；CCP0/CCP1/CCP2/T0/T1/T2 引脚；内部掉电唤醒专用定时。

（8）8/16/24/32/40/48/56/60/61K 字节片内 Flash 程序存储器,擦写次数十万次

以上。

(9) 大容量片内 EEPROM 功能,擦写次数 10 万次以上。

(10) ISP/IAP,在系统可编程/在应用可编程,无需编程器/仿真器。

(11) 高速 ADC,8 通道 10 位,速度可达 30 万次/秒。3 路 PWM 还可当 3 路 D/A 使用。

(12) 3 通道捕获/比较单元(CCP/PCA/PWM),也可用来再实现 3 路 D/A 或 3 个定时器或 3 个外部中断(支持上升沿/下降沿中断)。

(13) 6 个定时器,2 个 16 位可重装载定时器 T0 和 T1 兼容普通 8051 的定时器,新增了一个 16 位的定时器 T2,并可实现时钟输出,3 路 CCP/PCA 可再实现 3 个定时器。

(14) 可编程时钟输出功能(对内部系统时钟或外部引脚的时钟输入进行时钟分频输出):T0 在 P3.5 输出时钟;T1 在 P3.4 输出时钟;T2 在 P3.0 输出时钟,以上 3 个定时器/计数器输出时钟均可 1～65536 级分频输出;内部主时钟在 P5.4/MCLKO 对外输出时钟(STC15 系列 8-pin 单片机的主时钟在 P3.4/MCLKO 对外输出时钟)。

(15) 超高速双串口/UART,两个完全独立的高速异步串行通信端口,分时切换可当 5 组串口使用。

(16) SPI 高速同步串行通信接口。

(17) 硬件看门狗(WDT)。

(18) 先进的指令集结构,兼容普通 8051 指令集,有硬件乘法/除法指令。

(19) 通用 I/O 口(42/38/30/26 个),复位后为:准双向口/弱上拉(8051 传统 I/O 口)。可设置四种模式:准双向口/弱上拉,强推挽/强上拉,仅为输入/高阻,开漏。每个 I/O 口驱动能力均可达到 20mA,但整个芯片最大不要超过 120mA。

如果 I/O 口不够用可以用 3 根普通 I/O 口线外接 74HC595 来扩展 I/O 口,并可多芯片级联扩展几十个 I/O 口,还可用 A/D 作按键扫描来节省 I/O。

2.4　任务　电路板功能测试

上一章对电路板进行了简单的上电前元件检测,可以排除一些隐性的元器件焊接、产品质量、错装、开路或短路等故障,本节将更进一步功能测试。

2.4.1　功能测试作用

在线测试能够有效地查找在 SMT 组装过程中发生的各种缺陷和故障,但是它不能够评估整个 PCB 所组成的系统在时钟速度时的性能。

功能测试就可以测试整个系统是否能够实现设计目标,它将 PCB 上的被测单元作为一个功能体,对其提供输入信号,按照功能体的设计要求检测输出信号。这种测试是为了确保 PCB 能按照设计要求正常工作。所以,功能测试最简单的方法,是将组装好的某电子设备上的专用 PCB 连接到该设备的适当电路上,然后加电压,如果设备正常工作,就表明合格。这种方法简单、投资少,但不能自动诊断故障。

STC 系列单片机具有在系统可编程(ISP)特性,ISP 的好处是:省去购买通用编程器,单片机在用户系统上即可下载/烧录用户程序,而无须将单片机从已生产好的产品上拆下,再用通用编程器将程序代码烧录进单片机内部。有些程序尚未定型的产品可以一边生产，一边完善，加快了产品进入市场的速度，减小了新产品由于软件缺陷带来的风险。由于可以在用户的目标系统上将程序直接下载单片机看运行结果是否正确，故无须仿真器。

2.4.2 规划设计

目标：通过系列案例功能测试检查制作过程中电路板存在的隐性故障，学会电路板驱动安装、ISP 软件下载 Hex 文件，掌握执行程序后测试并记录方法、现象观察、问题描述和维修援助。

资源：STC-B 学习板、万用表、936 型恒温焊台一套（带 900K-M 刀型烙铁头）、焊锡丝、镊子、剪线钳、十字小起、PC、CH340 驱动程序、STC-ISP 软件（V6.8 以上）。

任务：

（1）根据 STC 案例表 2-1，设计空格大小合适的电子版测试表并打印以备测试手工记录与现场质检见证签名，参考图 2-12。

序号	案例名称	分类	测试/故障现象记录	故障处理记录	见证人	检查
1	流水灯	I				
2	八位数码管动态扫描测试	I				
3	八位数码管滚动显示	II				

图 2-12　STC 测试记录表示意图

（2）根据实现步骤中安装学习板通信用的 USB 驱动程序。

（3）根据实现步骤中"ISP 下载方法"将 Hex 文件下载到学习板的方法。

（4）对照案例表 2-1，逐一将电子资料中相应工程文件夹中的 Hex 文件下载至学习板。一些需要扩展模板的案例各单位轮流使用，一些需要多块学习板的案例学员间合作完成。

（5）对照案例表 2-1，逐一在本书中找到在测案例的参考测试方法，完成测试记录、仔细观察且比较现象、问题描述和维修援助。

（6）严格执行实验室安全操作。

表 2-1　STC-B 案例表

序号	案 例 名	分类	序号	案 例 名	分类	序号	案 例 名	分类
1	流水灯	I	7	扫描频率可改变的电子钟	II	16	电子音乐	II
2	八位数码管动态扫描测试	I				17	可切换内容的电子音乐	III
3	八位数码管滚动显示	II	8	按键消抖计数	III			
			9	乒乓游戏	III	18	可振动感应的电子音乐	III
4	八位数码管＋流水灯	II	10	步进电机测试	I			
			11	可控步进电机	II	19	振动声光报警器	III
5	三按键测试	I	12	振动或倒置传感器	I	20	显示歌词的 ABC 英文歌	III
6	可变亮度的数码管显示	II	13	霍尔磁场检测	I			
			14	蜂鸣器测试	I	21	看谁手速快	III
			15	可变调的蜂鸣器	II	22	导航按键测试	I

续表

序号	案　例　名	分类	序号	案　例　名	分类	序号	案　例　名	分类
23	导航按键与数字按键结合控制数码管	II	35	便携式温度采集器	III	45	倒车雷达	III
24	温度与光照测试	I	36	三轴加速度测试（电子水平尺）	I	46	电子秤	IV
25	光照报警器	III				47	电子尺	IV
26	光敏开关	III	37	实时时钟测试	I	48	电子转角测量	IV
27	光敏计数	III	38	可校准的实时时钟	III	49	基于 PC 的数据采集系统	III
28	串口通信	I	39	多功能电子钟	III			
29	485 双机通信	I	40	可与 PC 通信的实时时钟	III	50	基于红外多机通信系统	III
30	红外测试	I						
31	红外通信 1	II	41	FM 收音机	I	51	基于 485 多机通信系统	IV
32	红外通信 2	III	42	多功能收音机	III			
33	格力空调遥控器	IV	43	扩展接口测试（双通道电压表）	I	52	基于 485 总线的评分系统	IV
34	非易失存储器测试	I	44	超声波测距	III	53	基于 Android 的数据采集系统	IV

2.4.3　实现步骤

1. CH340 驱动安装

下面以 64 位 Windows 7 系统安装 USB 转串口芯片 CH340G 的驱动程序为例。

打开"相关软件 \ ISP 编程 \ USB to UART Driver \ CH340_CH341"文件夹里面 ch341ser. exe 程序。

双击运行后,如图 2-13 所示,单击"安装"按钮,复制文件完成,弹出信息"驱动预安装成功",如图 2-14 所示。单击"确定"按钮,结束安装。

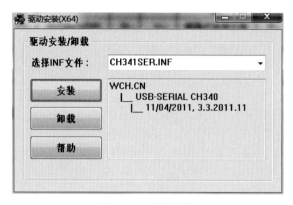

图 2-13　驱动安装

图 2-14　预安装成功

STC-B 学习板的 USB 电缆连接 PC USB 口,打开 Windows 系统下的设备管理器,确认驱动安装成功:如图 2-15 所示,端口(COM 和 LPT)列表显示 USB-SERIAL CH340 (COM4)。COM4 是端号口需记住,它会根据不同硬件 USB 口的不同而改变端口号。

或者使用下一步 ISP 软件来确认端口号。

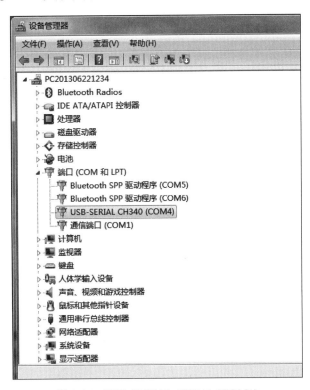

图 2-15　USB-SERIAL CH340 (COM4)

2. ISP 下载方法

打开"\相关软件"文件夹里的 STC 单片机专用程序下载软件 stc-isp-15xx-v6。如图 2-16 所示,左上角显示 STC-ISP(V6.77B)版本号,如果有版本更新信息,打开软件时会自动检测并提示用户。V6.77B 和 V6.8 以上更新版本均可进行往后的学习。

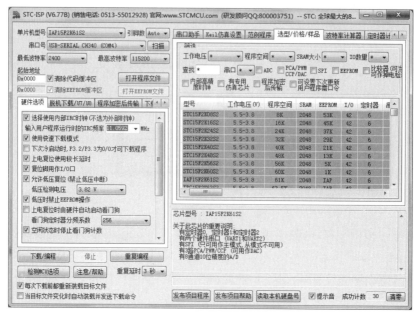

图 2-16　STC-ISP 软件界面

单击第二项串口号右侧"扫描"自动检测到学习板设备 USB-SERIAL CH340
(COM4)，确定了端口号则可以继续。如果无法扫描，单击串口号下拉菜单的下三角，打开
所有端口列表手动选择。还是无法找到端口号，需要先返回上一步重新安装驱动程序或尝
试重新连接 USB 线以排除异常。

确认单片机型号选择为 IAP15F2K61S2，硬件选项的 IRC 频率为 11.0592MHz，其他按
默认设置，参考图 2-16 所示。

单击"打开程序文件"，通过文件浏览器，打开"\STC-B 案例"某一个工程 Hex 格式的下
载文件，电子音乐工程的 music.hex 文件，如图 2-17 所示。

图 2-17　打开程序代码文件

图 2-17 中,单击"打开"按钮,返回 STC-ISP 软件界面,右侧显示读取 Hex 文件内部包含的十六制代码。

单击图 2-16 左下角的"下载/编程"按钮,右侧信息栏显示信息"正在检测目标单片机"。

长按 1s 并松开 STC 学习板上的按键 RST,开始下载直到右侧信息栏显示下载成功的提示信息"单片机型号:IAP15F2K61S2 固件版本号:7.2.5S 用户设定频率:11.059MHz 调节后的频率:11.063MHz 频率调节误差:0.033%   操作成功!"。

同时,如果电子音乐工程的 music.hex 下载成功,蜂鸣器开始循环播放音乐。

2.5　思考题

1. 计算科学是什么? 计算机应用系统可分为哪些主要结构?

2. 学习板所使用的单片机芯片属于哪一类嵌入式处理器? 还有哪几类嵌入式处理器及其特点?

3. 说明计算机工作中机器指令如何运行? 请比较 RISC 与 CISC?

4. 试述 STC-B 学习板上你非常感兴趣哪几项功能的特点?

5. 请列表记录 STC-B 学习板上主芯片各引脚与资源对应情况。

6. 电路板功能测试用到了哪些知识和工具?

第 3 章

CHAPTER 3

C51 编程基础

计算机程序运行离不开硬件结构和软件代码。本章主要介绍单片机的结构、C51 语法基础、基本结构编程思路,以及掌握 Keil C 软件开发环境的安装、器件库、建工程、配置、编译等,此外,还深入剖析了流水灯经典案例。

3.1 单片机内部结构

3.1.1 MCS51 结构

MCS51 单片机的内部结构如图 3-1 所示。若除去图中的存储器电路和 I/O 部件,剩下

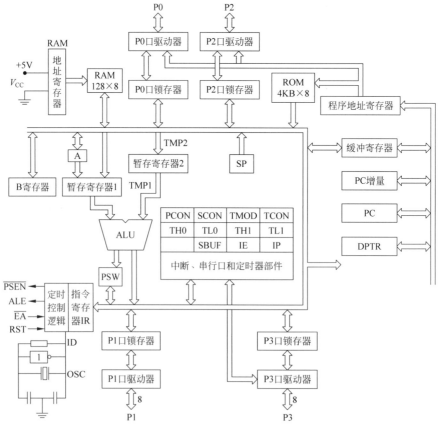

图 3-1 MCS51 的结构框图

的便是 CPU。它可以分为运算器和控制器两部分。运算器功能部件包括算术逻辑运算单元 ALU、累加器 A/ACC、寄存器 B、暂存寄存器 TMP1、TMP2、程序状态字寄存器 PSW 等。控制器功能部件包括程序计数器 PC、指令寄存器 IR、指令译码器 ID、定时控制逻辑电路 CU、数据指针寄存器 DPTR、堆栈指针 SP 及时钟电路等。

3.1.2　STC15 结构

STC-B 学习板上使用的单片机型号为 IAP15F2K61S2,这个单片机是宏晶公司生产的 STC15F2K60S2 系列单片机中的一种。STC15F2K60S2 系列单片机的内部结构图如图 3-2 所示。STC15F2K60S2 系列单片机中包含中央处理器(CPU)、程序存储器(Flash)、数据存储器(SRAM)、定时器、I/O 口、高速 A/D 转换、看门狗、UART 超高速异步串行通信口 1/串行通信口 2、CCP/PWM/PCA、1 组高速同步串行端口 SPI,片内高精度 R/C 时钟及高可靠复位等模块。

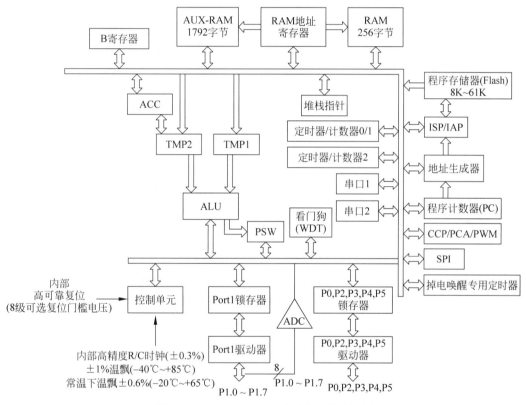

图 3-2　STC15F2K60S2 系列内部结构框图

3.2　Keil C51 基础

3.2.1　数据类型

每写一个程序,总离不开数据的应用,在学习 C51 语言的过程中理解和掌握数据类型是很关键的。在标准 C 语言中基本的数据类型为 char、int、short、long、float 和 double,而在 C51 编译器中 int 和 short 相同,float 和 double 相同,这里就不列出说明了。表 3-1 中列出了 Keil C51 中 C 语言编译器所支持的数据类型。

表 3-1　Keil C51 编译器支持的数据类型

数 据 类 型	长　　度	值　　域
unsigned char	单字节	0～255
signed char	单字节	−128～+127
unsigned int	双字节	0～65 535
signed int	双字节	−32 768～+32 767
unsigned long	4 字节	0～4 294 967 295
signed long	4 字节	−2 147 483 648～+2 147 483 647
float	4 字节	±1.175 494E−38～±3.402 823E+38
*	1～3 字节	对象的地址
bit	位	0 或 1
sfr	单字节	0～255
sfr16	双字节	0～65 535
sbit	位	0 或 1

下面来看看它们的具体定义。

1) char 字符类型

char 类型的长度是一个字节,通常用于定义处理字符数据的变量或常量。分无符号字符类型 unsigned char 和有符号字符类型 signed char,默认值为 signed char 类型。unsigned char 类型用字节中所有的位来表示数值,所能表达的数值范围是 0～255。signed char 类型用字节中最高位字节表示数据的符号,"0"表示正数,"1"表示负数,负数用补码表示。所能表示的数值范围是−128～+127。unsigned char 常用于处理 ASCII 字符或用于处理小于或等于 255 的整型数。

2) int 整型

int 整型长度为两个字节,用于存放一个双字节数据。分有符号整型数 signed int 和无符号整型数 unsigned int,默认值为 signed int 类型。signed int 表示的数值范围是−32 768～+32 767,字节中最高位表示数据的符号,"0"表示正数,"1"表示负数。unsigned int 表示的数值范围是 0～65 535。

3) long 长整型

long 长整型长度为四个字节,用于存放一个四字节数据。分有符号长整型 signed long 和无符号长整型 unsigned long,默认值为 signed long 类型。signed long 表示的数值范围是−2 147 483 648～+2 147 483 647,字节中最高位表示数据的符号,"0"表示正数,"1"表示负数。unsigned long 表示的数值范围是 0～4 294 967 295。

4) float 浮点型

float 浮点型在十进制中具有 7 位有效数字,是符合 IEEE-754 标准的单精度浮点型数据,占用四个字节。

5) 指针型

指针型本身就是一个变量,在这个变量中存放的指向另一个数据的地址。这个指针变量要占据一定的内存单元,对不一样的处理器长度也不尽相同,在 C51 中它的长度一般为 1～3 个字节。

6）bit 位标量

bit 位标量是 C51 编译器的一种扩充数据类型,利用它可定义一个位标量,但不能定义位指针,也不能定义位数组。它的值是一个二进制位,不是 0 就是 1,类似一些高级语言中的 Boolean 类型中的 True 和 False。

7）sfr 特殊功能寄存器

sfr 也是一种扩充数据类型,占用一个内存单元,值域为 0～255。利用它能访问 51 单片机内部的所有特殊功能寄存器。如用 sfr P1 ＝0x90 这一句定义 P1 为 P1 端口在片内的寄存器,在后面的语句中可以用 P1=255(对 P1 端口的所有引脚置高电平)之类的语句来操作特殊功能寄存器。

8）sfr16 16 位特殊功能寄存器

sfr16 占用两个内存单元,值域为 0～65535。sfr16 和 sfr 一样用于操作特殊功能寄存器,所不一样的是它用于操作占两个字节的寄存器,如定时器 T0 和 T1。

9）sbit 可寻址位

sbit 同样是单片机 C 语言中的一种扩充数据类型,利用它能访问芯片内部的 RAM 中的可寻址位或特殊功能寄存器中的可寻址位。

3.2.2　运算符

运算符就是完成某种特定运算的符号。运算符按其表达式中与运算符的关系可分为单目运算符、双目运算符和三目运算符。单目就是指需要有一个运算对象,双目就要求有两个运算对象,三目则要三个运算对象。表达式则是由运算及运算对象所组成的具有特定含义的式子。C 是一种表达式语言,表达式后面加“;”号就构成了一个表达式语句。

Keil C51 中的运算符主要有如下几种。

1）赋值运算符

对于“=”这个符号大家不会陌生的,功能是给变量赋值,称之为赋值运算符。它的作用就是把数据赋给变量,如：x＝10;由此可见利用赋值运算符将一个变量与一个表达式连接起来的式子为赋值表达式,在表达式后面加“;”便构成了赋值语句。使用“＝”的赋值语句格式如下：

变量 = 表达式;

示例如下：

```
a = 0xFF;              //将常数十六进制数 FF 赋予变量 a
b = c = 33;            //同时赋值给变量 b,c
d = e;                 //将变量 e 的值赋予变量 d
f = a + b;             //将变量 a＋b 的值赋予变量 f
```

由上面的例子可以知道赋值语句的意义就是先计算出“＝”右边的表达式的值,然后将得到的值赋给左边的变量。

2）算术、增减量运算符

对于 a＋b,a/b 这样的表达式大家都很熟悉,用在 C 语言中＋,/就是算术运算符。C51 的算术运算符有如下几个,其中只有取正值和取负值运算符是单目运算符,其他则都是双目运算符：

• ＋加或取正值运算符

- 一减或取负值运算符
- ＊乘运算符
- /除运算符
- ％取余运算符

算术表达式的形式为：

表达式1　算术运算符　表达式2

如：

a＋b＊(10-a), (x＋9)/(y-a)

除法运算符和一般的算术运算规则有所不同，如果是两个浮点数相除，其结果为浮点数，如10.0/20.0所得值为0.5，而两个整数相除时，所得值就是整数，如7/3，值为2。像别的语言一样C的运算符与有优先级和结合性，同样可用括号"()"来改变优先级。

＋＋增量运算符

－－减量运算符

这两个运算符是C语言中特有的一种运算符。在VB,PASCAL等都是没有的。作用就是对运算对象作加1和减1运算。要注意的是运算对象在符号前或后，其含义都是不同的，虽然同是加1或减1。如：I＋＋，＋＋I，I－－，－－I。

I＋＋(或I－－)是先使用I的值，再执行I＋1(或I－1)

＋＋I(或－－I)是先执行I＋1(或I－1)，再使用I的值。

增减量运算符只允许用于变量的运算中，不能用于常数或表达式。

3）关系运算符

对于关系运算符，在C中有六种关系运算符：＞(大于)，＜(小于)，＞＝(大于或等于)，＜＝(小于或等于)，＝＝(等于)，!＝(不等于)。

计算机的语言也不过是人类语言的一种扩展，这里的运算符同样有着优先级别。前四个具有相同的优先级，后两个也具有相同的优先级，但是前四个的优先级要高于后两个的。

当两个表达式用关系运算符连接起来时，这时就是关系表达式。关系表达式通常是用来判别某个条件是否满足。要注意的是用关系运算符的运算结果只有0和1两种，也就是逻辑的真与假，当指定的条件满足时结果为1，不满足时结果为0。

关系表达式的形式为：

表达式1　关系运算符　表达式2

如：

I＜J,I＝＝J,(I＝4)＞(J＝3),J＋I＞J

4）逻辑运算符

关系运算符所能反映的是两个表达式之间的大小等于关系，那逻辑运算符则是用于求条件式的逻辑值，用逻辑运算符将关系表达式或逻辑量连接起来就是逻辑表达式了。也许你会对为什么"逻辑运算符将关系表达式连接起来就是逻辑表达式了"这一个描述有疑惑的地方。其实之前说过"要注意的是用关系运算符的运算结果只有0和1两种，也就是逻辑的真与假"，换句话说也就是逻辑量，而逻辑运算符就用于对逻辑量运算的表达。逻辑表达式的一般形式为：

- 逻辑与：条件式 1 && 条件式 2
- 逻辑或：条件式 1 || 条件式 2
- 逻辑非：！条件式 2

逻辑与,就是当条件式 1"与"条件式 2 都为真时结果为真(非 0 值),否则为假(0 值)。也就是说运算会先对条件式 1 进行判断,如果为真(非 0 值),则继续对条件式 2 进行判断,当结果也为真时,逻辑运算的结果为真(值为 1),如果结果不为真时,逻辑运算的结果为假(0 值)。如果在判断条件式 1 时就不为真的话,就不用再判断条件式 2 了,而直接给出运算结果为假。

逻辑或是指只要两个运算条件中有一个为真时,运算结果就为真,只有当条件式都不为真时,逻辑运算结果才为假。

逻辑非是把逻辑运算结果值取反,意思是如果条件式的运算值为真,进行逻辑非运算后则结果变为假,条件式运算值为假时最后逻辑结果为真。

同样逻辑运算符也有优先级别,！(逻辑非)→&&(逻辑与)→||(逻辑或),逻辑非的优先级最高。

5) 位运算符

位运算符的作用是按位对变量进行运算,但是并不改变参与运算的变量的值。如果要求按位改变变量的值,则要利用相应的赋值运算。还有就是位运算符是不能用来对浮点型数据进行操作的。C51 中共有 6 种位运算符。位运算一般的表达形式如下：

变量 1　位运算符　变量 2

位运算符也有优先级,从高到低依次是："～"(按位取反)→"≪"(左移)→"≫"(右移)→"&"(按位与)→"^"(按位异或)→"|"(按位或)。

6) 复合赋值运算符

复合赋值运算符就是在赋值运算符"＝"的前面加上其他运算符。以下是 C 语言中的复合赋值运算符：

＋＝加法赋值　　　　≫＝右移位赋值
－＝减法赋值　　　　&＝逻辑与赋值
*＝乘法赋值　　　　|＝逻辑或赋值
/＝除法赋值　　　　^＝逻辑异或赋值
%＝取模赋值　　　　～＝逻辑非赋值
≪＝左移位赋值

复合运算的一般形式为：

变量　复合赋值运算符　表达式

其含义就是变量与表达式先进行运算符所要求的运算,再把运算结果赋值给参与运算的变量。其实这是 C 语言中一种简化程序的一种方法,凡是二目运算都可以用复合赋值运算符去简化表达。

例如：

a＋＝56 等价于 a＝a＋56　　y/＝x＋9 等价于 y＝y/(x＋9)

很明显采用复合赋值运算符会降低程序的可读性,但这样却可以使程序代码简单化,并能提高编译的效率。对于初学 C 语言的朋友在编程时最好还是根据自己的理解力和习惯去使用程序表达的方式,不要一味追求程序代码的短小。

7)逗号运算符

C语言中逗号还是一种特殊的运算符,也就是逗号运算符,可以用它将两个或多个表达式连接起来,形成逗号表达式。逗号表达式的一般形式为:

表达式 1,表达式 2,表达式 3,…,表达式 n

这样用逗号运算符组成的表达式在程序运行时,是从左到右计算出各个表达式的值,而整个用逗号运算符组成的表达式的值等于最右边表达式的值,就是"表达式 n"的值。在实际应用中,大部分情况下,使用逗号表达式的目的只是为了分别得到多个表达式的值,而并不一定要得到和使用整个逗号表达式的值。要注意的还有,并不是在程序的任何位置出现的逗号,都可以认为是逗号运算符,如函数中的参数,同类型变量的定义中的逗号只是用来间隔之用而不是逗号运算符。

8)条件运算符

C语言中有一个三目运算符,它是":?:"条件运算符,它要求有三个运算对象。它可以把三个表达式连接构成一个条件表达式。条件表达式的一般形式如下:

逻辑表达式?表达式 1 :表达式 2

条件运算符的作用简单来说就是根据逻辑表达式的值选择使用表达式的值。当逻辑表达式的值为真时(非 0 值)时,整个表达式的值为表达式 1 的值;当逻辑表达式的值为假(值为 0 时),整个表达式的值为表达式 2 的值。要注意的是条件表达式中逻辑表达式的类型可以与表达式 1 和表达式 2 的类型不一样。下面是一个逻辑表达式的例子。

如有 a=1,b=2 时,我们的要求是取 ab 两数中的较小的值放入 min 变量中,可以写为:

```
if (a < b) min = a;
else     min = b;
```

当 a 用条件运算符去构成条件,表达式就变得简单明了,如果用条件运算符来描述,则应该写成

```
min = ( a < b) ? a : b;
```

很明显它的结果和含意都和上面的一段程序是一样的,但是代码却比上一段程序精简很多,编译的效率也相对要高,但有着和复合赋值表达式一样的缺点就是可读性相对效差。

9)指针和地址运算符

指针是 C 语言中一个十分重要的概念,也是学习 C 语言中的一个难点。在这里我们先来了解一下 C 语言中提供的两个专门用于指针和地址的运算符:∗ 取内容,& 取地址。

取内容和地址的一般形式分别为:

```
变量 = ∗ 指针变量
指针变量 = & 目标变量
```

取内容运算是将指针变量所指向的目标变量的值赋给左边的变量;取地址运算是将目标变量的地址赋给左边的变量。要注意的是:指针变量中只能存放地址(也就是指针型数

据),一般情况下不要将非指针类型的数据赋值给一个指针变量。

10) sizeof 运算符

sizeof 是用来求数据类型、变量或是表达式的字节数的一个运算符,但它并不像"="之类运算符那样在程序执行后才能计算出结果,它是直接在编译时产生结果的。它的语法如下:

sizeof（数据类型）　或　sizeof（表达式）

下面是两句应用例句:

```
printf("char 是多少个字节? %bd 字节\n",sizeof(char));
printf("long 是多少个字节? %bd 字节\n",sizeof(long));
```

结果是:

```
char 是多少个字节? 1 字节
long 是多少个字节? 4 字节
```

3.2.3　条件与循环语句

1. 条件语句

C 语言中的条件语句分为 if…else 条件语句和 switch…case 条件语句两种。

1) if…else 条件语句

if…else 条件语句又被称为分支语句,其关键字是由 if 构成。C 语言提供了 3 种形式的条件语句:

(1) if（条件表达式）语句

当条件表达式的结果为真时,就执行语句,否则就跳过。

如:if (a==b) a++; 当 a 等于 b 时,a 就加 1

(2) if（条件表达式）语句 1 else 语句 2

当条件表达式成立时,就执行语句 1,否则就执行语句 2。

如 if (a==b)a++; else a——; 当 a 等于 b 时,a 加 1,否则 a—1。

(3) if　（条件表达式 1)语句 1

　　　else if（条件表达式 2)语句 2

　　　else if（条件表达式 3)语句 3

　　　……

　　　else if（条件表达式 m)语句 n

　　　else 语句 m

这是由 if else 语句组成的嵌套,用来实现多方向条件分支,使用应注意 if 和 else 的配对使用,要是少了一个就会语法出错,else 总是与最临近的 if 相配对。

2) switch…case 语句

多个条件语句可以实现多方向条件分支,但是可以发现使用过多的条件语句实现多方向分支会使条件语句嵌套过多,程序冗长,这样读起来也很不好读。这时使用开关语句同样可以达到处理多分支选择的目的,又可以使程序结构清晰。

它的语法如下：

```
switch(表达式)
 {
    case 常量表达式 1: 语句 1; break;
    case 常量表达式 2: 语句 2; break;
    case 常量表达式 3: 语句 3; break;
    case 常量表达式 n: 语句 n; break;
    default: 语句 }
```

运行中 switch 后面的表达式的值将会作为条件，与 case 后面的各个常量表达式的值相对比，如果相等则执行后面的语句，再执行 break(间断语句)语句，跳出 switch 语句。如果 case 没有和条件相等的值时就执行 default 后的语句。当要求没有符合的条件时不做任何处理，则可以不写 default 语句。

2. 循环语句

C 语言中的循环语句分为三种形式，分别是：while 循环、do…while 循环和 for 循环。这三种循环语句在功能上存在细微的差别，但共同特点是实现一个循环体，可以使程序反复执行一段代码。

1) while 循环

用 while 语句的一般形式如下：

```
while(表达式)语句
```

其中"语句"就是循环体。其中循环体只能是一个语句，可以是一个简单语句，也可以是一个复合语句(用花括号括起来的语句)。"表达式"也称循环条件表达式，用于控制循环体执行的次数。如果表达式为"真"，就执行循环体；为"假"，就不执行循环体。

用 while 语句可简单的记为：只要当循环条件表达式为"真"，就执行循环体语句。

while 循环的特点是：先判断，后执行！

2) do…while 循环

do…while 循环语句的一般形式：

```
do
    语句
while(表达式);
```

其中语句就是循环体。do…while 的执行过程是：先执行循环体，再检查判断条件是否成立，若成立，再执行循环体。do…while 和 while 循环语句的区别是：前者是至少执行一次，后者是可以一次也不执行。

3) for 循环

for 语句的一般形式为：

```
for( 表达式 1;表达式 2;表达式 3)
    语句
```

三个表达式的主要作用是：

表达式 1：设置初始条件，只执行一次。可以为零个，一个或多个变量设置初值。

表达式 2：是循环条件表达式，用来判定是否执行循环。在每次执行循环体前先执行该表达式,决定是否继续执行循环。

表达式3:作为循环的调整,执行完循环体后才执行的。

3.3 Keil 开发环境

Keil C51 是美国 Keil Software 公司出品的 51 系列兼容单片机 C 语言软件开发系统,与汇编相比,C 语言在功能、结构性、可读性、可维护性上有明显的优势,因而易学易用。Keil 提供了包括 C 编译器、宏汇编、链接器、库管理和一个功能强大的仿真调试器等在内的完整开发方案,通过一个集成开发环境(μVision)将这些部分组合在一起。运行 Keil 软件需要 Windows NT、Windows 7、Window XP 等操作系统。如果你使用 C 语言编程,那么 Keil 几乎就是你的不二之选,即使不使用 C 语言而仅用汇编语言编程,其方便易用的集成环境、强大的软件仿真调试工具也会令开发事半功倍。

本节主要介绍 Keil C51 的用法,包括安装 Keil 软件,安装 STC 数据库文件,Keil 建立工程、工程配置、工程的编译及下载等内容。在使用 Keil 软件之前,要保证在用户的计算机上装有一套稳定可靠的 Keil C51 版本进行学习。

3.3.1 Keil C51 软件安装

要使用 Keil C51 进行编程,首选需要安装该软件。

Keil C51 的安装过程是很简单,首先打开 Keil4 安装文件夹并双击 c51_v9.51a 应用程序启动安装。

之后单击 Next 按钮,会弹出一个 License Agreement 对话框,此时选择 I agree to…复选框并单击 Next 按钮,会出现一个选择安装路径的对话框,单击 Browse 按钮选择想安装的目录。

之后需要用户填写一些个人信息,这里 4 个框可以随意填写。再单击 Next 按钮,出现安装界面之后等待片刻,软件就会安装完毕。

3.3.2 添加 STC 系列单片机数据库

因为 Keil C51 软件中不带 STC 系列单片机的数据库,在使用 STC 系列单片机之前,需要用 STC 公司所提供的 STC-ISP 在线编程软件将 STC 系列单片机的数据库添加到 Keil C51 软件设备库中,操作流程如下:

(1)运行 STC-ISP 在线编程软件,目前最新的版本是 V6.86C。选择"Keil 仿真设置"标签。

(2)单击"添加型号和头文件到 Keil 中,添加 STC 仿真器驱动到 Keil 中"按钮,如图 3-3 所示。在浏览文件夹中选择 Keil 的安装目录,如图 3-4 所示,单击"确定"按钮即完成添加工作。

3.3.3 Keil 工程的建立

首先我们要养成一个习惯:最好先建立一个空文件夹,把工程文件放到里面,以避免和其他文件混合。

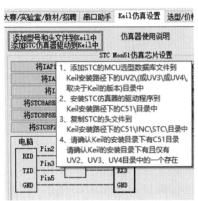

图 3-3 Keil 仿真设置

如图 3-5 所示先创建了一个名为"流水灯[1]"的文件夹。

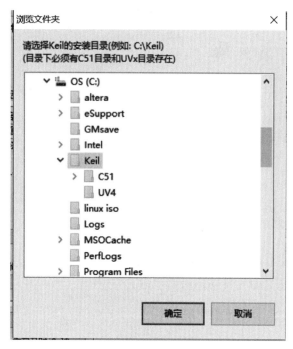

图 3-4   浏览文件夹

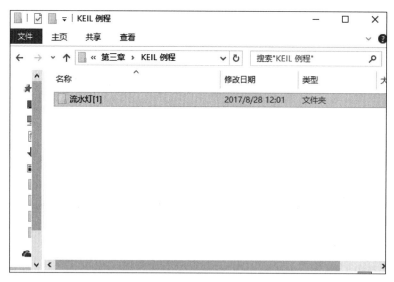

图 3-5   建立工程文件夹

　　双击桌面上的 Keil uVision4 图标,出现软件启动画面,紧接着出现编辑界面,如图 3-6 所示。

　　建立一个新的工程,单击 Project 菜单中的 New μVision Project 选项,如图 3-7 所示。

　　选择工程要保存的路径,并输入工程文件名。Keil 的一个工程里通常含有很多小文件,为了方便管理,通常我们将一个工程放在一个单独的文件夹下。比如,在此新建一个名

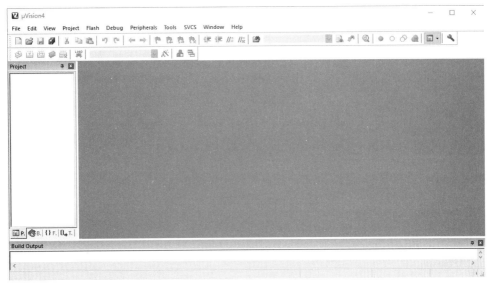

图 3-6　Keil 软件编辑界面

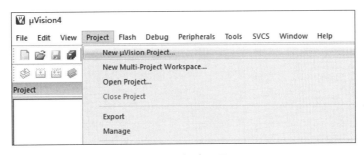

图 3-7　新建工程

为"led"的工程并放在工程文件夹"流水灯[1]"下。单击"保存"按钮后的文件扩展名为uvproj,这是 Keil uVision4 项目文件扩展名,以后我们可以直接单击此文件以打开之前做的项目,如图 3-8 所示。

图 3-8　保存工程

上一步单击"保存"按钮还会弹出一个对话框,要求选择 CPU 数据库文件,下拉选择 STC MCU Database,并单击 OK 按钮确定,如图 3-9 所示。

图 3-9　选择 CPU 数据库文件

紧接着还会弹出一个对话框,如图 3-10 所示,要求用户选择单片机型号,用户可以根据实际使用的单片机型号来选择。我们所使用的 STC-B 学习板可选择 STC15F2K60S2 芯片。选择完 STC15F2K60S2 之后,右边 Description 栏中是对应型号单片机的基本说明,主要介绍其功能特点,然后单击 OK 按钮,会弹出询问选择是否添加启动文件,一般根据需要单击 OK 按钮确定返回。

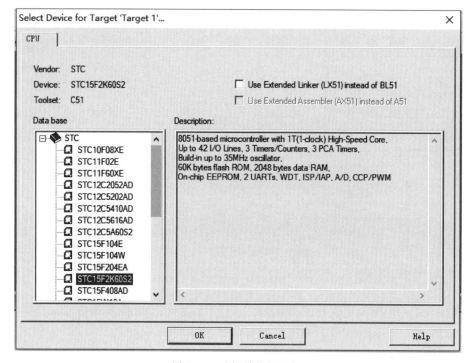

图 3-10　选择单片机型号

完成以上步骤后,其实还没有建立好一个完整的工程,虽然工程名有了,但工程中还没有任何文件及代码,接下来要做的是添加文件及代码。以添加 C 程序文件为例:单击 File 菜单中的 New...菜单项,或单击界面上的快捷图标　来新建一个文本,如图 3-11 所示。

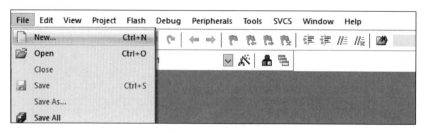

图 3-11　添加文件

此时可以在文本中输入用户程序,这里只复制、粘贴实例1中的源代码,暂时不需理会代码的具体含义,之后单击保存图标 ![img],如图 3-12 所示。在出现窗口界面中,如图 3-13 所示,在"文件名:"编辑框中输入要保存的文件名,同时必须输入正确的扩展名。注意,如果用 C 语言编写程序则扩展名必须为".c",如果用会汇编语言编写,则扩展名必须为".asm"。这里的文件名不一定要和工程名相同,用户可以随意填写文件名,然后单击"保存"按钮完成并返回。

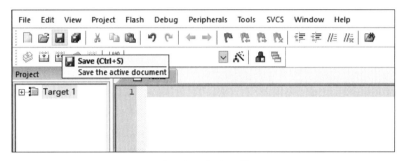

图 3-12　保存文件

图 3-13　加后缀名保存文件

接下来需要把刚创建的"led.c"源程序文件加入到工程项目文件中。回到编辑界面,单击 Project 窗口中的 Target 1 前面的"＋"号展开,然后在 Source Group 1 选项上单单击鼠标右键,弹出的快捷菜单中选择 Add Existing File to Group 'Source Group 1'... 选项,如图 3-14 所示。

选中"led.c"文件,单击 Add 按钮,再单击 Close 按钮,即添加文件成功,如图 3-15 所示。

然后再单击 Project 窗口左侧栏中 Sourse Group 1 前面的"＋"号展开,屏幕窗口如图 3-16 所示。这时注意到 Sourse Group 1 文件夹中多了一个子项"led.c",当一个工程中有多个代码文件时,都要加在这个文件夹下,源代码文件就与工程关联起来了。

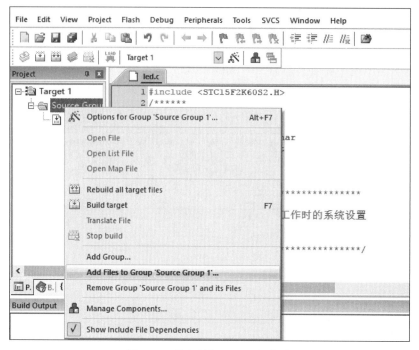

图 3-14 将文件加入工程的菜单

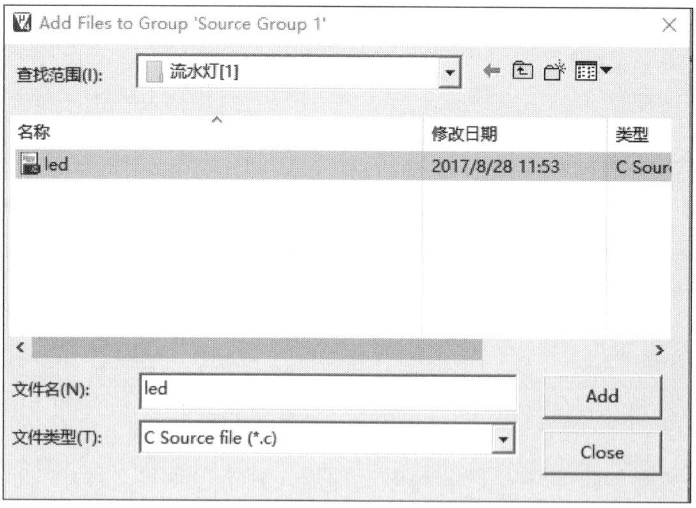

图 3-15 选中文件后的对话框

　　一个完整的工程,通常还需添加头文件。通常是把头文件"STC15F2K60S2.H"从已有案例文件夹中复制添加到工程文件夹"流水灯[1]"下,然后同"led.c"的添加方式一样,将"STC15F2K60S2.H"添加到工程目录文件中,如图 3-17 所示。为了减少重复工作,也可将文件"STC15F2K60S2.H"放在 Keil/C51/INC 类库路径下。

　　完成代码的编写、修改、保存后。在编译生成".hex"的可执行文件之前,还要进行如下的设置:在 Project 菜单下单击 🔨 Options for Target 'Target 1'... 或直接在程序上方单击 🔨 均可,弹出对话框 Options for Target 'Target 1'。在 Output 标签中勾选上"Create HEX File",使编

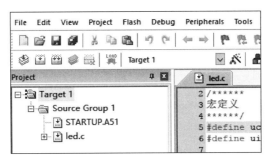

图 3-16 将文件加入工程后的屏幕窗口

图 3-17 将头文件加入工程文件目录下

译器输出单片机需要的 HEX-80 文件,如图 3-18 所示。

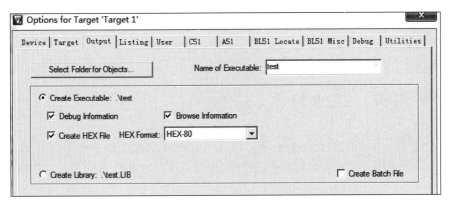

图 3-18 选择生成 HEX 文件

在此补充一点,单片机只能下载 HEX 文件或 BIN 文件,HEX 文件是十六进制文件,BIN 是二进制文件,这两种文件可以通过软件互相转换,其实际内容都是一样的。同时也可以将选项 Browse Information 选中,选中后在程序中某处调用函数的地方单击右键选择打开函数后,可直接跳转到该函数体内,这个功能在编写比较大的程序中会经常用到。

工程项目创建和设置全部完成,最后单击 按钮进行编译,生成 .hex 文件,如图 3-19 所示。

完成上述步骤,编译成功后便可将程序下载到 STC-B 学习板上,进行观察并测试。

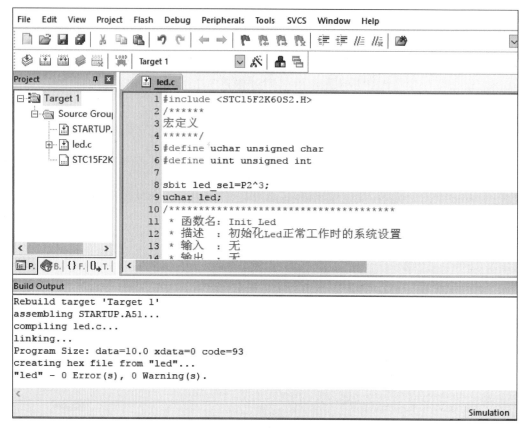

图 3-19　编译成功信息

3.4　任务　流水灯

流水灯是测试发光二极管是否正常工作和学习使用发光二极管的经典案例。用 C 语言编写流水灯的程序，理解并掌握它，也就意味着踏入了单片机学习的第一道门槛。

3.4.1　发光二极管电路

发光二极管电路工作原理如图 3-20，虚线框内是 LED 灯部分电路，P0 口的 8 位输出分别连接了 8 个发光二极管 L0～L7 的阳极，P2.3 经过一个反相器连接到 8 个发光二极管 L0～L7 的阴极（共阴极）。根据二极管的单向导通性，即当阳极为高（对应 P0 口位为 1）、阴极为低时，二极管导通，否则不导通。若 P2.3 输出信号为低电平"0"，则二极管的阴极都为高电平，此时无论 P0 输出的是"1"还是"0"，二极管都不会导通，也就不会发光。因此想要发光二极管导通，必须先设置 P2.3 输出信号为"1"，再通过设置 P0，点亮想要点亮的发光二极管。

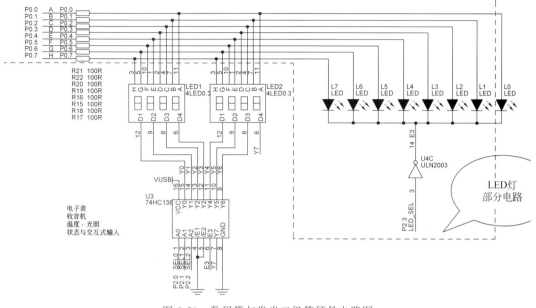

图 3-20 数码管与发光二极管硬件电路图

3.4.2 规划设计

目标：本节通过一个简单的点亮流水灯的案例，初步了解如何编写单片机的程序。

资源：STC-B 学习板、PC、Keil 4 软件、STC-ISP 软件（V6.8 以上）。

任务：

（1）再次下载本工程 Hex 文件，并对照测试结果仔细观察将实现的功能。

（2）利用 C51 编程实现任务功能。

功能：学习板上的 8 个 LED 灯将循环地从右往左依次点亮，时间间隔为 200ms。

测试结果：将程序下载到 STC 学习板上后，如图 3-21 所示，观察到 8 个 LED 灯一开始仅最右边的 L0 亮，过了小段时间，L1 亮 L0 灭，又过了会 L2 亮 L1 灭……如此反复实现 LED 灯从右往左流动的效果。

图 3-21 案例测试结果

3.4.3 实现步骤

1. 参考代码

```
# include < STC15F2K60S2.H >          //STC15F2K60S2 单片机芯片头文件
# define uchar unsigned char
# define uint unsigned int
sbit led_sel = P2^3;                  //声明单片机 P2.3 口
uchar led;
//初始函数,初始化 Led 正常工作时的系统设置
void init()
{
    P0M1 = 0x00;                      //P0 设推挽
    P0M0 = 0xff;
    P2M1 = 0x00;                      //P2.3 设推挽
    P2M0 = 0x08;
    led_sel = 1;                      //使能发光二极管电路
     led = 0x01;                      //Led 初始为 L0 点亮
}
//延时函数,通过传入参数 n,设置延时时长为 n 毫秒
void delay_ms(uint n)
{
    while(n){
    uchar i, j;
    i = 11;
    j = 190;
    do
    {
        while ( -- j);
    } while ( -- i);
    n -- ;   }
}
//主函数
void main()
{
    init();
    while(1)
    {
        P0 = led;                     //点亮第一个灯
        delay_ms(200);                //延时 200ms
        if(led == 0x80)               //再从头开始亮灯
            led = 0x01;
        else
            led = led << 1;           //左移一位
    }
}
```

2. 分析说明

在输入源代码时一定要将输入法切换为全英文状态,保证编辑时的符号为英文格式,否

则编译器会产生编译错误。

1) STC15F2K60S2. H 头文件的作用

在代码中引用头文件,其实际意义就是将这个头文件中的全部内容放到引用头文件的位置处,免去每次编写同类型程序都要将头文件中的语句重复编写。

在代码中加入头文件有两种方式,分别为♯include < STC15F2K60S2. H >和♯include "STC15F2K60S2. H",包含头文件时都不需要在后面加分号,两种书写的区别在于当使用<>包含头文件时,编译器先进入到软件安装文件夹处开始搜索这个头文件,也就是 Keil/C51/INC 这个文件夹下,当使用双引号""包含头文件时,编译器先进入到当前工程所在文件夹处开始搜索该头文件,若找不到该头文件,还会去类库路径里查找,再找不到编译器将报错。

STC15F2K60 系列头文件部分如下所示。

```
♯ifndef __STC15F2K60S2_H_
♯ define __STC15F2K60S2_H_

///////////////////////////////////////////
//注意: STC15W4K32S4 系列的芯片,上电后所有与 PWM 相关的 I/O 口均为
// 高阻态,需将这些口设置为准双向口或强推挽模式方可正常使用
//相关 IO: P0.6/P0.7/P1.6/P1.7/P2.1/P2.2
// P2.3/P2.7/P3.7/P4.2/P4.4/P4.5
///////////////////////////////////////////
//包含本头文件后,不用另外再包含"REG51.H"
//内核特殊功能寄存器                          //复位值 描述
sfr ACC     =     0xE0;            //0000,0000 累加器 Accumulator
sfr B       =     0xF0;            //0000,0000 B 寄存器
sfr PSW     =     0xD0;            //0000,0000 程序状态字
sbit CY     =     PSW^7;
sbit AC     =     PSW^6;
sbit F0     =     PSW^5;
sbit RS1    =     PSW^4;
sbit RS0    =     PSW^3;
sbit OV     =     PSW^2;
sbit P      =     PSW^0;
sfr SP      =     0x81;            //0000,0111 堆栈指针
sfr DPL     =     0x82;            //0000,0000 数据指针低字节
sfr DPH     =     0x83;            //0000,0000 数据指针高字节
//I/O 口特殊功能寄存器
sfr P0      =     0x80;            //1111,1111 端口 0
sbit P00    =     P0^0;
sbit P01    =     P0^1;
sbit P02    =     P0^2;
sbit P03    =     P0^3;
sbit P04    =     P0^4;
sbit P05    =     P0^5;
sbit P06    =     P0^6;
sbit P07    =     P0^7;
...
```

```
//系统管理特殊功能寄存器
sfr PCON        =       0x87;                   //0001,0000 电源控制寄存器
sfr AUXR        =       0x8E;                   //0000,0000 辅助寄存器
sfr AUXR1       =       0xA2;                   //0000,0000 辅助寄存器 1
sfr P_SW1       =       0xA2;                   //0000,0000 外设端口切换寄存器 1
sfr CLK_DIV     =       0x97;                   //0000,0000 时钟分频控制寄存器
sfr BUS_SPEED   =       0xA1;                   //xx10,x011 总线速度控制寄存器
sfr P1ASF       =       0x9D;                   //0000,0000 端口 1 模拟功能配置寄存器
sfr P_SW2       =       0xBA;                   //0xxx,x000 外设端口切换寄存器

//中断特殊功能寄存器
sfr IE          =       0xA8;                   //0000,0000 中断控制寄存器
sbit EA         =       IE^7;
sbit ELVD       =       IE^6;
sbit EADC       =       IE^5;
sbit ES         =       IE^4;
sbit ET1        =       IE^3;
sbit EX1        =       IE^2;
sbit ET0        =       IE^1;
sbit EX0        =       IE^0;
…
//定时器特殊功能寄存器
sfr TCON        =       0x88;                   //0000,0000 T0/T1 控制寄存器
sbit TF1        =       TCON^7;
sbit TR1        =       TCON^6;
sbit TF0        =       TCON^5;
sbit TR0        =       TCON^4;
sbit IE1        =       TCON^3;
sbit IT1        =       TCON^2;
…
//串行口特殊功能寄存器
sfr SCON        =       0x98;                   //0000,0000 串口 1 控制寄存器
sbit SM0        =       SCON^7;
sbit SM1        =       SCON^6;
sbit SM2        =       SCON^5;
…
//ADC 特殊功能寄存器
sfr ADC_CONTR   =       0xBC;                   //0000,0000 A/D 转换控制寄存器
sfr ADC_RES     =       0xBD;                   //0000,0000 A/D 转换结果高 8 位
sfr ADC_RESL    =       0xBE;                   //0000,0000 A/D 转换结果低 2 位
//SPI 特殊功能寄存器
sfr SPSTAT      =       0xCD;                   //00xx,xxxx SPI 状态寄存器
sfr SPCTL       =       0xCE;                   //0000,0100 SPI 控制寄存器
sfr SPDAT       =       0xCF;                   //0000,0000 SPI 数据寄存器
//IAP/ISP 特殊功能寄存器
sfr IAP_DATA    =       0xC2;                   //0000,0000 EEPROM 数据寄存器
sfr IAP_ADDRH   =       0xC3;                   //0000,0000 EEPROM 地址高字节
sfr IAP_ADDRL   =       0xC4;                   //0000,0000 EEPROM 地址低字节
```

```
sfr IAP_CMD        =        0xC5;                //xxxx,xx00 EEPROM 命令寄存器
sfr IAP_TRIG       =        0xC6;                //0000,0000 EEPRPM 命令触发寄存器
sfr IAP_CONTR      =        0xC7;                //0000,x000 EEPROM 控制寄存器
//PCA/PWM 特殊功能寄存器
sfr CCON           =        0xD8;                //00xx,xx00 PCA 控制寄存器
sbit CF            =        CCON^7;
sbit CR            =        CCON^6;
sbit CCF2          =        CCON^2;
sbit CCF1          =        CCON^1;
sbit CCF0          =        CCON^0;
...
//比较器特殊功能寄存器
sfr CMPCR1         =        0xE6;                //0000,0000 比较器控制寄存器 1
sfr CMPCR2         =        0xE7;                //0000,0000 比较器控制寄存器 2
//增强型 PWM 波形发生器特殊功能寄存器
sfr PWMCFG         =        0xf1;                //x000,0000 PWM 配置寄存器
sfr PWMCR          =        0xf5;                //0000,0000 PWM 控制寄存器
sfr PWMIF          =        0xf6;                //x000,0000 PWM 中断标志寄存器
sfr PWMFDCR        =        0xf7;                //xx00,0000 PWM 外部异常检测控制寄
存器
//如下特殊功能寄存器位于扩展 RAM 区域
//访问这些寄存器,需先将 P_SW2 的 BIT7 设置为 1,才可正常读写
#define PWMC        ( * (unsigned int volatile xdata * )0xfff0)
#define PWMCH       ( * (unsigned char volatile xdata * )0xfff0)
#define PWMCL       ( * (unsigned char volatile xdata * )0xfff1)
...
#endif
```

2）关键代码设计说明

本程序主要由 init()、delay_ms()、main()三个函数组成。

（1）void init()。函数 void init()主要是对发光二极管电路进行初始化设置,只要将 P0 口和 P2.3 工作模式设置为推挽输出(P0 口的具体工作原理请见后续第 5 章内容),同时将 P2.3 置"1",使能发光二极管电路即可。其中对 P0 口和 P2 口的工作模式设置,可通过设置对应的 P0 口模式配置寄存器和 P2 口模式配置寄存器来实现。

（2）voiddelay_ms(uint n)。函数 delay_ms(uint n)实现的是延时 n 毫秒的功能,但是延时的时间可能不是很准确。单片机工作时,是在统一的时钟脉冲控制下有序进行的,这个脉冲是由单片机控制器中的时钟电路产生的。时钟电路由振荡器和分频器组成,如图 3-22 所示,振荡器产生基本的振荡信号,然后进行分频得到相应的时钟。振荡电路通常有内部振荡和外部振荡两种方式。STC15F2K60S2 单片机内部集成高精度 R/C 时钟,工作时钟可以使用内部振荡器或者外部晶体振荡器产生的时钟。外部振荡信号通过内部时钟电路,经过分频,得到相应的时钟信号。

振荡周期：晶体振荡器的周期。

状态周期：振荡信号经二分频后形成的时钟脉冲信号,用 S 表示。一个状态周期的两个振荡周期作为两个节拍分别称为节拍 P1 和节拍 P2。P1 有效时,通常完成算术逻辑操作；P2 有效时,一般进行内部寄存器之间的传输。一组节拍 P1 和节拍 P2 也可称为一个时

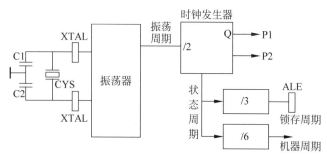

图 3-22　外部振荡模式

钟周期。

　　机器周期：完成一个基本操作所需的时间称为机器周期。如图 3-23 所示，一个机器周期包含 6 个状态周期，用 S1、S2、…、S6 表示；共 12 个节拍，依次可表示为 S1P1、S1P2、S2P1、S2P2、…、S6P1、S6P2。

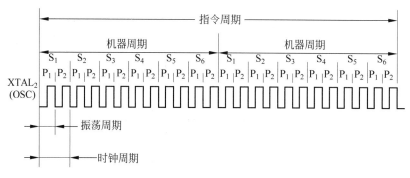

图 3-23　各种周期的相互关系示意

　　指令周期：CPU 执行一条指令所需要的时间。CPU 执行指令是在时钟脉冲控制下一步一步进行的，由于指令的功能和长短各不相同，因此，指令执行所需的时间也不一样。一个指令周期通常含有 1～4 个机器周期。

　　例如 MCS-51 单片机外接晶振为 12MHz 时，则单片机的四个周期的具体值为：

振荡周期＝1/12MHz＝1/12μs＝0.0833μs

时钟周期＝1/6μs＝0.167μs

机器周期＝1μs

指令周期＝1～4μs

　　单片机晶体振荡器 M 的频率可以在 4～48MHz 之间选择，典型值是 11.0592MHz（因为使用这个频率的晶振可以准确地得到 9600b/s 和 19200b/s 的波特率）。根据指令执行的时间，可计算出 1ms 可以相应执行多少条指令，函数中可通过循环执行空指令来达到延时 1ms 的效果。

　　当然，在此示例程序中也可直接在 STC-ISP 软件中通过"软件延时计算器"功能生成 1 毫秒的延时程序，如图 3-24 所示，然后循环 200 次达到延时 200 毫秒的效果，此外还可以在 STC-ISP 中自动生成指定延时 200 毫秒的延时函数代码。

　　（3）void main()。每个程序都是从主函数 main()开始执行，在主函数中，我们首先要调用函数 init()对电路进行初始化,然后对 P0 口赋值 0x01,这时学习板上最右边的 LED 会被点亮,然后 while(1)循环中用"≪"操作符使 P0 端口的数据不断左移,当 P0 口数据变成 0x80 时,表示点亮的 LED 灯已经移动到最左边。此时将 P0 口数据重新赋值为 0x01,再重复上述过程,这样就能看到不断地被循环点亮的 LED 流水灯了。

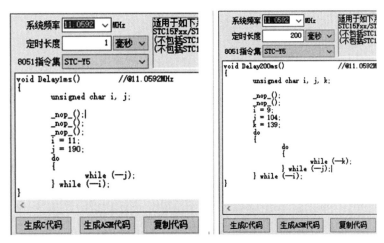

图 3-24　延时计算

3.5　思考题

1. C51 编译器设置的不同优化策略对结果是否有影响?

2. 示例程序中将延时 1ms 的程序循环 200 次达到延时 200ms 的方式是否延时准确?

3. 设计:除了逻辑运算实现法,还可以利用 C51 库自带的移位函数来实现流水灯。打开 Keil 软件安装文件夹,定位到 Keil/C51/Hlp 文件夹下的 c51tools 文件,这是 C51 自带库函数帮助文件,在索引栏找到_crol_函数,双击便会找到函数使用介绍。自己动手试试用库函数实现流水灯案例。

## 第 4 章

存储与指令

本章能了解单片机的存储空间、程序运行使用的指令集,并利用 A51 汇编深入剖析数码管案例,此外,还对 Keil C 软件开发环境中调试方法进行了简单介绍。

4.1 单片机存储结构

4.1.1 编址与存储

8051 单片机的存储器在物理结构上分为程序存储器空间和数据存储器空间,共有 4 个存储空间:片内程序存储器、片外程序存储器以及片内数据存储器、片外数据存储器空间。

从逻辑结构上看(即编程的角度),可以分为三个不同的空间。

(1) 片内、片外统一编址的 64KB 的程序存储器地址空间用 16 位地址表示:0000H~FFFFH,其中 0000H~0FFFH 为片内 4KB 的 ROM 地址空间,1000H~FFFFH 为外部 ROM 地址空间。

(2) 256B 的内部数据存储器地址空间用 8 位地址表示:00H~FFH,分为两大部分,其中 00H~7FH(共 128B 单元)为内部静态 RAM 的地址空间,80H~FFH 为特殊功能寄存器的地址空间,21 个特殊功能寄存器离散地分布在这个区域。

(3) 64KB 的外部数据存储器地址空间用 16 位地址表示:0000H~FFFFH,包括扩展 I/O 地址空间。

上述存储空间地址是重叠的,如图 4-1 所示。8051 的指令系统设计了不同的数据传送指令以区别这 4 个不同的逻辑空间:CPU 访问片内、片外 ROM 用指令 MOVC,访问片外 RAM 用指令 MOVX,访问片内 RAM 用指令 MOV。

程序存储器用于存放编好的程序和表格常数。程序通过 16 位程序计数器寻址,寻址能力为 64KB。这使得指令能在 64KB 的地址空间内任意跳转,但不能使程序从程序存储器空间转移到数据存储器空间。

程序存储器用来储存程序和固定数据等。标准的 51 单片机在程序存储器中有 7 个特殊单元:0000H:程序复位地址;0003H:外部中断 0 入口地址;000BH:定时/计数器 0 入口地址;0013H:外部中断 1 入口地址;001BH:定时/计数器 1 入口地址;0023H:串行口中断入口地址;002BH:定时/计数器 2 入口地址(52 系列)。

片外存储器 I/O 用 MOVX 指令访问。用户可根据 MCS51 总线规则,对系统进行各种各样的扩展。"片内""片外"可以改变,即它们可以集成到片内,但逻辑上不同于 MOV 访问的 RAM,丰富多彩的单片机产品给应用提供了越来越多的方便。

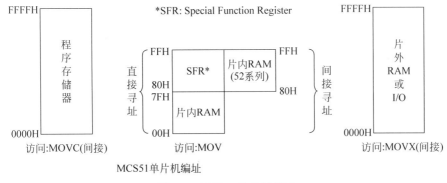

图 4-1　MCS51 单片机编址

内部数据存储单元片内 RAM(MOV 访问的 RAM)地址从 00 到 7FH(80H～FFH)共 128/256 单元,这个区域分为三类:工作寄存器区:00～1F,32 单元;位寻址区:20～2F,16 单元;通用:30～7F(FF),80(208)单元。其中工作寄存器分为 4 组(每一组称为一个寄存器组),每组包含 8 个 8 位的工作寄存器,编号均是 R0～R7,但属于不同的物理空间。工作寄存器 Rn 在系统中有特殊的地位和作用:①将运算结果直接存放在寄存器中,免去转存到存储器的时间,因此可以提高程序的运行速度;②作为 CPU 运算过程中的数据和指令的存放单元。位寻址区位于数据存储器 20F～2FH 区间。此区间的寄存器可以位寻址,可以对它们进行位操作、位运算。

特殊功能寄存器(Special Function Register,SFR)地址为 80H～FFH,共 128 个单元。SFR 是 80C51 单片机中各功能部件对应的寄存器,用于存放相应功能部件的控制命令,状态或数据。它是 80C51 单片机中最具有特殊性的部分,现在 80C51 系列功能的增加和扩展几乎都是通过增加特殊功能寄存器 SFR 来达到目的的。标准的 51 单片机的 SFR 共 21 个字节,52 单片机为 26 个。SFR 根据功能可以分为两类:一类与 CPU 工作或状态相关(6 个),分别为:累加器 A;B 寄存器 B;程序状态字 PSW;堆栈指针 SP;数据指针(高)DPTH;数据指针(低)DPTL,其中 DPTH 和 DPTL 组成 16 位的数据指针 DPTR。另一类与片内 I/O 资源(功能部件)相关(15 个),分别为与定时器相关的 SFR:TCON、TMOD、TH1、TL1、TH0、TL0;并口:P1、P2、P3、P4;与串口相关的 SFR:SBUF,SCON;与中断相关的 SFR:IE、IP,以及与电源管理相关的 PCON,每个 SFR 的作用请见后续各章具体内容。

特殊功能寄存器在编程时可以直接使用 21 个特殊功能寄存器的名字代替其地址。特殊功能寄存器中的有些位赋予了位名称,有些赋予了位地址(80H～FFH 范围内)。只有那些有位地址的位才能进行位操作,这时,可用它们的位名称(如果有的话)代替其位地址。

STC-B 学习板上使用的 IAP15F2K61S2 单片机芯片结构上跟传统 51 单片机的结构非常类似,只是扩充了 SFR 的个数,极大丰富了单片机功能。具体的特殊功能寄存器表可查阅 STC 官方数据手册的 314 页,随着学习的深入,会讲述到大多数特殊功能寄存器。

4.1.2　寻址方式

寻址方式就是在指令中说明操作数所在地址的方法。MCS51 中共有 6 种寻址方式。

1) 立即寻址方式

操作数在指令中直接给出,需在操作数前面加前缀标志"#"。

例如:MOV A,#3AH;立即数 3AH 送累加器 A,图 4-2 示意执行过程。

图 4-2　MOV A,#3AH 执行示意图

2) 寄存器寻址方式

操作数在寄存器中。

例如:MOV A,Rn;(Rn)→A,n=0~7 表示把寄存器 Rn 的内容传送给累加器 A。

寻址范围包括:4 组通用工作寄存区共 32 个工作寄存器和部分特殊功能寄存器,例如 A、B 以及数据指针寄存器 DPTR 等。

3) 寄存器间接寻址方式

寄存器中存放的是操作数的地址。在寄存器的名称前面加前缀标志"@"。

访问内部 RAM 或外部数据存储器的低 256 个字节时,只能采用 R0 或 R1 作为间址寄存器。

例如:MOV A,@Ri;i=0 或 1。

如 Ri 中的内容为 40H,是把内部 RAM 中 40H 单元的内容送到 A。

寻址范围包括访问:

(1) 内部 RAM 低 128 个单元,其通用形式为@Ri。

(2) 对片外数据存储器的 64KB 的间接寻址,例如:MOVX A,@DPTR。

(3) 片外数据存储器的低 256 字节,例如:MOVX A,@Ri。

(4) 堆栈区,堆栈操作指令 PUSH(压栈)和 POP(出栈)使用堆栈指针(SP)作间址寄存器。

例如:

```
MOV R0, #50H
MOV A, @R0
```

执行过程如图 4-3 所示。

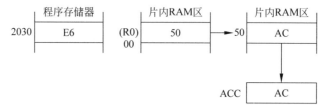

图 4-3　MOV A,@R0 执行示意图

4) 直接寻址方式

操作数直接以单元地址的形式给出。

例如：

```
MOV A,40H
```

寻址范围包括内部 RAM 的 128 个单元和特殊功能寄存器。除了以单元地址的形式外,还可用寄存器符号的形式给出。

例如：MOV A,80H 与 MOV A,P0 是等价的。

直接寻址方式是访问特殊功能寄存器的唯一寻址方式。

5) 基址寄存器加变址寄存器间接寻址方式

本寻址方式是以 DPTR 或 PC 作基址寄存器,以累加器 A 作为变址寄存器。这种寻址方式需要注意的地方如下：

本寻址方式是专门针对程序存储器的寻址方式,寻址范围可达到 64KB。

本寻址方式的指令只有 3 条：

```
MOVC   A,@A + DPTR
MOVC   A,@A + PC
JMP    @A + DPTR
```

6) 相对寻址方式

在相对寻址的转移指令中,给出了地址偏移量,以"rel"表示,即把 PC 的当前值加上偏移量就构成了程序转移的目的地址。

$$目的地址＝转移指令所在的地址＋转移指令的字节数＋rel$$

偏移量 rel 是一带符号的 8 位二进制数补码数。相对寻址的范围是：－128～＋127,向地址增加方向最大可转移(127＋转移指令字节)个单元地址,向地址减少方向最大可转移(128－转移指令字节)个单元地址。例如：

```
JC 03H
```

若进位 C＝0；则程序顺序执行,即不跳转,PC＝PC＋2；若进位 C＝1,则以 PC 中的当前内容为基地址,加上偏移量 03H 后所得到的结果为该转移指令的目的地址,如图 4-4。

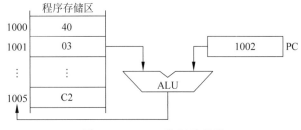

图 4-4　JC 03H 执行示意图

4.1.3　51 指令集

STC15F2K61S2 单片机的指令系统与传统 8051 完全兼容。42 种助记符代表了 33 种功能,而指令是助记符与操作数各种寻址方式的结合,共构造出 111 条指令。

指令的一般格式为：

```
操作码　[操作数 1]　[,操作数 2]　[,操作数 3]
```

其中操作数 1 可以既为目的操作数也可以为源操作数,操作数 2 和 3 必须为源操作数。

8051 的机器指令按指令编码和指令长度可分为 3 种格式:单字节指令,双字节指令和三字节指令。

按指令执行时间可分为 3 种格式:1 个机器周期指令,2 个机器周期指令和 4 个机器周期指令。

按功能分可分为 5 大类:数据传送类(M)指令、算术运算类(A)指令、逻辑运算类(L)指令、位操作类(B)指令和控制转移类(C)指令,详见附录 B。

4.2　任务　八位数码管动态扫描

在学习完流水灯案例之后,我们再来学习数码管案例。学习完数码管案例之后,我们就能编写程序让数码管显示出字符信息,从而能更加直观地学习单片机技术。

4.2.1　数码管

数码管的具体引脚定义如图 4-5 所示。LED 数码管(LED Segment Displays)由多个发光二极管封装在一起组成"8"字形的器件,引线已在内部连接完成,只需引出它们的各个笔画的公共电极。数码管实际上是由 7 个发光管组成 8 字形构成的,加上小数点就是 8 个。数码管分为共阴极的数码管和共阳极的数码管两种。STC-B 学习板上使用的是共阴极的数码管,这种数码管所有的发光二极管的阴极连接在一起,称为数码管的位选信号,低电平有效。8 个数码管的阳极由字母 a、b、c、d、e、f、g、dp 来表示,称为数码管的段选信号。要点亮一个共阴极的数码管,需要将其公共端至"0",并且将对应的段选信号至高电平。STC-B 学习板上使用的数码管是将 4 个单独的数码管的段选引脚都连接在一起,这样只要轮流使能 4 个数码管的位选信号,当段选信号有效时,位选信号有效的对应数码管就能被点亮。

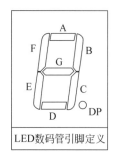
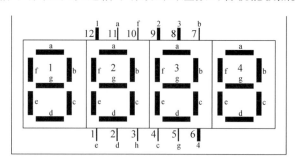

图 4-5　LED 数码管引脚定义

4.2.2　数码管电路

数码管硬件电路原理图如图 4-7 方框部分所示。P0 端口的 8 位输出 P0.0～P0.7 分别控制一个 LED 数码管的 7 段和一个小数点;而 P2 端口的 P2.3 经反相器 U4C 控制 74HC138 的使能信号 E3,结合 P2.0、P2.1、P2.2 这 3 个位选控制信号确定 8 个 LED 数码管中的哪个被点亮;电阻 R15～R22 为限流电阻。当段选为高、使能信号有效时,对应的 LED 管将会发光。

通过以一定频率扫描位选信号,修改段选信号进行数码管点亮一段时间,从而在视觉上给人几个数码管近似同时显示的效果,如图 4-6 所示。

图 4-6 案例测试结果

要在数码管上显示的字符,假设点亮数码管中的 b、c 两段,对照图 4-7 可知,此时 P0 端口的值应为"00000110B",用十六进制表示为"0x06H"。表 4-1 为数码管上显示字符和 P0 端口数值之间的对应关系。

表 4-1 数码管显示译码表

显示字符	a	b	c	d	e	f	g	h	P0 端口数值
0	1	1	1	1	1	1	0	0	0x3f
1	0	1	1	0	0	0	0	0	0x06
2	1	1	0	1	1	0	1	0	0x5b
3	1	1	1	1	1	0	0	0	0x4f
4	0	1	1	0	0	1	1	0	0x66
5	1	0	1	1	0	1	1	0	0x6d
6	1	0	1	1	1	1	1	0	0x7d
7	1	1	1	0	0	0	0	0	0x07
8	1	1	1	1	1	1	1	1	0x7f
9	1	1	1	1	1	1	0	0	0x3f

4.2.3 规划设计

目标:本节点亮数码管案例,是动态扫描所有的数码管,从左到右 8 个数码管分别显示 1、2、3、4、5、6、7、8,通过 A51 深入了解单片机程序运行。

资源:STC-B 学习板、PC、Keil 4 软件、STC-ISP 软件(V6.8 以上)。

任务:

(1) 再次下载本工程 Hex 文件,并对照测试结果仔细观察将实现的功能。

(2) 利用 A51 编程实现任务功能。

功能:8 个数码管同时显示 1~8,总共 8 个数字。

测试结果:将程序下载到 STC 学习板上后,观察到 8 个数码管同时显示,从左到右分别显示值为 1、2、3、4、5、6、7、8。

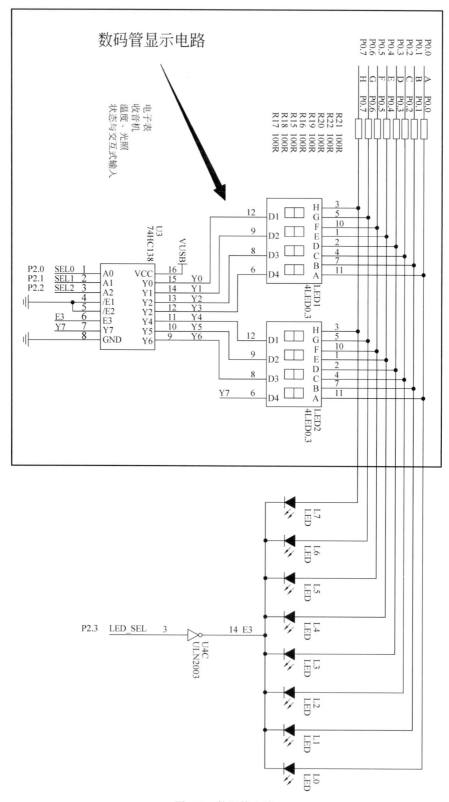

图 4-7　数码管电路

4.2.4　实现步骤

1. 参考代码

```
$ include(STC15F2K60S2.H)
ORG     0000H                                 ;程序从地址 0000H 开始执行
        LJMP    START                         ;跳转到标号为 start 的一行
; ----------------------------------- 主程序 -----------------------------------
ORG     0100H                                 ;此处的地址为 0100H
START:  MOV     P0M1,    #00000000B            ;设置 P0 端口的工作状态为推挽输出
        MOV     P0M0,    #11111111B
MAINLOOP:
        MOV     P2,      #00000000B            ;位选信号
        MOV     P0,      #00000110B            ;段选信号
        CALL    DELAY                          ;延时一段时间
        MOV     P2,      #00000001B            ;位选信号
        MOV     P0,      #01011011B            ;段选信号
        CALL    DELAY                          ;延时一段时间
        MOV     P2,      #00000010B
        MOV     P0,      #01001111B
        CALL    DELAY
        MOV     P2,      #00000011B
        MOV     P0,      #01100110B
        CALL    DELAY
        MOV     P2,      #00000100B
        MOV     P0,      #01101101B
        CALL    DELAY
        MOV     P2,      #00000101B
        MOV     P0,      #01111101B
        CALL    DELAY
        MOV     P2,      #00000110B
        MOV     P0,      #00000111B
        CALL    DELAY
        MOV     P2,      #00000111B
        MOV     P0,      #01111111B
        CALL    DELAY
        JMP     MAINLOOP
; ----------------------------------- 延时程序 -----------------------------------
DELAY:  MOV     R0,      #00FH
L1:     MOV     R1,      #02FH
L2:     MOV     R2,      #04H
L3:     NOP
        DJNZ    R2,      L3
        DJNZ    R1,      L2
        DJNZ    R0,      L1
        RET
```

2. 分析说明

伪指令 7 条如表 4-2 所示。

表 4-2 伪指令

伪指令	功　　能	格　　式
ORG	规定本条指令下面的程序和数据的起始地址	ORG Addr16
EQU	将一个常数或汇编符号赋给字符名,相当于 C 语言的 define	字符名 EQU 常数或汇编符号
BIT	将 BIT 之后的位地址值赋给字符名	字符名 BIT 位地址
DB	从指定的 ROM 地址单元开始存入 DB 后面的数据,这些数据可以是用逗号隔开的字节串或括在单引号中的 ASCII 字符串	DB 8 位数据表
DW	从指定的 ROM 地址开始,在连续的单元中定义双字节数据	DW 16 位数据表
DS	从指令地址开始保留 DS 之后表达式的值所规定的存储单元数,以备后用	DS 表达式
END	用来指示源程序到此全部结束	END

单片机上电复位之后,程序计数器总是指向程序存储器 0000H 开始的地址,从第 4 章前面部分的内容可以了解到,标准的 51 单片机在程序存储器中有 7 个特殊单元,例如 0003H:外部中断 0 入口地址;000BH:定时/计数器 0 入口地址;为了不影响这些特殊单元的功能,往往在地址 0000H 处写一条跳转指令,让程序避开这些特殊单元。在此示例程序中,将程序从 0000H 直接跳到 0100H 处开始执行下面的程序。

从标号 START 开始的两行是配置并口 P0 的工作模式,要点亮数码管,需要足够大的电流,这就要将 P0 设置成为推挽的工作模式,P0 端口的具体工作原理见第 5 章。

从标号 MAINLOOP 开始的程序是程序的主要部分,首先将 P2 端口的值置为 00000000B,对照电路原理图可以看到芯片 74HC138 的 3 个输入端均为"0",此时输出端 Y0 的值"0",其他位的值均为"1",表示第一个数码管的位选信号有效,其他数码管的位选信号均无效,然后将 P0 端口的值置为 00000110B,对应数码管的引脚定义图可知数码管的 b、c 两段被点亮,也就是说我们能看到一个显示的字符为"1";然后延迟一段时间,再点亮第二个数码管,第二个数码管对应的段选信号是 01011011B,表示数码管的 a、b、d、e、g 段被点亮,此时显示的字符为"2",依此类推,就能在 8 个数码管上面看到同时显示的数字"12345678"了。

标号为 DELAY 部分的程序为延时程序,跟第 3 章流水灯案例中的延时程序类似,让单片机循环执行一大段程序达到延时的效果。

4.3　任务　硬件仿真

4.3.1　仿真器配置

STC-B 学习板上的芯片 IAP15F2K61S2 具有在线仿真功能,我们可以利用 STC 公司所提供的软件 STC-ISP 配合 Keil 软件进行硬件的在线仿真调试。

1. 创建仿真芯片

将 PC 与学习板连接(学习板的芯片是 IAP15F2K61S2),如图 4-8 所示,选择正确的芯片型号,进入"Keil 仿真设置"页面,单击"将 IAP15F2K61S2 设置为 2.0 版仿真芯片",然后单击下载板的复位键,当下载完成后仿真器便制作完成了。

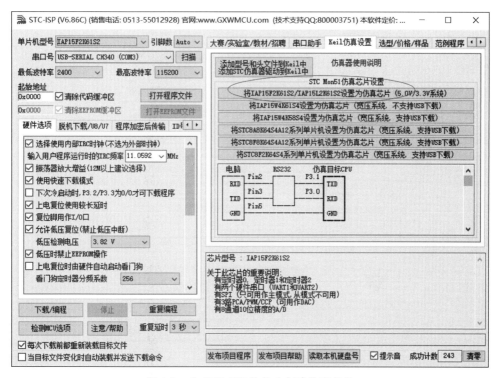

图 4-8 在 STC-ISP 软件中创建仿真芯片

2. 设置正确的仿真芯片

第 3 章将 STC 系列单片机的数据库添加到 Keil C51 之后,就可以使用 STC 的芯片进行在线仿真调试了。在 Keil 中新建项目,在选择芯片型号时,便会有 STC MCU Database 选项,如图 4-9 所示。

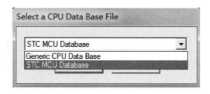

图 4-9 选择 STC 系列芯片

然后从列表中选择 STC15F2K60S2 型号,如图 4-10 所示,单击 OK 按钮完成选择。

添加源代码文件到项目中,如图 4-11 所示。参照第 3 章内容完成保存项目,若编译无误则可以进行下面的设置。

如果是打开已有的项目工程进行相应的硬件仿真操作,即打开已有工程后直接单击 🔏 弹出如图 4-12 所示界面,打开 Device 页面,选择 STC MCU Database 以及型号 STC15F2K60S2,如图 4-13 所示。后面的步骤与新建工程项目类似。

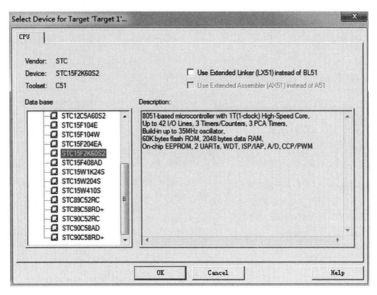

图 4-10　选择 STC15F2K60S2 芯片

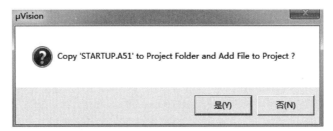

图 4-11　　将相应信息添加到工程中

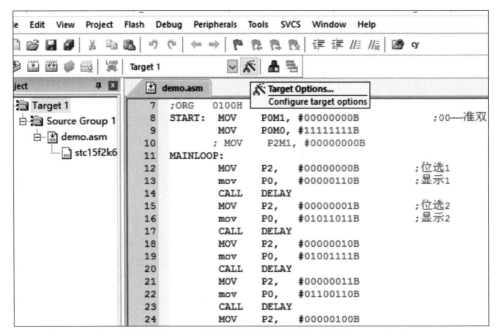

图 4-12　打开已有工程并单击选项按键

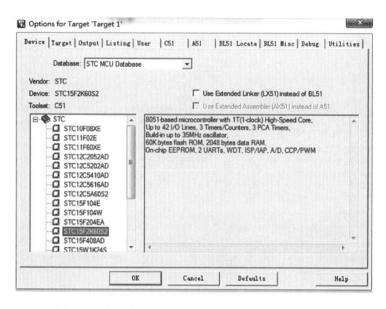

图 4-13　在已打开的工程中选择 STC15F2K60S2 芯片

如图 4-14 所示,首先进入到项目的设置页面,第一步选择 Debug 设置页,第二步在右侧左键点选 Use,第三步选择 STC Monitor-51 Driver,第四步单击 Setting 按钮,在跳出的对话框中选择如图 4-15 所示 STC-ISP 软件中看到的串口号和波特率(如图 4-14 所示),单击 OK 按钮确认返回。

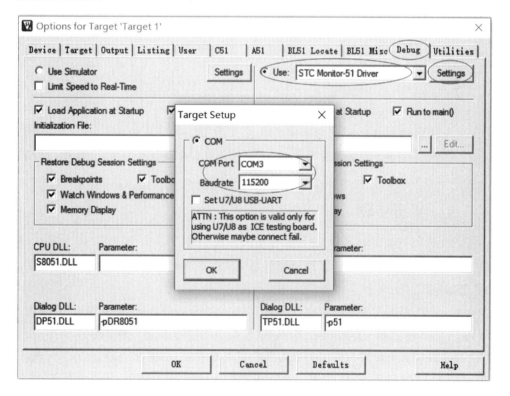

图 4-14　选择仿真驱动

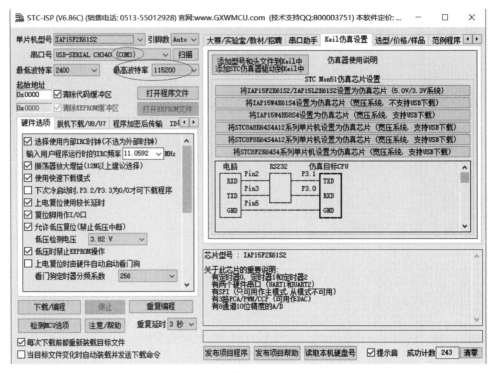

图 4-15　STC-ISP 软件中看到的串口号和波特率

4.3.2　规划设计

目标：本节通过学习板仿真器深入了解单片机程序调试。

资源：STC-B 学习板、PC、Keil 4 软件、STC-ISP 软件（V6.8 以上）。

任务：

（1）回顾上一节利用 A51 编程实现任务功能基础。

（2）将学习板设置为仿真器，通过硬件仿真方式，调试单片机程序。

功能：学习板处于仿真器工作模式时，随着单片机程序调试代码的同时，学习板上 8 个数码管会相应显示。

4.3.3　实现步骤

学习板正常配置成仿真器后，开始硬件调试仿真步骤：

（1）将前面新建的项目编译至没有错误后，单击 debug 按键 ⌖ 进入仿真调试，出现如图 4-16 调试界面。

（2）接下来可单击左上角工具栏 ▥｜▤｜◎｜⇥⇥⇥⇥⇥ 分别进行复位、全速运行、结束运行、单步运行、不进入函数单步运行、运行至函数、运行至断点等操作来调试程序。

（3）单击外设状态标签可弹出相应的外设状态查看窗口，如图 4-17 所示。在调试数码管案例时也可以根据需要打开 P0 端口和 P2 端口的状态栏来观察程序的结果，如图 4-18 所示。

图 4-16　仿真调试界面

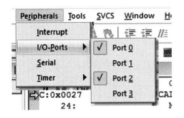

图 4-17　外设窗口

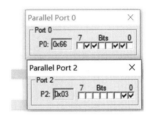

图 4-18　查看 I/O 状态

（4）单击 ⑰ 按钮，不进入函数单步调试程序，如图 4-19 在程序窗口的左边会出现黄色箭头，表示程序运行到当前位置，此时已经产生第一个数码管的段选信号和位选信号，可以看到 P0 和 P2 端口已经被正确赋值。此时，STC-B 学习板上第一个数码管上显示字符"1"，如图 4-20 所示，继续单步调试程序，可以依次看到学习板上数码管随着单步调试逐个显示数值。全速运行程序，学习板上可以看到同时显示的 8 个数字，如图 4-21 所示，结果同下载后运行结果（图 4-6）一致。

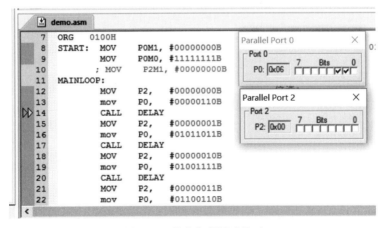

图 4-19　单步仿真调试界面

图 4-20　数码管显示字符"1"

图 4-21　数码管显示字符"12345678"

4.4　任务　软件仿真

4.4.1　规划设计

目标：本节在熟悉的流水灯案例基础上，熟习 Keil 软件调试单片机程序方法。

资源：STC-B 学习板、PC、Keil 4 软件、STC-ISP 软件（V6.8 以上）。

任务：

（1）再次下载上一章流水灯工程 Hex 文件，并对照测试结果仔细观察将实现的功能。

（2）利用 Keil 软件仿真调试任务功能。

功能：Keil 软件仿真器在调试单片机时，可以同步显示外设 P0（LED 灯）变化。

4.4.2　实现步骤

Keil 软件提供了不需要硬件学习板直接在软件中进行仿真的功能。

软件仿真是在图 4-22 中选择 Use Simulator,软件仿真是模拟单片机的运行过程,只能在计算机上观察到程序运行之后寄存器等的变化结果,但是部分现象无法显示,如学习板上的 LED 灯的闪烁。

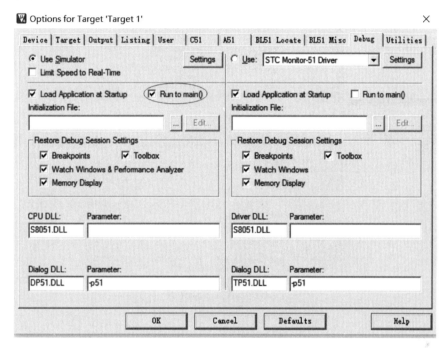

图 4-22　软件仿真设置

在仿真调试 C 语言程序时,如图 4-22 所示,选择 Use Simulator,同时注意选中 Run to main 复选框,保证程序在开始进入调试的时候找到正确的主函数入口地址。

软件仿真除了能观察到相关寄存器信息之外,还能观察到硬件仿真中不能观察到的信息。比如可以观察到一段程序执行的时间,如图 4-23 中流水灯案例进入软件仿真之后的界面的红色框标明的 sec 项。

观察程序执行时间的步骤如下:

(1) 在需要观察程序执行的语句和下一句程序都加上断点,加断点的方式是直接在行标号之前单击左键,出现红色圆圈即为成功加入断点,再次单击即为取消该位置的断点。

(2) 单击 ![按键图标] 按键执行程序,程序运行到断点处会自动停止,如图 4-24 所示,观察到此时程序运行的时间为 0.00020450 秒。

(3) 再次单击该按键,程序会在下一个断点处停止,如图 4-25 所示,此时程序运行的时间为 0.55360950 秒,两次的时间差即为两个断点之间程序运行的时间。

注意程序运行时间可能会因为程序执行 CPU 类型和主频的选择不同而造成结果不同。

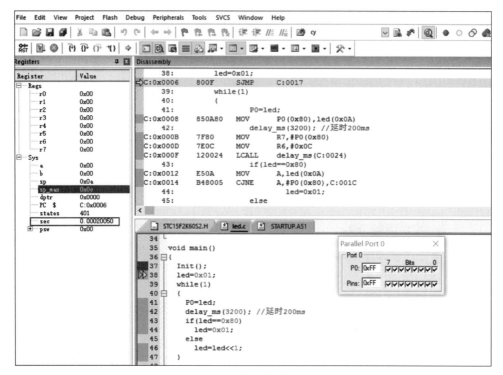

图 4-23　软件仿真界面

图 4-24　观察程序运行时间(1)

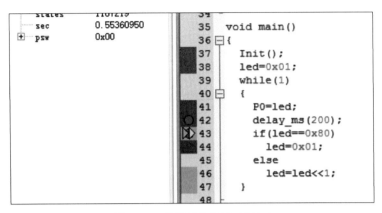

图 4-25　观察程序运行时间(2)

4.5　思考题

1. 51 单片机有哪些编址方式和寻址方式？

2. 51 指令集有哪些类别的指令？举例说明每一类指令的执行过程。

3. 解释学习板上数码管使用动态扫描方式的原因？举例说明你知道的视觉暂留现象在生活中的实例。

4. 比较程序代码调试的两种仿真方法。

5. 如何查看 delay 延时程序执行的准确时间？当发现 delay_ms(200)执行的时间不是准确的 200ms 时,如何编写程序实现准确延时 200ms？

## 第 5 章

并口 I/O

前两章详细介绍了单片机结构、存储与指令,结合 Keil 软件开发环境,学习了 C51 和 A51 基本编程方法、软件仿真与硬件仿真调试方法。本书后续章节将以灵活运用 C51 编程和调试为主。通过本章学习能了解 I/O 并口工作模式,认识 C51 的宏、数组、库文件调用写法与 STC15 库文件,熟悉 Z1 版代码风格(下文以代号 Z1 简称)和流程图符号,从数码管流水灯到按键、振动检测、霍尔磁场检测的并口编程案例深入 Z1 版 C51 基本结构编程。

5.1 并口 I/O 工作模式

STC15 系列单片机所有并口 Px(x 指代 0～5)均可由软件配置成 4 种工作类型,分别为准双向口/弱上拉(标准 8051 输出模式)、推挽输出/强上拉、仅为输入(高阻)或开漏输出功能。并口 Px 由 2 个口线寄存器 PxM1 和 PxM0 中相应位的锁存数据来控制 Px 各引脚的工作类型。

5.1.1 I/O 配置

STC15 系列单片机最多有 46 个 I/O 口(如 48-pin 单片机):P0.0～P0.7,P1.0～P1.7,P2.0～P2.7,P3.0～P3.7,P4.0～P4.7,P5.0～P5.5。每个口由 2 个控制寄存器中的相应位控制每个引脚工作类型。单片机复位后,各个端口的引脚功能默认为 I/O 功能,配置为准双向口/弱上拉模式。每个 I/O 口驱动能力均可达到 20mA,但 40 个引脚及 40 个引脚以上单片机的整个芯片最大不要超过 120mA。

STC15 单片机端口的引脚端口的工作模式通过两个口线寄存器 PxM1 和 PxM0 共同决定,可配置成表 5-1 所示四种模式。

表 5-1 I/O 工作模式设定

PxM1[7:0]	PxM0[7:0]	I/O 口工作模式
0	0	准双向口(传统 8051 I/O 口模式),灌电流可达 20mA,拉电流为 $150\mu A\sim 270\mu A$
0	1	推挽输出(强上拉输出,可达 20mA,要加限流电阻)
1	0	仅为输入(高阻),电流既不能流入也不能流出
1	1	开漏(Open Drain),内部上拉电阻断开,需外接上拉电阻才可以拉高

举例：

```
MOV P0M1,#10100000B
MOV P0M0,#11000000B
```

结果：P0.7 为开漏；P0.6 为强推挽输出，P0.5 为高阻输入，P0.4/P0.3/P0.2/P0.1/P0.0 为准双向口/弱上拉。

5.1.2 工作模式结构

四种工作模式的内部结构简述如下。

1. 准双向口（弱上拉）输出

准双向口输出类型可直接用作输出和输入功能而不需每次转向时重新配置口线输出状态。因为当口线输出为 1 时的驱动能力很弱允许外部装置将其拉低，而当引脚输出为低时的驱动能力很强可吸收相当大的电流。准双向口输出如图 5-1 所示。准双向口有 3 个上拉晶体管适应不同的需要。

准双向口输入数据方向上带有一个施密特触发输入以及一个干扰抑制电路，读取外部状态前，要先将端口锁存为 1，这样才能读到外设正确的数据状态。

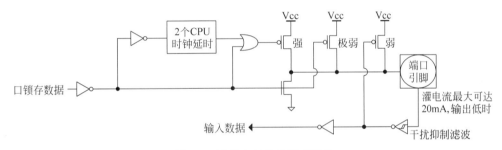

图 5-1 准双向口输出模式结构

2. 强推挽输出

强推挽输出配置的下拉结构与开漏输出以及准双向口的下拉结构相同，但当锁存器为 1 时提供持续的强上拉。推挽模式一般用于需要驱动大电流的电路中，它的引脚配置如图 5-2 所示。

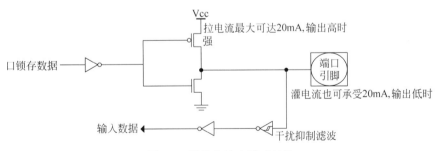

图 5-2 强推挽输出模式结构

3. 仅输入（高阻）

仅输入（高阻）工作模式下，用于作读取数据的输入脚，而不需要对其端口锁存 1，基本没有电流流入。仅输入配置结构如图 5-3 所示。

图 5-3　高阻输入模式结构

4. 开漏输出

开漏模式既可读外部状态也可对外输出(高电平或低电平)。开漏输出模式结构如图 5-4 所示。当口线锁存器为 0 时,开漏输出关闭所有上拉晶体管。当作为一个逻辑输出高电平时,这种配置方式必须有外部上拉,一般通过电阻外接到 V_{cc}。

如果外部有上拉电阻,开漏的 I/O 口还可读外部状态。这种方式的下拉与准双向口相同,开漏端口带有一个施密特触发输入以及一个干扰抑制电路。

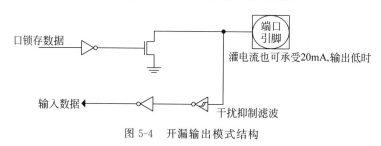

图 5-4　开漏输出模式结构

5.2　C51 代码风格

好的代码风格让程序代码本身会说话,即使注释不足对代码的可读性影响也不太。

本书 C51 代码命名及格式规范参考 Z1 版风格。

Z1 版代码风格特点如下:黑白模式依然阅读舒适;谨慎使用大小写,避免与 SFR 大写混淆;长命名方式,采用英文单词与数字组合,可读性强,避免拼音英文混用;使用统一前缀满足编辑器(如 Source Insight)快速录入时自动补全与提示功能需求。

1. 命名规则

Pascal 规则(帕斯卡命名),每个单词开头的字母大写(如 TestCounter)。

Camel 规则(大驼峰和小驼峰命名),除了第一个单词外的其他单词的开头字母大写。如 testCounter。

2. 实例

(1) 用户自定义库文件用双引号" ",区分系统库尖括号<　>。

(2) 采用 uint 表示 unsigned int,uchar 表示 unsigned char。

(3) 常量与宏,Camel 命名,小写前缀加首字母大写名称组合:

[cst][名词 y][动词][名词]

说明:如 cstLedOn、cstKeyCnt。前缀 cst 原本是 constant。名词 y 一定有,跟学习板相关资源名词及简写参考表 5-2(多种选择以","间隔,X 开头是外接模块)。波浪线部分可自由添加,满足名词结构或动宾结构。

表 5-2 资源名词简写举例

硬 件 名	简 写	硬 件 名	简 写	硬 件 名	简 写
发光二极管	Led	按键	Key	温度传感器	Rt,Therm
数码管	Seg7	震动传感器	Vib	光照传感器	Ro,Photo
步进电机模块	Xstep	霍尔传感器	Hall	串口通信	Uart
蜂鸣器	Beep	导航按键	Nav	485 通信	M485
EEPROM	I2c,C2402	三轴加速度	A345,I2c	红外线通信	Ir
实时时钟	Rtc,D1302	收音机	Fm,R5807	扩展口	Ext
超声波测距模块	Xdist	压力称重模块	Xper	长度测量模块	Xlen
转角测量模块	Xdeg	蓝牙通信模块	Xble		

（4）变量命名,Camel 命名,小写前缀加名称加后缀组合:

[前缀 x][名词 y][动词][名词][后缀 z]

说明:如 sbtLedSel、uiXstepCnt、ucKeyState。简单的循环语句中计数器变量可使用 i、j、k、l、m、n。前缀 x 根据不同的数据类型采用不多于 3 个字母简写,如表 5-3。[名词 y]与波浪线部分规则符合第（3）条。后缀 z 含字母与数字组合,State 表示状态,Flag 表示标记,Tmp 和 Reg 表示暂存,末尾接数字作序号。

（5）函数命名,使用 Pascal 规则,分两种名称组合:

[动词][名词 y] 和 [名词 y][_][动词][名词]

说明:第一种组合如 InitPort 常用于初始化。第二种组合与第（4）条减去前缀后缀变量命名规则相似,仅中间多了"_"下画线,如 T0_Process、Key_Scan。

表 5-3 数据类型简写举例

类 型	简 写	类 型	简 写	类 型	简 写
Signed char	chr	Unsigned char	uc	Array	arr
Signed int	int	Unsigned int	ui	Struct	str
Signed long	lng	Unsigned long	ul	Union	uni
Float	flt	Bit	bt	Enum	enu
		Sbit	sbt		

5.3 任务 八位数码管加流水灯

前面几章学习板分别进行八位数码管和流水灯的编程,它们都是板载主要的显示资源,本质一致,本节将进一步实现八位数码管与流水灯一起显示。

5.3.1 规划设计

目标:通过本案例,能学习动态扫描技术在驱动多位数码管与流水灯电路同时显示数据、熟悉 Z1 代码风格。

资源:STC-B 学习板、PC、Keil 4 软件、STC-ISP 软件(V6.8 以上)。

任务：

（1）再次下载本工程 Hex 文件，并对照测试结果仔细观察将实现的功能。

（2）参考 Z1 代码风格，利用 C51 编程实现任务功能。

功能：本程序是动态扫描所有的数码管，从左到右 8 个数码管分别显示 1、2、3、4、5、6、7、8。LED 流水灯从右到左依次亮起。

测试结果：数码管与流水灯同屏显示，一位 LED 灯从右到左依次亮起，如图 5-5 所示。

图 5-5　案例测试结果

5.3.2　实现步骤

1. 参考代码

```
/ * * * * * * * * * * * * * * * * * * * * * * *
mySeg7Led:八位数码管 + 流水灯
型号:STC15F2K60S2 主频:11.0592MHz
* * * * * * * * * * * * * * * * * * * * * * * /
# include < STC15F2K60S2. h>
# define uint unsigned int
# define uchar unsigned char

uchar arrSeg7Select[] = {0x3f, 0x06, 0x5b, 0x4f, 0x66, 0x6d, 0x7d, 0x07, 0x7f}; //显示 0～8
uchar arrDigitSelect[] = {0x00, 0x01, 0x02, 0x03, 0x04, 0x05, 0x06, 0x07};  //数码管 0～7

/ * --------- 引脚别名定义 --------- * /
sbit sbtLedSel = P2 ^ 3;                       //数码管与 LED 灯切换引脚

/ * --------- 变量定义 --------- * /
uchar uiLed = 0x01;                            //LED 灯值寄存
uint uiLedCnt = 0;                             //LED 灯累计计数器
uchar i = 0;                                   //数码管扫描显示循环

/ * --------- 初始化函数 --------- * /
void Init()
{
    P0M1 = 0x00;
    P0M0 = 0xff;
    P2M1 = 0x00;
    P2M0 = 0x08;
```

```
        sbtLedSel = 0;                          //先选择数码管亮
}

/* --------- 延时函数 --------- */
//下为生成 1ms 的延时函数,通过传入参数 n,函数可以延时 n 毫秒
void delay_ms( uint n )
{
    while( n )
    {
        uchar i, j;
        i = 11;
        j = 190;
        do
        {
            while ( --j );
        }
        while ( --i );
        n--;
    }
}

/* --------- 主函数 --------- */
void main()
{
    Init();
    while( 1 )
    {
        sbtLedSel = 0;
        for( i = 0; i < 8; i++)
        {
            P0 = 0;
            P2 = arrDigitSelect[i];             //选择数码管的位数
            P0 = arrSeg7Select[i + 1];          //显示对应的数值
            delay_ms( 1 );
        }
        uiLedCnt++;
        sbtLedSel = 1;
        P0 = uiLed;                             //LED 显示
        delay_ms( 1 );
        if( uiLedCnt == 50 )
        {
            if( uiLed == 0x80 )                 //等于 0x80 时,重新赋初值 0x01
                uiLed = 0x01;
            else
                uiLed = uiLed << 1;             //值逐一左移
            uiLedCnt = 0;
        }
    }
}
```

2. 分析说明

通过以一定频率扫描位选信号,选择段选信号将数码管点亮一段时间,从而给人视觉上几个数码管几乎同时显示的效果;同时扫描 LED,使 LED 从右到左不断亮起。

1) 相关寄存器设置

P0(8 位)和 P2.3 需要设置成推挽输出,以驱动电路正常发光。涉及寄存器及配置值如:P2M1＝0x00;P2M0＝0x08;P0M1＝0x00;P0M0＝0xff。

2) 程序设计框架

main()函数首先初始化硬件后,主要的大循环 while(1)负责:

先利用 for 循环扫描数码管并输出相关变量给数码管段选和位选信号,之后对 LED 灯进行赋值操作,达到数码管与流水灯一直亮的状态。

循环扫描点亮 LED 灯时,如果延时太短,则无法分辨出 LED 从右至左逐个点亮;如果延时过长,则数码管显示会受影响。因此,点亮 LED 灯需采用计数的方式,到达某一固定次数时,改变 P0 值,使其从右至左逐个亮起。delay_ms(uint n)为延时函数。

5.4　任务　三按键测试

数码管流水灯是 I/O 口输出设备,本节将实现输入设备中常见的数字按键功能。

5.4.1　按键电路

按键电路如图 5-6 所示,三个数字按键从左往右分别是 K3、K2、K1。按键默认未按下,此时电路断开,I/O 口输入(KEY3、KEY2、KEY1)保持高电平。当按键被按下时,电路导通接地,I/O 口输入为低电平。学习板还设计有模拟按键,如图左部分,原理参考第 9 章的导航按键案例。

5.4.2　规划设计

目标:通过本案例,能学习按键实现 I/O 口输入、熟悉 Z1 代码风格。

资源:STC-B 学习板、PC、Keil 4 软件、STC-ISP 软件(V6.8 以上)。

任务:

(1) 再次下载本工程 Hex 文件,并对照测试结果仔细观察将实现的功能。

(2) 参考 Z1 代码风格,利用 C51 编程实现任务功能。

功能:

(1) 若按键 K1 被按下,则 LED 灯 L0 发光,否则,L0 不发光。

(2) 若按键 K2 被按下,则 LED 灯 L1 发光,否则,L1 不发光。

(3) 若按键 K3 被按下,则 LED 灯 L2 发光,否则,L2 不发光。

测试结果:分别按下 K3、K2、K1 时,相应的指示灯 L2、L1、L0 亮。如 K1 按下时指示灯 L0 亮,效果如图 5-7 所示。

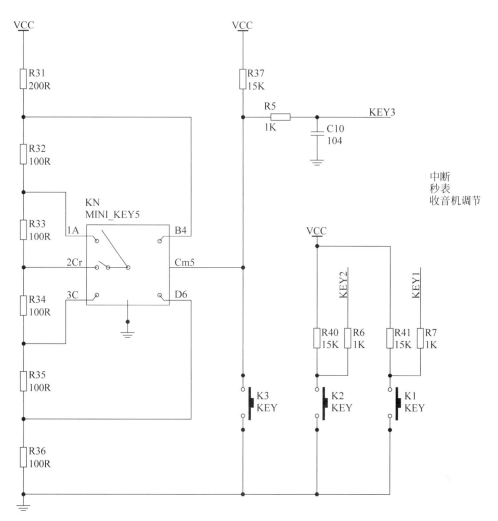

图 5-6 按键电路示意图

图 5-7 案例测试结果

5.4.3 实现步骤

1. 参考代码

```
/ * * * * * * * * * * * * * * * * * * * * * * * *
myKey321 三按键测试
型号:STC15F2K60S2 主频:11.0592MHz
* * * * * * * * * * * * * * * * * * * * * * /
#include <STC15F2K60S2.H>

/ * --------- 引脚别名定义 --------- * /
sbit sbtKey1 = P3 ^ 2;
sbit sbtKey2 = P3 ^ 3;
sbit sbtKey3 = P1 ^ 7;
sbit sbtLedSel = P2 ^ 3;

/ * --------- 初始化函数 --------- * /
void Init()
{
    //推挽输出
    P0M0 = 0XFF;
    P0M1 = 0X00;
    P2M0 = 0X08;
    P2M1 = 0X00;
    sbtLedSel = 1;              //选择让 LED 灯发光,可以不设置,默认为 1
    P0 = 0;                     //初始化 P0,让 LED 灯全部熄灭
}

/ * --------- 主函数 --------- * /
void main()
{
    Init();
    while( 1 )
    {
        if( sbtKey1 == 0 )      //检测按键 1 是否被按下
            P0 |= 0x01;         //按下则 L0 发光
        else
            P0 &= ~0x01;        //否则 L0 熄灭

        if( sbtKey2 == 0 )      //检测按键 2 是否被按下
            P0 |= 0x02;         //按下则 L1 发光
        else
            P0 &= ~0x02;        //否则 L1 熄灭

        if( sbtKey3 == 0 )      //检测按键 3 是否被按下
            P0 |= 0x04;         //按下则 L2 发光
        else
            P0 &= ~0x04;        //否则 L2 熄灭
    }
}
```

2. 分析说明

主循环 while(1)中扫描每个按键状态变化。

逻辑或赋值运算将字节中某一位置位(赋为1)且其他位不变,如 P0|＝0x01。逻辑与赋值运算将字节中某一位清零且其他位不变,如 P0&＝～0x01。

5.5　任务　振动传感器

作为I/O输入的数字按键外型各式各样,振动或倒置传感器也可归为这一类,本节实现单片机检测运转状态发生振动变化的功能。

5.5.1　振动开关器件

SW-18015P 振动开关是一种简单开关器件,适用在水平左右晃动中产生电气变化的低电流回路,规格如图 5-8 所示。

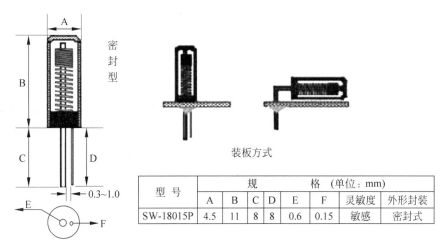

型　号	规　　格　　(单位：mm)						灵敏度	外形封装
	A	B	C	D	E	F		
SW-18015P	4.5	11	8	8	0.6	0.15	敏感	密封式

图 5-8　振动开关规格

圆柱管内有一根细的直导线,在这根粗导线的周围有另一根较细的导线以螺旋上升状环绕它,可以想象为一个弹簧中心有一根导线。

振动开关 SW-180 系列特性如下,电气特性如图 5-9 所示。

型　号	电 气 特 征				
	电压	电流	导通时间	开路电阻	温度
SW-18015P	12V	0.1mA	0.1ms	10MΩ	100℃

图 5-9　SW-18015P 电气特性

(1)本开关在静止时为开路 OFF 状态,当受到外力碰触而达到适当振动力时,或移动速度达到适当离(偏)心力时,导电接脚会产生瞬间导通 ON 状态,使电气特性改变,而当外力消失时,电气特性恢复开路 OFF 状态。

(2)无方向性,任何角度均可触发工作。

(3)型号末位有 P 字为完全密封式封装,可防水、防尘。

（4）触发灵敏度可依电路需要选用适合的灵敏度开关。

（5）本开关适用于小电流电路的触发，使用寿命 100 万次。

5.5.2 振动传感器电路

不发生振动时，两根导线不会相碰，一旦振动发生，两根导线就会短接。所以只需判断导线是否短接，就可以知道振动是否发生。学习板上振动/倒置传感器电路如图 5-10 所示。

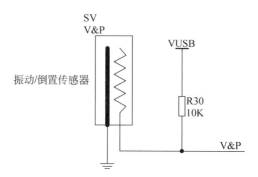

图 5-10 振动传感器电路原理图

5.5.3 规划设计

目标：利用 5.4 节检测 I/O 输入方法，学习检测物体发生振动变化、熟悉 Z1 代码风格。

资源：STC-B 学习板、PC、Keil 4 软件、STC-ISP 软件（V6.8 以上）。

任务：

（1）再次下载本工程 Hex 文件，并对照测试结果仔细观察将实现的功能。

（2）参考 Z1 代码风格，利用 C51 编程实现任务功能。

（3）软件仿真调试有条件执行程序段。

功能：

（1）默认没有检测振动时，发光二极管 L7-L0 全灭。

（2）当判断振动发生时，发光二极管重复从 L0 到 L7 依次点亮。

测试结果：短时轻敲或晃动学习板，LED 灯逐个点亮至全亮再全灭，如图 5-11 所示。

图 5-11 案例测试结果

5.5.4 实现步骤

1. 参考代码

```
/ * * * * * * * * * * * * * * * * * * * * * * * *
myVib 振动传感器
型号:STC15F2K60S2 主频:11.0592MHz
* * * * * * * * * * * * * * * * * * * * * * * * /
# include < STC15F2K60S2.h >
# include < intrins.h >                           //_nop_();
# define uchar unsigned char

uchar code arrLed[ ] = {0x00, 0x01, 0x03, 0x07, 0x0f, 0x1f, 0x3f, 0x7f, 0xff}; //LED 值
/ * --------- 引脚别名定义 --------- * /
sbit sbtVib = P2 ^ 4;                             //振动传感器
sbit sbtLedSel = P2 ^ 3;                          //数码管与 LED 灯切换引脚

/ * --------- 延时函数 --------- * /
void Delay40ms()                                  //延时 40ms@11.0592MHz
{
    unsigned char i, j, k;
    _nop_();
    _nop_();
    i = 2;
    j = 175;
    k = 75;
    do
    {
        do
        {
            while ( -- k );
        }
        while ( -- j );
    }
    while ( -- i );
}

/ * --------- 初始化函数 --------- * /
void Init()
{
    P0M0 = 0xff;
    P0M1 = 0x00;
    P2M0 = 0x08;                                  //P2.3 口推挽输出
    P2M1 = 0x00;
    sbtLedSel = 1;
}

/ * --------- 主函数 --------- * /
void main()
```

```
{
    uchar i = 0;
    Init();
    sbtVib = 1;
    P0 = 0x00;                      //初始 LED 灯为灭
    while( 1 )
    {
        if( sbtVib == 0 )           //若检测到低电平说明振动发生,点亮 LED
        {
            i = 0;
            while( i < 9 )
            {
                P0 = arrLed[ i ];
                Delay40ms();        //延时
                i++;
            }
        }
        else
            P0 = 0x00;
    }
}
```

2. 分析说明

学习板检测用振动传感器的引脚 P2^4 重定义为 sbtVib,再把此引脚定义为输入端口,即将 P2^4 引脚置 1,并不断检测此引脚状态。当振动发生时,由于振动传感器内部被短接,因此检测到 P2^4 引脚的电平为 0,单片机检测到低电平判断此时发生了振动,并点亮 LED 表示探测到振动。延时是为让用户更容易看到 LED 被点亮,待振动平稳了之后,又将熄灭 LED 灯。

3. 仿真调试

一些程序段必须满足一定的条件才能被执行到:程序中某变量达到一定的值、按键被按下、触发中断等。这类问题采用单步执行的方法是很难调试的,需要用断点与条件输入。

Keil 软件仿真时条件输入或没有硬件时来触发外部中断可用以下办法来确定程序的正确性。

(1) 进入调试,在外设菜单 Peripherals 中选择 Interrupt,选择要产生中断的中断源,在相应的中断对话框上勾选就可以产生中断输入。

(2) 直接调出 I/O 端口对话框,先暂停程序运行,然后单击端口改变电平再运行就可以产生外部开关量输入(如本节振动开关)。

5.6　任务　霍尔磁场检测

上一节检测物体振动,本节实现单片机检测霍尔磁场变化的功能。

5.6.1　霍尔开关器件

霍尔器件是一种磁传感器,以霍尔效应为工作基础,可以检测磁场及其变化,通常应用于各种与磁场有关的场合。

1. 霍尔器件分类

按照霍尔器件的功能可分为：霍尔线性器件和霍尔开关器件。前者输出模拟量，后者输出数字量。当磁感应强度达到一定的程度时，霍尔开关内部的触发器就会翻转，输出信号也随之翻转。

按照霍尔开关的感应方式可将它们分为：单极性霍尔开关、双极性霍尔开关、全极性霍尔开关。

单极性霍尔开关的感应方式：磁场的一个磁极靠近它，输出低电位电压（低电平）或关的信号，磁场磁极离开它输出高电位电压（高电平）或开的信号，但要注意的是，单极性霍尔开关它会指定某磁极感应才有效，一般是正面感应磁场S极，反面感应N极。

双极性霍尔开关的感应方式：因为磁场有两个磁极N、S（正磁或负磁），所以两个磁极分别控制双极性霍尔开关的开和关（高低电平），它一般具有锁定的作用，也就是当磁极离开后，霍尔输出信号不发生改变，直到另一个磁极感应。另外，双极性霍尔开关的初始状态是随机输出，有可能是高电平，也有可能是低电平。

全极性霍尔开关的感应方式：全极性霍尔开关的感应方式与单极性霍尔开关的感应方式相似，区别在于，单极性霍尔开关会指定磁极，而全极性霍尔开关不会指定磁极，任何磁极靠近输出低电平信号，离开输出高电平信号。

2. A3144 霍尔开关

学习板上的A3144霍尔开关器件，如图5-12所示，正视铭牌时引脚分别是电源、地、输出。产品特点：电源电压范围宽，开关速度快且无瞬间抖动，工作频率宽（DC～100kHz），寿命长、体积小、安装方便，能直连晶体管及TTL、MOS等逻辑电路接口。

A3144内部，如图5-13所示，是由稳压电源，霍尔电压发生器，差分放大器，施密特触发器和输出放大器组成的磁敏传感电路，其输入为磁感应强度，输出是一个数字电压信号。

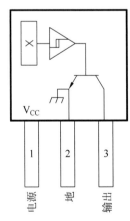

图 5-12 正视铭牌时引脚图

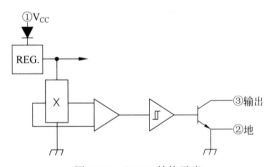

图 5-13 A3144 结构示意

A3144单极开关型的霍尔传感器，特性如图5-14所示，它只感应南极磁场，只要有南极（S极）磁钢有靠近或远离的动作，即可产生脉冲信号。其本身的输出波形就是方波信号（无磁场或北极磁场为高，南极磁场低）。

ELECTRICAL CHARACTERISTICS at V_{CC} = 8 V over operating temperature range.

Characteristic	Symbol	Test Conditions	Min.	Typ.	Max.	Units
Supply Voltage	V_{CC}	Operating	4.5	—	24	V
Output Saturation Voltage	$V_{OUT(SAT)}$	I_{OUT} = 20 mA, B > B_{OP}	—	175	400	mV
Output Leakage Current	I_{OFF}	V_{OUT} = 24 V, B < B_{RP}	—	<1.0	10	µA
Supply Current	I_{CC}	B < B_{RP} (Output OFF)	—	4.4	9.0	mA
Output Rise Time	t_r	R_L = 820 Ω, C_L = 20 pF	—	0.04	2.0	µs
Output Fall Time	t_f	R_L = 820 Ω, C_L = 20 pF	—	0.18	2.0	µs

MAGNETIC CHARACTERISTICS in gauss over operating supply voltage range.

Characteristic		A3141– Min.	Typ.	Max.	A3142– Min.	Typ.	Max.	A3143– Min.	Typ.	Max.	A3144– Min.	Typ.	Max.
B_{OP}	at T_A = 25°C	50	100	160	130	180	230	220	280	340	70	—	350
	over operating temp. range	30	100	175	115	180	245	205	280	355	35	—	450
B_{RP}	at T_A = 25°C	10	45	130	75	125	175	165	225	285	50	—	330
	over operating temp. range	10	45	145	60	125	190	150	225	300	25	—	430
B_{hys}	at T_A = 25°C	20	55	80	30	55	80	30	55	80	20	55	—
	over operating temp. range	20	55	80	30	55	80	30	55	80	20	55	—

NOTES:　Typical values are at T_A = +25°C and V_{CC} = 8 V.
B_{OP} = operate point (output turns ON); B_{RP} = release point (output turns OFF); B_{hys} = hysteresis (B_{OP} - B_{RP}).
1 gauss (G) is exactly equal to 0.1 millitesla (mT).
*Complete part number includes a suffix to identify operating temperature range (E- or L-) and package type (-LT or -UA).

图 5-14　常温 8V 供电时特性 A3144

5.6.2　霍尔开关电路

霍尔开关电路如图 5-15 所示。磁场的一个磁极靠近它,输出低电位电压(低电平)或关的信号,磁场磁极离开它输出高电位电压(高电平)或开的信号。

5.6.3　霍尔器件用法

霍尔开关器件广泛地应用于工业自动化技术、检测技术及信息处理等方面。经典应用场合如直流无刷电机、位置控制、转速检测、隔离检测、无触点开关、电流传感器、汽车点火器、安全报警装置等。

（1）位移测量。两块永久磁铁同极性相对放置,将线性型霍尔传感器置于中间,其磁感应强度为零,这个点可作为位移的零点,当霍尔传感器在 Z 轴上作 ΔZ 位移时,传感器有一个电压输出,电压大小与位移大小成正比。

（2）力测量。如果把拉力、压力等参数变成位移,便可测出拉力及压力的大小,按这一原理可制成的力传感器。

（3）角速度测量。在非磁性材料的圆盘边上粘一块磁钢,霍尔传感器放在靠近圆盘边缘处,圆盘

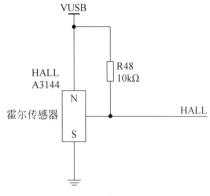

图 5-15　磁场检测电路原理图

旋转一周,霍尔传感器就输出一个脉冲,从而可测出转数(计数器),若接入频率计,便可测出转速。

(4) 线速度测量。如果把开关型霍尔传感器按预定位置有规律地布置在轨道上,当装在运动车辆上的永磁体经过它时,可以从测量电路上测得脉冲信号。根据脉冲信号的分布可以测出车辆的运动速度。

5.6.4　规划设计

目标:利用检测 I/O 输入的方法,学习检测环境磁场发生变化、熟悉 Z1 代码风格。

资源:STC-B学习板、PC、Keil 4 软件、STC-ISP 软件(V6.8 以上)。

任务:

(1) 再次下载本工程 Hex 文件,并对照测试结果仔细观察将实现的功能。

(2) 参考 Z1 代码风格,利用 C51 编程实现任务功能。

功能:

(1) 默认没有磁场靠近时,发光二极管 L0 亮。

(2) 当磁场靠近时,发光二极管 L0 灭。

测试结果:当磁铁磁极靠近霍尔传感器,原本亮起的最右边发光二极管 L0 会熄灭,如图 5-16 所示。

图 5-16　案例测试结果

注意

霍尔传感器有磁极要求。如果磁铁一极靠近传感器没有反应,可将磁铁翻面换一极测试。

5.6.5　实现步骤

1. 参考代码

```
/ * * * * * * * * * * * * * * * * * * * * * *
mysbtHall 磁场检测
型号:STC15F2K60S2 主频:11.0592MHz
* * * * * * * * * * * * * * * * * * * * * /
# include < STC15F2K60S2.H >
```

```
#define uint unsigned int
#define uchar unsigned char

/* ---------- 引脚别名定义 ---------- */
sbit sbtLedSel = P2 ^ 3;                        //发光二极管和数码管选择
sbit sbtHall = P1 ^ 2;                          //霍尔引脚别名定义

/* ---------- 变量定义 ---------- */
uchar ucLed;                                    //用于接收霍尔的值

/* ---------- 初始化函数 ---------- */
void Init()
{
    P2M1 = 0x00;
    P2M0 = 0xff;
    P0M1 = 0x00;
    P0M0 = 0xff;
    P1M1 = 0x00;
    P1M0 = 0xff;
    sbtLedSel = 1;
}

/* ---------- 主函数 ---------- */
void main()
{
    Init();
    while( 1 )
    {
        ucLed = sbtHall;
        P0 = ucLed;
    }
}
```

2. 分析说明

程序步骤为:

(1) 初始化,将 P0、P1、P2 口进行初始化配置,并选择发光二极管发光。

(2) 获取霍尔开关器件的值。

(3) 将霍尔开关器件的值传到发光二极管显示。

sbtHall 作为 P1^2 引脚重定义,ucLed 用于保存接收到的霍尔值。while(1)主循环中将霍尔的值赋给 ucLed,ucLed 再传到 P0 口显示。

在 C 语言程序的表达式或变量赋值中,有时会出现运算对象不一致的状况,C 语言允许任何标准数据类型之间的隐式变换。隐式变换按以下优先级别自动进行:

bit→char→int→long→float

signed→unsigned

其中箭头方向仅表示数据类型级别的高低,转换时由低向高进行。如 bit 变量赋值给 int 变量时,不需要手动先将 bit 型转换成 char 变量,C 语言会将 bit 型变量直接转成 int 型并完成赋值运算。

　　当然,C语言除了能对数据类型做自动隐式转换之外,还可以采用强制类型转换"()"对数据类型做显式转换。

5.7　思考题

1. I/O口工作模式有几种？准双向和强推挽如何配置,并比较这两种模式？
2. 分析程序优异的代码风格好处？对Z1版代码风格提出改进意见？
3. 设计：修改数码管案例,使得扫描频率可变或亮度可变。
4. 分析按键测试时灵时不灵的体验不佳的原因。
5. 从振动开关结构上分析如何检测振动？
6. 举例说明生活中霍尔开关器件的其他应用例子。
7. 分享你生活中有趣的神奇的传感器或智能仪器。

第 6 章

CHAPTER 6

定时与中断

定时/计数器是单片机系统的重要组成部分,几乎所有的单片机产品的开发都会用到定时器或者计数器。中断是单片机响应外界事件的重要机制,与定时/计数器一样,熟练掌握中断对于开发单片机产品是十分必要的。本章能了解单片机的定时/计数器的原理、工作方式以及应用,再介绍中断的工作原理、响应过程以及如何设置与中断有关的寄存器,能学习STC-B_DEMO 编程模板完成软件代码编程。

6.1 定时/计数器

在实际应用中,往往需要定时检测某个参数或按一定的时间间隔来进行控制,比如闹钟定时、电机调速等等,此时就要用到定时器或者计数器。因此几乎所有的单片机系统内部都有几个定时/计数器,基本的 8051 单片机(以 Atmel 的 AT89C51 为代表)有两个 16 位的定时/计数器,而 STC15 系列单片机依据型号的不同,可能会有 2～5 个定时/计数器。

6.1.1 基本概念

基本的 8051 单片机内部有两个 16 位可编程的定时器/计数器 T0 和 T1。它们各自具有 4 种工作状态,其控制字和状态均在相应的特殊功能寄存器中,可以通过软件对控制寄存器编程设置,使其工作在不同的定时状态或计数状态。

许多厂家生产的 8051 兼容单片机上,还加入了更多的定时器/计数器,使单片机的应用更为灵活,适应性更强。

在了解这些定时/计数器之前,我们先理解几个基本概念:

(1) 定时/计数的概念:例如,统计选票时画"正"字,就是计数。生活中计数的例子处处可见。例如:车辆在统计行使里程时,直接对车轮转动圈数进行计数,车轮的周长一般是固定的,周长和转动圈数的积就是车辆的行驶里程。

(2) 计数器的容量:还是从选举的例子说起,民主社会的标志就是可以选举,选举时的另外一个计票方法不同于画"正"字,而是往碗里放豆子,一个豆子代表一票,豆子一粒一粒放入碗中,若干票数之后,碗就满了。也就是说,计数器是有容量的。那么单片机中的计数器有多大的容量呢? 基本的 51 单片机内部有两个计数器 T0 和 T1,这两个计数器都是由两个 8 位的 RAM 单元组成,即每个计数器都是 16 位的,最大的计数容量是 $2^{16}=65\,536$,即 $0\sim65\,535$。

（3）定时器的原理：单片机中的计数器可以作计数用，也可以作定时用。一个闹钟，如果它的秒针跳动一下是一秒钟，那么定时一个小时，只要对秒针计数 3600 下，这个时候，时间就转化成了秒针的跳动次数。可见，计数的次数和时间之间确实存在关联。在单片机中，定时/计数器的计数源是周期（或频率）非常稳定的脉冲，脉冲数量的计数累加即能转换为定时的时间。

（4）溢出：一个水盆放在没有关紧的水龙头下方，水一滴一滴地滴入盆中。水滴不断落下，而水盆的容量是有限的，最终总会有一滴水使得盆中的水变满，这时如果再有一滴水落下，水就会溢出来。在单片机系统中，计数器也是一个容量（0～65 535）有限的单元，计数器计满 65 535 个脉冲，当第 65 536 个脉冲到来时，就会发生溢出。

（5）预置数定时及计数的方法：51 系列单片机的计数器是 16 位的，也就是最大的计数值范围是 0～65 535，因此计数器计数到 65 536 个脉冲时就会溢出，但问题是：在实际使用中，经常会有计数少于 65 536 个计数脉冲的要求，怎样才能满足这个要求呢？解决的办法就是预置数，例如，我们需要计 1000 个脉冲，则需要将计数器中的初值预置为 64 535，再来 1000 个脉冲，计数器的值就到了 65 535，这就是预置数计数。加入脉冲周期这个因素，亦可实现预置数定时。

6.1.2 内部结构

定时/计数器的实质是 16 位的加 1 计数器，由高 8 位（THx）和低 8 位（TLx）两个寄存器组成，如图 6-1 所示。TMOD 是定时/计数器的工作方式寄存器，确定其工作方式和功能；TCON 是控制寄存器，控制 T0、T1 的启动和停止以及设置溢出标志。

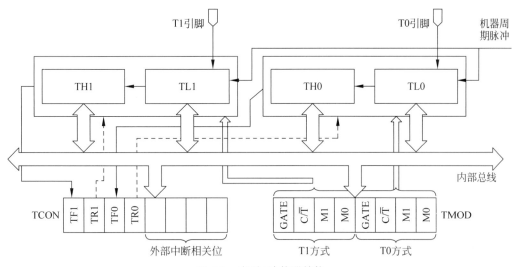

图 6-1 定时/计数器结构

定时/计数器的工作原理如图 6-2 所示，加 1 计数器输入的计数脉冲有两个来源：一个是由系统的时钟振荡器输出脉冲经过 12 分频后送入；一个是由 T0 或 T1 引脚输入的外部脉冲源。每来一个脉冲计数器加 1，当累加到计数器 TH 和 TL 中的位全为 1 时，再输入一个脉冲就使计数器的所有位都归零，且计数器的溢出使 TCON 中 TF0 或 TF1 置 1。如果此时定时/计数器的工作于定时模式,则表示定时时间已到;如果工作于计数模式,则表示计数值已满。

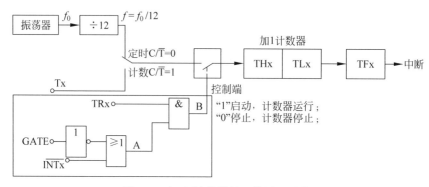

图 6-2 定时/计数器的工作原理示意

设置为定时模式时,加 1 计数器是对单片机内部机器周期计数(传统的 51 单片机 1 个机器周期等于 12 个时钟周期,即计数频率为晶振频率的 1/12)。计数值和机器周期的乘积即为定时时间。

设置为计数模式时,外部事件计数脉冲由 T0 或 T1 引脚输入计数器。此时要求外部事件计数脉冲的周期必须要大于两倍的机器周期。当晶振频率为 12MHz 时,最高计数频率不超过 1/2MHz,即计数脉冲的周期要大于 $2\mu s$。

6.1.3 相关寄存器

从上面的内容可知,51 单片机的定时/计数器可以有两种用途,那么我们怎么才能让它们工作在我们需要的用途呢?这就需要通过定时/计数器的方式控制字来设置。单片机的定时/计数器的工作由两个特殊功能寄存器 TMOD 和 TCON 控制。TMOD 用于设置其工作方式;TCON 用于控制其启动和中断申请。TMOD 和 TCON 是特殊功能寄存器的名称,写程序时,我们也可以直接用这个名称来赋值,也可以直接用它们的地址 89H 和 88H来给赋值。

1. 工作方式寄存器 TMOD(89H)

工作方式寄存器 TMOD 用于设置定时/计数器的工作方式,低四位用于定时/计数器T0,高四位用于定时/计数器 T1。其格式如下:

D7	D6	D5	D4	D3	D2	D1	D0
GATE	$C/\overline{T}$	M1	M0	GATE	$C/\overline{T}$	M1	M0

GATE:门控位。GATE=0 时,只要用软件使 TCON 中的 TR0 或 TR1 为 1,就可以启动定时器/计数器工作;GATE=1 时,要用软件使 TR0 或 TR1 为 1,同时外部中断引脚也为高电平时,才能启动定时/计数器工作。

$C/\overline{T}$:定时/计数模式选择位。$C/\overline{T}=0$ 为定时模式;$C/\overline{T}=1$ 为计数模式。

M1M0:工作方式设置位。定时/计数器有四种工作方式,由 M1M0 进行设置,如表 6-1所示。

表 6-1 定时/计数器工作方式设置表

M1M0	工 作 方 式	说　　　　明
00	方式 0	13 位定时/计数器
01	方式 1	16 位定时/计数器
10	方式 2	8 位自动重装定时/计数器
11	方式 3	T0 分成两个独立的 8 位定时/计数器；T1 此方式停止计数

2. 控制寄存器 TCON(88H)

控制寄存器 TCON 的低 4 位用于控制外部中断。TCON 的高 4 位用于控制定时/计数器的启动和中断申请。其格式如下：

D7	D6	D5	D4	D3	D2	D1	D0
TF1	TR1	TF0	TR0				

TF1(TCON.7)：T1 溢出中断请求标志位。T1 计数溢出时由硬件自动置 TF1 为 1。CPU 响应中断后 TF1 由硬件自动清 0。T1 工作时，CPU 可以随时查询 TF1 的状态，所以，TF1 可以用作查询测试的表示。TF1 也可以用软件置 1 或清 0，与硬件置 1 或清 0 的效果一样。

TR1(TCON.6)：T1 运行控制位。TR1 置 1 时，T1 开始工作；TR1 置 0 时，T1 停止工作。TR1 由软件置 1 或清 0，即用软件可以控制定时/计数器的启动与停止。

TF0(TCON.5)：T0 溢出中断请求标志位，功能与 TF1 类似。

TR0(TCON.4)：T0 运行控制位，其功能与 TR1 类似。

6.1.4 工作方式

基本的 51 单片机中，定时器 0 与定时器 1 相同，均有 4 种不同的工作方式，工作方式寄存器 TMOD 的 D1D0 位选择定时器的工作方式。

1) 方式 0

工作方式 0 为 13 位计数，由 TL0 的低 5 位(高 3 位未用)和 TH0 的 8 位组成。TL0 的低 5 位溢出时向 TH0 进位，TH0 溢出时，置位 TCON 中的 TF0 标志，向 CPU 发出中断请求。工作方式 0 使用较少，在某些增强型的 51 单片机系统中，这种 13 位的计数方式已经被取消。

2) 方式 1

工作方式 1 为 16 位计数，由 TL0 作为低 8 位，TH0 作为高 8 位，组成了 16 位加 1 计数器，如图 6-3 所示。

计数个数(N)与计数初值(X)的关系为：$X = 2^{16} - N$。

定时器模式下，计数初值 N 的计算方式为：$N = t/Tcy$。其中，t 为需要定时的时长，Tcy 为单片机的机器周期。

3) 方式 2

工作方式 2 为自动重装的 8 位计数方式。

4) 方式 3

工作方式 3 只适用于定时/计数器 T0，定时器 T1 处于方式 3 时相当于 TR1=0，停止

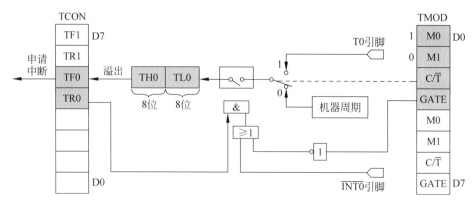

图 6-3　方式 1 框图

计数。

注：在 STC15 系列增强型 51 单片机中，定时/计数器的工作方式已经发生了改变，工作方式 0 为 16 位自动重装模式，工作方式 1 为 16 位不可自动重装模式，工作方式 2 为 8 位自动重装模式，工作方式 3 为不可屏蔽中断 16 位自动重装载模式。

6.1.5　应用举例

例：采用定时/计数器 0，工作方式 1，实现 1ms 定时，每隔 1ms，P1.0 端口取反一次，单片机系统晶体振荡器频率为 12MHz。

解题步骤：

（1）确定定时/计数器 0 的工作方式，即设置 TMOD 寄存器。

（2）计算定时/计数器 0 的置数初值：

$$(2^{16}-x)\times(12\times10^{-6}/12)=1\times10^{-3}$$

解得：$x=64536$，转换为十六进制为 FC18，即

$$TH0=FCH,\quad TL0=18H$$

（3）根据需要设置中断（此处我们使用查询方式，暂不需要设置中断）。

（4）TR0 置位，启动定时/计数器。

（5）反复查询 TF0 是否为 1（计数器溢出时，此位置 1），判断是否完成定时。

（6）如定时完成，清除 TF0 标志位，重新装入初值，进行下轮定时。

源代码：

```
#include "REG51.H"
sbit POUT = P1^0;
void main(void)
{
    TMOD = 0x01;              //设置定时/计数器 0 工作方式
    TH0 = 0xfc;              //装入计数初值
    TL0 = 0x18;
    TR0 = 1;                 //启动定时/计数器 0
    while(1)
        {
```

```
            if (TF0 == 1)                 //判断是否计数溢出
              {
                 TF0 = 0;                  //清除溢出标志
                 TH0 = 0xfc;               //重新装入计数初值
                 TL0 = 0x18;
                 POUT = !POUT;
              }
           }
      }
```

6.2　中断系统

单片机中断系统能够让 CPU 对于系统内部或者外部的突发事件及时地作出响应,并执行相应的服务,在单片机系统的开发中,它有着十分重要的作用。如何理解单片机的中断,它又是如何工作的呢?

6.2.1　基本概念

我们先从生活中的例子开始:某人正在家中看书,突然电话响了,他放下手中的书,去接电话,通完电话,回来继续看书,这就是生活中的"中断"现象——正在正常进行的工作过程被外部或内部的突发事件打断了。仔细研究一下生活中的中断,对我们理解单片机中的中断会很有帮助。

(1) 中断源。什么可以引起中断,生活中很多事件都可以引起中断,比如:有人按门铃、电话铃响了、闹钟响了等事件,我们把可以引起中断的事件称为中断源。单片机中也有一些可以引起中断的事件(比如:按下键盘、定时/计数器溢出等),基本的 51 单片机(如:AT89C51)中共有 5 个中断源:两个外部中断,两个定时/计数器中断和一个串口中断。STC15 系列单片机依据型号的不同,中断源可以多达 20 个。

(2) 中断的嵌套与优先级。事件有轻重缓急之分,与现实生活中的情况类似,中断也有轻重缓急,亦即优先级的问题。优先级的问题不仅会发生在两个中断同时产生的情况,也发生在一个中断已产生,又有另一个中断产生的情况。比如:你正在家中看书的时候,电话响了,同时门铃也响了;或者你在看书的时候,电话响了,你接上电话正在通话,这个时候门铃也响了。这个时候,我们会怎么处理?

(3) 中断的响应与处理。当电话或者门铃响起,我们在去接电话或者开门前,必须要先记住书看到第几页了,或者拿一个书签放到当前页的位置(因为我们处理完突发事件后,还会接着看书),然后再去接电话或者开门。电话响,我们得走到电话机旁;门铃响,我们得去门边开门,也就是说,不同的中断,需要在不同的地点进行处理,这个地点通常是固定的。单片机响应中断的方式与此类似,中断产生后,首先要保存当前执行程序中的下条指令的地址,然后再到与此中断对应的固定地址去寻找处理这个中断的程序,中断处理程序执行完毕后,再回到原来的地方继续执行程序。

单片机的中断响应可以分为以下几个步骤:

(1) 停止主程序运行。当前指令执行完毕后立即终止正在执行的程序。

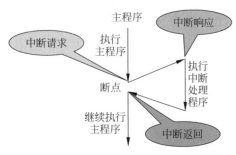

图 6-4　中断的响应和处理流程

（2）保护断点。把程序计数器 PC 的当前值压入堆栈,保存终止的地址(即断点地址),以便从中断服务器程序返回时能够继续执行该程序。

（3）寻找中断入口。根据不同的中断源所产生的中断,查找不同的入口地址。

（4）执行中断处理程序。

（5）中断返回。执行完中断处理程序后,从中断处返回到主程序,继续往下执行。

中断的响应和处理流程,如图 6-4 所示。

6.2.2　中断作用

与日常生活中的中断类似,单片机的中断也有很多的应用场景,具体来说:

（1）实现分时操作,提高 CPU 的效率。只有当服务对象向 CPU 发出中断申请时,才去执行相应的中断服务程序,这样就可以利用中断功能同时为多个对象服务,从而提高 CPU 的工作效率。

（2）实现实时处理。利用中断技术,各个服务对象可以根据需要随时向 CPU 发出中断申请,CPU 及时发现和处理中断请求并为之服务,以满足实时控制的需要。

（3）进行故障处理。对于难以预料的情况或者故障,比如掉电,事故等,可以向 CPU 发出中断请求,由 CPU 做出相应的处理。

那么单片机是如何实现中断处理的呢? 让我们先来看一看单片机中断系统的内部结构。

6.2.3　中断结构

基本的 8051 单片机有 5 个中断源,图 6-5 是单片机的中断系统内部结构图,接下来一一进行分析:

（1）INT0。外部中断 0,经由外部引脚 P3.2/INT0 引入,可由 IT0(TCON.0)选择其为低电平有效还是下降沿有效。当 CPU 检测到该引脚上出现有效的中断信号(低电平或者是下降沿)时,中断标志位 IE0(TCON.1)置 1,向 CPU 申请中断。

（2）T0。定时/计数器 0 中断,片内定时/计数器 0 的溢出中断请求标志。当定时/计数器 0 发生溢出时,置位 TF0(TCON.5),并向 CPU 申请中断。

（3）INT1。外部中断 1,经由外部引脚 P3.3/INT1 引入,可由 IT1(TCON.2)选择其为低电平有效还是下降沿有效。当 CPU 检测到该引脚上出现有效的中断信号(低电平或者是下降沿)时,中断标志位 IE1(TCON.3)置 1,向 CPU 申请中断。

（4）T1。定时/计数器 1 中断,片内定时/计数器 1 的溢出中断请求标志。当定时/计数器 1 发生溢出时,置位 TF1(TCON.7),并向 CPU 申请中断。

（5）RXD 或 TXD。串行口中断,RI(SCON.1)或 TI(SCON.0),串口中断请求标志。当串口接受完一帧串行数据时置位 RI 或当串口发送完一帧串行数据是置位 TI,向 CPU 申请中断。

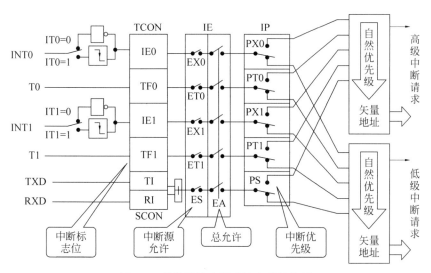

图 6-5　单片机的中断系统内部结构图

6.2.4　相关寄存器

51 单片机中,与中断系统相关的寄存器有:TCON、SCON、IE、IP 等。下面,我们对各个寄存器进行详细介绍。

1. 控制寄存器 TCON(88H)

在 6.1 节的相关内容中,已经介绍并使用过控制寄存器 TCON,现在将其 D3~D0 位补齐,格式如下:

D7	D6	D5	D4	D3	D2	D1	D0
TF1	TR1	TF0	TR0	IE1	IT1	IE0	IT0

IT0(TCON.0):外部中断 0 的触发方式控制位。可由软件进行置位和复位,IT0＝0,外部中断 0 为低电平触发方式;IT0＝1,外部中断 0 为下降沿触发方式。IT1(TCON.2)功能与 IT0 相同。

IE0(TCON.1):外部中断 0 的中断请求标志位。当有外部的中断请求时,亦即外部中断 0 引脚 P3.2/$\overline{INT0}$ 上出现有效的中断信号时,该位就会置 1;在 CPU 响应中断后,该位自动清"0"。IE1(TCON.3)功能与 IE0 相同。

TF0(TCON.5):定时/计数器 0 溢出中断请求标志位。定时/计数器 0 计数溢出时由硬件自动置 TF0 为 1。CPU 响应中断后 TF0 由硬件自动清 0。定时/计数器 0 工作时,CPU 可以随时查询 TF0 的状态。TF0 也可以用软件置 1 或清 0,与硬件置 1 或清 0 的效果一样。TF1(TCON.7)功能与 TF0 相同。

TR0(TCON.4)与 TR1(TCON.6):定时/计数器 0 与定时/计数器 1 的运行控制位。(见上一节定时/计数器部分内容)

2. 中断允许寄存器 IE(A8H)

中断的允许或禁止是由片内可进行位寻址的 8 位中断允许寄存器 IE 来控制的,允许中断称为中断开放,不允许中断称为中断屏蔽。其格式如下:

D7	D6	D5	D4	D3	D2	D1	D0
EA			ES	ET1	EX1	ET0	EX0

EA：中断允许总开关。EA＝1，开放所有的中断；EA＝0，所有中断都被屏蔽。

ES：串口中断控制位。ES＝1，允许中断；ES＝0，禁止中断。

ET1：定时/计数器1中断控制位。ET1＝1，允许中断；ET1＝0，禁止中断。

EX1：外部中断1中断控制位。EX1＝1，允许中断；EX1＝0，禁止中断。

ET0：定时/计数器0中断控制位。ET0＝1，允许中断；ET0＝0，禁止中断。

EX0：外部中断0中断控制位。EX0＝1，允许中断；EX0＝0，禁止中断。

当CPU复位时，IE将全部清"0"。

3. 中断优先级寄存器 IP（D8H）

单片机的中断自然优先级由高到低的排列顺序为：外部中断0→定时/计数器0中断→外部中断1→定时/计数器1中断→串口中断。如果我们不对其进行设置，单片机会按照此顺序不断的循环检查各个中断标志位，但有时需要人工设置中断高、低优先级，亦即由编程者来设定哪些中断是高优先级，哪些中断是低优先级（只有高与低两个优先级，处于同一级别的不同中断的优先顺序由其自然优先级确定）。中断优先级寄存器 IP 如下：

D7	D6	D5	D4	D3	D2	D1	D0
			PS	PT1	PX1	PT0	PX0

如需要设定人工优先级，只需将中断优先级寄存器 IP 的对应位置设置为"1"就可以了。单片机上电复位后，每个中断都处于低优先级，我们可以用指令来对中断的优先级的高和低进行设置。

例如：T0、INT1 设置为高优先级，其他为低优先级，IP 的值应该怎么设置？

IP 寄存器的高三位可取任意值，设置为000，根据要求，PT0 设置为1，PX1 设置为1，其他各位为0，即 IP＝06H。此时单片机中断系统的优先级顺序为：定时/计数器0中断→外部中断1→外部中断0→定时/计数器1中断→串口中断。

8051 单片机的中断优先级控制有如下几条原则：

（1）CPU 同时接收到几个中断请求时，优先响应优先级别最高的中断请求。

（2）正在进行的中断过程不能被新的同级或者更低优先级的中断请求所中断。

（3）正在进行的低优先级中断服务，能被高优先级中断请求所中断。

4. 串口控制寄存器（98H）

用于串行口的中断及控制，在有关串口通信的第10章会有详细介绍。

6.2.5 响应条件和过程

1. 中断响应的原理

人类响应外界的中断请求，是因为人有多种"生物传感器"——眼睛、耳朵、鼻子，有时甚至是大脑等器官可以接受不同的信息。那么单片机是如何做到这一点的呢？原来，单片机工作时，在每个机器周期中都会去查询一下以下各个中断标记，看它们是否被置"1"，如果是

"1",就说明有中断请求了。所以所谓的中断,其实也就是查询,只不过是每个周期都会进行一次查询。看起来似乎很费力,计算机本来就没有人聪明。

2. 中断响应的条件

当有下列情况发生时,CPU 将封锁对中断的响应,直到下一个机器周期再继续查询:

(1) CPU 正在处理一个同级或者更高级别的中断请求时。

(2) 当前的指令没有执行完时。

单片机有单周期指令、双周期指令、三周期指令和四周期指令,如果当前是执行的单周期指令也许没关系,如果是多周期指令,那就要等整条指令都执行完了,才能响应中断。

(3) 当前执行的指令是返回指令(RET 或 RETI)或访问 IP、IE 寄存器的指令,则 CPU 将至少再执行一条指令才能响应中断。

这些都是与中断有关的寄存器,如果正访问 IP、IE 则可能出现开、关中断或改变中断的优先级;而中断返回指令则说明本次中断还没有处理完,所以要等本指令处理结束,再执行一条指令才可以响应中断。

3. 中断响应的过程

CPU 响应中断时,首先把当前指令的下一条指令(也就是中断返回后将要执行的指令)的地址(断点地址)送入堆栈,然后根据中断标记,硬件执行跳转指令,转到相应的中断源入口处,执行中断服务程序,当遇到 RETI(中断返回指令)时,返回到断点处继续执行程序,这些工作都是硬件自动完成的。那么中断入口的地址是如何来确定的呢? 在 8051 系列单片机中,五个中断源都有它们各自的中断入口地址,见表 6-2。

表 6-2 中断入口地址举例

中 断 源	入 口 地 址
外部中断 0	0003H
定时/计数器 0 中断	000BH
外部中断 1	0013H
定时/计数器 1 中断	001BH
串口中断	0023H

我们来看一段汇编程序:

```
//------------------------------------------------
      ORG  0000H
      LJMP MAIN
//------------------------------------------------
      ORG  0100H
MAIN: **************
      **************
      **************
      END
```

这样写的目的,就是为了让出中断源所占用的地址,当然,程序如果没有使用中断,直接从地址 0000H 开始放置主程序代码理论上是可以的,但是在实际工作中最好不要这样做。我们也观察到,每个中断向量地址只间隔了 8 个字节,在如此少的空间内,如果完成不了中断服务程序,那又该怎么办? 其实很简单,只要在此处放置一条 LJMP 指令,就可以把中断服务程序跳转到任何你想要的地方去了。所以一个完整的带有中断服务程序的代码看来应该是这样的:

```
//--------------------------------------------------
    ORG  0000H        ; CPU 上电复位后
    LJMP  MAIN
    ORG  0003H        ; 外部中断 0 入口地址
    LJMP  EXINT0      ; 跳转到外部中断 0 的中断服务程序
//--------------------------------------------------
    ORG 0100H
MAIN: **********     ; 主程序开始
    **********
    **********

EXINT0: **********   ; 外部中断 0 的中断服务程序
      **********
    RETI             ; 从中断服务程序中返回
    END
```

中断服务程序执行完成后,一定要执行一条 RETI 指令,执行这条指令后,CPU 会把堆栈中保存的断点地址取出,送回程序计数器 PC 中,程序就会根据 PC 中的值从主程序的断点处继续往下执行。中断的过程和子程序的调用过程的区别在于:中断发生的时间是随机的,而子程序调用则是主程序中安排好的;它们的返回指令也是不一样的,RET 指令用在子程序中返回,而 RETI 则是用于中断服务程序的返回。

6.2.6　应用举例

使用定时/计数器 0 中断,实现 1ms 定时,注意中断实现方式与 6.1 节中查询实现方式的异同。

例:采用定时/计数器 0,工作方式 1,实现 1ms 定时,每隔 1ms,P1.0 端口取反一次,单片机系统晶体振荡器频率为 12MHz。

解题步骤:

(1) 确定定时/计数器 0 的工作方式,即设置 TMOD 寄存器。

(2) 计算定时/计数器 0 的置数初值:

$$(2^{16}-x)\times(12\times10^{-6}/12)=1\times10^{-3}$$

解得:$x=64536$,转换为十六进制为 FC18,即

$$TH0=FCH, \quad TL0=18H$$

(3) 根据需要设置中断。

(4) TR0 置位,启动定时/计数器。

源代码:

```
#include "REG51.H"
sbit POUT = P1^0;
void main(void)
```

```
{
        TMOD = 0x01;                        //设置定时/计数器 0 工作方式
        TH0 = 0xfc;                         //装入计数初值
        TL0 = 0x18;
        TR0 = 1;                            //启动定时/计数器 0
        EA = 1;                             //打开中断总开关
        ET0 = 1;                            //打开定时/计数器 0 中断
        while(1);
}
time0() interrupt 1                         //中断服务程序
void {
        TH0 = 0xfc;
        TL0 = 0x18;
        POUT = !POUT;
}
```

6.3 任务 八位数码管滚动显示

6.3.1 规划设计

目标：通过本案例，能实现 8 个数码管数值从右往左循环移动显示、熟悉 Z1 代码风格。

资源：STC-B 学习板、PC、Keil 4 软件、STC-ISP 软件（V6.8 以上）。

任务：

（1）再次下载本工程 Hex 文件，并对照测试结果仔细观察将实现的功能。

（2）参考 Z1 代码风格，利用 C51 编程实现任务功能。

功能：本程序是动态扫描所有的数码管，初始时从左到右 8 个数码管分别显示 0、1、2、3、4、5、6、7，间隔一小会后显示 1 到 8，接着是 2 到 9，再接着是 3 到 0，等等，达到 0～9 循环向左移动显示。

测试结果：将程序下载到 STC 学习板上后，如图 6-6 所示，观察到 8 个数码管从左到右分别显示 0 到 7 的 8 个数字，隔一段时间后显示 1 到 8，接着是 2 到 9，再接着是 3 到 0……重复这样的规律显示，达到的效果是 0 到 9 这 10 个数字循环向左移动。

图 6-6 案例测试结果

6.3.2　实现步骤

1．参考代码

```
/ * * * * * * * * * * * * * * * * * * * * * * *
mySeg7Shift 八位数码管滚动显示
型号:STC15F2K60S2 主频:11.0592MHz
* * * * * * * * * * * * * * * * * * * * * * * /
# include "STC15F2K60S2.H"
# define uint unsigned int
# define uchar unsigned char

/ * --------- 引脚别名定义 --------- * /
sbit sbtSel0 = P2 ^ 0;
sbit sbtSel1 = P2 ^ 1;
sbit sbtSel2 = P2 ^ 2; //位选的三个引脚控制位

/ * --------- 变量定义 --------- * /
uchar ucDig1Tmp;
uchar ucDig2Tmp;
uchar ucDig3Tmp;
uchar ucDig4Tmp;
uchar ucDig5Tmp;
uchar ucDig6Tmp;
uchar ucDig7Tmp;
uchar ucDig8Tmp;    //ucDigXTmp(X=1,2,3,4,…,8)分别保存对应从左到右的各个数码管上的显示数字
uchar ucSeg7State;
uchar ucCount;
uchar arrSegSelect[] = {0x3f, 0x06, 0x5b, 0x4f, 0x66, 0x6d, 0x7d, 0x07, 0x7f, 0x6f, 0x77,
0x7c, 0x39, 0x5e, 0x79, 0x71, 0x40, 0x00};         //段选,显示 0 - f
uchar arrDigSelect[] = {0x00, 0x01, 0x02, 0x03, 0x04, 0x05, 0x06, 0x07};
                                        //位选,选择 0～7 中的一个数码管

/ * --------- 初始化函数 --------- * /
void Init()
{
    P2M0 = 0xff;
    P2M1 = 0x00;
    P0M0 = 0xff;
    P0M1 = 0x00;                    //P0,P2 都设置为推挽输出

    ucSeg7State = 0;
    ucCount = 0;

    ucDig1Tmp = 0;                  //最开始数码管从左到右显示 0～7
    ucDig2Tmp = 1;
    ucDig3Tmp = 2;
    ucDig4Tmp = 3;
    ucDig5Tmp = 4;
```

```
        ucDig6Tmp = 5;
        ucDig7Tmp = 6;
        ucDig8Tmp = 7;

        TMOD = 0x01;                    //定时器 0,方式 1
        ET0 = 1;                        //开启定时器中断
        TH0 = ( 65535 - 1000 ) / 256;   //定时器 0 的高 8 位设置
        TL0 = ( 65535 - 1000 ) % 256;   //定时器 0 的低 8 位设置,这里总体就是设置定时器 0
                                        //的初始值是 1ms
        TR0 = 1;                        //启动定时器
        EA = 1;                         //打开总的中断
}

/* ---------- 定时器 T0 中断服务函数 ---------- */
void T0_Process() interrupt 1          //把数码管的显示提到中断里面来了
{
    TH0 = ( 65535 - 1000 ) / 256;  //重新装载定时器 0 的初始值,为了下一次定时器溢出准备
    TL0 = ( 65535 - 1000 ) % 256;
    ucSeg7State++;                      //这变量两个作用:具有下面分频作用,和扫描过程中
                                        //显示第 ucSeg7State 个数码管的作用
    if( ucSeg7State == 8 )              //进行分频,每中断八次才让 ucCount 的值加一次
    {
        ucSeg7State = 0;
        ucCount++;
    }
    if( ucCount == 100 )           //考虑到扫描频率很高这里再次分频,ucCount 加到 100 才执行
    {
        ucCount = 0;
        ucDig1Tmp++;                    //让从左到右各个数码管上的数字都加 1
        ucDig2Tmp++;
        ucDig3Tmp++;
        ucDig4Tmp++;
        ucDig5Tmp++;
        ucDig6Tmp++;
        ucDig7Tmp++;
        ucDig8Tmp++;
    }
    P0 = 0;                             //让数码管显示更加好,不受上一次 P0 赋的值的影响
    P2 = arrDigSelect[ucSeg7State];     //位选,选第 ucSeg7State 个数码管
    switch( ucSeg7State )               //每次中断选择一个数码管来显示
    {
        case 0:
            P0 = arrSegSelect[ucDig1Tmp % 10];
            break;                      //从左到右,第一个数码管显示
        case 1:
            P0 = arrSegSelect[ucDig2Tmp % 10];
            break;                      //从左到右,第二个数码管显示
        case 2:
            P0 = arrSegSelect[ucDig3Tmp % 10];
```

```
            break;                          //从左到右,第三个数码管显示
        case 3:
            P0 = arrSegSelect[ucDig4Tmp % 10];
            break;                          //从左到右,第四个数码管显示
        case 4:
            P0 = arrSegSelect[ucDig5Tmp % 10];
            break;                          //从左到右,第五个数码管显示
        case 5:
            P0 = arrSegSelect[ucDig6Tmp % 10];
            break;                          //从左到右,第六个数码管显示
        case 6:
            P0 = arrSegSelect[ucDig7Tmp % 10];
            break;                          //从左到右,第七个数码管显示
        default:
            P0 = arrSegSelect[ucDig8Tmp % 10];
            break;                          //从左到右,第八个数码管显示
        }
    }
}

/* --------- 主函数 --------- */
void main()
{
    Init();                             //初始化
    while( 1 )
    {
    }
}
```

2. 分析说明

8 位数码管动态扫描是经典的测试数码管是否正常工作和学习使用数码管显示的案例。关键是理解段选和位选概念,段选是选择一个数码管上哪段发光二极管发光,而位选则是选择 8 个数码管中哪个数码管来显示。

6.4 任务 可变亮度的数码管显示

6.4.1 规划设计

目标:通过本案例,能学习基于 C51 的 STC-B_DEMO 模板实现简单电子钟,通过自行设计按键实现数码管位数和亮度的调节功能,熟悉 Z1 代码风格。

资源:STC-B 学习板、PC、Keil 4 软件、STC-ISP 软件(V6.8 以上)。

任务:

(1) 再次下载本工程 Hex 文件,并对照测试结果仔细观察将实现的功能。

(2) 掌握 STC-B_DEMO 模板的应用方法。

(3) 参考 Z1 代码风格,利用 C51 编程实现任务功能。

功能：

（1）默认运行一个简单电子钟，通过数码管显示时间格式为"hh-mm-ss"。

（2）若按键 K1 被按下，则数码管显示位数增加，亮度变暗。

（3）若按键 K2 被按下，则数码管显示位数减少，亮度变亮。

（4）流水灯 L0～L7 指示数码管显示位数。

测试结果：

（1）程序下载后显示是一个数字钟。

（2）按一下按键 K1 可以增加扫描的位数，最多达到 255 位，如果继续增加则成 0 位（数码管最多只能显示 8 位，第 8 位之后的不显示）；按一下按键 K2 可以减少数码管显示的位数，直至无数码管显示数字，继续减少则成 255 位。

（3）随着扫描位的增加，数码管的亮度会逐渐下降。7 位数码管显示，效果如图 6-7 所示。

图 6-7 案例测试结果

6.4.2 实现步骤

1. 参考代码（仅简单电子钟 STC-B_DEMO 部分）

```
# include "STC15F2K60S2.H"

/******** 数码管显示位数定义 ******/
# define dis_begin  0              //起始位
# define dis_end    8              //终止位 8 为发光二极管；大于 8 可用于调节显示亮度

/******** 数码管显示内容定义 ******/
# define dis_s0    clock_10H
# define dis_s1    clock_1H
# define dis_s2    10
```

```
#define dis_s3   clock_10Min
#define dis_s4   clock_1Min
#define dis_s5   10
#define dis_s6   clock_10S
#define dis_s7   clock_1S
#define dis_s8   func

/******** 定时器计数时间标志 ******/
bit flag_1mS;
bit flag_10mS;
bit flag_50mS;
bit flag_1S;
bit flag_1Min;
bit flag_1H;

/******** 定时器内时间计数 ******/
unsigned char count_1mS;
unsigned char count_10mS;
unsigned char count_50mS;
unsigned char count_1S;
unsigned char count_1Min;

/******** 时钟计数 ******/
unsigned char clock_1S;
unsigned char clock_10S;
unsigned char clock_1Min;
unsigned char clock_10Min;
unsigned char clock_1H;
unsigned char clock_10H;

unsigned char func;                      //流水灯显示值

/********** Function Definition **********/
void Init();                             //Initial
void Fun_1mS();                          //Function for 1ms
void Fun_10mS();                         //Function for 10ms
void Fun_50mS();                         //Function for 50ms
void Fun_1S();                           //Function for 1 second
void Fun_1Min();                         //Function for 1 minute
void Fun_1H();                           //Function for 1 hour
void Display(int s, int e);              //显示单个数码管

void main()
{
    Init();
    func = 1;
    while(1)
    {
        if( flag_1mS )    { flag_1mS = 0; Fun_1mS(); }
```

```
            if( flag_10mS )      { flag_10mS = 0; Fun_10mS(); }
            if( flag_50mS )      { flag_50mS = 0; Fun_50mS(); }
            if( flag_1S )        { flag_1S = 0; Fun_1S(); }
            if( flag_1Min )      { flag_1Min = 0; Fun_1Min(); }
            if( flag_1H )        { flag_1H = 0; Fun_1H(); }
        }
    }


void Timer0() interrupt 1
{
    flag_1mS = 1;
    count_1mS++;
    if( count_1mS == 10 ) { count_1mS = 0; flag_10mS = 1; count_10mS++; }
    if( count_10mS == 5 ) { count_10mS = 0; flag_50mS = 1; count_50mS++; }
    if( count_50mS == 20 ) { count_50mS = 0; flag_1S = 1; count_1S++; }
    if( count_1S == 60 ) { count_1S = 0; flag_1Min = 1;count_1Min++; }
    if( count_1Min == 60 ) { count_1Min = 0; flag_1H = 1; }
}


void Init()
{
    //Hardware Init
    P0M0 = 0xFF;
    P0M1 = 0x00;
    P0 = 0x00;

    P2M0 = 0x0f;                      //设置 P2.0～P2.3 为推挽：对应了 LED 的控制
    P2M1 = 0x00;

    //Interrupt Init
    /＊1 毫秒@11.0592MHz 16 位自动重载定时器 0 ＊/
    AUXR &= 0x7F;                     //定时器时钟 12T 模式
    TMOD &= 0xF0;                     //定时器 0,方式 0
    TL0 = 0x66;                       //设置定时初值
    TH0 = 0xFC;                       //设置定时初值
    EA = 1;                           //打开总的中断
    ET0 = 1;                          //开启定时器中断
    TF0 = 0;                          //清除 TF0 标志
    TR0 = 1;                          //启动定时器

    //Variable Init
    flag_1mS = 0;
    flag_10mS = 0;
    flag_50mS = 0;
    flag_1S = 0;
    flag_1Min = 0;
    flag_1H = 0;

    count_1mS = 0;
```

```
        count_10mS = 0;
        count_50mS = 0;
        count_1S = 0;
        count_1Min = 0;

        clock_1S = 0;
        clock_10S = 0;
        clock_1Min = 0;
        clock_10Min = 0;
        clock_1H = 0;
        clock_10H = 0;
    }

    void Fun_1mS()
    {
        Display(dis_begin, dis_end);
    }

    void Fun_10mS()
    {
    }

    void Fun_50ms()
    {
    }

    void Fun_1S()
    {
        if( ++clock_1S == 10)
        {
            clock_1S = 0;
            clock_10S++;
            if( clock_10S == 6 )
            {
                clock_10S = 0;
            }
        }
    }
    void Fun_1Min()
    {
        if( ++clock_1Min == 10)
        {
            clock_1Min = 0;
            clock_10Min++;
            if( clock_10Min == 6 )
            {
                clock_10Min = 0;
            }
        }
```

```
}

void Fun_1H()
{
    if( ++clock_1H == 10)
    {
        clock_1H = 0;
        clock_10H++;
    }
}

void Display(int s, int e)
{
    unsigned char selData[ ] = {0x3f, 0x06, 0x5b, 0x4f, 0x66, 0x6d, 0x7d, 0x07, 0x7f, 0x6f, 0x40,
0x00};
    //数码管显示译码表
    /* 序号:  0  1  2  3  4  5  6  7  8  9  10  11  */
    /* 显示:  0  1  2  3  4  5  6  7  8  9  -  (无)  */
    static int i;
    P2 = (P2&0xf0)|i;
    switch( i )
    {
        case 0: P0 = selData[dis_s0]; break;
        case 1: P0 = selData[dis_s1]; break;
        case 2: P0 = selData[dis_s2]; break;
        case 3: P0 = selData[dis_s3]; break;
        case 4: P0 = selData[dis_s4]; break;
        case 5: P0 = selData[dis_s5]; break;
        case 6: P0 = selData[dis_s6]; break;
        case 7: P0 = selData[dis_s7]; break;
        case 8: P0 = dis_s8; break;
        default: P0 = 0x00; break;
    }
    if( ++i>e ) i = s;
}
```

2. 分析说明

因为 8 个数码管不能同时亮,所以需要以一定频率修改位选信号,对数码管进行动态扫描,让数码管轮流发光一段时间。由于视觉暂留,从而给人视觉上一种数码管是同时显示的效果,这就是动态扫描的原理。

随着扫描位数的增多,扫描到每一位数码管上的时间会减少,同时数码管的亮度会下降。

6.5 任务 扫描频率可改变的电子钟

6.5.1 规划设计

目标:利用分时显示数码管与流水灯方法,学习按键改变数码管显示的扫描频率、熟悉

Z1 代码风格。

资源：STC-B 学习板、PC、Keil 4 软件、STC-ISP 软件(V6.8 以上)。

任务：

(1) 再次下载本工程 Hex 文件,并对照测试结果仔细观察将实现的功能。

(2) 参考 Z1 代码风格,利用 C51 编程实现任务功能。

功能：

(1) 8 个数码管从 00-00-00 开始显示计时值。

(2) 初始时,最右边 LED 灯被点亮,即默认为最高扫描频率。

(3) 按键 K1 分 8 挡改变扫描频率。

测试结果：

(1) 用 STC-ISP 打开工程中的 Hex 并下载,如图 6-8 所示。

(2) 按一下按键 K1,扫描频率减半,从右起第二个 LED 灯点亮且第一个灭,数码管有轻微的闪动。

(3) 再按下按键 K1,扫描频率继续减半,从右起第三个 LED 灯点亮且第二个灭,数码管有明显闪动。

(4) 再一次操作,再加一挡,跳动现象更加明显……

(5) 继续操作,当按键 K1 控制到最左边 LED 灯点亮时,此时扫描频率最低。

(6) 再按一下按键 K1,最右边二极管点亮,重新以最快速度扫描,如此重复操作。

图 6-8 案例测试结果

6.5.2 实现步骤

1. 参考代码

```
/ ***********************
myClock2 扫描频率可改变的电子钟
型号:STC15F2K60S2 主频:11.0592MHz
*********************** /
# include "STC15F2K60S2.H"
# include "intrins. h"

# define ulong unsigned long int
# define uint unsigned int
```

```
#define uchar unsigned char

/* --------- 宏定义 --------- */
#define cstKeyMaxNum 100                    //100次读取按键值

/* --------- 引脚别名定义 --------- */
sbit sbtSel0 = P2 ^ 0;
sbit sbtSel1 = P2 ^ 1;
sbit sbtSel2 = P2 ^ 2;
sbit sbtLedSel = P2 ^ 3;                    //数码管总开关
sbit sbtKey1 = P3 ^ 2 ;                     //控制数码管扫描速率

/* --------- 函数声明 --------- */
void InitLed();

/* --------- 变量定义 --------- */
uchar ucT0CntLow;
uchar ucLedCnt;                             //流水灯累计延时器
uint uiDigSelectCnt;                        //数码管位选延时器

uchar ucKey1Cnt;
uchar ucKeyAllCnt;

uint ui1msCnt;
bit bt1msFlag;
bit btKey1Current;                          //Key1当前的状态
bit btKey1Past;                             //Key1前一个状态

uchar ucDigState;
uchar arrSegSelect[] = {0x3f, 0x06, 0x5b, 0x4f, 0x66, 0x6d, 0x7d, 0x07, 0x7f, 0x6f, 0x40,
0x00};                                      //显示0-f
uchar arrDigSelect[] = {0x00, 0x01, 0x02, 0x03, 0x04, 0x05, 0x06, 0x07};

ulong ulShowData;
uchar ucShowRate;
uint uiSeg7LedRate;

/* --------- 初始化函数 --------- */
void InitLed()
{
    P0M0 = 0xFF;
    P0M1 = 0x00;
    P2M0 = 0x0f;                            //设置P2.0~P2.3为推挽:对应了LED的控制
    P2M1 = 0x00;
    P3M0 = 0x00;
    P3M1 = 0x00;
    P3M0 = 0x00;
    P3M1 = 0x00;
    sbtLedSel = 0;
```

```
        bt1msFlag = 0;
        ucLedCnt = 0x00;
        ucT0CntLow = 0x00;

        /* 初始化所有按键的当前状态、前一个状态 */
        btKey1Current = 1;                  /* Key1 当前的状态 */
        btKey1Past = 1;                     /* Key1 前一个状态 */
        ucKey1Cnt = 0x80 + cstKeyMaxNum / 3 * 2;
        ucKeyAllCnt = cstKeyMaxNum;
        ui1msCnt = 0x00;
        uiDigSelectCnt = 0x00;

        /* 100μs 16 位不可重载定时器 0 */
        AUXR |= 0x80;                       //定时器时钟 1T 模式
        TMOD = 0x01;                        //定时器 0, 方式 1
        EA = 1;                             //打开总的中断
        ET0 = 1;                            //开启定时器中断
        TL0 = 0xAE;                         //设置定时初值
        TH0 = 0xFB;                         //设置定时初值
        TR0 = 1;                            //启动定时器
        PT0 = 1;
    }

    /* --------- 定时器 0 中断服务函数 --------- */
    void T0_Process() interrupt 1
    {
        ucT0CntLow++;
        ucLedCnt = ( ucLedCnt + 1 ) % 50;
        uiDigSelectCnt = ( uiDigSelectCnt + 1 ) % 2000;
        switch( ucShowRate )
        {
            case 0x80:
                uiSeg7LedRate = 2000;      break;
            case 0x40:
                uiSeg7LedRate = 1000;      break;
            case 0x20:
                uiSeg7LedRate = 800;       break;
            case 0x10:
                uiSeg7LedRate = 400;       break;
            case 0x08:
                uiSeg7LedRate = 200;       break;
            case 0x04:
                uiSeg7LedRate = 100;       break;
            case 0x02:
                uiSeg7LedRate = 10;        break;
            default:
                uiSeg7LedRate = 1;         break;
        }
        if( uiDigSelectCnt % uiSeg7LedRate == 0 )
```

```
{
    ucDigState++;
    if( ucDigState == 8 )
        ucDigState = 0;
    P2 = arrDigSelect[ucDigState];
    P0 = 0x00;
}

if( ucLedCnt > 30 )                    //显示输出流水灯或数码管
{
    P0 = 0;
    sbtLedSel = 0;
    switch( ucDigState )
    {
        case 0:
            P0 = arrSegSelect[ulShowData / 3600 / 10];          break;   //小时十位
        case 1:
            P0 = arrSegSelect[ulShowData / 3600 % 10];          break;   //小时个位
        case 2:
            P0 = arrSegSelect[10];                              break;   // -
        case 3:
            P0 = arrSegSelect[( ulShowData % 3600 ) / 60 / 10]; break;   //分钟十位
        case 4:
            P0 = arrSegSelect[( ulShowData % 3600 ) / 60 % 10]; break;   //分钟个位
        case 5:
            P0 = arrSegSelect[10];                              break;   // -
        case 6:
            P0 = arrSegSelect[ulShowData % 60 / 10];            break;   //秒钟十位
        default:
            P0 = arrSegSelect[ulShowData % 60 % 10];            break;   //秒钟个位
    }
}
else
{
    sbtLedSel = 1;
    P0 = ucShowRate;
}

TL0 = 0xAE;                    //设置定时初值
TH0 = 0xFB;                    //设置定时初值

if( ucT0CntLow == 5 )          //中断 5 次约为 1ms
{
    ui1msCnt++;
    ucT0CntLow = 0x00;
    bt1msFlag = 1;
    if( ui1msCnt == 1000 )
    {
        ui1msCnt = 0x00;
```

```
                    ulShowData = ( ulShowData + 1 ) % 8640000;
                }
            }
        }


/* --------- 主函数 --------- */
void main()
{
    InitLed();
    ulShowData = 0;
    ucShowRate = 0x01;
    P0 = 0x00;
    while( 1 )
    {
        if( bt1msFlag )
        {
            bt1msFlag = 0;
            if( sbtKey1 == 0 )
                ucKey1Cnt -- ;

            ucKeyAllCnt -- ;                //总的次数减 1
            if( ucKeyAllCnt == 0 )          //100 次完了
            {
                if( ucKey1Cnt < 0x80 )
                {
                    btKey1Current = 0;
                    if( btKey1Past == 1 )       //下降沿(按键做动作)
                    {
                        btKey1Past = 0;
                        if( ucShowRate == 0x80 )
                            ucShowRate = 0x01;
                        else
                            ucShowRate <<= 1;
                    }
                }
                if( ucKey1Cnt >= 0x80 )
                {
                    btKey1Current = 1;
                    if( btKey1Past == 0 )
                        btKey1Past = 1;         //上升沿(假设不做动作那就继续)
                }
                /* 新一轮的判断 */
                ucKey1Cnt = 0x80 + cstKeyMaxNum / 3 * 2;
                ucKeyAllCnt = cstKeyMaxNum;
            }
        }
    }
}
```

2．分析说明

数字钟是通过计数模拟时钟，将计数值转换成时间形式，以格式"时-分-秒"在数码管上进行显示，并通过按键调节扫描频率。本实验分8个等级，通过对应8个LED灯从左至右指示扫描频率越来越高的8种扫描频率。总体达到软件计时，扫描频率可调的效果。

本节中同时用LED灯和数码管，由于其共用P0口，所以采用分时复用的形式。

6.6　任务　按键消抖计数

6.6.1　按键抖动

当按键被按下的时候，电路导通接地，I/O口为低电平；当按键未按下时，电路断开，I/O口保持高电平的。但一般的按键所用开关为机械弹性开关，当机械触点断开、闭合时，由于机械触点的弹性作用，一个按键开关在闭合时不会马上稳定地接通，在断开时也不会一下子断开。因而在闭合及断开的瞬间均伴随有一连串的抖动，假如不加以处理，会导致单次按键被识别为按下多次，如图6-9所示。为了避免这种现象而采取的措施就是按键消抖。

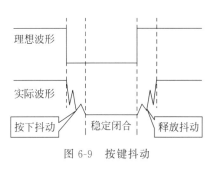

图6-9　按键抖动

按键消抖分为硬件消抖和软件消抖。

1．硬件消抖

在按键数较少时可用硬件方法消除按键抖动，如图6-10所示的RS触发器为常用的硬件去抖。

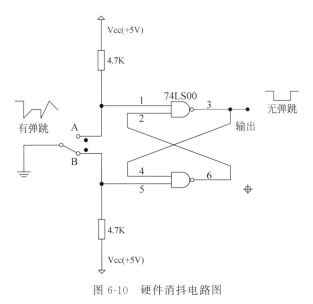

图6-10　硬件消抖电路图

图中两个"与非"门构成一个RS触发器。当A点接地时，输出为1；当B点接地时，输出为0。此时即使按键因弹性抖动而产生瞬时断开（抖动跳开B），只要按键不返回原始状态 A,双稳态电路的状态不改变,输出保持为 0,不会产生抖动的波形。也就是说,即使 B 点的电压波形是抖动的,但经双稳态电路之后,其输出为正规的矩形波。这一点通过分析 RS 触发器的工作过程很容易得到验证。

2. 软件消抖

(1) 使用延时。如果按键较多,常用软件方法去抖。延时法即检测出按键闭合后执行一个延时程序,5～10ms 的延时,让前沿抖动消失后再一次检测键的状态,如果仍保持闭合状态,则确认为有键按下。当检测到按键释放后,也要给 5～10ms 的延时,待后沿抖动消失后才能转入该键的处理程序。

(2) 检测多次。可以设定一个检测周期,如果在一个检测周期内,检测到按键被按下次数超过了一定数,则确认为真正被按下。

6.6.2 规划设计

目标:能利用按键消抖的方法提高按键输入体验且按键动作时数码管无闪烁现象、熟悉 Z1 代码风格。

资源:STC-B 学习板、PC、Keil 4 软件、STC-ISP 软件(V6.8 以上)。

任务:

(1) 再次下载本工程 Hex 文件,并对照测试结果仔细观察将实现的功能。

(2) 参考 Z1 代码风格,利用 C51 编程实现任务功能。

功能:

(1) 初始数码管显示值"5000"。

(2) 若按键 K1 被按下,则数码管显示计数值加 1。

(3) 若按键 K2 被按下,则数码管显示计数值减 1。

测试结果:

(1) 下载 Hex 到学习板,默认右侧四位数码管显示"5000"。

(2) 按下按键 K1,数码管上的显示数加 1,按下按键 K2,数码管上的显示数减 1,如图 6-11 所示。

图 6-11 案例测试结果

6.7 思考题

1. AT89C51 单片机中有几个定时/计数器？它们的计数范围是多少？STC15F2K60S2 常用哪些定时/计数器？

2. 什么是定时/计数器的溢出？溢出后会产生什么现象？

3. 定时/计数器相关的两个 SFR 是什么？它们的地址是什么？

4. 定时/计数器初始化如何配置？

5. AT89C51 单片机有几个中断源？名称分别是什么？STC15F2K60S2 系列增加哪些中断源？

6. 中断请求源是由哪些寄存器控制的？

7. 中断响应的过程是什么？

8. 简述指令 RET 和 RETI 的区别。

9. 试说明 STC-B_DEMO 模板的好处？如何更好地应用模板？

10. 设计：按 STC-B_DEMO 模板思路实现 6.5 节任务代码。

11. 设计：参考 14.1 节任务规划说明完成一个乒乓游戏机。

## 第 7 章

波 形 发 生

第 6 章详细介绍了单片机硬件定时器和中断机制为延时程序的编写提供了一种硬件上并行任务处理的思路,学习了按键输入抖动消除方法,且引入了 STC-B_DEMO 模板,都为以后编写更多任务的单片机程序奠定了基础。本章从波形发生角度出发,借助 C51 程序图形化,在事件驱动、前后台的结构编程基础上,继续讨论 STC-B_DEMO 分时制的结构编程,且通过步进电机和蜂鸣器驱动编程应用掌握单片机多路波形发生。

7.1 方波发生

嵌入式系统的软件是和所运行的硬件环境密切相关的,尤其是与硬件部分相关的程序段将配置、控制着电路的工作。基于微控器的电路往往需要程序配合才能工作,从这个意义上说,硬件已经离不开软件了,而且,对一个电子产品而言,一般是软件工作量:硬件工作量=10:1。另外,微控器上的软件程序不仅逻辑上要正确,往往还有严格的时间要求,即程序被执行的时间也是有严格要求的(不能早也不能晚),这点与 Windows 上应用程序有很大区别。

单片机软件的主要矛盾是有限执行频率和任务需求日益增长之间的矛盾,两者之间的取舍一直是程序优化性能的出发点,要执着于追求逻辑正确、时序理想的软件代码。

7.1.1 指令运行时间

为了观察精确运行时间需设置项目 Options for Target-主频 Xtal(MHz)为 11.0592,再进一步通过软件仿真的 Step 单步调试,观察 Register 窗口处理器运行情况 sec 一栏,如图 7-1 所示为第一条 LJMP 执行前后运行时间。

地址 C:0x0000 的一条 LJMP 花费 0.000 000 36 秒,即 $0.36\mu s$。查芯片手册可知:LJMP 花费 4 个时钟,即单时钟周期指令花费 0.36/4=0.09μs,与 11.0592MHz(0.0904μs)主频近似相符。借此可推算单时钟周期 NOP 指令软件延时。

7.1.2 方波的节拍

在一固定主频下,如 11.0592MHz,写一段 I/O 口翻转语句的程序,如图 7-2 所示,代码(1)主要以 P00=~P00 来实现,结果在 P00 口观察波形示波器看到可以获取一路方波,示意如波形(1)。翻转语句作用:一方面翻转语句配合适当延时通过循环能输出多种频率方

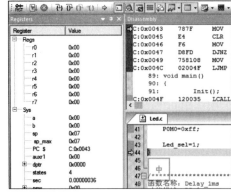

(1) LJMP执行前　　　　　　　　　　　(2) LJMP执行后

图 7-1　指令运行时间

波,另一方面翻转语句嵌入于带循环的程序块,如主循环、定时中断等,来判断每次循环的运行时间间隔达标情况。

```
…
Sbit sbtLedFlag=P0^0;
main()
{
  …
  While(1)
  {
    …
    sbtLedFlag=~sbtLedFlag;
    …
  }
}
代码(1)
```

```
…
Sbit sbtLedFlag=P0^0;
main()
{
  …
  While(1)
  {
    …
    sbtLedFlag=1;
    for(i=0;i8;i++)
      {…}
    sbtLedFlag=0;
  }
}代码(2)
```

```
sbtLedFlag    ┌─┐ ┌─┐ ┌─┐ ┌─┐ ┌─┐ ┌─┐ ┌─┐ ┌─┐
          ────┘ └─┘ └─┘ └─┘ └─┘ └─┘ └─┘ └─┘ └──
波形(1)
```

```
sbtLedFlag         ┌─┐      ┌─┐    ┌─┐      ┌─┐
          ─────────┘ └──────┘ └────┘ └──────┘ └─
波形(2)
```

图 7-2　方波节拍示意

如果只观察某一程序段运行时长,如常见的中断服务程序、for 循环等独占式程序段,代码(1)翻转语句可分开写置位与清零代码。如代码(2)所示改成进入 for 循环程序段前 P00=1,而 for 循环结束后写句 P00=0,P00 口观察波形也可以获取一路方波,示意如波形(2),通过测量高电平脉宽获知程序段耗时长度。

波形(2)中,一个周期内高电平与低电平时间不像波形(1)中一样相等。一个周期内高电平所占的时间比,称为占空比,如波形(1)占空比为 1/2。

脉宽调制(Pulse Width Modulation,PWM)是一种使用程序来控制波形占空比、周期、相位波形的技术,在三相电机驱动、模拟—数字转换等场合有广泛的应用。STC15 系列单片机的可编程计数器阵列 PCA 模块,可用于软件定时器、外部脉冲的捕捉、高速脉冲输出以及脉宽调制 PWM 输出。PWM 工作方式可以通过设定各自的寄存器 PCA_PWMn(n＝0,1,2,…,下同)中的位 EBSn_1/PCA_PWMn.7 及 EBSn_0/PCA_PWMn.6,使其工作于 8 位 PWM 或 7 位 PWM 或 6 位 PWM 模式。

同时可关注两个方向问题:①1 路方波的节拍或频率范围。②时钟信号的方波可以划分为多种较低频率信号,即多路方波情况。

振动次数就叫频率,前面章节一些常见的频率或周期时间范围,如人眼看到 LED 动态扫描时间间隔,即视觉暂留 0.1～0.4 秒;人耳听到声音频率范围 20～20kHz,20kHz 以上人耳听不到的叫超声波;按键抖动 10ms 左右时长等等。

根据物理现象观察,可以在此时序限制下选择出一组节拍数:数码管流水灯等显示设备数据更新 10 次/秒、按键检测 100 次/秒、数码管扫描频率 1000 次/秒,更紧急检测输入 10 000 次/秒。

在一固定主频下(如 11.0592MHz),不同节拍下划分成多路方波,如图 7-3 所示,多路方波高电平节拍都同步。如果 1 秒里把 CPU 要完成的所有任务都安排进去,CPU 在一个(或若干)节拍完成一项任务(即分时调度),那么在 1 秒时间段 CPU 同时执行了多个任务。单段时间内,为了保证所有任务能得到及时处理,需要平衡好"单个任务更少地独占 CPU 时间"和"CPU 执行更多任务"的关系。

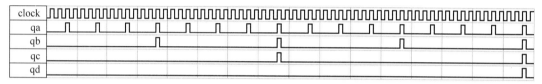

图 7-3　一段时间内多路方波节拍示意

7.2　分时制结构编程

7.2.1　程序流程图

程序流程图是人们对解决问题的方法、思路或算法的一种图形化描述,是程序设计与分析中最基本的分析技术。它按照工序利用箭头线条连接各种代表了操作的符号框,如图 7-4 为一个包括顺序、分支结构的程序流程图例子。

流程图具有简单直观、高效便捷、交流方便的特点,是软件规划、调试维护、团队交流等方面的基本图形辅助手段。

7.2.2　分时制结构

1. 事件驱动

一般 Main()里主循环是顺序轮询各个功能模块的,为了提高主循环的执行速度,给每个功能模块加入使能信号 flag 来进行条件分支判断,使得主循环跳过不满足执行条件的功能模块。没发生事件不执行动作,这便是事件驱动机制,如图 7-5 所示,可运用于子功能模块或主函数循环。

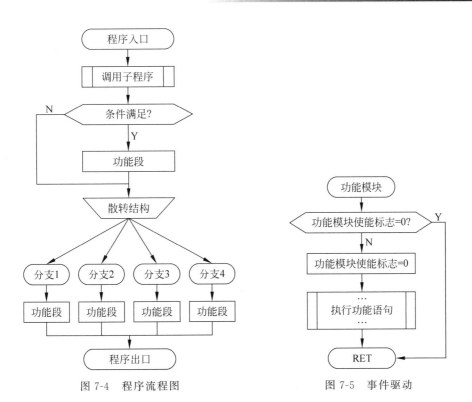

图 7-4　程序流程图

图 7-5　事件驱动

2. 前后台结构

单片机中断机制的引入在硬件上解决了多任务处理问题。在主循环(后台)中执行功能模块的事件轮询之外,中断(前台)触发响应紧急事件,这就是前后台程序结构思想。

前后台任务选择尽量考虑任务模块实时性要求和中断执行的时间,以避免前后台程序间竞争 CPU 独占权。一般采用中断服务程序中产生一些标志,然后在主循环中按事件驱动执行,如图 7-6 所示。

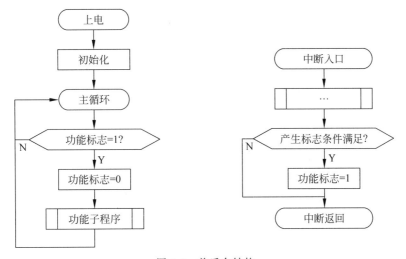

图 7-6　前后台结构

3. 分时制结构

任务较多的时候,可以把所有的任务统一考虑按时序节拍放入前后台结构中,由主循环实行分时调度。定时中断负责产生一组节拍标志,主循环按事件驱动各任务的子程序来执行任务。

7.3 任务 步进电机

前几章了解了单片机 I/O 和中断结构编程,本节将在了解步进电机原理基础上,实现多路方波驱动步进电机。

7.3.1 步进电机

步进电机是将电脉冲信号转变为角位移或线位移的开环控制元步进电机件。主要用到的是 28BYJ-48 型步进电机(四相五线),外观如图 7-7 所示,型号中 28 代表步进电机的有效最大外径是 28mm,B 是步进电机,Y 是永磁式,J 是减速型,48 表示四相八拍。

图 7-7 步进电机外观

28BYJ 系列步进电机具有结构简单、低噪音、转速可调、使用寿命长的特点。广泛应用于银行办公设备、电信设备、打印机、复印机、传真机、扫描仪、纺织机械、医疗、自动控制、楼宇自控阀门、按摩椅以及舞台灯光、汽车、监控系统、电动广告、电动窗帘、科教仪器、空调等领域性能参数如表 7-1 所示。

28BYJ-48 型步进电机的内部结构示意图如 7-8 所示。内圈要转动是转子,上面有 6 个齿(分别标注为 0~5),每个齿都是一块永磁体。外圈与外壳固定一起是定子,上面有 8 个齿,相对的一组齿都缠成一个线圈绕组,共形成了 4 相(分别标注为 A-B-C-D)。

在非超载的情况下,电机的转速、停止的位置只取决于脉冲信号的频率和脉冲数,而不受负载变化的影响,当步进驱动器接收到一个脉冲信号,它就驱动步进电机按设定的方向转动一个固定的角度,这个转子转过的角度被称为步距角度。

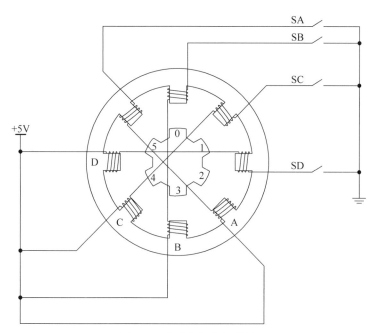

图 7-8 步进电机内部结构

表 7-1   28BYJ-48 性能参数

电机型号	电压/V	相数	相电阻 Ω/(±10%)	步距角度	减速比	起动转矩(100P.P.S)/g·cm	起动频率/P.P.S	定位转矩/g·cm	摩擦转矩 g·cm	噪声/dB	绝缘介电强度
28BYJ-48	5	4	300	5.625/64	1:64	≥300	≥550	≥300	—	≤35	600VAC 1S

7.3.2 电路与控制

28BYJ-48 型步进电机的旋转是以固定的角度一步一步运行的。可以通过控制脉冲个数来控制角位移量,从而达到准确定位的目的;同时可以通过控制脉冲频率来控制电机转动的速度和加速度,从而达到调速的目的。控制步进电机定子绕组的通电顺序可以控制步进电机的转动方向。28BYJ-48 型接线图如图 7-9 所示。

步进电机的励磁方式有三种。

(1)一相励磁。在每一瞬间,步进电机只有一个线圈导通。每送一个励磁信号,步进电机旋转 5.625°,这是三种励磁方式中最简单的一种。

如图 7-8 所示,开始时,开关 SB 接通电源,SA、SC、SD 断开,B 相磁极和转子 0、3 号齿对齐,同时,转子的 1、4 号齿就和 C、D 相绕组磁极产生小角度错齿,2、5 号齿就和 D、A 相绕组磁极产生大角度(前小角度的 2 倍)错齿。

当开关 SC 接通电源,SB、SA、SD 断开时,由于 C 相绕组的磁力线和 1、4 号齿之间磁力线的作用,使转子转动,1、4 号齿和 C 相绕组的磁极对齐。而 0、3 号齿和 A、B 相绕组产生错齿,2、5 号齿就和 A、D 相绕组磁极产生错齿。依次类推,A、B、C、D 四相绕组轮流供电,则转子会沿着 A、B、C、D 方向转动,见表 7-2。

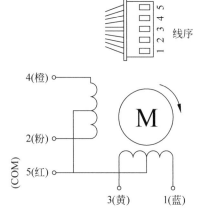

安装面轴伸端视电机轴
逆时针转向时的励磁顺序

接线端 序 号	导线 颜色	分 配 顺 序							
		1	2	3	4	5	6	7	8
5	红	+	+	+	+	+	+	+	+
4	橙	−	−						−
3	黄		−	−	−				
2	粉				−	−	−		
1	蓝						−	−	−

图 7-9 28BYJ-48 步进电机控制接线

表 7-2   一相励磁顺序表

STEP	A	B	C	D
1	1	0	0	0
2	0	1	0	0
3	0	0	1	0
4	0	0	0	1

（2）二相励磁。在每一瞬间，步进电机有两个线圈同时导通。每送一个励磁信号，步进电机旋转 $5.625°$，见表 7-3。

表 7-3   二相励磁顺序表

STEP	A	B	C	D
1	1	1	0	0
2	0	1	1	0
3	0	0	1	1
4	1	0	0	1

（3）一-二相励磁。为一相励磁与二相励磁交替导通的方式。每送一个励磁信号，步进电机旋转 $2.8125°$。八拍模式是这类四相步进电机的最佳工作模式，能最大限度地发挥电机的各项性能。当相邻两相同时导通的节拍时，由于该两相绕组的定子齿对它们附近的转子齿同时产生相同的吸引力，这将导致这两个转子齿的中心线对到两个绕组的中心线上，也就使转动精度增加了一倍，还会增加电机的整体扭力输出，见表 7-4。

表 7-4   一-二相励磁顺序表

STEP	A	B	C	D
1	1	0	0	0
2	1	1	0	0
3	0	1	0	0
4	0	1	1	0
5	0	0	1	0
6	0	0	1	1
7	0	0	0	1
8	1	0	0	1

学习板上步进电机电路图如图 7-10 所示,每一路高电平信号由 IO 端输出经 ULN2003 取反为低电平输入至步进电机驱动一相绕组。

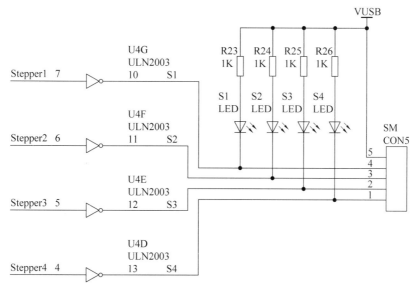

图 7-10　步进电机电路示意

7.3.3　规划设计

目标:通过本案例,能学习多路方波发生来驱动步进电机转动。

资源:STC-B 学习板、PC、28BYJ-48 步进电机、Keil 4 软件、STC-ISP 软件(V6.8 以上)。

任务:

(1) 再次下载本工程 Hex 文件,并对照测试结果仔细观察将实现的功能。

(2) 参考 Z1 代码风格,利用 C51 编程实现任务功能。

(3) 软件逻辑分析仪观察几路连续脉冲信号输出波形。

功能:控制步进电机按照预定速度旋转。

测试结果:步进电机对应口连接到电路板的 SM 接口处(5V 对应红线,其余按照顺序接入即可),如图 7-11 所示,观察发现步进电机按照一定速度逆时针旋转,同时发现 SM 接口处左侧的 LED 灯以一定频率闪烁。在没有步进电机的情况下,可以通过查看 LED 的闪烁来判断步进电机代码运行状态。

图 7-11　案例测试结果

7.3.4 实现步骤

1. 参考代码

```
/********************
myXstep 步进电机
型号:STC15F2K60S2 主频:11.0592MHz
********************/
#include<STC15F2K60S2.h>
#define uint unsigned int

/* --------- 引脚别名定义 --------- */
//控制步进电机不同 I/O 口脉冲位置
sbit s1 = P4 ^ 1;
sbit s2 = P4 ^ 2;
sbit s3 = P4 ^ 3;
sbit s4 = P4 ^ 4;

/* --------- 变量定义 --------- */
uint i = 1;

/* --------- T0 定时器中断服务处理函数 --------- */
//定时器中断,控制脉冲转换
void T0_Process() interrupt 1
{
    switch( i++)                      //控制步进电机不同 I/O 口脉冲电平
    {
        case 1:
            s1 = 1;
            s2 = 0;
            s3 = 0;
            s4 = 0;
            break;
        case 2:
            s1 = 0;
            s2 = 1;
            s3 = 0;
            s4 = 0;
            break;
        case 3:
            s1 = 0;
            s2 = 0;
            s3 = 1;
            s4 = 0;
            break;
        case 4:
            s1 = 0;
            s2 = 0;
```

```
                s3 = 0;
                s4 = 1;
                break;
        }
    if( i == 5 )
        i = 1;
}


/* --------- 初始化函数 --------- */
void InitSys()
{
    //P4 口推挽输出
    P4M0 = 0Xff;
    P4M1 = 0X00;
    P4 = 0X00;                      //P4 口设置低电平,避免复位时对步进电机 5V 电平接口的影响

    //定时器 0
    TMOD = 0x00;                    //设置定时器 0,16 位自动重装模式
    TH0 = ( 65536 - 10000 ) / 256; //设置定时初值
    TL0 = ( 65536 - 10000 ) % 256;
    TCON = 0X10;                    //定时器 0 开始计时
    IE = 0x82;                      //开启 CPU 中断,开启定时器 0 中断
}

/* --------- 主函数 --------- */
void main()
{
    InitSys();
    while( 1 )
    {
    }
}
```

2. 分析说明

案例测试用的步进电机程序采用一相励磁,是三种励磁方式中最简单的一种。程序连续不停地在不同口送入脉冲信号,即可使步进电机旋转,通过设定定时器的定时时间减慢步进电机的旋转速度。没有实物验证来调试代码时,往往需要观察几路连续脉冲信号的输出波形。

整体代码依靠 T0 中断产生延时,中断服务程序中改变输出状态,可以借助软件仿真逻辑分析仪工具。工程设置为普通 51CPU 如 AT89C52,主频 24MHz。进入 Debugging,依次右击 switch 语句内 s1、s2、s3、s4,在弹出的快捷菜单中分别选择 Add s1(s2 s3 s4)to 子菜单中的 Logic Analyzer,如图 7-12 所示。

全速 RUN 执行一些时间,再停止。可观察 Logic Analyzer 窗口,显示 s1 s2 s3 s4 输出波形,如图 7-13 所示。经反相器转化后,符合一相励磁单四拍工作时序要求。

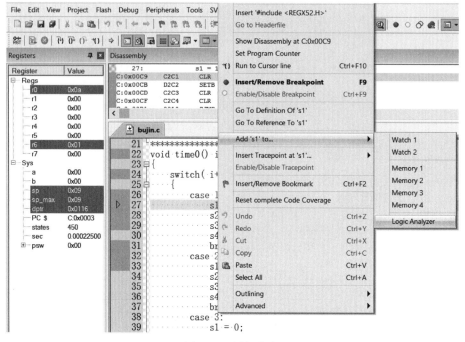

图 7-12　添加节点

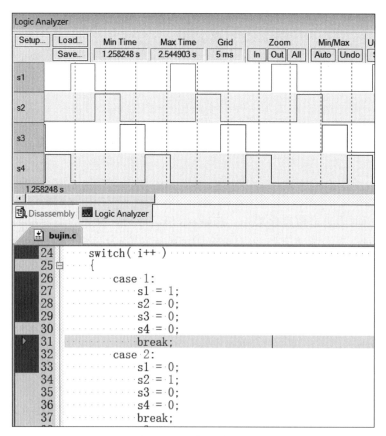

图 7-13　四路方波结果

7.4 任务 可控步进电机之一

7.4.1 规划设计

目标：通过本案例能学习按键实现步进电机正转、反转和暂停功能。

资源：STC-B学习板、PC、28BYJ-48步进电机、Keil 4软件、STC-ISP软件(V6.8以上)。

任务：

(1) 再次下载本工程Hex文件，并对照测试结果仔细观察将实现的功能。

(2) 参考Z1代码风格，利用C51编程实现任务功能。

功能：

(1) 按键K1调节发送脉冲给步进电机的速度。

(2) 按键K2控制步进电机的旋转方向。

(3) 按键K3控制步进电机的暂停和旋转。

(4) 数码管最右端显示当前的速度挡位。

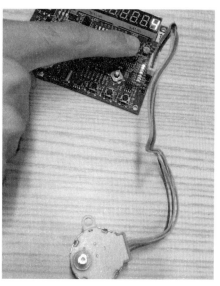

测试结果：将步进电机对应口连接到电路板的SM接口处(5V对应红线，其余按照顺序接入)，如图7-14所示，观察发现步进电机按照一定速度逆时针旋转。数码管最右端显示当前的速度挡位，当按下按键K1后旋转速度变慢(共有四个挡位：1、2、3、4挡，数值越大，速度越慢)，同时可以看到电路板SM接口左侧的LED灯按照步进电机旋转的频率一同闪烁；当按下按键K2后，步进电机按相反方向旋转；当按下按键K3后步进电机停止旋转，再按一次步进电机继续旋转。

图7-14 案例测试结果

7.4.2 实现步骤

1. 参考代码

```
/ * * * * * * * * * * * * * * * * * * * * * *
myXstep2 可控步进电机(正反转暂停)
型号:STC15F2K60S2 主频:11.0592MHz
 * * * * * * * * * * * * * * * * * * * * * * * /
# include < STC15F2K60S2.h >
# define uint unsigned int

/ * --------- 宏定义 --------- * /
# define cstKeyMaxNum 100              //100 次读取按键值

uint code arrSegSelect[] = { 0x3f, 0x06, 0x5b, 0x4f, 0x66,
                             0x6d, 0x7d, 0x07, 0x7f, 0x6f,
                             0x77, 0x7c, 0x39, 0x5e, 0x79,
```

```
                              0x71, 0x40, 0x00
                    };                      //数码管显示的十六进制代码

/* --------- 引脚别名定义 --------- */
sbit sbtKey1 = P3 ^ 2;                      //按键 1
sbit sbtKey2 = P3 ^ 3;                      //按键 2
sbit sbtKey3 = P1 ^ 7;                      //按键 3
sbit sbtS1 = P4 ^ 1;
sbit sbtS2 = P4 ^ 2;
sbit sbtS3 = P4 ^ 3;
sbit sbtS4 = P4 ^ 4;

/* --------- 变量定义 --------- */
uint uiKey1Cnt;
uint uiKey2Cnt;
uint uiKey3Cnt;
uint uiKeyAllCnt;

uint uiSpeed = 1;                           //控制控制步进电机的速度

uint i = 1;                                 //控制脉冲对应的 I/O 口位置
bit btKey1Current = 1;                      //Key1 当前的状态
bit btKey1Past = 1;                         //Key1 前一个状态
bit btKey2Current = 1;                      //Key2 当前的状态
bit btKey2Past = 1;                         //Key2 前一个状态
bit btKey3Current = 1;                      //Key3 当前的状态
bit btKey3Past = 1;                         //Key3 前一个状态
bit btRotationFlag = 0;                     //标记步进电机转向

/* --------- 初始化函数 --------- */
void InitSys()                              //功能是配置 I/O 口,启动定时器 0 和 1
{
    P0M0 = 0xff;                            //P0 口设置推挽输出
    P0M1 = 0x00;

    P4M0 = 0xff;                            //P4 口设置推挽输出
    P4M1 = 0x00;
    P4 = 0X00;              //设置 P4 口为低电平,避免复位时步进电机 5V 电平接口的影响

    P2M0 = 0x08;                            //P2.3 口设置推挽输出
    P2M1 = 0x00;
    P2 = 0X07;                              //设置数码管显示

    uiKey1Cnt = 0x80 + cstKeyMaxNum / 3 * 2;
    uiKey2Cnt = 0x80 + cstKeyMaxNum / 3 * 2;
    uiKey3Cnt = 0x80 + cstKeyMaxNum / 3 * 2;
    uiKeyAllCnt = cstKeyMaxNum;
```

```
    AUXR = 0X00;                                //定时器 0 和定时器 1 时钟 12T 模式
    TMOD = 0X00;                                //设置定时器 0 和定时器 1 16 位自动重装模式
    TL0 = ( 65536 - 250 ) % 256;                //设置定时器 0 初值
    TH0 = ( 65536 - 250 ) / 256;
    TH1 = ( 65536 - 5000 * uiSpeed ) / 256;     //设置定时器 1 初值
    TL1 = ( 65536 - 5000 * uiSpeed ) % 256;
    TCON = 0X50;                                //定时器 0 和 1 开始计时
    IE = 0x8A;                                  //定时器 0 和 1 开启中断,CPU 开启中断
}

/* ---------- T1 定时器中断服务处理函数 -------- */
void T1_Process() interrupt 3                   //控制脉冲频率
{
    TH1 = ( 65536 - 5000 * uiSpeed ) / 256;     //通过在定时器 1 的时间来改变脉冲频率
    TL1 = ( 65536 - 5000 * uiSpeed ) % 256;
    if( btRotationFlag == 0 )                   //控制步进电机正转
    {
        switch( i++ )                           //循环改变不同 I/O 脚的脉冲电平
        {
            case 1:
                sbtS1 = 1; sbtS2 = 0; sbtS3 = 0; sbtS4 = 0; break;
            case 2:
                sbtS1 = 0; sbtS2 = 1; sbtS3 = 0; sbtS4 = 0; break;
            case 3:
                sbtS1 = 0; sbtS2 = 0; sbtS3 = 1; sbtS4 = 0; break;
            case 4:
                sbtS1 = 0; sbtS2 = 0; sbtS3 = 0; sbtS4 = 1; break;
        }
        if( i == 5 )
            i = 1;
    }
    else                                        //控制步进电机反转
    {
        switch( i++ )
        {
            case 1:
                sbtS1 = 0; sbtS2 = 0; sbtS3 = 0; sbtS4 = 1; break;
            case 2:
                sbtS1 = 0; sbtS2 = 0; sbtS3 = 1; sbtS4 = 0; break;
            case 3:
                sbtS1 = 0; sbtS2 = 1; sbtS3 = 0; sbtS4 = 0; break;
            case 4:
                sbtS1 = 1; sbtS2 = 0; sbtS3 = 0; sbtS4 = 0; break;
        }
        if( i == 5 )
            i = 1;
    }
}
/* ---------- T0 定时器中断服务处理函数 -------- */
```

```
void T0_Process() interrupt 1              //按键消抖＋中断处理(控制步进电机转向和速度)
{
    if( sbtKey1 == 0 )
        uiKey1Cnt -- ;
    if( sbtKey2 == 0 )
        uiKey2Cnt -- ;
    if( sbtKey3 == 0 )
        uiKey3Cnt -- ;                     //按键是按下状态
    uiKeyAllCnt -- ;                       //总的次数减1

    if( uiKeyAllCnt == 0 )                 //100 次完了
    {
        if( uiKey1Cnt < 0x80 )
        {
            btKey1Current = 0;
            if( btKey1Past == 1 )          //下降沿(按键则步进电机的转速改变,
                                           //uiSpeed 值越大,转速越慢)
            {
                btKey1Past = 0;
                uiSpeed++;
                if( uiSpeed == 12 )
                    uiSpeed = 1;
            }

        }
        if( uiKey1Cnt >= 0x80 )
        {
            btKey1Current = 1;
            if( btKey1Past == 0 )
                btKey1Past = 1;            //上升沿(假设不做动作那就继续)
        }

        if( uiKey2Cnt < 0x80 )
        {
            btKey2Current = 0;
            if( btKey2Past == 1 )          //下降沿(按键改变步进电机转向)
            {
                btKey2Past = 0;
                btRotationFlag = ~btRotationFlag;
            }

        }
        if( uiKey2Cnt >= 0x80 )
        {
            btKey2Current = 1;
            if( btKey2Past == 0 )
                btKey2Past = 1;            //上升沿(假设不做动作那就继续)
        }
```

```
        if( uiKey3Cnt < 0x80 )
        {
            btKey3Current = 0;
            if( btKey3Past == 1 )                    //下降沿(按键控制电机暂停/启动)
            {
                btKey3Past = 0;
                TR1 = ~TR1;
            }

        }
        if( uiKey3Cnt >= 0x80 )
        {
            btKey3Current = 1;
            if( btKey3Past == 0 )
                btKey3Past = 1;                       //上升沿(假设不做动作那就继续)
        }

        uiKey1Cnt = 0x80 + cstKeyMaxNum / 3 * 2;     //新一轮的判断
        uiKey2Cnt = 0x80 + cstKeyMaxNum / 3 * 2;
        uiKey3Cnt = 0x80 + cstKeyMaxNum / 3 * 2;
        uiKeyAllCnt = cstKeyMaxNum;
    }
}

/* --------- 主函数 --------- */
void main()
{
    InitSys();
    while( 1 )
    {
        P0 = arrSegSelect[uiSpeed];       //P0 口显示步进电机速度,范围 1~4,1 挡速度最快
    }
}
```

2. 分析说明

主循环 while(1)中扫描数码管,显示步进电机速度。

定时器 0 定时为二百多 μs,用来完成按键消抖和响应按键处理,包括控制步进电机速度、转向和启停。

定时器 1 定时为几 ms * uiSpeed 来控制脉冲频率,同时发生步进电机四相上方波信号。

7.5　任务　可控步进电机之二

7.5.1　规划设计

目标:利用第 6 章 STC-B_DEMO 模板编程方法,实现与 7.4 节相同效果的步进电机控制功能。

资源:STC-B 学习板、PC、28BYJ-48 步进电机、Keil 4 软件、STC-ISP 软件(V6.8 以上)。

任务：

(1) 再次下载本工程 Hex 文件，并对照测试结果仔细观察将实现的功能。

(2) 参考 Z1 代码风格，利用 C51 编程实现任务功能。

功能：

(1) 按键 K1 调节发送脉冲给步进电机的速度。

(2) 按键 K2 控制步进电机的旋转方向。

(3) 按键 K3 控制步进电机的暂停和旋转。

(4) 数码管最右端显示当前的速度挡位。

测试结果：将步进电机对应口连接到电路板的 SM 接口处(5V 对应红线，其余按照顺序接入)，观察发现步进电机按照一定速度逆时针旋转。数码管最右端显示当前的速度挡位，当按下 K1 键后旋转速度变慢(共有四个挡位：1、2、3、4 挡，数值越大，速度越慢)，同时可以看到电路板 SM 接口左侧的 LED 灯按照步进电机旋转的频率一同闪烁；当按下 K2 键后，步进电机按相反方向旋转；当按下 K3 键后步进电机停止旋转，再按一次步进电机继续旋转。

7.5.2 实现步骤

1. 参考代码

```
/ * * * * * * * * * * * * * * * * * * * * * *
STC - B_DEMO.c for 可控步进电机(正反转暂停)
型号:STC15F2K60S2 主频:11.0592MHz
* * * * * * * * * * * * * * * * * * * * * * * /
# include < STC15F2K60S2.H>
# define uint unsigned int
# define uchar unsigned char

/ * --------- 宏定义 --------- * /
# define cstDigBegin 7               //数码管显示位选起始,用户可修改
# define cstDigEnd 7                 //数码管显示位选终止位.8 为发光二极管,大于 8 可
                                     //用于调节显示量度

# define cstDig0 11                  //数码管各位上显示内容数组序号,用户可修改
# define cstDig1 11                  //11 代表段选无显示
# define cstDig2 11
# define cstDig3 11
# define cstDig4 11
# define cstDig5 11
# define cstDig6 11
# define cstDig7 ucSpeed_Seg         //P0 口显示步进电机速度,范围 1~4,1 挡速度最快
# define cstDig8 ucLedTmp            //流水灯

# define cstKeyMaxNum 10             //10 次读取按键值
# define cstKeyCntMaxNum (0x80 + cstKeyMaxNum / 3 * 2)        //按键消抖计数初值

# define cstSpeedMaxLevel 5          //上限范围,原代码 4 挡速度,1 挡最快,
```

```
#define cstSpeed100usCnt 50              //原代码设想 5ms * ucSpeed,本代码放在 100μs 节拍处理
#define cstClockXmsMaxNum ((ucSpeed) * (cstSpeed100usCnt))     //Xms 时钟


/* --------- 函数声明 --------- */
void Init();                            //Initial
void T10us_Process();                   //Function for 10us
void T100us_Process();                  //Function for 100us
void T1ms_Process();                    //Function for 1ms
void T10ms_Process();                   //Function for 10ms
void T100ms_Process();                  //Function for 100ms
void TXms_Process();                    //Function for Xms,用户可修改

void Seg7LedDisplay( uchar s, uchar e ); //显示单个数码管或流水灯
void Key_Scan();                        //按键扫描检测
void Xstep_Process();                   //步进电机正反转暂停控制


/* --------- 引脚别名定义 --------- */
sbit sbtKey1 = P3 ^ 2;                  //按键 1,根据学习板,用户可修改
sbit sbtKey2 = P3 ^ 3;                  //按键 2
sbit sbtKey3 = P1 ^ 7;                  //按键 3
sbit sbtS1 = P4 ^ 1;                    //步进电机相 1
sbit sbtS2 = P4 ^ 2;                    //步进电机相 2
sbit sbtS3 = P4 ^ 3;                    //步进电机相 3
sbit sbtS4 = P4 ^ 4;                    //步进电机相 4


/* --------- 变量定义 --------- */
//定时器计数时间标志
bit btT10usFlag = 0;                    //时基 10μs
bit btT100usFlag = 0;                   //50 个 =5ms 单相通电时间
bit btT1msFlag = 0;                     //数码管扫描频率节拍
bit btT10msFlag = 0;                    //按键消抖节拍
bit btT100msFlag = 0;                   //数码管显示数据更新
bit btTXmsFlag = 0;                     //步进电机输出
bit btTXmsFlag_en = 1;                  //步进电机启动开关,默认开启(0 暂停 1 启动)

//定时器内部专用时间计数
uchar ucT10usCnt = 0;                   //时基 10μs
uchar ucT100usCnt = 0;                  //原代码里设想的是 5ms 单相通电时间
uchar ucT1msCnt = 0;
uchar ucT10msCnt = 0;
uchar ucT100msCnt = 0;

//Fun()用户功能实现所用变量
uchar ucKey1Cnt = 0;                    //按键 1 消抖计数器
uchar ucKey2Cnt = 0;                    //按键 2 消抖计数器
uchar ucKey3Cnt = 0;                    //按键 3 消抖计数器
uchar ucKeyAllCnt = 0;                  //按键消抖总延时计数器

uchar ucSpeed_Seg = 1;                  //速度显示序号
```

```
    uchar ucSpeed = 1;                        //步进电机的速度参数

    bit btKey1Current = 1;                    //按键 1 当前的状态
    bit btKey1Past = 1;                       //按键 1 前一个状态
    bit btKey2Current = 1;                    //按键 2 当前的状态
    bit btKey2Past = 1;                       //按键 2 前一个状态
    bit btKey3Current = 1;                    //按键 3 当前的状态
    bit btKey3Past = 1;                       //按键 3 前一个状态
    bit btRotationFlag = 0;                   //步进电机旋转方向 0 正转 1 反转

    uchar ucClockXms = 0;                     //步进电机产生信号控制正反转暂停所用计数器
    uchar ucLedTmp = 0x00;                    //流水灯显示值

    /* --------- 主函数 --------- */
    void main()
    {
        Init();
        ucLedTmp = 0x00;                      //流水灯显示值
        while( 1 )
        {
            if( btT10usFlag )
            {
                btT10usFlag = 0; T10us_Process();
            }
            if( btT100usFlag )
            {
                btT100usFlag = 0; T100us_Process();
            }
            if( btT1msFlag )
            {
                btT1msFlag = 0; T1ms_Process();
            }
            if( btT10msFlag )
            {
                btT10msFlag = 0; T10ms_Process();
            }
            if( btT100msFlag )
            {
                btT100msFlag = 0; T100ms_Process();
            }
            if( ( btTXmsFlag && btTXmsFlag_en ) )   //Xms 标志位和使能位均有效
                                                    //才执行步进电机转动
            {
                btTXmsFlag = 0; TXms_Process();
            }
        }
    }

    /* --------- T0 定时器中断服务处理函数 --------- */
```

```
void T0_Process() interrupt 1
{
    btT10usFlag = 1;
    ucT10usCnt++;
    if( ucT10usCnt == 10 )
    {
        ucT10usCnt = 0; btT100usFlag = 1; ucT100usCnt++;
    }
    if( ucT100usCnt == 10 )
    {
        ucT100usCnt = 0; btT1msFlag = 1; ucT1msCnt++;
    }
    if( ucT1msCnt == 10 )
    {
        ucT1msCnt = 0; btT10msFlag = 1; ucT10msCnt++;
    }
    if( ucT10msCnt == 10 )
    {
        ucT10msCnt = 0; btT100msFlag = 1;
    }
}
/* --------- 初始化函数 -------- */
void Init()
{
    //Hardware Init
    P0M0 = 0xFF;
    P0M1 = 0x00;
    P0 = 0x00;
    P2M0 = 0x0f;                //设置 P2.0~P2.3 为推挽:对应了 LED 的控制
    P2M1 = 0x00;
    P4M0 = 0xff;                //P4 口设置推挽输出
    P4M1 = 0x00;
    P4 = 0X00;                  //设置 P4 口为低电平,避免复位时步进电机 5V 电平接口的影响

    //Interrupt Init
    /* 10 微秒@11.0592MHz 16 可重载定时器 0
       ISP 软件生成 */
    AUXR |= 0x80;               //定时器时钟 1T 模式
    TMOD &= 0xF0;               //设置定时器模式
    TL0 = 0x91;                 //设置定时初值
    TH0 = 0xFF;                 //设置定时初值
    EA = 1;                     //打开总的中断
    ET0 = 1;                    //开启定时器中断
    TF0 = 0;                    //清除 TF0 标志
    TR0 = 1;                    //启动定时器

    ucKey1Cnt = cstKeyCntMaxNum;
    ucKey2Cnt = cstKeyCntMaxNum;
    ucKey3Cnt = cstKeyCntMaxNum;
```

```
        ucKeyAllCnt = cstKeyMaxNum;
    }


    /* --------- 各时钟节拍处理函数 -------- */
    void T10us_Process()
    {


    }
    void T100us_Process()                //100μs 适用步进电机每拍单相计数,计满产生标志
    {
        ucClockXms++;
        if ( ucClockXms == ( cstClockXmsMaxNum ) )
        {
            ucClockXms = 0; btTXmsFlag = 1;
        }
    }
    void T1ms_Process()                  //1ms 适用数码管扫描服务
    {
        Seg7LedDisplay( cstDigBegin, cstDigEnd );
    }
    void T10ms_Process()                 //10ms 适用按键扫描服务
    {
        Key_Scan();
    }
    void TXms_Process()                  //Xms 适用步进电机服务
    {
        Xstep_Process();
    }
    void T100ms_Process()                //100ms 适用数据显示更新
    {
        ucSpeed_Seg = ucSpeed;
    }


    /* --------- 数码管与发光二极管显示函数 -------- */
    void Seg7LedDisplay( uchar s, uchar e )
    {
        unsigned char arrSegSelect[] = {0x3f, 0x06, 0x5b, 0x4f, 0x66, 0x6d, 0x7d, 0x07, 0x7f,
    0x6f, 0x40, 0x00};                   //数码管显示译码表
        /* 序号:0  1  2  3  4  5  6  7  8 9  10  11  */
        /* 显示:0  1  2  3  4  5  6  7 8 9   -  (无)   */
        static int i;
        P2 = ( P2 & 0xf0 ) | i;
        switch( i )
        {
            case 0 :
                P0 = arrSegSelect[cstDig0]; break;
            case 1 :
                P0 = arrSegSelect[cstDig1]; break;
            case 2 :
```

```
                P0 = arrSegSelect[cstDig2]; break;
        case 3:
                P0 = arrSegSelect[cstDig3]; break;
        case 4:
                P0 = arrSegSelect[cstDig4]; break;
        case 5:
                P0 = arrSegSelect[cstDig5]; break;
        case 6:
                P0 = arrSegSelect[cstDig6]; break;
        case 7:
                P0 = arrSegSelect[cstDig7]; break;
        case 8:
                P0 = cstDig8; break;
        default:
                P0 = 0x00; break;
        }
    if( ++i > e ) i = s;
}

/* --------- 按键扫描检测函数 -------- */
void Key_Scan()
{
    if( sbtKey1 == 0 )                      //按键按下时,按键计数器减1
        ucKey1Cnt -- ;
    if( sbtKey2 == 0 )
        ucKey2Cnt -- ;
    if( sbtKey3 == 0 )
        ucKey3Cnt -- ;
    ucKeyAllCnt -- ;                        //总的次数减1

    if( ucKeyAllCnt == 0 )                  //10 次完了
    {
        if( ucKey1Cnt < 0x80 )
        {
            btKey1Current = 0;
            if( btKey1Past == 1 )
            {
                btKey1Past = 0;             //下降沿
                ucSpeed++;                  //步进电机的转速改变,ucSpeed 值越大,转速越慢
                if( ucSpeed == cstSpeedMaxLevel )
                    ucSpeed = 1;
            }
        }
        if( ucKey1Cnt >= 0x80 )
        {
            btKey1Current = 1;
            if( btKey1Past == 0 )
                btKey1Past = 1;             //上升沿(假设不做动作那就继续)
        }
```

```
            if( ucKey2Cnt < 0x80 )
            {
                btKey2Current = 0;
                if( btKey2Past == 1 )
                {
                    btKey2Past = 0;                    //下降沿(按键改变步进电机转向)
                    btRotationFlag = ～btRotationFlag;
                }
            }
            if( ucKey2Cnt >= 0x80 )
            {
                btKey2Current = 1;
                if( btKey2Past == 0 )
                    btKey2Past = 1;                    //上升沿(假设不做动作那就继续)
            }
            if( ucKey3Cnt < 0x80 )
            {
                btKey3Current = 0;
                if( btKey3Past == 1 )
                {
                    btKey3Past = 0;                    //下降沿
                    btTXmsFlag_en = ～btTXmsFlag_en;    //按键改变暂停或开启电机
                }
            }
            if( ucKey3Cnt >= 0x80 )
            {
                btKey3Current = 1;
                if( btKey3Past == 0 )
                    btKey3Past = 1;                    //上升沿(假设不做动作那就继续)
            }
            ucKey1Cnt = cstKeyCntMaxNum;              //新一轮判断装初值
            ucKey2Cnt = cstKeyCntMaxNum;
            ucKey3Cnt = cstKeyCntMaxNum;
            ucKeyAllCnt = cstKeyMaxNum;
        }
    }

/* ---------- 步进电机正反转暂停控制函数 -------- */
void Xstep_Process()
{
    static uchar i = 1;                               //步进电机控制脉冲对应的 I/O 口位置
    if( btRotationFlag == 0 )                         //控制步进电机正转
    {
        switch( i++ )                                 //循环改变不同 I/O 脚的脉冲电平
        {
            case 1:
                sbtS1 = 1; sbtS2 = 0; sbtS3 = 0; sbtS4 = 0; break;
            case 2:
                sbtS1 = 0; sbtS2 = 1; sbtS3 = 0; sbtS4 = 0; break;
```

```
        case 3:
            sbtS1 = 0; sbtS2 = 0; sbtS3 = 1; sbtS4 = 0; break;
        case 4:
            sbtS1 = 0; sbtS2 = 0; sbtS3 = 0; sbtS4 = 1; break;
        default:
            sbtS1 = 0; sbtS2 = 0; sbtS3 = 0; sbtS4 = 0; break;
        }
    if( i == 5 )
        i = 1;
    }                                        //控制步进电机反转
    else
    {
        switch( i++ )
        {
        case 1:
            sbtS1 = 0; sbtS2 = 0; sbtS3 = 0; sbtS4 = 1; break;
        case 2:
            sbtS1 = 0; sbtS2 = 0; sbtS3 = 1; sbtS4 = 0; break;
        case 3:
            sbtS1 = 0; sbtS2 = 1; sbtS3 = 0; sbtS4 = 0; break;
        case 4:
            sbtS1 = 1; sbtS2 = 0; sbtS3 = 0; sbtS4 = 0; break;
        default:
            sbtS1 = 0; sbtS2 = 0; sbtS3 = 0; sbtS4 = 0; break;
        }
    if( i == 5 )
        i = 1;
    }
}
```

2. 分析说明

STC-B_DEMO 分时制采用定时器 T0 统一产生节拍标志,主循环按节拍标志处理所有任务,包含按键消抖处理、数码管与流水灯扫描、步进电机四路方波发生。

代码缺陷:STC-B_DEMO 版原本是存在 void Seg7LedDisplay(uchar s,uchar e)扫描数码管与流水灯同时显示,但当前仅仅用到最右边一位数码管来显示速度 ucSpeed。优化时,注意数码管和流水灯同时显示的数据残影和数码管抖动问题。

7.6 任务 蜂鸣器

7.6.1 无源蜂鸣器

蜂鸣器是一种一体化结构的电子讯响器,采用直流电压供电,广泛应用于计算机、打印机、复印机、报警器、电子玩具、汽车电子设备、电话机、定时器等电子产品中作发声器件。

蜂鸣器分为有源蜂鸣器和无源蜂鸣器,这里的源特指振荡源;有源蜂鸣器直接加电就可以响起蜂鸣声,无源蜂鸣器需要另外提供振荡源。理想的振荡源为一定频率的方波。

相比与有源蜂鸣器,无源蜂鸣器的优点在于价格便宜,可以通过控制其振动频率来改变发出的声音,因此,无源蜂鸣器可以用于音乐的播放。而有源蜂鸣器的优点在于使用简单,不需要编写"乐谱"。

学习板使用的无源蜂鸣器是电磁式蜂鸣器,电磁式蜂鸣器由振荡器、电磁线圈、磁铁、振动膜片及外壳等组成。接通电源后,接收到的音频信号电流通过电磁线圈,使电磁线圈产生磁场。振动膜片在电磁线圈和磁铁的相互作用下,周期性地振动发声。

7.6.2 蜂鸣器电路

无源蜂鸣器电路,如图 7-15 所示,只需改变 Beep 端口的电平,产生一个周期性的方波即可使蜂鸣器发出声音,不同的频率发出的声音不同。其中,ULN2003 是一个功放,用于放大电流。电阻 R14 和电容 C21 是用来保护电路的。若人为将 Beep 端口的电平一直置为高电平,在没有保护电路的情况下,容易烧毁电路,但即使有保护电路也应该注意不要将 Beep 端口长时间置于高电平,这对器件也是有一定损害的。

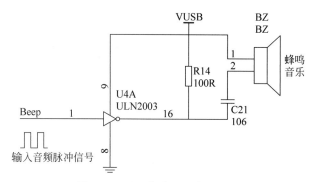

图 7-15 无源蜂鸣器电路原理图

7.6.3 规划设计

目标:利用无源蜂鸣器与按键实现蜂鸣器的发声功能。

资源:STC-B 学习板、PC、Keil 4 软件、STC-ISP 软件(V6.8 以上)。

任务:

(1) 再次下载本工程 Hex 文件,并对照测试结果仔细观察将实现的功能。

(2) 参考 Z1 代码风格,利用 C51 编程实现任务功能。

功能:通过按下按键 K1 来控制无源蜂鸣器的发声。

测试结果:蜂鸣器初始状态是没有发声的;按下 K1 键,则蜂鸣器开始发声;再次按下 K1 键,蜂鸣器停止发声。

7.6.4 实现步骤

1. 参考代码

```
/**********************
myBeep 蜂鸣器测试
型号:STC15F2K60S2 主频:11.0592MHz
********************** /
```

```
#include<STC15F2K60S2.H>
#define uint unsigned int
#define uchar unsigned char

/* --------- 引脚别名定义 --------- */
sbit sbtBeep = P3 ^ 4;                  //蜂鸣器引脚
sbit sbtKey1 = P3 ^ 2;                  //按键1引脚

/* --------- 变量定义 --------- */
bit btBeepFlag;                         //控制蜂鸣器开关的标志位

/* --------- 初始化函数 -------- */
void init()
{
    P3M1 = 0x00;
    P3M0 = 0x10;                        //设置P3^4为推挽模式

    TMOD = 0x00;                        //设置定时器0,工作方式0,16位自动重装定时器
    TH0 = 0xff;                         //设定定时器0的初值
    TL0 = 0x03;
    EA = 1;                             //打开总中断
    ET0 = 1;                            //打开定时器0中断允许位
    TR0 = 1;

    btBeepFlag = 0;                     //标志位置1
    P0 = 0x00;                          //关闭P0端口
    sbtBeep = 0;                        //蜂鸣器引脚置0,以保护蜂鸣器
}

/* --------- 延时子函数 -------- */
void delay( uint xms )
{
    uchar i;
    for( ; xms > 0; xms-- )
        for( i = 114; i > 0; i-- )
        {
            ;
        }
}

/* --------- 主函数 -------- */
void main()
{
    init();
    while( 1 )
    {
        if( sbtKey1 == 0 )
        {
            delay( 10 );                //延时消抖
```

```
            if( sbtKey1 == 0 )
            {
                while( !sbtKey1 );
                btBeepFlag = ~btBeepFlag;          //蜂鸣器开关标志位翻转
            }
        }
    }
}

/* ---------- T0 定时器中断服务处理函数 -------- */
void T0_Process() interrupt 1
{
    if( btBeepFlag )
    {
        sbtBeep = ~sbtBeep;                         //产生方波使得蜂鸣器发声
    }
    else
    {
        sbtBeep = 0;                                //停止发声,并将 sbtBeep 端口置于低电平
    }
}
```

2. 分析说明

本案例程序设计主要分为：蜂鸣器、按键检测两个模块。

程序步骤：

(1) 系统初始化,P3 端口初始化配置,设置端口推挽模式,并设置定时器参数。

(2) 判断按键 K1 的按下,蜂鸣器发声或停止发声。

7.7 任务   可变调的蜂鸣器

7.7.1 规划设计

目标：利用无源蜂鸣器与按键实现可变调蜂鸣器的发声功能。

资源：STC-B 学习板、PC、Keil 4 软件、STC-ISP 软件(V6.8 以上)。

任务：

(1) 再次下载本工程 Hex 文件,并对照测试结果仔细观察将实现的功能。

(2) 参考 Z1 代码风格,利用 C51 编程实现任务功能。

功能：

(1) 数码管上显示不同的音调。

(2) 按键 1 可以修改音调数值。

(3) 按键 2 开启和关闭蜂鸣器声音。

测试结果：数码管上显示的每个数字代表着不同的音调,如图 7-16 所示。按 K1 键可以修改音调数值(0～9)数字越大声音越低沉；按 K2 键让蜂鸣器发声或者不发声。

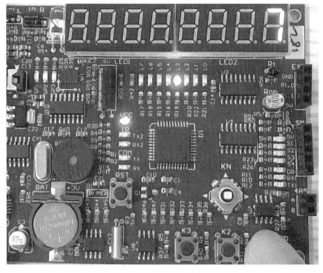

图 7-16　案例测试结果

7.7.2　实现步骤

1．参考代码

```
/ * * * * * * * * * * * * * * * * * * * * *
myBeep2 可变调的蜂鸣器
型号:STC15F2K60S2 主频:11.0592MHz
* * * * * * * * * * * * * * * * * * * * * /
# include < STC15F2K60S2.H >
# define uint unsigned int
# define uchar unsigned char

/ * --------- 引脚别名定义 --------- * /
sbit sbtBeep = P3 ^ 4;                    //蜂鸣器引脚
sbit sbtKey1 = P3 ^ 2;                    //按键 1 引脚
sbit sbtKey2 = P3 ^ 3;                    //按键 2 引脚
sbit sbtSel0 = P2 ^ 0;                    //位选信号位
sbit sbtSel1 = P2 ^ 1;                    //位选信号位
sbit sbtSel2 = P2 ^ 2;                    //位选信号位
sbit sbtSel3 = P2 ^ 3;                    //LED 与数码管显示的控制位

/ * --------- 变量定义 --------- * /
uint sbtKey1_state = 0;                   //0:Key1 未按下      1:Key1 已按下
uint sbtKey2_state = 0;                   //0:Key2 未按下      1:Key2 已按下
bit btBeepFlag;                           //控制蜂鸣器开关的标志位
uint uiToneNum = 0;                       //音调
uchar arrSegSelect[] = {0x3f, 0x06, 0x5b, 0x4f, 0x66, 0x6d, 0x7d, 0x07,
                0x7f, 0x6f, 0x77, 0x7c, 0x39, 0x5e, 0x79, 0x71
                   };                     //段选 0~f
```

```c
/* --------- 初始化函数 -------- */
void Init()
{
    P0M0 = 0xff;
    P0M1 = 0x00;
    P2M0 = 0x08;
    P2M1 = 0x00;
    //设置 P3^4 为推挽模式
    P3M1 = 0x00;
    P3M0 = 0x10;

    AUXR |= 0x80;            //定时器时钟1T模式
    TMOD &= 0xF0;            //设置定时器模式为16位自动重装
    TL0 = 0xCD;              //设置定时初值
    TH0 = 0xF4;              //设置定时初值
    TF0 = 0;                 //清除 TF0 标志
    TR0 = 1;                 //定时器0开始计时

    btBeepFlag = 0;
    P0 = 0x00;               //数码管和 LED 显示清零

    sbtSel0 = 1;             //位选设置为第七位
    sbtSel1 = 1;
    sbtSel2 = 1;

    sbtBeep = 0;             //蜂鸣器引脚置0,以保护蜂鸣器
    ET0 = 1;
    EA = 1;
}

/* --------- 延时子函数 -------- */
void DelayMs( uint xms )
{
    uchar i;
    for( ; xms > 0; xms-- )
        for( i = 114; i > 0; i-- )
        {
            ;
        }
}

/* --------- 显示子函数 -------- */
void DisplaySeg7Led()
{
    P0 = 0;
    sbtSel3 = 0;
    P0 = arrSegSelect[uiToneNum];
    DelayMs( 1 );
```

```
    P0 = 0;
    sbtSel3 = 1;
    P0 = 0x08;
    DelayMs( 1 );
}

/* --------- 主函数 -------- */
void main()
{
    Init();
    while( 1 )
    {
        if( sbtKey1 == 0 )
        {
            if( sbtKey1_state == 0 )                //判断按键 1 是否按下
            {
                DelayMs( 10 );                      //延时消除抖动
                if( sbtKey1 == 0 )
                {
                    uiToneNum++;                     //声调改变
                    if( uiToneNum == 10 )
                        uiToneNum = 0;
                    TH0 = 0xF4 - uiToneNum;          //减小重装值,从而减小
                                                     //定时器中断(蜂鸣器振动)频率
                    sbtKey1_state = 1;               //设置按键 1 为已按下
                }
            }
        }
        else
            sbtKey1_state = 0;

        if( sbtKey2 == 0 )
        {
            if( sbtKey2_state == 0 )                //判断按键 2 是否按下
            {
                DelayMs( 10 );                      //延时消除抖动
                if( sbtKey2 == 0 )
                {
                    btBeepFlag = !btBeepFlag;        //蜂鸣器开关切换
                    sbtKey2_state = 1;               //设置按键 1 为已按下
                }
            }
        }
        else
            sbtKey2_state = 0;

        DisplaySeg7Led();
    }
}
```

```
/* --------- T0 定时器中断服务处理函数 --------- */
void T0_Process() interrupt 1
{
    if( btBeepFlag )
    {
        sbtBeep = ~sbtBeep;          //产生方波使得蜂鸣器发声
    }
    else
        sbtBeep = 0;                 //如果开关关闭,则蜂鸣器断电以保护蜂鸣器

}
```

2. 分析说明

给无源蜂鸣器一个周期性的方波即可让其振动发声(详细原理可参见 7.6 节)。

输入方波的频率发生改变,蜂鸣器振动的频率就会发生改变,从而发出不同的音调。

如何修改输入蜂鸣器方波的频率?

输入蜂鸣器的方波是通过定时器来产生的。定时器中断的频率决定了输入蜂鸣器的方波的频率,而定时器中断的频率是通过重装值决定的。因此只需要修改定时器自动重装的初值,就能向蜂鸣器输入不同频率的方波。

程序工作过程中,按 K1 键修改定时器 T0 的重装值;按 K2 键修改蜂鸣器开关标志位,让蜂鸣器发声/不发声。

程序在定时器 T0 中断处理程序段中判断蜂鸣器开关是否打开,若打开则让输入蜂鸣器的电平翻转。

7.8 思考题

1. 方波发生的原理是什么? 哪些参数比较重要?
2. 画流程图描述 6.4 节电子钟部分的 STC-B_DEMO 模板。
3. 试述 STC-B_DEMO 模板的分时制结构编程思路和应用方法。
4. 设计:编程优化 7.5 节可控步进电机 STC-B_DEMO 版存在的问题。
5. 如何区分无源蜂鸣器与有源蜂鸣器?
6. 设计:编程实现步进电机八拍控制方式。
7. 设计:按 STC-B_DEMO 模板思路实现 7.7 节任务代码。

## 第 8 章

基 础 综 合

从第 1 章电子产品到第 7 章波形产生,初学者已经掌握了智能电子产品的单片机软硬件基本开发方法,可以准备独立完成综合项目,题目划分在两章:本章的基础综合和第 14 章的创意综合。本章先讨论选题,通过课程培训和实际自主实践能进一步掌握好 STC-B_DEMO 模板分时制的结构编程,用心地参与将自己的电子产品由想法变成现实的过程,甚至体验让我们的生活变得更美好。

8.1 选题参考

8.1.1 目标与问题

基于 STC-B 学习板的综合项目基本目标:

(1) 完成 STC-B 学习板的制作且能正常使用,掌握学习板使用方法。

(2) 熟练掌握 PC 上工具软件(STC-ISP、Keil),能正常安装配置、编译案例工程、生成 Hex 文件等软件开发流程。

(3) 参照综合类案例,设计一个工程设计且完成项目基本过程,考虑项目独立程度和项目掌握深度。

(4) 学习编写工程设计过程文档,如选题报告、设计报告等。

初学者选题的普遍问题是选题太大,对没有基础、还是入门的大多数人来说,可能暂时还没有能力短时间内集中完成。避免这一问题的关键在于明确整体学习目标和自主实验方法。本书前面章节能引导读者入门,看到自己把一堆元件焊接到一起,编写程序就可以实现不同功能,获得一个自制学习平台和资料,知道后面该怎么学习;其次引导多了解单片机、电路、程序设计等基本知识及技能;少数有基础、有兴趣的读者能自主实验,甚至进入更深层次嵌入式系统设计。

8.1.2 思路与举例

选题第一步,在按部就班地实践了一些前述基本案例和参看了综合类案例后,先选一个小练习,要务实,做出来 DEMO 很重要,然后由浅入深地做一个比之前小练习稍大一点的小练习。

学习思路上,建议由简到难地完成项目任务,顺序从最简单的并口开始,进一步是定时器、中断、模拟信号与数字信号转换,串口通信中如基本的 RS-232、RS-485、SPI、IIC、CAN、AC97,最后是 USB 和 Ethernet。

小练习举例。

1. 按键计数(＋、－)、数码管显示(分别、1~4 位)

(1) 按键加 1 计数,计数范围 0~9。

(2) 按键减 1 计数,计数范围 0~9。

(3) 按键加 1 计数,计数范围 00~99。

(4) 按键 K1 加 1,按键 K2 减 1 计数,计数范围 00~99。

(5) 两按键同步计数:按键 K1 计数 000~999,按键 K2 计数 000~999。

(6) 两按键计数比赛:限定时间,其他同(5)。

(7) 用中断方法实现计数。

(8) 消抖:延时消抖、计数消抖……

2. 步进电机

(1) 可暂停/继续步进电机。

(2) 可变速/变向步进电机。

(3) 指针式电子钟(一圈 1 分、1 小时……)。

(4) 可计步(数码管显示步数)步进电机。

(5) 可定位(数码管上设定步数)步进电机……

3. 电子音乐

(1) 湖南大学校歌。

(2) 报警声……

4. 按键、光敏、热敏、霍尔传感器、振动……与流水灯、数码管、蜂鸣器、步进电机组合

(1) 计数开门次数。

(2) 光敏开关。

(3) 温控音乐报警。

(4) 声示温度。

8.2 文档与考查

工程设计类报告一般指包含了有关工程项目的题目、设计目的和目标、基本原理、设计内容、源程序、工程、设计结果、问题分析等基本内容的设计报告,是生产管理中重要组成部分之一。

通过文档整理与归档,可以方便生产复盘时梳理生产及实验设计各个环节,有序分阶段地迭代。如与文档关联密切的考查活动之一是原理讲述与检查。

原理讲述与检查是陈述设计内容、过程、主要问题、难点等,解释工程设计操作和源程序,演示设计结果等活动,考查以下方面:

(1) 考查作品难度、工作量、开发工具掌握程度、学习成效以及自主完成的可信程度等。

(2) 深入考查调试仿真方法、源程序编写能力、处理器基本知识、设计合理性和可行性、发现问题深度、后续学习等方面。

文档报告书写要态度认真、内容较全面、能描述清楚设计的主要工作内容:

1. 选题报告(与后面的设计报告内容对应)(内容供参考)

(1) 题目、学号、班级、姓名。

(2) 选题内容描述。

（3）原理。

（4）问题与困难。

（5）计划与安排。

2．设计报告（内容供参考）

（1）题目、学号、班级、姓名。

（2）工作原理。

（3）设计过程。

（4）设计结果。

（5）源程序（全部或部分重要）。

说明：

（1）选题报告和设计报告属于实训课程的考查资料，是评分依据之一，需要装订留存。

（2）选题报告和设计报告，手写或打印均可（A4 纸），需要分别单独装订（不宜合在一起装订）。

8.3 任务 电子音乐

第 7 章介绍了蜂鸣器发声和单片机编程，本节将进一步了解发出特定频率方波来实现电子音乐。

8.3.1 音符频率

无源蜂鸣器，无源内部不带振荡源，所以如果用直流信号无法令其鸣叫。但我们可以利用方波通过控制其振动频率来改变发出的声音，做出"多来米发索拉西"的效果。因此，无源蜂鸣器可以用于音乐的播放。

每一个音符的发声频率是不同的，需要用定时器来精确计时以产生不同固定频率方波，这样才能发出不同音符声音。C 调各音符频率与计数值如表 8-1 所示，以下的简谱码是在晶振为 12MHz 的情况下计算的，程序里需要另换算为十六进制的简谱码。

表 8-1 C 调音符频率与计数初值

音符	频率/Hz	简谱码（T 值）	音符	频率/Hz	简谱码（T 值）	音符	频率/Hz	简谱码（T 值）
低 1DO	262	63 628	中 1DO	523	64 580	高 1DO	1046	65 058
♯1DO♯	277	63731	♯1DO♯	554	64 633	♯1DO♯	1109	65 085
低 2RE	294	63 835	中 2RE	587	64 684	高 2RE	1175	65 110
♯2RE♯	311	63 928	♯2RE♯	622	64 732	♯2RE♯	1245	65 134
低 3M	330	64 021	中 3M	659	64 777	高 3M	1318	65 157
低 4FA	349	64 103	中 4FA	698	64 820	高 4FA	1397	65 178
♯4FA♯	370	64 185	♯4FA♯	740	64 860	♯4FA♯	1480	65 198
低 5SO	392	64 260	中 5SO	784	64 898	高 5SO	1568	65 217
♯5SO♯	415	64 331	♯5SO♯	831	64 934	♯5SO♯	1661	65 235
低 6LA	440	64 400	中 6LA	880	64 968	高 6LA	1760	65 252
♯6LA♯	466	64 463	♯6LA♯	932	64 994	♯6LA♯	1865	65 268
低 7SI	494	64 524	中 7SI	988	65 030	高 7SI	1967	65 283

8.3.2　规划设计

目标：通过本案例，能学习整首曲子播放实现的固定频率方波发生、曲谱播放处理、熟悉 Z1 代码风格。

资源：STC-B 学习板、PC、Keil 4 软件、STC-ISP 软件（V6.8 以上）。

任务：

（1）再次下载本工程 Hex 文件，并对照测试结果仔细观察将实现的功能。

（2）参考 Z1 代码风格，利用 C51 编程实现任务功能。

功能：无源蜂鸣器模块实现音乐播放。

测试结果：下载程序后，开始播放音乐《同一首歌》，歌曲如图 8-1 所示。

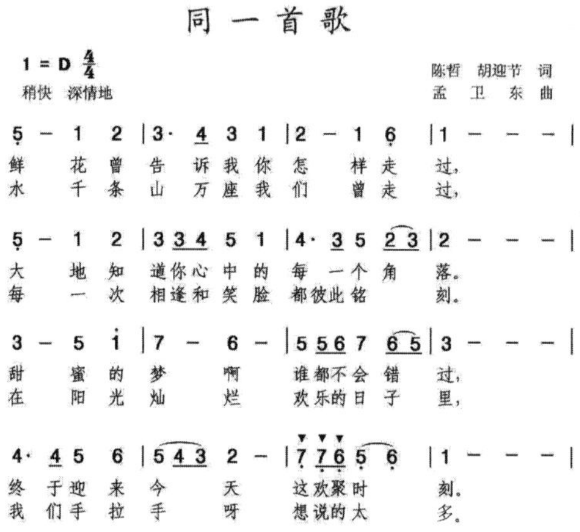

图 8-1　案例测试曲

8.3.3　实现步骤

1. 参考代码

```
/ * * * * * * * * * * * * * * * * * * * * * *
myMusic 音乐播放
型号：IAP15F2K60S2 主频：12MHz
* * * * * * * * * * * * * * * * * * * * * * * /
# include < STC15F2K60S2.h>
# define uint unsigned int
# define uchar unsigned char

/ * --------- 引脚别名定义 --------- * /
sbit sbtBeep = P3 ^ 4;                    //蜂鸣器

/ * --------- 变量定义 --------- * /
uchar ucTimerH, ucTimerL;                 //定义定时器的重装值
uchar code arrMusic[] =                   //音乐代码，歌曲为《同一首歌》，格式为：音符，节拍
{
    //音符的十位代表是低中高八度，1 代表低八度，2 代表中八度，3 代表高八度
```

```
    //个位代表简谱的音符,例如 0x15 代表低八度的 S0,0x21 代表中八度的 D0.
    //节拍则是代表音长,例如:0x10 代表一拍,0x20 代表两拍,0x08 代表 1/2 拍
    0x15, 0x20, 0x21, 0x10,
    0x22, 0x10, 0x23, 0x18,
    0x24, 0x08, 0x23, 0x10,
    0x21, 0x10, 0x22, 0x20,
    0x21, 0x10, 0x16, 0x10,
    0x21, 0x40, 0x15, 0x20,
    0x21, 0x10, 0x22, 0x10,
    0x23, 0x10, 0x23, 0x08,
    0x24, 0x08, 0x25, 0x10,
    0x21, 0x10, 0x24, 0x18,
    0x23, 0x08, 0x25, 0x10,
    0x22, 0x08, 0x23, 0x08,
    0x23, 0x08, 0x22, 0x08,
    0x22, 0x30, 0x23, 0x20,
    0x25, 0x10, 0x31, 0x10,
    0x27, 0x18, 0x26, 0x08,
    0x26, 0x20, 0x25, 0x10,
    0x25, 0x08, 0x26, 0x08,
    0x27, 0x10, 0x26, 0x08,
    0x25, 0x08, 0x23, 0x40,
    0x24, 0x18, 0x24, 0x08,
    0x25, 0x10, 0x26, 0x10,
    0x25, 0x10, 0x24, 0x08,
    0x23, 0x08, 0x22, 0x20,
    0x17, 0x10, 0x17, 0x08,
    0x16, 0x08, 0x15, 0x10,
    0x16, 0x10, 0x21, 0x40,
    0x00, 0x00
};
uchar code arrMusicToTimerNum[ ] =
{
    //此数组数据为各个音符在定时器中的重装值,第一列是高位,第二列是低位
    0xf8, 0x8c,              //低八度,低 1
    0xf9, 0x5b,
    0xfa, 0x15,              //低 3
    0xfa, 0x67,
    0xfb, 0x04,              //低 5
    0xfb, 0x90,
    0xfc, 0x0c,              //低 7
    0xfc, 0x44,              //中央 C 调
    0xfc, 0xac,              //中 2
    0xfd, 0x09,
    0xfd, 0x34,              //中 4
    0xfd, 0x82,
    0xfd, 0xc8,              //中 6
    0xfe, 0x06,
    0xfe, 0x22,              //高八度,高 1
```

```
       0xfe, 0x56,
       0xfe, 0x6e,                              //高 3
       0xfe, 0x9a,
       0xfe, 0xc1,                              //高 5
       0xfe, 0xe4,
       0xff, 0x03                               //高 7
};

/* --------- 延时子函数 --------- */
void DelayMs( unsigned int xms )
{
    uint i, j;
    for( i = xms; i > 0; i-- )
        for( j = 124; j > 0; j-- );
}

/* --------- 取址子函数 --------- */
//取出 tem 音符在 arrMusicToTimerNum 数组中的位置值
uchar GetPosition( uchar tem )
{
    uchar ucBase, ucOffset, ucPosition;   //定义曲调,音符和位置
    ucBase = tem / 16;                     //高 4 位是曲调值,基址
    ucOffset = tem % 16;                   //低 4 位是音符,偏移量
    if( ucBase == 1 )                      //当曲调值为 1 时,即是低八度,基址为 0
        ucBase = 0;
    else if( ucBase == 2 )                 //当曲调值为 2 时,即是中八度,基址为 14
        ucBase = 14;
    else if( ucBase == 3 )                 //当曲调值为 3 时,即是高八度,基址为 28
        ucBase = 28;
    //通过基址加上偏移量,即可定位此音符在 arrMusicToTimerNum 数组中的位置
    ucPosition = ucBase + ( ucOffset - 1 ) * 2;
    return ucPosition;                     //返回这一个位置值
}

/* --------- 播放音乐功能函数 --------- */
void PlayMusic()
{
    uchar ucNoteTmp, ucRhythmTmp, tem;     //ucNoteTmp 为音符,ucRhythmTmp 为节拍
    uchar i = 0;
    while( 1 )
    {
        ucNoteTmp = arrMusic[i];           //如果碰到结束符,延时 1 秒,回到开始再来一遍
        if( ucNoteTmp == 0x00 )
        {
            i = 0;
            DelayMs( 1000 );
        }
        else if( ucNoteTmp == 0xff )       //若碰到休止符,延时 100ms,继续取下一音符
        {
```

```
                i = i + 2;
                DelayMs( 100 );
                TRO = 0;
            }
            else                              //正常情况下取音符和节拍
            {
                //取出当前音符在 arrMusicToTimerNum 数组中的位置值
                tem = GetPosition( arrMusic[i] );
                //把音符相应的计时器重装载值赋予 ucTimerH 和 ucTimerL
                ucTimerH = arrMusicToTimerNum[tem];
                ucTimerL = arrMusicToTimerNum[tem + 1];
                i++;
                THO = ucTimerH;                 //把 ucTimerH 和 ucTimerL 赋予计时器
                TLO = ucTimerL;
                ucRhythmTmp = arrMusic[i];      //取得节拍
                i++;
            }
            TRO = 1;                            //开定时器 1
            DelayMs( ucRhythmTmp * 180 );       //等待节拍完成, 通过 P3^4 口输出音频
            TRO = 0;                            //关定时器 1

        }
    }


/* ---------- 初始化子函数 ---------- */
//功能是配置 IO 口
void InitSys()
{
    P0M0 = 0xff;
    P0M1 = 0x00;
    P2M0 = 0x08;
    P2M1 = 0x00;
    P3M0 = 0x10;
    P3M1 = 0x00;
    P4M0 = 0x00;
    P4M1 = 0x00;
    P5M0 = 0x00;
    P5M1 = 0x00;
}

/* ---------- 定时器 0 初始化子函数 ---------- */
void InitT0()
{
    TMOD = 0x01;
    TH0 = 0xD8;
    TL0 = 0xEF;
    EA = 1;
    ET0 = 1;
    TR0 = 0;
```

```
    }

    /* --------- 主函数 --------- */
    void main()
    {
        InitSys();
        InitT0();
        P0 = 0x00;
        PlayMusic();
        while( 1 );
    }

    /* --------- 定时器 0 中断处理函数 --------- */
    //重新装值,并把 sbtBeep 值取反,产生方波
    void T0_Process() interrupt 1            //定时器控制频率
    {
        TH0 = ucTimerH;
        TL0 = ucTimerL;
        sbtBeep = ～sbtBeep;
    }
```

2. 分析说明

本程序中,音乐数组即是要播放的音乐,格式为"音符,节拍,音符,节拍",如此循环下去。音符为要发出的音调,而节拍则是声音的持续时间。

在音乐数组中,音符表示的格式为:十位代表音调(其中 1 代表高八度,2 代表中八度,3 代表高八度),个位代表简谱的音符。例如,0x15 代表低八度的 SO,0x21 代表中八度的 DO。还存在一些特殊音符,如 0x00 代表结束符,表示整首歌曲演唱完毕,而 0xff 代表休止符,表示要休止 100ms。遇到这两种情况,都应该控制播放执行第几步。其余情况则是正常播放。节拍则是代表音长,例如:0x10 代表一拍,0x20 代表两拍,0x08 代表半拍,0x18 代表一拍半。

8.4 任务 可切换内容的电子音乐

规划设计

目标:通过无源蜂鸣器与 K1 键、K2 键实现电子音乐的播放、暂停、切换功能。熟悉 Z1 代码风格。

资源:STC-B 学习板、PC、Keil 4 软件、STC-ISP 软件(V6.8 以上)。

任务:

(1) 再次下载本工程 Hex 文件,并对照测试结果仔细观察将实现的功能。

(2) 参考 Z1 代码风格,利用 C51 编程实现任务功能。

功能:

(1) 按 K1 键控制(如外部中断服务)音乐播放或暂停。

（2）按 K2 键控制（如外部中断服务）播放切换歌曲。

测试结果：下载程序后，通过按下 K1 键来进行音乐的播放，通过再次按下 K1 键可以暂停音乐播放。按下 K2 键可以切换到下一曲，如果是最后一首，返回播放第一首。

歌曲除了《同一首歌》《小毛驴》（歌曲如图 8-2 所示）外，也自行另找简谱。相比基础篇添加了暂停、切换歌曲功能。

图 8-2　案例测试曲

8.5　任务　可振动感应的电子音乐

规划设计

目标：通过无源蜂鸣器与振动传感器实现电子音乐的切换功能。

资源：STC-B 学习板、PC、Keil 4 软件、STC-ISP 软件（V6.8 以上）。

任务：

（1）再次下载本工程 Hex 文件，并对照测试结果仔细观察将实现的功能。

（2）参考 Z1 代码风格，利用 C51 编程实现任务功能。

功能：

（1）无源蜂鸣器上播放音乐。

（2）振动传感器检测到振动则实现切换歌曲。

测试结果：下载程序后，通过振动或晃动学习板可以切换正在播放的歌曲，如果已经是最后一首则返回播放第一首。

歌曲除了《同一首歌》《小毛驴》《卖报歌》（歌曲如图 8-3 所示）外，也可自行另找简谱。相比基础版，在去除了按键控制后，在其中添加了振动切歌的新功能。注意：不要一直振动，这样会使歌曲一直处于切换状态而无法正常播放。

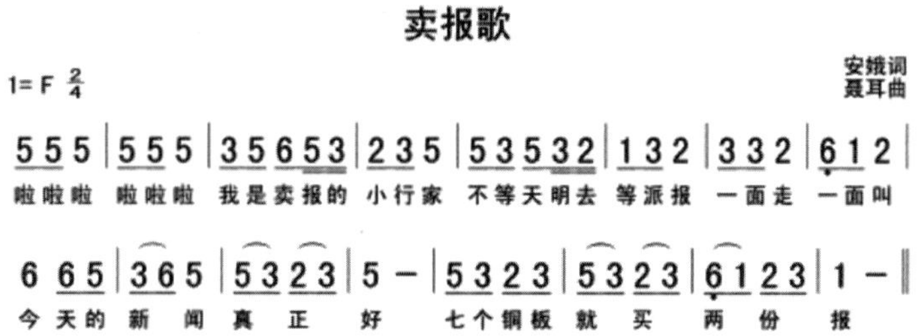

图 8-3　案例测试曲

8.6　任务　振动声光报警器

振动声光报警器在目前被用于生活、工业生产的很多方面，最常见的是汽车、摩托车等的防盗报警系统。

规划设计

目标：本节利用振动传感器、蜂鸣器以及流水灯三个模块实现报警器的功能。熟悉 Z1 代码风格。

资源：STC-B 学习板、PC、Keil 4 软件、STC-ISP 软件（V6.8 以上）。

任务：

（1）再次下载本工程 Hex 文件，并对照测试结果仔细观察将实现的功能。

（2）参考 Z1 代码风格，利用 C51 编程实现任务功能。

功能：

（1）振动传感器检测到振动则实现报警。

（2）报警现象为无源蜂鸣器发声，LED 灯闪烁。

（3）按 K1 键关闭报警器。

测试结果：

（1）振动或晃动学习板，报警器的蜂鸣器开始发声和 LED 灯灯光开始闪烁，如图 8-4 所示。

（2）按下 K1 键，报警器停止报警。

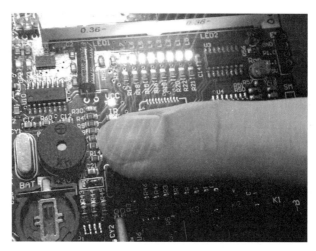

图 8-4　案例测试结果

程序步骤：

（1）系统初始化，P3 端口初始化配置，设置端口推挽模式，并设置定时器参数。

（2）振动传感器受到振动，定时器 0 控制 beep 翻转产生方波驱动蜂鸣器发声，灯光开始不停的闪烁。

（3）如果此时按下 K1 键，定时器停止，P0＝0x00 停止发光，flag 振动标志位置 1 停止发声。

8.7　思考题

1. 单片机上如何改编一首音乐曲谱？

2. 设计：参考 14.2 节任务规划说明实现一个 ABC 字母歌的音乐播放器。

3. 设计：参考 14.3 节任务规划说明实现一个"看谁手速快"游戏机。

## 第9章

ADC 应用

将模拟信号转换成数字信号的电路,称为模数转换器,简称 A/D 转换器(Analog Digital Converter,ADC)。同理,将数字信号转换成模拟信号的电路称为数模转换器,简称 D/A 转换器(Digital Analog Converter,DAC)。本章介绍 STC15 系列 ADC 模块,通过该模块,单片机可以对外部的模拟信号进行量化处理,实现对模拟器件的状态采集和控制。

9.1 逼近式 ADC

实际上,数字系统能处理数字信号,但自然界中,大部分物理量都是模拟量,如温度、湿度、重量、声音等。想象一下,如果能将这些模拟量转换成电信号,经过调理送入数字系统,就可做测量并控制等数字化的处理,进一步实现"智慧校园""万物互联""感知地球"。

9.1.1 ADC 原理

能不能把模拟信号的每一个瞬间值都转换为数字量?这是理想的情况。

在将模拟量转化为数字量的过程中,一般需要经过采样、量化和编码三个步骤,如图 9-1 所示。

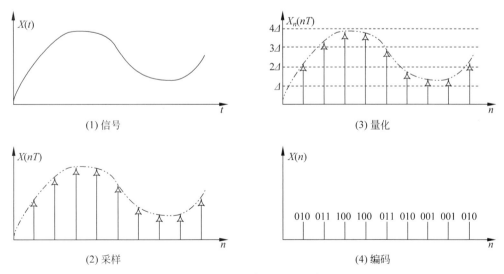

图 9-1 连续信号转换示意

由于模拟信号在时间上是连续的,而 A/D 转换的过程是需要时间的,所以不可能把模拟信号的每一个瞬时值都转换为数字量,只能在连续变化的模拟量上按一定的时间规律取出与之对应的瞬时值,并对该瞬时值做一个量化标定,将标定的结果以数字的形式输出,从而实现从模拟量到数字量的转换。

9.1.2 ADC 转换函数图

理论上理想的 ADC 转换函数是一条直线,然而实际上理想的 ADC 转换函数是一种均匀的阶梯状的线,如图 9-2 所示。横坐标是模拟输入,比如:0～5V,每个电压刻度附近一小段称为步宽,即步长的宽度,也叫 LSB(最低有效位)。纵坐标代表数字输出的代码,这符合"理想 ADC 用有限数目的数字输出表示特定范围内的所有模拟输入"。再看左表,"每个输出的数字代码表示在整个模拟输入范围中的一部分",这虚线框输出的数字代码就是步长。

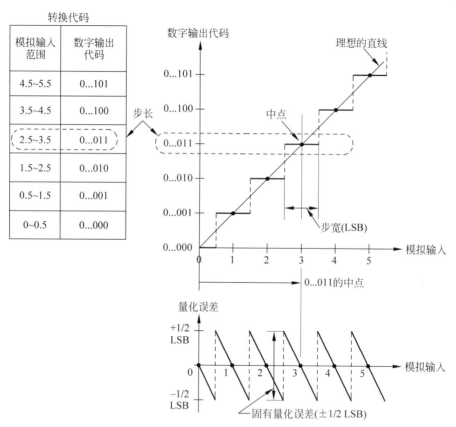

图 9-2 ADC 转换函数图

ADC 设计时,力求每个步长的中点落在理想直线上(虚线框)。固有量化误差±LSB/2。由于模拟信号是连续的,而数字代码是离散的,所以 ADC 的量化过程会引入误差。误差范围有多大? 看图中模拟输入 3V,数字输出 11 中点正对量化误差图,因为步宽是 2.5～3.5V 为 1V 的 LSB 都当成 3V 来对待,误差两边一半正一半负,范围±LSB/2 对称美,折线也整齐划一。

ADC 的分辨率通常用数字输出代码来表示。一个 n 位 ADC 的 1LSB 代表 $FSR/(2^n-1)$。

一般 n 位,能有编码 2^n 个,即 2^n 步长。但由于零点(第 1 个步长)和最大(增益)最后一个步长的是各占半个步宽,因此满量程(Full Scale Range,FSR),分为 2^n-1 步宽,举个例子,一个 3 位 ADC,输入模拟信号范围7V,n=3 位可以表示 8 个编码(零点用了 000,剩下 001～111 这 7 个),FSR=7V,1LSB=7/(8-1)=1V。

9.1.3　逐次逼近式 ADC 特点

　　STC15 系列单片机 ADC 共用 8 个通道 P1 端口,每通道是 10 位 ADC。ADC 是逐次(逼近型)比较型 ADC。它由一个比较器和 DAC 通过逐次比较逻辑构成,从 MSB 最高位开始,顺序地对第一位将输入电压与内置 DAC 输出进行比较,经 N 次比较而输出数字值。优点是速度较高,功耗低,如表 9-1 所示。

表 9-1　常见 ADC 特点

类型	逐次逼近型	积分型	并行比较型	分级型	Σ-Δ 型	VFC 型
主要特点	速度、精度、价格等综合性价比高	高精度、低成本高抗干扰能力	超高速	高速	高分辨率、高精度	低成本、高分辨率
分辨率(位)	8～16	12～16	6～10	8～16	16～24	8～16
转换时间	几～几十微秒	几十～几百毫秒	几十纳秒	几十～几百纳秒	几～几十毫秒	几十～几百毫秒
采样频率	几十～几百 ksps	几～几十 sps	几十～几百 Msps	几 Msps	几十 ksps	几～几十 sps
价格	中	低	高	高	中	低
主要用途	数据采集工业控制	数字仪表	超高速视频处理	视频处理高速数据采集	音频处理数字仪表	数字仪表简易 ADC

注:sps 为每秒采样次数。

　　表中的价格,一般小于 12 位时性价比高,但大于 12 高精度时价格很高。

　　另外,关心一下转换时间,中等的几微秒。转换时间是完成一次模拟转换到数字的 A/D 转换所需时间。后面会介绍 STC15 型芯片最快转换时间为 90 时钟周期,如 11.0592MHz 主频估算一下,转换时间最快就是不到 $9\mu s$,属于中等范围(几微秒)。

　　ADC 按转换时间分类,ms 级低速,μs 级中速,ns 级高速。比如表中积分型是低速,逐次逼近型是中速,并行比较型是高速。

　　采样时间则是指两次转换的间隔。为了保证转换的正确完成,采样速率 Sample Rate 必须小于或等于转换速率。因此将转换速率在数值上等同于采样速率也是可以接受的。采样速率常用单位是 ksps 和 Msps,表示每秒采样千/百万次。

9.1.4　逐次逼近式 ADC 结构

　　STC15F2K60S2 单片机 ADC 由多路选择开关、比较器、逐次比较寄存器、10 位 DAC、转换结果寄存器(ADC_RES 和 ADC_RESL)以及 ADC 控制寄存器 ADC_CONTR 构成,如图 9-3 所示。

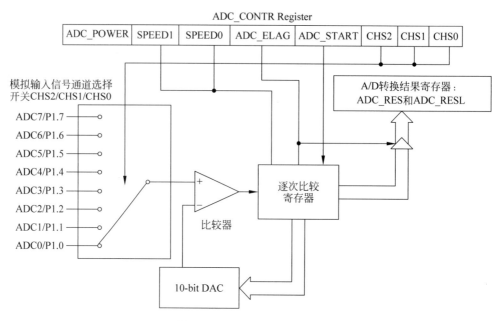

图 9-3　STC15 的 ADC 结构

（1）多路选择部分。P1ASF 与 ADC_CONTR 控制的,是一次一路。

输入通道与 P1 口复用,上电复位后 P1 口为弱上拉型 I/O 口,用户可通过设置 P1ASF 特殊功能寄存器将 8 路中的任何一路设置为 ADC 输入通道,不用的 ADC 输入通道仍可作为一般 I/O 使用。

（2）核心部分。电压比较器、逐次比较寄存器、10 位 DAC。

电压比较器图中沿用通用运放的三角形符号,左入右出,两个＋－分别表示同相与反相。电压比较器基本功能是比较输入电压 U_i 和参考电压 U_r 两个模拟电压的大小,以高电平和低电平来表示结果。一个电压比较器可以看作是一位 ADC。可见,电压比较器的输入 U_i 为模拟量,输出电压 U_o 为数字量。

只有一个门限电压 U_{th}（或阈值电压）的比较器,也叫单限电压比较器,如图 9-4 所示。输入信号 U_i 接在运放反相输入端,参考电压 U_r 接在同相输入端。其输出-输入传输特性如图 9-4(b)所示。如:同相 U_r,反相 U_i,即输入 $U_r - U_i > 0$ 时（$U_i < U_r$）,$U_o = U_H$,反之 $U_o = U_L$。其输入、输出信号波形如图 9-4(c)所示。由通用运放组成比较器的高低输出电平 U_H 和 U_L 分别为运放正向、负向输出饱和电压,接近于正、负电源电压。

如果输入端 U_i 和 U_r 互换,电压比较器作用不变,只是输出电压极性会发生变化。来看一下相反输入的例子,如图 9-5,同时这里增加了输出箝位电路（图中稳压管 D）,为了匹配数字电路逻辑电平,输出高低电平应不相等。输出高电平为稳压管的稳压值 U_Z,低电平为 $-U_D$（U_D 为稳压管正向导通电压）。

（3）10 位 DAC 将数字编码结合参考电压源 Vref,转换为模拟电压信号。

STC15 单片机 ADC 模块的参考电压源 Vref 就是输入工作电源 V_{CC},无专门 ADC 参考电压输入通道。

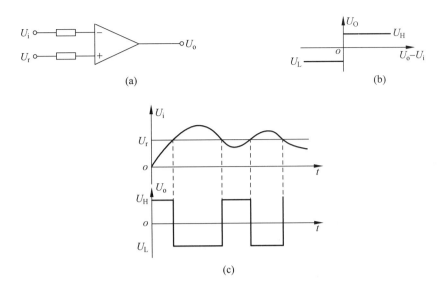

图 9-4 单限电压比较器

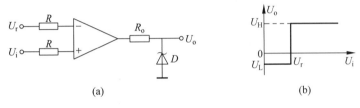

图 9-5 单限电压比较器 2

（4）逐次比较寄存器也叫逐次逼近寄存器。它与控制逻辑、输出缓冲器一起完成量化编码功能。

ADC 启动后，比较寄存器清 0，然后通过逐次比较逻辑，从比较寄存器最高位开始对数据位置 1，并将比较寄存器数据经 DAC 转换为模拟量与输入模拟量进行比较，若 DAC 转换后模拟量小于输入模拟量，保留数据位为 1，否则清 0。

依次对比较寄存器下一位数据置 1，重复上述操作，直至最低位为止，则 A/D 转换结束，保存转换结果，发出转换结束标志 ADC_FLAG。

9.2 ADC 控制寄存器

单片机通过寄存器配置来实现功能开关和复用。与 STC15 系列单片机 ADC 相关的寄存器见表 9-2。

STC15 单片机的 ADC 模块主要是由 P1ASF、ADC_CONTR、ADC_RES 和 ADC_RESL 共 4 个特殊功能寄存器进行控制与管理的。按顺序可分成三类：负责开关、负责存储、中断相关。

表 9-2 ADC 相关寄存器

符　号	描　　述	地址	位地址及其符号 MSB							LSB	复位值
P1ASF	P1 Analog Function Configure register	9DH	P17ASF	P16ASF	P15ASF	P14ASF	P13ASF	P12ASF	P11ASF	P10ASF	0000 0000B
ADC_CONTR	ADC Control Register	BCH	ADC_POWER	SPEED1	SPEED0	ADC_FLAC	ADC_START	CHS2	CHS1	CHS0	0000 0000B
ADC_RES	ADC Result high	BDH									0000 0000B
ADC_RESL	ADC Result low	BEH									0000 0000B
CLK_DIV PCON2	时钟分频寄存器	97H	MCKO_S1	MCKO_S0	ADRJ	Tx_Rx	Tx2_Rx2	CLKS2	CLKS1	CLKS0	0000 x000B
IE	Interrupt Enable	A8H	EA	ELVD	EADC	ES	ET1	EX1	ET0	EX0	0000 0000B
IP	Interrupt Priority Low	B8H	PPCA	PLVD	PADC	PS	PT1	PX1	PT0	PX0	0000 0000B

9.2.1　P1 口模拟功能与 ADC 控制寄存器

1. P1ASF

P1ASF 寄存器负责开关 P1 口模拟功能。P1ASF 的格式如下：

SFR name	Address	bit	B7	B6	B5	B4	B3	B2	B1	B0
P1ASF	9DH	name	P17ASF	P16ASF	P15ASF	P14ASF	P13ASF	P12ASF	P11ASF	P10ASF

P1ASF 的 8 个控制位与 P1 口的 8 个口线是一一对应的，即 P1ASF.7～P1ASF.0 对应控制 P1.7～P1.0。为 1，对应 P1 口线为 ADC 的输入通道；为 0，对应其他 I/O 功能。

该寄存器是只写寄存器，读无效。

不需作为 A/D 使用的 P1 口，建议只作为输入。

P1ASF 寄存器不能位寻址，只能采用字节操作。

2. ADC_CONTR

ADC 控制寄存器 ADC_CONTR 主要用于选择 ADC 转换输入通道、设置转换速度以及 ADC 的启动、记录转换结束标志等。ADC_CONTR 的格式如下：

SFR name	Address	bit	B7	B6	B5	B4	B3	B2	B1	B0
ADC_CONTR	BCH	name	ADC_POWER	SPEED1	SPEED0	ADC_FLAG	ADC_START	CHS2	CHS1	CHS0

（1）ADC_POWER：ADC 电源控制位。0：关闭 ADC 电源；1：打开 ADC 电源。

建议进入空闲模式和掉电模式前，将 ADC 电源关闭，可降低功耗。

启动 A/D 转换前一定要确认 A/D 电源已打开，A/D 转换结束后关闭 A/D 电源可降低功耗，也可不关闭。

初次打开内部 A/D 转换模拟电源，需适当延时，等内部模拟电源稳定后，再启动 A/D 转换。

（2）SPEED1，SPEED0：模数转换器转换速度控制，如表 9-3。

表 9-3　ADC 转换速度

SPEED1:0	ADC 时钟周期数	SPEED1:0	ADC 时钟周期数
11	90	01	360
10	180	00	540

默认 540 个时钟周期转换一次，最快模式 90。

（3）ADC_FLAG：模数转换器转换结束标志位，当 A/D 转换完成后，ADC_FLAG=1，要由软件清 0。

不管是 A/D 转换完成后由该位申请产生中断，还是由软件查询该标志位 A/D 转换是否结束，当 A/D 转换完成后，ADC_FLAG=1，一定要软件清 0。

（4）ADC_START：模数转换器（ADC）转换启动控制位，设置为 1 时，开始转换，转换结束后为 0。

（5）CHS2/CHS1/CHS0：模拟输入通道选择，如表 9-4。

表 9-4　ADC 通道选择

CHS2	CHS1	CHS0	Analog Channel Select（模拟输入通道选择）
0	0	0	选择 P1.0 作为 A/D 输入来用
0	0	1	选择 P1.1 作为 A/D 输入来用
0	1	0	选择 P1.2 作为 A/D 输入来用
0	1	1	选择 P1.3 作为 A/D 输入来用
1	0	0	选择 P1.4 作为 A/D 输入来用
1	0	1	选择 P1.5 作为 A/D 输入来用
1	1	0	选择 P1.6 作为 A/D 输入来用
1	1	1	选择 P1.7 作为 A/D 输入来用

ADC_CONTR 寄存器不能位寻址。

9.2.2　结果存储格式与存储寄存器

ADC_RES、ADC_RESL 特殊功能寄存器用于保存 A/D 转换结果，A/D 转换结果的存储格式由 CLK_DIV 寄存器的 B5 位 ADRJ 进行控制，如表 9-5～表 9～6 所示。

表 9-5　ADRJ 为 0 时存储格式

Mnemonic	Add	Name	B7	B6	B5	B4	B3	B2	B1	B0
ADC_RES	BDh	A/D 转换结果寄存器高 8 位	ADC_RES9	ADC_RES8	ADC_RES7	ADC_RES6	ADC_RES5	ADC_RES4	ADC_RES3	ADC_RES2
ADC_RESL	BEh	A/D 转换结果寄存器低 2 位	·	·	·	·	·	·	ADC_RES1	ADC_RES0
CLK_DIV（PCON2）	97H	时钟分频寄存器			ADRJ=0					

表 9-6　ADRJ 为 1 时存储格式

Mnemonic	Add	Name	B7	B6	B5	B4	B3	B2	B1	B0
ADC_RES	BDh	A/D 转换结果寄存器高 2 位	·	·	·	·	·	·	ADC_RES9	ADC_RES8
ADC_RESL	BEh	A/D 转换结果寄存器低 8 位	ADC_RES7	ADC_RES6	ADC_RES5	ADC_RES4	ADC_RES3	ADC_RES2	ADC_RES1	ADC_RES0
CLK_DIV（PCON2）	97H	时钟分频寄存器			ADRJ=1					

ADRJ=0 时，10 位 A/D 转换结果的高 8 位存放在 ADC_RES 中，低 2 位存放在 ADC_RESL 的低 2 位中。

10b A/D Conversion Result：$(ADC\_RES[7:0], ADC\_RESL[1:0]) = 1024 \times \dfrac{V_{in}}{V_{cc}}$

比较上述两种存储格式，都可以表示 AD 转换的 10 位完整结果。但如果 ADC 只要 8

位编码表示选哪种呢？

STC15 系列单片机 ADC 只能 10 位编码采样，逼近次数依然是 10 个时钟周期，无法在寄存器里设置编码 8 位，ADRJ 默认 0 时高 8 位低 2 位的组合，如果只要 8 位那就只用选择 10 位结果里的高 8 位，丢弃低 2 位。

$$8b\ A/D\ Conversion\ Result：(ADC\_RES[7:0])=256\times\frac{V_{in}}{V_{cc}}$$

9.2.3 中断相关寄存器

A/D 转换结束中断的中断矢量地址为 0002BH，中断号为 5。如图 9-6 所示，ADC_FLAG 沿箭头方向能走通的话，会经过 EADC、EA、PADC。它们分别属于中断允许寄存器 IE（可位寻址）和中断优先级控制寄存器 IP（可位寻址），格式如表 9-7 所示。

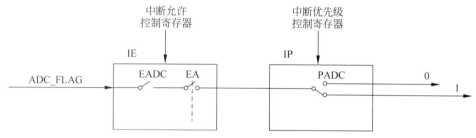

图 9-6　ADC 中断结构示意

表 9-7　中断允许寄存器 IE 与优先级控制 IP

SFR name	Address	bit	B7	B6	B5	B4	B3	B2	B1	B0
IE	A8H	name	EA	ELVD	EADC	ES	ET1	EX1	ET0	EX0
SFR name	Address	bit	B7	B6	B5	B4	B3	B2	B1	B0
IP	B8H	name	PPCA	PLVD	PADC	PS	PT1	PX1	PT0	PX0

EA：CPU 的中断开放标志，作用是使中断允许形成多级控制。即各中断源首先受 EA 控制；其次还受各中断源自己的中断允许控制位控制，比如 EADC：A/D 转换中断允许位。PADC 选择是否默认中断号顺序。

9.3　任务　导航按键测试

9.3.1　导航按键

TS 系列导航按键，支持 4 方向＋中央按钮操作的多方向输入轻触开关，规格如图 9-7 所示。

特点：用单一按钮实现了复合操作，紧凑、超薄的结构支持回流焊接，可采用编带包装，广泛应用于数码相机、数码摄像机、便携式音频播放器、手机和其他个人数码产品、其他数字化的各种设备中。在学习板上可以作为按键控制时钟、收音机等。其中 7.5mm×7.5mm 型外形如图 9-8 所示。

项目		标准	
操作温度		−30℃ to +85℃	
电气性能	额定电流	50mA, 12V DC	
	绝缘电阻	100MΩ min, 100V DC	
	介电强度	250V AC for 1 min	
	接触电阻	500MΩ max	
耐久性能	寿命	200,000 Cycles	
机械性能	操作力	4-direction 160±50gf	Center push 280±100gf
	行程	4-direction 0.20±0.1mm	Center push 0.15±0.1mm

图 9-7　导航按键规格

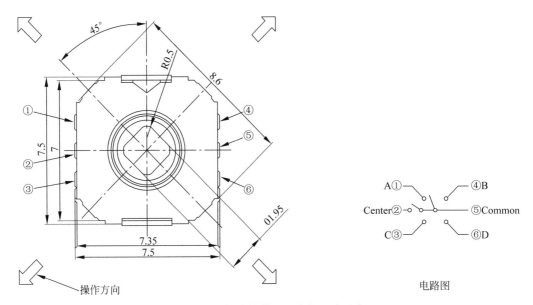

图 9-8　导航按键外观及内部电路示意

学习板采用导航按键的多路开关来选择不同的分压支路以实现多种模拟电压信号输入,如图 5-6 所示。V_{CC} 与 GND 之间串联 $R31 \sim R36$ 电阻。导航按键 MINI_KEY5 与按键 K3 共用 I/O 端 KEY3 输入。导航选择不同方向的开关状态得到不同的分压后输出电压。输出电压判断可从 GND 沿着 $R31 \sim R36$ 电阻串向上端分析,发现 $R31 \sim R36$ 某个电阻与分压电路之外的导航按键 5 脚公共端相连时,这一连接点是分压电路的输出端,输出端的电压就是输出电压。

9.3.2　规划设计

目标:通过本案例,学习利用 ADC 口对来自导航按键不同方向的电压值进行采集,并将采集后的转换结果用数码管显示。

资源:STC-B 学习板、PC、Keil 4 软件、STC-ISP 软件(V6.8 以上)。

任务:

（1）再次下载本工程 Hex 文件，并对照测试结果仔细观察将实现的功能。

（2）参考 Z1 代码风格，利用 C51 编程实现任务功能。

功能：

（1）ADC 中断方式进行电压值采集操作，8 位转换结果。

（2）第一位数码管显示 8 位转换结果中前三位值，最后两位数码管显示后五位值。

（3）数码管下方的发光二极管与数码管对应显示。

表 9-8　按键 K3 对应的数码管及二极管显示情况

操　　作	Seg0	Seg6～Seg7 参考值
无操作	7	31（可能值：0～31）
按住 K3	0	00（可能值：0～31）
向右	1	06（可能值：0～31）
向下	2	12（可能值：0～31）
向里	3	17（可能值：0～31）
向左	4	22（可能值：0～31）
向上	5	25（可能值：0～31）

测试结果：如图 9-9 所示，根据用户对导航按键的操作情况，相应产生的 ADC 转换结果，在数码管最高位显示转换结果高三位，点亮对应的发光二极管 L7～L5。数码管后两位显示转换结果低五位，点亮对应的发光二极管 L4～L0。

图 9-9　案例测试结果

9.3.3　实现步骤

1. 参考代码

```
/*************************
myNav 导航按键测试
```

```
   型号:STC15F2K60S2 主频:11.0592MHz
   ************************ /
   # include < STC15F2K60S2.H >
   # include < intrins.h >               //_cror_();

   / * --------- 宏定义 --------- * /
   # define uint unsigned int
   # define ulint unsigned long
   # define uchar unsigned char
   # define ADC_FLAG 0x10

   / * --------- 引脚别名定义 --------- * /
   sbit sbtSel0 = P2 ^ 0;
   sbit sbtSel1 = P2 ^ 1;
   sbit sbtSel2 = P2 ^ 2;
   sbit sbtLedSel = P2 ^ 3;

   / * --------- 变量定义 --------- * /
   uint uiSampleNum = 0;                //采样次数
   ulint uiAdSum = 0;                   //AD值累加数据
   uint uiAdDate8 = 0;                  //AD值八位数据
   uint uiAdHigh3 = 0;                  //AD值高3位
   uint uiAdLow5 = 0;                   //AD值低5位
   uchar ucSegState;                    //数码管扫描状态
   //0123456789 -
   char arrSegSelect[] = {0x3f, 0x06, 0x5b, 0x4f, 0x66, 0x6d, 0x7d, 0x07, 0x7f, 0x6f, 0x77,
   0x7c, 0x39, 0x5e, 0x79, 0x71};
   //选择哪一位数码管
   uchar arrDigSelect[] = {0x00, 0x06, 0x07};

   / * --------- 初始化子函数 --------- * /
   void InitSYS()
   {                                    //P0口推挽输出,用于给数码管和发光二极管增加电流
       P0M1 = 0x00;
       P0M0 = 0xff;
       //P2.3(即 sbtLedSel),P2.2,P2.1 为推挽输出
       P2M1 = 0x00;
       P2M0 = 0x0E;

       ucSegState = 0;

       TMOD = 0x00;                     //定时器0,工作方式0.
       EA = 1;                          //打开总中断;
       TH0 = ( 65535 - 1000 ) / 256;    //定时器初值 定时大约1ms
       TL0 = ( 65535 - 1000 ) % 256;
       ET0 = 1;                         //打开定时中断;
       TR0 = 1;                         //启动定时器;
   }
```

```
/* ---------- 初始化 ADC 子函数 ---------- */
void InitADC()
{
    P1ASF = 0x80;                          //P1.7 作为 A/D 使用
    ADC_RES = 0;                           //清零 ADC 结果寄存器
    ADC_CONTR = 0X8F;   //打开 ADC 电源 540 个时钟周期转换一次 选择 P1.7 作为 A/D 输入来用
    CLK_DIV = 0X00;                        //ADRJ = 0 ADC_RES 存放高八位结果
    EADC = 1;                              //允许 ADC 中断
    PADC = 1;                              //ADC 中断优先级为 1
}


/* ---------- 显示高三位和低五位分离子函数 ---------- */
void Divide3and5()
{
    uiAdHigh3 = uiAdDate8 & 0xE0;          //将八位转换结果的低五位清零
    uiAdHigh3 = _cror_( uiAdHigh3, 5 );    //将高三位移到低三位 获取高三位数值
    uiAdLow5 = uiAdDate8 & 0x1F;           //将八位转换结果的高三位清零
}


/* ---------- 定时器 0 中断服务函数 ---------- */
void T0_Process() interrupt 1
{
    ucSegState++;
    if( ucSegState == 4 )
        ucSegState = 0;
    P0 = 0x00;
    switch( ucSegState )
    {
        case 0:
            sbtLedSel = 0;                 //选择数码管显示
            P2 = arrDigSelect[ucSegState];
            P0 = arrSegSelect[uiAdHigh3];  //显示 ADC 转换结果高三位的十进制值
            break;
        case 1:
            sbtLedSel = 0;                 //选择数码管显示
            P2 = arrDigSelect[ucSegState];
            P0 = arrSegSelect[uiAdLow5 / 10]; //显示 ADC 转换结果低五位的十进制值的高位
            break;
        case 2:
            sbtLedSel = 0;                 //选择数码管显示
            P2 = arrDigSelect[ucSegState];
            P0 = arrSegSelect[uiAdLow5 % 10];//显示 ADC 转换结果低五位的十进制值的低位
            break;
        case 3:
            sbtLedSel = 1;                 //选择发光二极管显示
            P0 = uiAdDate8;
            break;
    }
}
```

```
/* --------- AD 中断服务函数 ------- */
void ADC_Process() interrupt 5
{
    IE = 0x00;                      //关闭所有中断,防止数据没有采集完就进入新的中断
    ADC_CONTR &= ～0X10;            //将 ADC_FLAG 位清零
    uiSampleNum++;
    if( uiSampleNum > 1000 )        //将采集 1000 次后的数据求出平均值
    {
        uiAdDate8 = ( uiAdSum + 500 ) / 1000;      //四舍五入
        Divide3and5();              //获取转换结果高三位和低五位
        uiSampleNum = 0;
        uiAdSum = 0;
    }
    uiAdSum += ADC_RES;
    ADC_CONTR | = 0X08;             //将 ADC_START 进行软件置位
    IE = 0xa2;                      //开启中断
}

/* --------- 主函数 ------- */
void main()
{
    InitSYS();
    InitADC();
    while( 1 ) ;
}
```

2. 分析说明

导航按键的每一个方向被按下,都会引起实际输入电压的改变,从而可以根据这个原理,与 A/D 转换器配合,可以判断哪个方位被按下,获取按下后 A/D 转换的结果。

实际数值如果有一点误差,是由于电阻的工艺使得电阻会有一定的误差。这点误差关系不大,因为做导航按键状态的扫描检测判断时,只取高三位的值,即最高位数码管值。

程序步骤:

(1) 系统初始化 InitSYS()。

(2) ADC 初始化 InitADC()。

(3) 如果定时器 T0 溢出,跳入定时器中断,显示数码管或发光二极管。

(4) 如果 ADC 采集完,跳入 ADC 中断服务。首先关闭所有中断,防止数据没有采集完就进入新的中断。然后,将 ADC_FLAG 位清零。之后,接收转换结果并进行累计,如果累计了 1000 次,取这一千次的平均值作为转换结果,送到数码管和发光二极管显示。最后,将 ADC_START 进行软件置位,并开启中断。

🪷🔖注意

ADC 转换结束时,需要将 ADC_FLAG 软件清零。硬件会自动将 ADC_START 清零,如果需要进行下一次转换,则需要将 ADC_START 置位。

9.4 任务 导航按键与数字按键结合

9.4.1 规划设计

目标：ADC查询方式对来自导航按键不同方向的电压值进行采集，获取采集后的转换结果高三位值，将此值作为导航按键方向判断标准。

资源：STC-B学习板、PC、Keil 4软件、STC-ISP软件(V6.8以上)。

任务：

(1) 再次下载本工程Hex文件，并对照测试结果仔细观察将实现的功能。

(2) 参考Z1代码风格，利用C51编程实现任务功能。

功能：

(1) ADC查询方式进行电压值采集操作，8位转换结果(只获取ADC_RES寄存器中的8位转换值)。

(2) 导航按键的上键：数码管上数值增加。

(3) 导航按键的下键：数码管上数值减少。

(4) K1键：数码管上的数字右移一位。

(5) K2键：数码管上的数字左移一位。

(6) K3键：切换K1、K2键锁死与解锁。

测试结果：显示数码管位置指的是几号数码管亮(只亮一个数码管)，下列操作表9-9只是显示从上到下按顺序操作一次的结果。

表 9-9 案例结果

操 作	显示数码管位置	数码管显示图像
无操作	0(此时K1、K2键能变换位置)	"0"
按住K1键(右移)	1	"0"
按住K2键(左移)	0	"0"
按住K3键(锁/释放)	0(此时K1、K2键不能变换位置)	"0"
导航键上拉	0	"1"
导航键下拉	0	"0"

9.4.2 实现步骤

1. 参考代码

```
/ * * * * * * * * * * * * * * * * * * * * * *
myNavKey 导航按键+数字按键控制数码管
型号:STC15F2K60S2 主频:11.0592MHz
* * * * * * * * * * * * * * * * * * * * * * /
# include < STC15F2K60S2.H >
# include < intrins.h >
# define uint unsigned int
```

```
#define uchar unsigned char

/* --------- 宏定义 --------- */
#define cstAdcPower 0X80          /* ADC 电源开关 */
#define cstAdcFlag 0X10           /* 当 A/D 转换完成后,cstAdcFlag 要软件清零 */
#define cstAdcStart 0X08          /* 当 A/D 转换完成后,cstAdcStart 会自动清零,所以要开始下一
                                     次转换,则需要置位 */
#define cstAdcSpeed90 0X60        /* ADC 转换速度 90 个时钟周期转换一次 */
#define cstAdcChs17 0X07          /* 选择 P1.7 作为 A/D 输入 */

/* --------- 引脚别名定义 --------- */
sbit sbtLedSel = P2 ^ 3;          /* 数码管和发光二极管选择位 */
sbit sbtSel0 = P2 ^ 0;
sbit sbtSel1 = P2 ^ 1;
sbit sbtSel2 = P2 ^ 2;
sbit sbtKey1 = P3 ^ 2;
sbit sbtKey2 = P3 ^ 3;

/* --------- 变量定义 --------- */
uchar ucSegSelectState;           /* 段选标志 */
uchar ucDigSelectState;           /* 位选标志 */
bit btKey3Flag;                   /* Key3 键按下标志 */
//0123456789ABCDEF
uchar arrSegSelect[] = {0x3f, 0x06, 0x5b, 0x4f, 0x66, 0x6d, 0x7d, 0x07, 0x7f, 0x6f, 0x77,
0x7c, 0x39, 0x5e, 0x79, 0x71, 0x00};
//选择哪一位数码管
uchar arrDigSelect[] = {0x00, 0x01, 0x02, 0x03, 0x04, 0x05, 0x06, 0x07};

/* --------- 初始化函数 -------- */
void Init()
{
    P0M1 = 0x00;
    P0M0 = 0xff;
    P2M1 = 0x00;
    P2M0 = 0xff;

    sbtLedSel = 0;                //选择数码管作为输出
    P1ASF = 0x80;                 //P1.7 作为模拟功能 A/D 使用
    ADC_RES = 0;                  //转换结果清零
    ADC_CONTR = 0x8F;             //cstAdcPower = 1
    CLK_DIV = 0X00;               //ADRJ = 0 ADC_RES 存放高八位结果

    btKey3Flag = 0;
    ucDigSelectState = 0;
    ucSegSelectState = 0;

    IT0 = 0;                      //设置 IT0 上升沿触发
    IT1 = 0;
    EA = 1;                       //CPU 开放中断
```

```
}

/* --------- 延时 5ms 子函数 --------- */
void Delay5ms()                              //@11.0592MHz 延时 5ms
{
    unsigned char i, j;
    i = 54;
    j = 199;
    do
    {
        while ( --j );
    }
    while ( --i );
}

/* --------- 延时 100ms 子函数 --------- */
void Delay100ms()                            //@11.0592MHz 延时 100ms
{
    unsigned char i, j, k;
    _nop_();
    _nop_();
    i = 5;
    j = 52;
    k = 195;
    do
    {
        do
        {
            while ( --k );
        }
        while ( --j );
    }
    while ( --i );
}

/* --------- 获取 AD 值子函数 --------- */
unsigned char GetADC()
{
    uchar ucAdcRes;
    ADC_CONTR = cstAdcPower | cstAdcStart | cstAdcSpeed90 | cstAdcChs17;
                                //没有将 cstAdcFlag 置 1,用于判断 A/D 是否结束
    _nop_();
    _nop_();
    _nop_();
    _nop_();
    while( !( ADC_CONTR & cstAdcFlag ) );    //等待直到 A/D 转换结束
    ADC_CONTR &= ~cstAdcFlag;                //cstAdcFlagE 软件清 0
    ucAdcRes = ADC_RES;                      //获取 ADC 的值
    return ucAdcRes;
}
```

```
    }

/* --------- 获取导航按键值子函数 --------- */
uchar NavKeyCheck()
{
    unsigned char key;
    key = GetADC();                          //获取 ADC 的值
    if( key != 255 )                         //有按键按下时
    {
        Delay5ms();
        key = GetADC();
        if( key != 255 )                     //按键消抖 仍有按键按下
        {
            key = key & 0xE0;                //获取高 3 位,其他位清零
            key = _cror_( key, 5 );          //循环右移 5 位,获取 A/D 转换高三位值,减小误差
            return key;
        }
    }
    return 0x07;                             //没有按键按下时返回值 0x07
}

/* --------- 导航按键处理子函数 --------- */
void NavKey_Process()
{
    uchar ucNavKeyCurrent;                   //导航按键当前的状态
    uchar ucNavKeyPast;                      //导航按键前一个状态

    ucNavKeyCurrent = NavKeyCheck();         //获取当前 ADC 值
    if( ucNavKeyCurrent != 0x07 )            //导航按键是否被按下,不等于 0x07 表示有按下
    {
        ucNavKeyPast = ucNavKeyCurrent;
        while( ucNavKeyCurrent != 0x07 )     //等待导航按键松开
            ucNavKeyCurrent = NavKeyCheck();

        switch( ucNavKeyPast )
        {
            case 0x00 :                      //K3
                if( btKey3Flag == 0 )
                {
                    btKey3Flag = 1;
                }
                else
                {
                    btKey3Flag = 0;
                }
                break;
            case 0x05 :                      //上键:显示的数字加 1
                if( ucSegSelectState == 15 )
                {
```

```
                        ucSegSelectState = 0;
                    }
                    else
                        ucSegSelectState++;
                    break;
                case 0x02 :                         //下键:显示的数字减1
                    if( ucSegSelectState == 0 )
                        ucSegSelectState = 15;
                    else
                        ucSegSelectState -- ;
                    break;
            }
        }

    Delay100ms();
}

/* --------- 主函数 -------- */
void main()
{
    Init();
    P0 = 0x00;
    while( 1 )
    {
        NavKey_Process();                  //获取按键按下情况
        P2 = arrDigSelect[ucDigSelectState];   //显示位
        P0 = arrSegSelect[ucSegSelectState];   //显示数字
        if( btKey3Flag == 0 )              //K3 = 0 则 K1,K2 键解锁,否则 K1,K2 键锁死
        {
            if( sbtKey1 == 0 )             //K1 按下,显示位右移一位
            {
                Delay5ms();
                if( sbtKey1 == 0 )
                {
                    while( !sbtKey1 );

                    if( ucDigSelectState == 7 )
                        ucDigSelectState = 0;
                    else
                        ucDigSelectState++;
                }
            }
            if( sbtKey2 == 0 )             //K2 按下,显示位左移一位
            {
                Delay5ms();
                if( sbtKey2 == 0 )
                {
                    while( !sbtKey2 );
                    if( ucDigSelectState == 0 )
```

```
                        ucDigSelectState = 7;
                    else
                        ucDigSelectState -- ;
                }
            }
        }
    }
}
```

2. 分析说明

数字按键 K3 既可以作为数字按键使用,也可以和导航按键一样使用,因为 ADC 也可以采集数字按键 K3 按下的电压值。导航按键与数字按键 K1、K2 的区别在于导航按键是通过 ADC 采集电压的改变从而判断按下的方向,而数字按键是通过电平的直接改变判断是否按下。

程序主要是将导航按键和数字按键综合控制数码管,区别导航按键和数字按键的区别。不同于 9.3 节 ADC 中断方式不用消抖,本节 ADC 查询方式对导航按键需要消抖处理。

本节中按键 K1 和按键 K2 分别控制一个数码管信号显示位置的循环右移和循环左移,模拟量按键 K3(该键既是模拟按键又是数字按键,这里使用到的是其模拟按键功能),通过对 A/D 模拟转换值判断是锁定还是释放数码管信号显示(即通过该按键来控制数码管信号显示位置是否能移动),导航键的上键和下键通过对其 A/D 模拟转换值的判断来控制数码管信号显示内容,期间所有按键均采用延时消抖,A/D 模拟转换结果要通过逻辑右移 5 位(即只保留高三位)来消除转换误差。

9.5 任务 温度与光照测试

前面两节实现了单通道 ADC 两种方式,本节通过温度与光照传感器学习双通道 AD 采样方法。

9.5.1 热敏电阻

学习板上热敏电阻,采用负温度系数 NTC 的 10kΩ 热敏电阻,型号与电气性能参考表 9-10。

表 9-10 NTC 热敏电阻 10K

MF	52	103	H	3950	F	A
NTC 热敏电阻	环氧系列	电阻值	阻值允差	B 值	B 值允差	B 值类别
		10KΩ	±5%	3950K	±1%	B25/50
项目	符号	测试条件	最小值	正常值	最大值	单位
25℃的电阻值	R25	Ta=25℃±0.05℃ PT≤0.1mw	9.9	10.0	10.1	kΩ
50℃的电阻值	R50	Ta=50±0.05℃ PT≤0.1mw	—	4.0650	—	kΩ
B 值	B25—50		3436	3470	3504	K
耗散系数	σ	Ta=25℃±0.5℃	2.0	—	—	mw/℃
时间常数	τ	Ta=25℃±0.5℃	—	—	15	sec
绝缘电阻	—	500VDC	50	—	—	MΩ
使用温度范围	—	—	−55	—	+125	℃

NTC 热敏电阻 $10\text{k}\Omega(3950)$ 是 $25℃$ 的电阻 $10\text{k}\Omega$。大批次厂家型号的温度特性参考表 9-11。

表 9-11　温度特性

$T/℃$	$R/\text{k}\Omega$	$T/℃$	$R/\text{k}\Omega$	$T/℃$	$R/\text{k}\Omega$	$T/℃$	$R/\text{k}\Omega$
-40	190.5562	-27	99.5847	-14	53.1766	-1	29.2750
-39	183.4132	-26	94.6608	-13	50.7456	0	28.0170
-38	175.6740	-25	90.0326	-12	48.4294	1	26.8255
-37	167.6467	-24	85.6778	-11	46.2224	2	25.6972
-36	159.5647	-23	81.5747	-10	44.1201	3	24.6290
-35	151.5975	-22	77.7031	-9	42.1180	4	23.6176
-34	143.8624	-21	74.0442	-8	40.2121	5	22.6597
-33	136.4361	-20	70.5811	-7	38.3988	6	21.7522
-32	129.3641	-19	67.2987	-6	36.6746	7	20.8916
-31	122.6678	-18	64.1834	-5	35.0362	8	20.0749
-30	116.3519	-17	61.2233	-4	33.4802	9	19.2988
-29	110.4098	-16	58.4080	-3	32.0035	10	18.5600
-28	104.8272	-15	55.7284	-2	30.6028	11	18.4818
$T/℃$	$R/\text{k}\Omega$	$T/℃$	$R/\text{k}\Omega$	$T/℃$	$R/\text{k}\Omega$	$T/℃$	$R/\text{k}\Omega$
12	18.1489	25	10.0000	38	6.1418	51	3.9271
13	17.6316	26	9.5762	39	5.9343	52	3.7936
14	16.9917	27	9.1835	40	5.7340	53	3.6639
15	16.2797	28	8.8186	41	5.5405	54	3.5377
16	15.5350	29	8.4784	42	5.3534	55	3.4146
17	14.7867	30	8.1600	43	5.1725	56	3.2939
18	14.0551	31	7.8608	44	4.9976	57	3.1752
19	13.3536	32	7.5785	45	4.8286	58	3.0579
20	12.6900	33	7.3109	46	4.6652	59	2.9414
21	12.0684	34	7.0564	47	4.5073	60	2.8250
22	11.4900	35	6.8133	48	4.3548	61	2.7762
23	10.9539	36	6.5806	49	4.2075	62	2.7179
24	10.4582	37	6.3570	50	4.0650	63	2.6523
$T/℃$	$R/\text{k}\Omega$	$T/℃$	$R/\text{k}\Omega$	$T/℃$	$R/\text{k}\Omega$	$T/℃$	$R/\text{k}\Omega$
64	2.5817	77	1.7197	90	1.2360	103	0.8346
65	2.5076	78	1.6727	91	1.2037	104	0.8099
66	2.4319	79	1.6282	92	1.1714	105	0.7870
67	2.3557	80	1.5860	93	1.1390	106	0.7665
68	2.2803	81	1.5458	94	1.1067	107	0.7485
69	2.2065	82	1.5075	95	1.0744	108	0.7334
70	2.1350	83	1.4707	96	1.0422	109	0.7214
71	2.0661	84	1.4352	97	1.0104	110	0.7130
72	2.0004	85	1.4006	98	0.9789		
73	1.9378	86	1.3669	99	0.9481		
74	1.8785	87	1.3337	100	0.9180		
75	1.8225	88	1.3009	101	0.8889		
76	1.7696	89	1.2684				

9.5.2 光敏电阻

学习板上采用直径 5mm 光敏电阻,型号参数见表 9-12。

表 **9-12** 光敏电阻

型号	最大电压 /VDC	最大功耗 /mW	环境温度 /℃	光谱峰值 /nm	亮电阻 (10Lux) /kΩ	暗电阻 /MΩ	灵敏度	响应时间/ns	
								上升	下降
5516	150	100	25	540	5—10	0.5	0.6	20	30

热敏电阻与光敏电阻都可以采用分压电路将要检测的环境温度与光照量转换为电压模拟量,电路如图 9-10 所示。Rt 是热敏电阻,Rop 是光敏电阻。

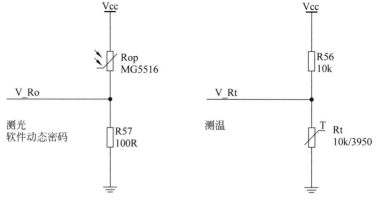

图 9-10 测温与测光电路

9.5.3 规划设计

目标:学习使用 AD 采集光敏电阻和热敏电阻的值,并显示在数码管上。熟悉 STC-B_DEMO 版的 Z1 代码风格。

资源:STC-B 学习板、PC、Keil 4 软件、STC-ISP 软件(V6.8 以上)。

任务:

(1) 再次下载本工程 Hex 文件,并对照测试结果仔细观察将实现的功能。

(2) 参考 Z1 代码风格,利用 C51 编程实现任务功能。

功能:

(1) 温度信息将显示在数码管左边三位。

(2) 光数据显示在数码管右侧三位。

测试结果:

下载程序后,单片机根据测量地、时间等不同因素,实时采集到相应的温度信息将显示在数码管左边三位,相应光数据显示在右侧三位。如图 9-11 所示,观察现象为:左边 3 个数码管显示温度 031(当时的室温,根据测量地不同值显示不同),右边 3 个数码管显示光照 034(夜间测试)。

手指放置在热敏电阻上温度值会缓慢增加一点点。手指盖住光敏电阻光照值会快速下

图 9-11　案例测试结果

降。辅助操作：将开发板置于不同温度环境下，显示对应温度值；将开发板置于强光、背光、黑暗处光照值变化明显。

9.5.4　实现步骤

1. 参考代码

```
/ * * * * * * * * * * * * * * * * * * * * * *
STC - B_DEMO.c for 温度光照测量工程
型号:STC15F2K60S2 主频:11.0592MHz
* * * * * * * * * * * * * * * * * * * * * * * /
# include < STC15F2K60S2.H >
# define ulint unsigned long
# define uint unsigned int
# define uchar unsigned char

/ * --------- 宏定义 --------- * /
# define cstDigBegin    0              //数码管显示位选起始,用户可修改
# define cstDigEnd      20   //数码管显示位选终止位。8 为发光二极管,大于 8 可用于调节显示亮度

# define cstDig0      ucDigtmp0        //数码管各位上显示内容数组序号,用户可修改
# define cstDig1      ucDigtmp1        //11 代表段选无显示
# define cstDig2      ucDigtmp2
# define cstDig3      ucDigtmp3
# define cstDig4      ucDigtmp4
# define cstDig5      ucDigtmp5
# define cstDig6      ucDigtmp6
# define cstDig7      ucDigtmp7
# define cstDig8      ucDigtmp8        //流水灯

# define cstClockXmsMaxNum 40          //Xms 时钟
# define cstSampleNum 4000             //取多次值求平均值减小误差

/ * --------- 函数声明 --------- * /
void InitADC();                        //初始化 ADC 切换
```

```
void InitAdcTherm();                        //初始化温度 ADC
void InitAdcPhoto();                         //初始化光 ADC
void ADC_Process();                          //ADC 中断服务处理
void Date_ThermToDigit();                    //分别取出温度的百位、十位、个位
void Date_PhotoToDigit();                    //分别取出光照的百位、十位、个位

void Init();                                 //Initial
void T10us_Process();                        //Function for 10μs
void T100us_Process();                       //Function for 100μs
void T1ms_Process();                         //Function for 1ms
void T10ms_Process();                        //Function for 10ms
void T100ms_Process();                       //Function for 100ms
void TXms_Process();                         //Function for Xms,用户可修改

void Seg7LedDisplay( uchar s, uchar e );     //显示单个数码管或流水灯
void Seg7LedUpdate();                        //将显示的数据更新

/ * ---------- 变量定义 ---------- * /
//定时器计数时间标志
bit btT10usFlag = 0;                         //时基 10μs
bit btT100usFlag = 0;                        //Xms 累计节拍
bit btT1msFlag = 0;                          //数码管扫描频率节拍
bit btT10msFlag = 0;                         //按键消抖节拍
bit btT100msFlag = 0;                        //数码管显示数据更新
bit btTXmsFlag = 0;                          //4ms 温度光照采样切换模式

//定时器内部专用时间计数
uchar ucT10usCnt = 0;                        //时基 10μs
uchar ucT100usCnt = 0;
uchar ucT1msCnt = 0;
uchar ucT10msCnt = 0;
uchar ucT100msCnt = 0;

uchar ucClockXms = 0;                        //Xms(本例是 40×100μs)
uchar ucLedTmp = 0x00;                       //流水灯显示值

uchar ucDigtmp0 = 0;
uchar ucDigtmp1 = 0;
uchar ucDigtmp2 = 0;
uchar ucDigtmp3 = 0;
uchar ucDigtmp4 = 0;
uchar ucDigtmp5 = 0;
uchar ucDigtmp6 = 0;
uchar ucDigtmp7 = 0;
uchar ucDigtmp8 = 0;

uint uiSampleNum = 0;
uint uiState = 1;                            //状态位,区分光和温度
```

```
uint uiPhoto = 0;                        //执行光采样的次数
uint uiTherm = 0;                        //执行温度采样的次数
ulint ulAdSumPhoto = 0;                  //光 AD 值的总和
ulint ulAdSumTherm = 0;                  //温度 AD 值的总和

uint uiThermTmp;
int intThermLookUp = 0;                  //温度值
uint uiThermAbs;                         //温度绝对值
uint uiPhotoTmp = 0;                     //光

//设置用于显示温度的三个变量
uint uiThermDig100 = 0;                  //百位
uint uiThermDig10 = 0;                   //十位
uint uiThermDig1 = 0;                    //个位

//设置用于显示光的三个变量
uint uiPhotoDig100 = 0;                  //百位
uint uiPhotoDig10 = 0;                   //十位
uint uiPhotoDig1 = 0;                    //个位

//数码管上显示 0 - F
char arrSegSelect[] = {0x3f, 0x06, 0x5b, 0x4f, 0x66, 0x6d, 0x7d, 0x07,
                       0x7f, 0x6f, 0x77, 0x7c, 0x39, 0x5e, 0x79, 0x71
                       };
//温度值对应表
int code arrThermLUT[] = {239, 197, 175, 160, 150, 142, 135, 129, 124, 120, 116, 113, 109,
                   107, 104, 101,99, 97, 95, 93, 91, 90, 88, 86, 85, 84, 82, 81, 80,
                   78, 77, 76,75, 74, 73, 72, 71, 70, 69, 68, 67, 67, 66, 65, 64, 63,
                   63, 62,61, 61, 60, 59, 58, 58, 57, 57, 56, 55, 55, 54, 54, 53, 52,
                   52,51, 51, 50, 50, 49, 49, 48, 48, 47, 47, 46, 46, 45, 45, 44, 44,
                   43, 43, 42, 42, 41, 41, 41, 40, 40, 39, 39, 38, 38, 38, 37, 37,36,
                   36, 36, 35, 35, 34, 34, 34, 33, 33, 32, 32, 32, 31, 31, 31,30, 30,
                   29, 29, 29, 28, 28, 28, 27, 27, 27, 26, 26, 26, 25, 25,24, 24, 24,
                   23, 23, 23, 22, 22, 22, 21, 21, 21, 20, 20, 20, 19,19, 19, 18, 18,
                   18, 17, 17, 16, 16, 16, 15, 15, 15, 14, 14, 14,13, 13, 13, 12, 12,
                   12, 11, 11, 11, 10, 10, 9, 9, 9, 8, 8, 8, 7,7, 7, 6, 6, 5, 5, 5, 4, 4,
                   3, 3, 3, 2, 2, 1, 1, 1, 0, 0, - 1, - 1, - 1, - 2, - 2, - 3, - 3, - 4,
                   - 4, - 5, - 5, - 6, - 6, - 7, - 7, - 8, - 8, - 9, - 9, - 10, - 10,
                   - 11, - 11, - 12, - 13, - 13, - 14, - 14, - 15, - 16, - 16, - 17,
                   - 18, - 19, - 19, - 20, - 21, - 22, - 23, - 24, - 25, - 26, - 27,
                   - 28, - 29, - 30, - 32, - 33, - 35, - 36, - 38, - 40, - 43, - 46,
                   - 50, - 55, - 63, 361
                   };

/ * --------- 主函数 --------- * /
void main()
{
    Init();
    ucLedTmp = 0x00;                     //流水灯显示值
```

```
        while( 1 )
        {
            if( btT10usFlag )
            {
                btT10usFlag = 0; T10us_Process();
            }
            if( btT100usFlag )
            {
                btT100usFlag = 0; T100us_Process();
            }
            if( btT1msFlag )
            {
                btT1msFlag = 0; T1ms_Process();
            }
            if( btT10msFlag )
            {
                btT10msFlag = 0; T10ms_Process();
            }
            if( btT100msFlag )
            {
                btT100msFlag = 0; T100ms_Process();
            }
            if( btTXmsFlag )
            {
                btTXmsFlag = 0; TXms_Process();
            }
        }
    }

/* --------- T0 定时器中断服务处理函数 --------- */
void T0_Process() interrupt 1
{
    btT10usFlag = 1;
    ucT10usCnt++;
    if( ucT10usCnt == 10 )
    {
        ucT10usCnt = 0; btT100usFlag = 1; ucT100usCnt++;
    }
    if( ucT100usCnt == 10 )
    {
        ucT100usCnt = 0; btT1msFlag = 1; ucT1msCnt++;
    }
    if( ucT1msCnt == 10 )
    {
        ucT1msCnt = 0; btT10msFlag = 1; ucT10msCnt++;
    }
    if( ucT10msCnt == 10 )
    {
        ucT10msCnt = 0; btT100msFlag = 1;
```

```
    }
}
/* --------- 初始化函数 -------- */
void Init()
{
    //Hardware Init
    P0M1 = 0x00;                    //设置 P0 为推挽模式,点亮数码管
    P0M0 = 0xff;
    P2M1 = 0x00;
    P2M0 = 0x08;                    //将 P2^3 设置为推挽模式,其余为准双向口模式

    //Interrupt Init
    /* 10 微秒@11.0592MHz 16 位可重载定时器 0
       ISP 软件生成 */
    AUXR |= 0x80;                   //定时器时钟 1T 模式
    TMOD &= 0xF0;                   //设置定时器模式
    TL0 = 0x91;                     //设置定时初值
    TH0 = 0xFF;                     //设置定时初值
    EA = 1;                         //打开总的中断
    ET0 = 1;                        //开启定时器中断
    TF0 = 0;                        //清除 TF0 标志
    TR0 = 1;                        //启动定时器
}

/* --------- 各时钟节拍处理函数 -------- */
void T10us_Process()
{
}
void T100us_Process()
{
    ucClockXms++;
    if ( ucClockXms == ( cstClockXmsMaxNum ) )
    {
        ucClockXms = 0; btTXmsFlag = 1;
    }
}
void T1ms_Process()              //1ms 适用数码管扫描服务
{
    Seg7LedDisplay( cstDigBegin, cstDigEnd );
}
void T10ms_Process()             //10ms 适用按键扫描服务
{
}
void TXms_Process()              //Xms 服务,可修改
{
    InitADC();
}
void T100ms_Process()            //100ms 适用数据显示更新
{
```

```
        Seg7LedUpdate();
    }

/* ---------- 数码管与发光二极管显示函数 -------- */
void Seg7LedDisplay( uchar s, uchar e )
{
    unsigned char arrSegSelect[] = {0x3f, 0x06, 0x5b, 0x4f, 0x66, 0x6d, 0x7d, 0x07, 0x7f,
0x6f, 0x40, 0x00};                    //数码管显示译码表
    /* 序号: 0 1 2 3 4 5 6 7 8 9 10 11 */
    /* 显示: 0 1 2 3 4 5 6 7 8 9 - (无) */
    static int i;
    P0 = 0x00;
    P2 = ( P2 & 0xf0 ) | i;
    switch( i )
    {
        case 0:
            P0 = arrSegSelect[cstDig0]; break;
        case 1:
            P0 = arrSegSelect[cstDig1]; break;
        case 2:
            P0 = arrSegSelect[cstDig2]; break;
        case 3:
            P0 = arrSegSelect[cstDig3]; break;
        case 4:
            P0 = arrSegSelect[cstDig4]; break;
        case 5:
            P0 = arrSegSelect[cstDig5]; break;
        case 6:
            P0 = arrSegSelect[cstDig6]; break;
        case 7:
            P0 = arrSegSelect[cstDig7]; break;
        case 8:
            P0 = cstDig8; break;
        default:
            P0 = 0x00; break;
    }
    if( ++i > e ) i = s;
}

/* ---------- 数码管及流水灯上的显示数据更新函数 -------- */
void Seg7LedUpdate()
{
    if ( intThermLookUp < 0 )
        ucDigtmp0 = 10;
    else
        ucDigtmp0 = uiThermDig100;     //数码管各位上显示内容数组序号,用户可修改
    ucDigtmp1 = uiThermDig10;          //11 代表段选无显示
    ucDigtmp2 = uiThermDig1;
    ucDigtmp3 = 11;
```

```
    ucDigtmp4 = 11;
    ucDigtmp5 = uiPhotoDig100;
    ucDigtmp6 = uiPhotoDig10;
    ucDigtmp7 = uiPhotoDig1;
    ucDigtmp8 = ucLedTmp;                    //流水灯
}

/* --------- 初始化 ADC 函数 --------- */
void InitADC()
{
    if( uiState == 1 )
    {
        InitAdcPhoto();                      //初始化光
    }
    else
    {
        InitAdcTherm();                      //初始化温度
    }
    uiState = -uiState;
}
void InitAdcTherm()                          //初始化温度 ADC
{
    P1ASF = 0xff;                            //将 P1 口作为模拟功能 ADC 使用
    ADC_RES = 0;                             //寄存器 ADC_RES 和 ADC_RESL 保存 ADC 转化结果
    ADC_RESL = 0;                            //初始赋值 0
    ADC_CONTR = 0x8b;                        //选择 P1^3 作为 ADC 输入使用
    CLK_DIV = 0x20;                          //ADRJ = 1 存放 10 位 ADC 结果
}
void InitAdcPhoto()                          //初始化光 ADC
{
    P1ASF = 0xff;
    ADC_RES = 0;
    ADC_RESL = 0;
    ADC_CONTR = 0x8c;                        //CHS = 100 选择 P1^4 作为 ADC 输入使用
    CLK_DIV = 0x20;
    EADC = 1;
}

/* --------- ADC 中断子函数 --------- */
void ADC_Process() interrupt 5 using 1
{
    uiSampleNum++;
    EA = 0;                                  //关闭中断
    if( uiSampleNum > cstSampleNum )         //取多次求平均值减小误差
    {
        if( uiState == 1 )                   //此时 uiState = 1 执行温度部分
        {
            uiThermTmp = ( ulAdSumTherm + uiTherm / 2 ) / uiTherm;  //四舍五入
            intThermLookUp = arrThermLUT[uiThermTmp - 1];           //查找表中 AD 的温度值
```

```
                    ulAdSumTherm = 0;
                    uiTherm = 0;
                    uiSampleNum = 0;
                    Date_ThermToDigit();
                }
                if( uiState == -1 )                        //此时 uiState = -1 执行光部分
                {
                    uiPhotoTmp = ( ulAdSumPhoto + uiPhoto / 2 ) / uiPhoto;     //四舍五入
                    ulAdSumPhoto = 0;
                    uiPhoto = 0;
                    uiSampleNum = 0;
                    Date_PhotoToDigit();
                }
            }

        if( uiState == 1 )
        {
            //对应温度的数据处理
            uiTherm++;
            uiThermTmp = ( ADC_RES * 256 + ADC_RESL ) / 4;  //10 位 AD 值转换为 8 位 AD 值
            ulAdSumTherm += uiThermTmp;                      //AD 值的和
        }
        if( uiState == -1 )
        {
            //处理光部分的数据
            uiPhoto++;
            ulAdSumPhoto += ADC_RES * 256 + ADC_RESL;        //AD 值的和
        }
        ADC_CONTR &= ~0X10;                                  //转换完成后,ADC_FLAG 清零
        ADC_CONTR |= 0X08;                                   //转换完成后,ADC_START 赋 1
        EA = 1;
        EADC = 1; //打开中断
    }

/* --------- 数据转换子函数 -------- */
//分别取出温度和光照的百位、十位、个位
void Date_ThermToDigit()
{
    if( intThermLookUp < 0 )
        uiThermAbs = -intThermLookUp;
    else
        uiThermAbs = intThermLookUp;
    uiThermDig100 = uiThermAbs % 1000 / 100;
    uiThermDig10 = uiThermAbs % 100 / 10;
    uiThermDig1 = uiThermAbs % 10;
}
void Date_PhotoToDigit()
{
    uiPhotoDig100 = uiPhotoTmp % 1000 / 100;
```

```
        uiPhotoDig10 = uiPhotoTmp % 100 / 10;
        uiPhotoDig1 = uiPhotoTmp % 10;
    }
```

2. 分析说明

热敏电阻随温度呈线性变化,光敏电阻电流随光强线性变化。通过 AD 采集光敏电阻和热敏电阻的输出值,输出对应的 AD 值。光照显示值直接为 AD 值,而采集的温度 AD 值,首先把 10 位转换成 8 位 AD 值,然后再通过查找表来获取温度显示值。

程序主要采用 STC-B_DEMO 模板的 Z1 版。双通道 ADC 采用交替初始化一个通道 ADC 来获取温度值或光照值,达到采样次数上限后将 AD 值进行算术平均值滤波、四舍五入、查表(仅温度)处理后执行标度变换以显示物理量。

using 关键字用来指定中断服务程序使用的寄存器组。用法是:using 后跟一个 0 到 3 的数,对应着 4 组工作寄存器。一旦指定工作寄存器组,默认的工作寄存器组就不会被压栈,这将节省 32 个处理时钟周期,因为入栈和出栈都需要两个处理时钟周期。这一做法的缺点是所有调用中断的过程都必须使用指定的同一个寄存器组,否则参数传递会发生错误。因此对于 using,在使用中需灵活取舍。

数码管与发光二极管显示函数 void Seg7LedDisplay(uchar s,uchar e)的数码管和流水灯同时显示的数据残影和数码管抖动问题,可以尝试如"P2＝(P2 & 0xf0)|i;"之前添加"P0＝0x00;"。

9.6　任务　光照报警器

规划设计

目标:本节学习利用 AD 采集光敏电阻的值,实现光照强度警报功能。

资源:STC-B 学习板、PC、Keil 4 软件、STC-ISP 软件(V6.8 以上)。

任务:

(1) 再次下载本工程 Hex 文件,并对照测试结果仔细观察将实现的功能。

(2) 参考 Z1 代码风格,利用 C51 编程实现任务功能。

功能:

(1) 报警光照值分上限和下限,超限时蜂鸣器发声。

(2) 按键 K1 切换光照警报器的模式是光照上限报警还是下限报警。

(3) 数码管显示左侧高三位为报警门限值,右侧低三位为实时光照值。

测试结果:

下载后,如图 9-12 所示,观察现象为:当模式为下限 20 报警时,通过用遮光板或者手指改变光敏电阻的光照强度,低于警报下限值时,蜂鸣器发声。按下 K1 键,当模式改为上限 100 警报时,通过用手电筒或闪光灯改变光敏电阻的光照强度,高于上限警报值时,蜂鸣器发声。

程序思路:

(1) 系统初始化,P0、P3 端口初始化配置,设置端口推挽模式,并设置定时器参数。

(2) 定时器中断服务参考:扫描按键 K1 下降沿动作切换上下限,根据报警条件 flag 决

(a)   (b)

图 9-12　案例测试结果

定 beep 翻转产生方波驱动蜂鸣器发声,数码管扫描显示。

（3）ADC 中断服务参考：检测光照 AD 值求其平均值,比较门限值和实时值设定报警条件 flag。

9.7　任务　光敏开关

规划设计

目标：本节学习利用 AD 采集光敏电阻的值,实现类似按键开关的功能。熟悉 Z1 代码风格。

资源：STC-B 学习板、PC、Keil 4 软件、STC-ISP 软件(V6.8 以上)。

任务：

（1）再次下载本工程 Hex 文件,并对照测试结果仔细观察将实现的功能。

（2）参考 Z1 代码风格,利用 C51 编程实现任务功能。

功能：

（1）光照强度变化来控制开关标志位 flag,进而控制 LED 灯的亮灭。

（2）LED 灯两种情况：P0＝0x55 亮灯,P0＝0x00 全灭。

测试结果：下载程序后,如图 9-13 所示,反复通过用遮光板或者手指触摸光敏电阻,LED 灯状态交替亮灭。

图 9-13　案例测试结果

程序思路：通过 AD 采集光敏电阻的值，检测 AD 求其平均值，这样可以达到稳定性。本节关键就是确定合适的光照阈值，需要经过多次尝试，如将"(light_old/light_new)>1.30"作为光照的阈值，此时默认为手指按下状态，flag 取反，控制 LED 灯的亮灭，实现类似开关功能。

9.8 思考题

1. ADC 一般步骤是什么？有什么常见的参数？
2. 逐次逼近式 ADC 原理是什么？ADC 里的 DAC 的作用是什么？
3. 如何配置寄存器选择 ADC 通道？需要多路采集通道时怎么办？
4. 如何配置 ADC 结果只使用 8 位分辨率？
5. 导航按键的各引脚如何切换功能？
6. 热敏电阻和光敏电阻电路是如何检测温度和亮度变化的？
7. 光敏开关的光照阈值作用是什么？有没有其他方案？
8. 设计：按 STC-B_DEMO 模板思路实现 9.7 节任务代码。
9. 设计：参考 14.4 节任务规划说明实现一个光敏计数器。

第 10 章

CHAPTER 10

串 口 通 信

第 9 章介绍了经典计算机应用系统中接收输出的模拟信号,第 10～13 章将进一步涉足通用系统模块与其他专用系统模块之间的通信。本章介绍单片机串口,通过串口通信和 485 模块,学习板可以与上位计算机或其他的学习板实现交互通信。

10.1 串行通信

嵌入式系统在需要连接到一台主机时采用简单的串行接口往往是最容易也是廉价的方式,这个串口可能是应用的一部分,也可能只是作为调试之用。多数微机系统以及现代测控系统中信息的交换多采用串行通信方式。

10.1.1 工作模式

串行通信是将数据字节分成一位一位的形式在一条传输线上逐个地传送,如图 10-1 所示。串行通信传送速度比并行通信慢得多,但是串行通信也有明显特点:

(1) 数据传输按位顺序进行,最少只需一根传输线即可完成,成本低,但速度慢。

(2) 传输距离较长,可以从几米到几千米。

(3) 串行通信的通信时钟频率较易提高。

(4) 串行通信的抗干扰能力十分强,其信号间的互相干扰完全可以忽略。

图 10-1 串行通信

依据信道中数据流方向分类,串行通信的工作模式主要有三种:单工模式、半双工模式、全双工模式,如图 10-2 所示。两端设备之间,图(a)单工是一根数据线的单向传输,从发送到接收;图(b)全双工是单工基础上加一根数据线,利用双线实现两个方向上的数据传输;如果不增加数据线,仅一根数据线上实现双向数据传输,就只能分状态轮流传输,即图(c)半双工的模式。

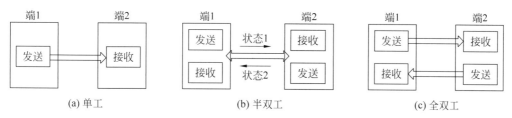

图 10-2 串行通信工作模式

10.1.2 数据收发同步

串行通信的数据在数据信号线上逐位地进行传输,每一位数据都占据一个固定的时间长度,这个过程中双方如何解决每一位数据的同步问题,以准确地识别数据并实现正确的通信呢?

1. 双方约定一个相同的通信速度(如 **RS-232** 标准)

波特率一般是指每秒钟传输离散事件信号个数,单位为波特(Baud,symbol/s)。单片机串行通信波特率是每秒传输二进制数码的位数(离散事件即数字信号电平变化),即比特率(bps,bit/s)。波特率越小,通信速度越慢,但出错率也越低。

此时,以字符(构成的帧)为单位进行传输,字符与字符之间的间隙(时间间隔)是任意的或异步的,也称为异步通信。异步通信中每个字符中的各位还是以固定的时间传送的。异步通信的数据格式(帧)如图 10-3 所示。

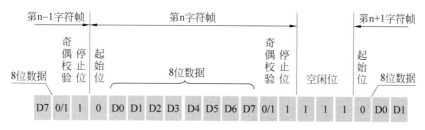

图 10-3 异步通信帧

(1)起始位。通信线上空闲时默认处于逻辑“1”状态。当发送端要发送 1 个字符数据时,首先发送 1 个逻辑“0”拉低信号线其作用是向接收端表示发送端开始发送一帧数据了。接收端检测到这个低电平后,就准备接收数据。

(2)数据位。在起始位之后,发送端发出(或接收端接收)的是数据位,数据的位数没有严格的限制,5~8 位均可,采用低位到高位逐位发送。

(3)奇偶校验位。数据位发送完(接收完)之后,可发送一位用来验证数据在传送过程中是否出错的奇偶校验位。奇偶校验是收发双发预先约定的有限差错校验方法之一。有时也可不用奇偶校验。

(4)停止位。它处于字符帧格式的最后部分,逻辑“1”高电平有效,可占 1/2 位、1 位或 2 位,用来表示传送一帧信息的结束,也为发送下一帧数据做好了准备。

2. 采用比较特殊的编码方式(如红外通信)

这种通信方式中可以有不同的编码方式,如脉冲有两种不同的脉冲边沿或占空比,分别代表数据"0"和"1"。脉冲边沿则用来实现自同步的目的。这是通过采用嵌有时钟信息的数据编码位向接收端提供同步信息。

3. 引入时钟信号（如 IIC 通信协议）

收发双方间需要增加一根时钟线。该线上每发生一个同步时钟脉冲,双方就完成一个位(bit)的传输。这种外同步方法在短距离传输时表现良好,对通信时序的要求没有那么严格了。缺点是通信端口资源方面需要增加一根时钟线的开销,在长距离传输中的定时脉冲可能会和信息信号一样受到破坏,从而出现定时误差。

第 2 种和第 3 种方法可归为同步通信。同步通信时传输数据的位之间的距离均为"位间隔"的整数倍,同时传送数据块(连续多个字符组合)的字符间不留间隙,即保持位同步关系,也保持字符同步关系。同步通信帧格式如图 10-4 所示。

同步字符	数据字符1	数据字符2	...	数据字符n-1	数据字符n	校验字符	(校验字符)

图 10-4　同步通信帧(面向字符)

10.1.3　数据校验

串行通信最重要的目的是应确保数据准确无误地传送,因此必须考虑在通信过程中对数据差错进行校验。差错校验是保证准确无误通信的关键,常用差错校验方法有奇偶校验、累加和校验以及循环冗余码校验等。

(1) 奇偶校验是按字符校验,即在发送每个字符数据之后都附加一位奇偶校验位。

奇校验时,数据中 1 的个数与校验位 1 的个数之和应为奇数;反之则为偶校验。奇偶校验只能检测到那种影响奇偶位数的错误,比较低级且速度慢,一般只用在异步通信中。

(2) 累加和校验是指发送方将所发送的数据块求和,产生一个字节的"校验和"附加到数据块末尾。

校验和的加法运算可用逻辑加或异或,也可用算术加。累加和校验的缺点是无法校验出字节或位序的错误。

(3) 循环冗余码校验(CRC)通过某种数学运算实现有效信息与校验位之间的循环校验。

循环冗余码校验是将一个数据块看成一个位数很长的二进制数,然后与一个特定的数进行多项式除法,将余数作校验码附在数据块之后一起发送。目前 CRC 已广泛用于数据存储和对磁盘信息的通信中,并在国际上形成规范,也涌现了不少现成的 CRC 软件算法。这种校验方法纠错能力强,广泛应用于同步通信中。

10.2　STC15 单片机串口

10.2.1　UART

串行接口最简单的形式是通用异步收发器(Universal Asynchronous Receiver Transmitter,UART),它遵守工业异步通信标准。之所以称为"异步的",是因为时钟信号没有与串行数据一起传输,接收者必须时刻关注数据,对每个位进行探测,而不是花费一个时钟周期来达到同步。UART 实际上就是一个额外增加了一些特性的并-串行转换器,发送器本质上是一个移位寄存器,可以并行装载数据,然后在串行时钟脉冲的控制下再将数据一位位顺序移出;反过来,接收器是把串行比特流接收到一个移位寄存器中,然后由处理器并行读取。UART 还提供一些状态信息,例如接收器是否已满(有数据到达)或者发送器是否为空(有数据待发送)。

目前,大多数嵌入式处理器都配置了 UART 接口。STC15F2K60S2 系列单片机内部有两个可编程的全双工串行通信接口。每个串行口的数据缓冲器是共用一个地址,但在物理上分为两个独立的发送/接收缓冲器。

10.2.2　串口 1 的模式 1

每种单片机串口应用都要熟练地掌握寄存器配置,就一定要多查数据手册。这里我们只以串口 1 的工作模式 1 为例来讲述其工作原理,如表 10-1 所示,其中波特率的产生介绍定时器 1 的产生方式。其他模式只需按 STC 官方给出的数据手册操作相应的寄存器即可实现所需功能。

STC 官方 ISP 软件已经提供波特率计算器,如图 10-5 所示,串口 1 的工作模式 1,选择定时器 1 发生 9600b/s 在 11.0592MHz 主频的 1T 模式。

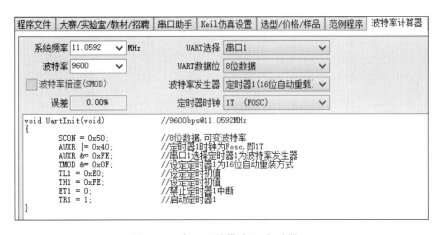

图 10-5　串口 1 的模式 1(定时器 1)

STC15 系列单片机的串行口 1 设有两个控制寄存器:串行控制寄存器 SCON 和波特率选择特殊功能寄存器 PCON。

1. SCON:串行控制寄存器(可位寻址)

SM0/FE:当 PCON 寄存器中的 SMOD0/PCON.6 位为 1 时,该位用于帧错误检测。当检测到一个无效停止位时,通过 UART 接收器设置该位。它必须由软件清零。

当 PCON 寄存器中的 SMOD0/PCON.6 位为 0 时,该位和 SM1 一起指定串行通信的工作方式,如表 10-2 所示。常用方式 1 和方式 3,建议学习。

表10-1 串口1相关寄存器

符号	描述	地址	MSB			位地址及符号				LSB	复位值
AUXR	辅助寄存器	8EH	T0x12	T1x12	UART_M0x6	T2R	T2x12	T2_C/T	EXTRAM	S1ST2	0000 0001B
SCON	Serial Control	98H	SM0/FE	SM1	SM2	REN	TB8	RB8	T1	RI	0000 0000B
SBUF	Serial Buffer	99H									xxxx xxxxB
PCON	Power Control	87H	SMOD	SMOD0	LVDF	POF	GF1	GF0	PD	IDL	0011 0000B
IE	Interrupt Enable	A8H	EA	ELVD	EADC	ES	ET1	EX1	ET0	EX0	0000 0000B
IP	Interrupt Priority Low	B8H	PPCA	PLVD	PADC	PS	PT1	PX1	PT0	PX0	0000 0000B
SADEN	Slave Address Mask	B9H									0000 0000B
SADDR	Slave Address	A9H									0000 0000B
AUXR1 R_SW1	辅助寄存器 1	A2H	S1_S1	S1_S0	CCP_S1	CCP_S0	SPI_S1	SPI_S0	0	DPS	0000 0000B
CLK_DIV PCON2	时钟分频寄存器	97H	MCKO_S1	MCKO_S1	ADRJ	Tx_Rx	MCLKO_2	CLKS2	CLKS1	CLKS0	0000 0000B

表 10-2 串口 1 工作方式

SM0	SM1	工作方式	功 能 说 明	波 特 率
0	0	方式 0	同步移位串行方式：移位寄存器	当 UART_M0x6＝0 时，波特率是 SYSclk/12，当 UART_M0x6＝1 时，波特率是 SYSclk/2
0	1	方式 1	8 位 UART，波特率可变	串行口 1 用定时器 1 作为其波特率发生器且定时器 1 工作于模式 0(16 位自动重装载模式)或串行口用定时器 2 作为其波特率发生器时，波特率＝(定时器 1 的溢出率或定时器 T2 的溢出率)/4。注意：此时波特率与 SMOD 无关。当串行口 1 用定时器 1 作为其波特率发生器且定时器 1 工作于模式 2(8 位自动重装模式)时，波特率＝$(2^{SMOD}/32)\times$(定时器 1 的溢出率)
1	0	方式 2	9 位 UART	$(2^{SMOD}/64)\times$SYSclk 系统工作时钟频率
1	1	方式 3	9 位 UART，波特率可变	当串行口 1 用定时器 1 作为其波特率发生器且定时器 1 工作于模式 0(16 位自动重装载模式)或串行口用定时器 2 作为其波特率发生器时，波特率＝(定时器 1 的溢出率或定时器 T2 的溢出率)/4。注意：此时波特率与 SMOD 无关。当串行口 1 用定时器 1 作为其波特率发生器且定时器 1 工作于模式 2(8 位自动重装模式)时，波特率＝$(2^{SMOD}/32)\times$(定时器 1 的溢出率)

图 10-5 中 PCON 未配置，即 PCON.6 默认为 0，SCON＝0x50＝0101 0000 表示方式 1。还有 SCON.4＝1 代表 REN。

REN：允许/禁止串行接收控制位。由软件置位 REN(REN＝1)为允许串行接收状态，可启动串行接收器 RxD，开始接收信息。否则复位 REN 禁止接收。

SCON 剩余位如下：

SM2：允许方式 2 或方式 3 多机通信控制位。

TB8：在方式 2 或方式 3，它为要发送的第 9 位数据，按需要由软件置位或清 0。

RB8：在方式 2 或方式 3，是接收到的第 9 位数据，作为奇偶校验位或地址帧/数据帧的标志位。

TI：发送中断请求标志位，内部硬件置位(TI＝1)，响应中断后 TI 必须用软件清零。

RI：接收中断请求标志位，内部硬件置位(RI＝1)，响应中断后 RI 必须用软件清零。

2. PCON：电源控制寄存器(不可位寻址)

SMOD：波特率选择位。SMOD＝0，则各工作方式的波特率加倍。

SMOD0：帧错误检测有效控制位。当 SMOD0＝1，SCON 寄存器中的 SM0/FE 位用于 FE(帧错误检测)功能；当 SMOD0＝0，SCON 寄存器中的 SM0/FE 位用于 SM0 功能，和 SM1 一起指定串行口的工作方式。

3. SBUF：串口 1 数据缓冲寄存器

STC15 系列单片机的 SBUF 字节地址为 0x99，该寄存器的实质是两个缓冲寄存器(发送寄存器和接收寄存器)，但是共用一个字节地址，以便能以全双工方式进行通信。

4. AUXR：辅助寄存器

图 10-5 中"AUXR|＝0x40;"将定时器 1 时钟设为 Fosc，即 1T。"AUXR &＝ 0xFE;"

再将串口 1 选择定时器 1 为波特率发生器。

(1) T1x12：AUXR.6 设置定时器 1 速度控制位。

值为 0 表示，定时器 1 是传统 8051 速度，12 分频；

值为 1 表示，定时器 1 的速度是传统 8051 的 12 倍，不分频。

如果 UART1/串口 1 用 T1 作为波特率发生器，则由 T1x12 决定 UART1/串口是 12T 还是 1T。

(2) S1ST2：串口 1(UART1)选择定时器 2 作波特率发生器的控制位。

值为 0 表示，选择定时器 1 作为串口 1(UART1)的波特率发生器。

值为 1 表示，选择定时器 2 作为串口 1(UART1)的波特率发生器，此时定时器 1 得到释放，可以作为独立定时器使用。

对于 STC15 系列单片机，串口 2 只能使用定时器 2 作为波特率发生器，不能够选择其他定时器作为其波特率发生器；而串口 1 优先选择定时器 2 作为其波特率发生器，也可以选择定时器 1 作为其波特率发生器。

5. 串行口 1 中断相关的寄存器位 ES 和 PS

ES：串行口中断允许位。ES=1，允许串行口中断。

PS：串行口 1 中断优先级控制位。默认 PS=0 时，串行口 1 中断为最低优先级中断(优先级为 0)。

10.2.3 串口 1 的波特率计算

串口 1 工作在模式 1，当波特率发生使用定时器 1 工作于模式 0(16 位自动重装载模式)且 T1x12=1 时，定时器 1 的溢出率=SYSclk/(65536-[RL_TH1,RL_TL1])。即此时：

串行口 1 的波特率=SYSclk/(65536-[RL_TH1,RL_TL1])/4。

说明：RL_TH1 是 T1H 的自动重装载寄存器，RL_TL1 是 T1L 的自动重装载寄存器。图 10-5 中，"TMOD & =0x0F;"将设定定时器 1 为 16 位自动重装方式，且"TL1=0xE0；TH1=0xFE;"在主频 SYSclk=11.0592MHz 下可计算此时：

波特率=11059200/(65536-65248)/4=9600bps。

10.2.4 串口 1 的模式 1 过程

将 SM0 和 SM1 配置为模式 1，此模式为 8 位 UART 格式，一帧数据包括 10 位，并且波特率可人为设定，内部结构如图 10-6 所示。

1. 数据发送过程

当串口 1 发送数据时，数据从单片机的串行发送引脚 TXD 发送出去。当主机执行一条写 SBUF 的指令时，就启动串口 1 的数据发送过程，写 SBUF 信号将 1 加载到发送移位寄存器的第 9 位，并通知 TX 控制单元开始发送。通过 16 分频计数器，同步发送串行比特流，完整的发送过程如图 10-7 所示。

移位寄存器将数据不断地右移，送到 TXD 引脚。同时，在左边不断地用 0 进行填充。当数据的最高位移动到移位寄存器的输出位置，紧跟其后的是第 9 位 1，在它的左侧各位全部都是 0，这个条件状态使得 TX 控制单元进行最后一次移位输出，然后使得发送允许信号 SEND 失效，结束一帧数据的发送过程，并将中断请求位 TI 置 1，向 CPU 发出中断请求信号。

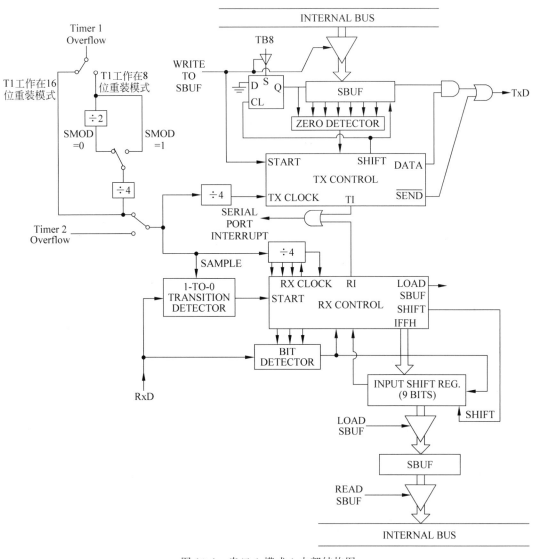

图 10-6 串口 1 模式 1 内部结构图

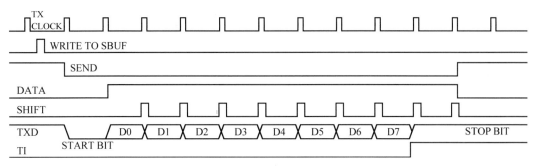

图 10-7 数据发送时序

2. 数据接收过程

当软件将接收允许标志位 REN 置 1 后,接收器就用选定的波特率的 16 分频的速率采样串行接收引脚 RXD。当检测到 RXD 端口从 1 到 0 的负跳变后,就启动接收器准备接收数据。同时,复位 16 分频计数器,将值 0x1FF 加载到移位寄存器中。复位 16 分频计数器使得它与输入位时间同步。

16 分频计数器的 16 个状态是将每位接收的时间平均为 16 等份。在每位时间的第 7、8 和 9 状态由检测器对 RXD 端口进行采样,所接收的值是这次采样值经过"三中取二"的值,即三次采样中,至少有两次相同的值,用来抵消干扰信号,提高接收数据的可靠性,如图 10-8 所示。

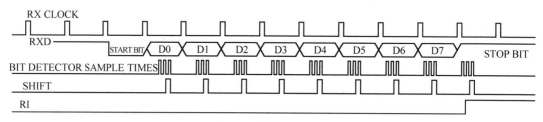

图 10-8 数据接收时序

在起始位,如果接收到的值不为 0,则起始位无效,复位接收电路,并重新检测 1 到 0 的跳变。如果接收到的起始位有效,则将它输入移位寄存器,并接收本帧的其余信息。接收到的数据从接收移位寄存器的右边移入,将已装入的 0x1FF 向左边移出。当起始位 0 移动到移位寄存器的最左位时,使 RX 控制器做最后一次移位,完成一帧的接收。

在接收过程中,倘若同时满足:RI＝1;SM2＝0 或接收到的停止位为 1。则接收到的数据有效,实现加载到 SBUF,停止位进入 RB8,置位 RI,向 CPU 发出中断请求信号。如果这两个条件不能同时满足,则将接收到的数据丢弃,无论条件是否满足,接收机又重新检测 RxD 端口上的 1 到 0 的跳变,继续接收下一帧数据。如果接收有效,则在响应中断后,必须由软件将标志 RI 清 0。

10.2.5 串口引脚切换

1. AUXR1(P_SW1):串口 1 引脚切换的寄存器

串口 1 可在 3 个地方切换,由 S1_S1 及 S1_S0 控制位来选择,如表 10-3 所示。

表 10-3 串口 1 引脚切换

S1_S1	S1_S0	串口 1/S1 可在 P1/P3 之间来回切换
0	0	串口 1/S1 在[P3.0/RxD,P3.1/TxD]
1	1	串口 1/S1 在[P3.6/RxD_2,P3.7/TxD_2]
1	0	串口 1/S1 在[P1.6/RxD_3/XTAL2,P1.7/TxD_3/XTAL1] 串口 1 在 P1 口时要使用内部时钟
1	1	无效

2. P_SW2:串口 2 引脚切换的寄存器(不可位寻址)

串口 2 可在 2 个地方切换,由 P_SW2.0(S2_S)控制位来选择,如表 10-4 所示。

表 10-4　串口 2 引脚切换

S2_S	S2 可在 P1/P4 之间来回切换
0	串口 2/S2 在[P1.0/RxD2,P1.1/TxD2]
1	串口 2/S2 在[P4.6/RxD2_2,P4.7/TxD2_2]

10.3　任务　串口通信

本节通过学习板上 mini-USB 接口来进行 PC 与单片机串口通信。

10.3.1　CH340G 芯片

CH340 是一个 USB 总线的转接芯片，实现 USB 转串口或者 USB 转打印口。

学习板选用 SOP-16 封装的 CH340G 型号，引脚定义如表 10-5 所示。

表 10-5　CH340G 引脚功能

SOP16 引脚号	引脚名称	类型	引脚说明(括号中说明仅针对 CH340R 型号)
16	VCC	电源	正电源输入端，需要外接 0.1μF 电源退耦电容
1	GND	电源	公共接地端，直接连到 USB 总线的地线
4	V3	电源	在 3.3V 电源电压时连接 V_{cc} 输入外部电源，在 5V 电源电压时外接容量为 0.1μF 退耦电容
7	XI	输入	CH340T/R/G：晶体振荡的输入端，需外接晶体及电容
	NC.	空脚	CH340C：空脚，必须悬空
	RST♯	输入	CH340B：外部复位输入，低电平有效，内置上拉电阻
8	XO	输出	CH340T/R/G：晶体振荡的输出端，需外接晶体及电容
	NC.	空脚	CH340C/B：空脚，必须悬空
5	UD+	USB 信号	直接连到 USB 总线的 D+数据线
6	UD−	USB 信号	直接连到 USB 总线的 D−数据线
无	NOS♯	输入	禁止 USB 设备挂起，低电平有效，内置上拉电阻
2	TXD	输出	串行数据输出(CH340R 型号为反相输出)
3	RXD	输入	串行数据输入，内置可控的上拉和下拉电阻
9	CTS♯	输入	MOOEM 联络输入信号，清除发送，低(高)有效
10	DSR♯	输入	MODEM 联络输入信号，数据装置就绪，低(高)有效
11	RI♯	输入	MODEM 联络输入信号，振铃指示，低(高)有效
12	DCD♯	输入	MODEM 联络输入信号，载波检测，低(高)有效
13	DTR♯	输出	MODEM 联络输出信号，数据终端就绪，低(高)有效
14	RTS♯	输出	MODEM 联络输出信号，请求发送，低(高)有效
无	ACT♯	输出	USB 配置完成状态输出，低电平有效
15	R232	输入	CH340T/R/G/C：输助 RS232 使能，高有效，内置下拉
15	TNOW	输出	CH340T/E/B：串口发送正在进行的状态指示，高有效
	IR♯	输出	CH340R：串口模式设定输入，内置上拉电阻，低电平为 SIR 红外线串口，高电平为普通串口
无	CKO	输出	CH340T：时钟输出
	NC.	空脚	CH340R：空脚，必须悬空

主要特点：

(1) 全速 USB 设备接口，兼容 USB V2.0。

(2) 仿真标准串口，用于升级原串口外围设备，或者通过 USB 增加额外串口。

(3) 与计算机端 Windows 操作系统下的串口应用程序完全兼容，无须修改。

(4) 硬件全双工串口，内置收发缓冲区，支持通信波特率 50bps～2Mbps。

(5) 支持常用的 MODEM 联络信号 RTS、DTR、DCD、RI、DSR、CTS。

(6) 通过外加电平转换器件，提供 RS-232、RS-485、RS-422 等接口。

(7) 支持 5V 电源电压和 3.3V 电源电压，甚至 3V 电源电压。

(8) 提供 SOP-16 和 SSOP-20 以及 MSOP-10 无铅封装，兼容 RoHS。

10.3.2 USB 通信电路

学习板 USB 通信电路如图 10-9 所示。MINI_USB 线缆与 PC 机连接，另一边与学习板连接提供供电、下载、仿真通信功能。USB 总线的 D＋与 D－数据线经 CH340G 芯片转换为串口数据线。单片机串口对应使用 RXD 线接收数据，用 TXD 发送数据。RXD 线上二极管的作用能防止 USB 器件给目标芯片供电。CH340G 芯片正常工作时需要外部晶体 CY1 向 XI 引脚提供 12MHz 的时钟信号。

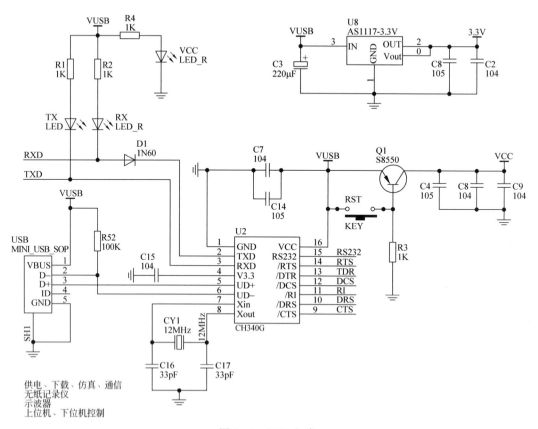

图 10-9　USB 电路

10.3.3　规划设计

目标：了解 USB 串口通信，学习简单上下位机串口数据的发送与接收，熟悉 Z1 代码风格。

资源：STC-B 学习板、PC、Keil 4 软件、STC-ISP 软件（V6.8 以上）。

任务：

（1）再次下载本工程 Hex 文件，并对照测试结果仔细观察将实现的功能。

（2）参考 Z1 代码风格，利用 C51 编程实现任务功能。

功能：

（1）按 K2 键（减）、K3 键（加）调整单片机发送至上位 PC 的 Hex 数据（0～F）。

（2）按 K1 键控制数据发送给上位机，并在串口助手的接收数据缓存区显示。

（3）上位机设定发送缓存区 Hex 数据后，发送数据给单片机。

（4）数据值显示在最左侧二位数码管。

测试结果：下载到学习板默认最左边两位数码管显示 0。如图 10-10 所示，上位机向单片机发送数据：在 ISP 串口助手发送缓冲区显示要发送的数据，单击"打开串口"按钮，再单击"发送数据"发到单片机，并在数码管上显示相应的数据；下位机向上位机发送数据：在单片机数码管上显示要发送的数据，可以按 K2 键（减）、K3（加）键进行调整，按下 K1 键数据发送到上位机，在 ISP 串口助手接收缓冲区显示接收到的数据。

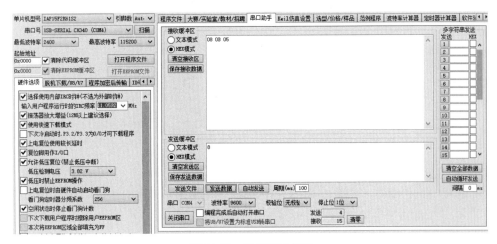

图 10-10　案例测试结果

10.3.4　实现步骤

1. 参考代码

```
/***********************
myUsbUart 串口测试
型号:STC15F2K60S2 主频:11.0592MHz
*********************** /
# include< STC15F2K60S2.h >
```

```c
#include< intrins. h>
#define uchar unsigned char
#define uint unsigned int

/* --------- 宏定义 --------- */
#define cstFocs 11059200L                    //晶振频率
#define cstBaud1 9600                        //波特率
#define cstKeyMaxNum 100                     //按键抖动次数

/* --------- 引脚别名定义 --------- */
sbit sbtKey1 = P3 ^ 2 ;                      //启动发送
sbit sbtKey2 = P3 ^ 3 ;                      //数字减少
sbit sbtKey3 = P1 ^ 7 ;                      //数字增加
sbit sbtLedSel = P2 ^ 3;

/* --------- 变量定义 --------- */
uchar ucT100usTimes;

uint uiKey1Cnt;                              //按 K1 键计数
uint uiKey2Cnt;                              //按 K2 键计数
uint uiKey3Cnt;                              //按 K3 键计数
uint uiKeyAllCnt;                            //按键总的抖动次数
bit btT1msFlag;                              //1ms 的标志
bit btKey1Current;                           /* key1 当前的状态 */
bit btKey1Past;                              /* key1 前一个状态 */
bit btKey2Current;                           /* key2 当前的状态 */
bit btKey2Past;                              /* key2 前一个状态 */
bit btKey3Current;                           /* key3 当前的状态 */
bit btKey3Past;                              /* key3 前一个状态 */

/* 收发显示数据相关 */
bit btUart1SendBusy = 0 ;
uchar ucDateTmp;                             //传输数据暂存
uchar ucDateDigState;
uchar arrSegSelect[] = {0x3f, 0x06, 0x5b, 0x4f, 0x66, 0x6d, 0x7d, 0x07, 0x7f, 0x6f, 0x77,
0x7c, 0x39, 0x5e, 0x79, 0x71};              //显示 0 - f

/* --------- 定时器 T0 中断处理函数 --------- */
void T0_Process() interrupt 1
{
    TH0 = ( 65535 - 1000 ) / 256;           //定时器初始值
    TL0 = ( 65535 - 1000 ) % 256;
    ucT100usTimes++;
    if( ucT100usTimes == 10 )               //中断 10 次约 1ms
    {
        ucT100usTimes = 0;
        btT1msFlag = 1;
    }
    ucDateDigState++;
```

```
        if( ucDateDigState == 2 )
            ucDateDigState = 0;
        P0 = 0;
        switch( ucDateDigState )
        {
            case 0:
                P2 = 0x00; P0 = arrSegSelect[ucDateTmp / 16];
                break;
            case 1:
                P2 = 0x01; P0 = arrSegSelect[ucDateTmp % 16]; break;
        }
    }


/* --------- 串口 1 初始化函数 -------- */
void Uart1_Init( void )
{
    AUXR = 0X80;                    //辅助寄存器 此时定时器 0 的速度是传统的 12 倍,不分频
    SCON |= 0X50;                   //允许接收
    TL1 = ( 65536 - ( cstFocs / 4 / cstBaud1 ) );
    TH1 = ( 65536 - ( cstFocs / 4 / cstBaud1 ) ) >> 8;
    AUXR |= 0X40;                   //辅助寄存器 此时定时器 1 的速度是传统的 12 倍,不分频
    RI = 0;                         //接收中断标志位
    TI = 0;                         //发送中断标志位
    TR1 = 1;                        //启动定时器 1
    ES = 1;                         //串口中断允许位
    EA = 1;                         //总中断允许位
    PS = 1 ;                        //串口 1 中断高优先级
}


/* --------- 发送数据函数 -------- */
void SendData( unsigned char dat )
{
    while( btUart1SendBusy );       //发送单个字符给 UART1 以发送到 PC
    btUart1SendBusy = 1;
    SBUF = dat;
}


/* --------- 串口 1 中断处理函数 -------- */
void Uart1_Process() interrupt 4 using 1
{
    if( RI )                        //接受完数据后 RI 自动置 1
    {
        RI = 0; ucDateTmp = SBUF;
    }
    if( TI )                        //发送完数据后 RI 自动置 1
    {
        TI = 0; btUart1SendBusy = 0;
    }
}
```

```
/* --------- 初始化函数 -------- */
void Init()
{
    P3M0 = 0x00;
    P3M1 = 0x00;
    P2M0 = 0xff;
    P2M1 = 0x00;
    P0M0 = 0xff;
    P0M1 = 0x00;

    TMOD = 0x01;                    //定时器0,方式1
    ET0 = 1;                        //开启定时器中断
    TH0 = ( 65535 - 1000 ) / 256;
    TL0 = ( 65535 - 1000 ) % 256;
    TR0 = 1;                        //启动定时器

    Uart1_Init();                   //外部中断:低优先级

    ucDateTmp = 0x00;
    sbtLedSel = 0;
    btT1msFlag = 0;

    /* 初始化所有按键的当前状态、前一个状态 */
    btKey1Current = 1;              /* Key1 当前的状态 */
    btKey1Past = 1;                 /* Key1 前一个状态 */
    btKey2Current = 1;              /* Key2 当前的状态 */
    btKey2Past = 1;                 /* Key2 前一个状态 */
    btKey3Current = 1;              /* Key3 当前的状态 */
    btKey3Past = 1;                 /* Key3 前一个状态 */

    uiKey1Cnt = 0x80 + cstKeyMaxNum / 3 * 2;
    uiKey2Cnt = 0x80 + cstKeyMaxNum / 3 * 2;
    uiKey3Cnt = 0x80 + cstKeyMaxNum / 3 * 2;
    uiKeyAllCnt = cstKeyMaxNum;
}

/* --------- 主函数 -------- */
void main()
{
    Init();
    while( 1 )
    {
        if( btT1msFlag )
        {
            btT1msFlag = 0;
            if( sbtKey1 == 0 )
                uiKey1Cnt -- ;
            if( sbtKey2 == 0 )
                uiKey2Cnt -- ;
```

```
                if( sbtKey3 == 0 )                        //按键是按下状态
                    uiKey3Cnt -- ;
            uiKeyAllCnt -- ;                              //总的次数减 1

            if( uiKeyAllCnt == 0 )                        //100 次完了
            {

                if( uiKey1Cnt < 0x80 )
                {
                    btKey1Current = 0;
                    if( btKey1Past == 1 )                 //下降沿(按键做动作)
                    {
                        btKey1Past = 0;
                        SendData( ucDateTmp ) ;
                    }
                }
                if( uiKey1Cnt >= 0x80 )
                {
                    btKey1Current = 1;
                    if( btKey1Past == 0 )
                        btKey1Past = 1;                   //上升沿(假设不做动作那就继续)
                }
                if( uiKey2Cnt < 0x80 )
                {
                    btKey2Current = 0;
                    if( btKey2Past == 1 )                 //下降沿(按键做动作)
                    {
                        btKey2Past = 0;
                        ucDateTmp -- ;
                    }
                }
                if( uiKey2Cnt >= 0x80 )
                {
                    btKey2Current = 1;
                    if( btKey2Past == 0 )
                        btKey2Past = 1;                   //上升沿(假设不做动作那就继续)
                }

                if( uiKey3Cnt < 0x80 )
                {
                    btKey3Current = 0;
                    if( btKey3Past == 1 )                 //下降沿(按键做动作)
                    {
                        btKey3Past = 0;
                        ucDateTmp++;
                    }
                }
                if( uiKey3Cnt >= 0x80 )
                {
```

```
                                   btKey3Current = 1;
                                   if( btKey3Past == 0 )
                                      btKey3Past = 1;                      //上升沿(假设不做动作那就继续)
                               }

                               /* 新一轮的判断 */
                               uiKey1Cnt = 0x80 + cstKeyMaxNum / 3 * 2;
                               uiKey2Cnt = 0x80 + cstKeyMaxNum / 3 * 2;
                               uiKey3Cnt = 0x80 + cstKeyMaxNum / 3 * 2;
                               uiKeyAllCnt = cstKeyMaxNum;
                           }
                       }
                   }
               }
```

2. 分析说明

主函数调用 Init 函数进行初始化,while(1)循环中,主要是判断按键是否按下,当按下 K1 键时进行对上位机发送数据,而 K2、K3 调整发送的数据的大小。

定时器 0 中断处理程序,定时 $100\mu s$。用于显示发送的数据。

Uart1_Init()初始化串口 1 的相关设置,设定串口的波特率。串口 1 采用定时器 1 作为其波特率发生器。

串口中断程序进入后再区分是发送还是接收产生的中断。TI:发送中断标志位,当发送完 8 位数据后,TI 由硬件置位;TI=1 时,可申请中断,也可供软件查询用,在任何方式都必须由软件清除 TI;RI:接收中断标志位,在方式 0 中,接受完 8 位数据后,由硬件置位;在其他方式中,在接收停止位的中间,由硬件置位;RI=1 时,可申请中断,也可供软件查询用,在任何方式都必须由软件清除 RI。

Init()完成各部分功能模块的初始化,如设置 P0、P2、P3 为推挽模式,初始化定时器 0 的初始值,开启定时器 0。

单片机主频选择不恰当会对串口接受产生误码。单片机常用 11.0592MHz 频率,这个奇怪数字是有来历的:对于 9600b/s 的串口通信,单片机对其以 96 倍的速率进行采样。

使用串口助手时,本节是 8 位波特率可变的串口通信,所以无须设置校验位、停止位,注意串口端口号以 CH340G 的 COM 号为准,波特率是 9600b/s。

10.4　任务　RS-485 双机通信

10.4.1　M485 芯片

MAX485 是用于 RS-485 通信的低功耗收发器,每个器件中都具有一个驱动器和一个接收器。RS-485 广泛运用在工业自动化控制、视频监控、门禁对讲以及楼宇报警等各个领域。RS 系列电气参数如表 10-6 所示,MAX485 主要特点如下:

(1) 驱动器可以实现最高 2.5Mbps 的传输速率。

(2) 在驱动器禁用的空载或满载状态下,吸取的电源电流在 $120\mu A$ 至 $500\mu A$ 之间。

(3) 工作在 5V 单电源下。

（4）驱动器具有短路电流限制，并可以通过热关断电路将驱动器输出置为高阻状态，防止过度的功率损耗。

（5）接收器输入具有失效保护特性，当输入开路时，可以确保逻辑高电平输出。

（6）半双工应用设计。

表 10-6　RS 系列电气参数

规　　定	RS-232C	RS-422	R-485
工作方式	单端	差分	差分
结点数	1 收、1 发	1 发 10 收	1 发 32 收
最大传输电缆长度	15.24m	1219m	1219m
最大传输速率	20kb/s	10Mb/s	10Mb/s
最大驱动输出电压/V	±25	−0.25～+6	−7～+12
驱动器输出信号电平(负载最小值)负载/V	±5～±15	±2.0	±1.5
驱动器输出信号电平(空载最大值)/V	空载	±25	±6
驱动器负载阻抗	3～7kΩ	100Ω	54Ω
摆率(最大值)	30V/μs	N/A	N/A
接收器输入电压范围/V	±15	−10～+10	−7～+12
接收器输入门限	±3V	±200mV	±200mV
接收器输入电阻/kΩ	3～7	4(最小)	⩾12

10.4.2　RS-485 接口电路

电平转换采用差分电路方式，A、B 两线的输入阈值电压差 0.2V，输出高电平阈值 3.5V，输出低电平阈值 0.4V，方便与 TTL 电路连接，如图 10-11 所示。使用 RS-485 进行通信与 RS232 通信的逻辑是一致的，但 RS-485 抗干扰性更强，传输距离更远。MAX485 芯片的功能是将 TTL 电平转换为 RS-485 电平，引脚功能如下：

（1）485 D/R 输出、接收信号控制引脚：当该引脚为低电平时，485 为接收态，MAX485 通过 485_RXD 把来自总线的信号输出给单片机；当该引脚为高电平时，485 为发送态，来自 485_TXD 的输出信号通过 A、B 引脚加载到总线上。

（2）485_RXD 引脚接收数据，RX1 LED 点亮时表示正在接收数据。

（3）485_TXD 引脚发送数据，TX1 LED 点亮时表示正在发送数据。

（4）A、B 端口与另一个学习板上的 MAX485 的 A、B 连接实现多机通信。

10.4.3　规划设计

目标：理解 RS-485 通信方式，实现双机通信。熟悉 Z1 代码风格。

资源：STC-B 学习板 2 块、导线 2 根、PC、Keil 4 软件、STC-ISP 软件（V6.8 以上）。

任务：

（1）再次下载本工程 Hex 文件，并对照测试结果仔细观察将实现的功能。

（2）参考 Z1 代码风格，利用 C51 编程实现任务功能。

功能：

（1）按键 K1 引脚对应触发外部中断 0，通过设定寄存器设置按键 K1 下降沿触发外部

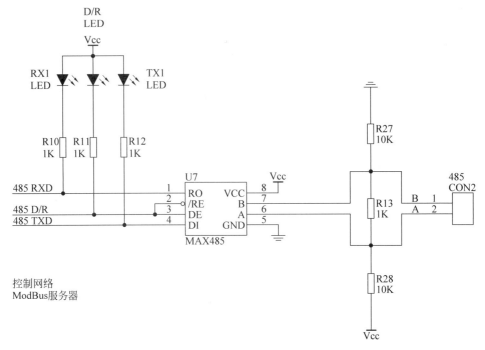

图 10-11 RS-485 接口电路

中断,当按键 K1 被按下时启动数据发送。

（2）按键 K2 和按键 K3 实现数码管上的数值加减,当单片机检测到引脚为低电平时,对数码管数值进行操作。按键部分需要考虑按键的消抖问题,本节采用延时消抖。

（3）使用按键 K1 外部中断服务程序实现数据发送的,置串口中断的优先级高于按键中断。

测试结果:

将两块带 485 模块的学习板通过 485 外接引脚连接起来,注意 A—A、B—B 连接。

Hex 文件下载到两块学习板上,两块学习板默认最右边数码管均显示 0;485 模块的 D/R 对应二极管均点亮。

通过按键 K2（减）或 K3（加）调整数值（数码管同步显示）如"9",按下按键 K1,完成一块学习板向另一块学习板发送数据,案例测试结果如图 10-12 所示。

图 10-12 案例测试结果

10.4.4 实现步骤

1. 参考代码

```
/ * * * * * * * * * * * * * * * * * * * *
myM485 485 双机通信例程测试
型号:STC15F2K60S2 主频:11.0592MHz
* * * * * * * * * * * * * * * * * * * * * * /
# include < STC15F2K60S2.H >
# include < intrins.h >
# define uint unsigned int
# define uchar unsigned char
# define ulong unsigned long


/ * --------- 宏定义 --------- * /
# define cstUart2Ri 0x01                       //接收中断请求标志位
# define cstUart2Ti 0x02                       //发送中断请求标志位

# define cstNoneParity 0                       //无校验
# define PARITYBIT cstNoneParity               //定义校验位


/ * 串口波特率相关 * /
# define cstFosc 11059200L                     //系统时钟频率
# define cstBaud2 9600                         //串口波特率
# define cstT2HL (65536 - (cstFosc/4/cstBaud2))  //定时器初始时间

/ * --------- 引脚别名定义 --------- * /
sbit sbtKey1 = P3 ^ 2 ;                        //启动发送
sbit sbtKey2 = P3 ^ 3 ;                        //数字减少
sbit sbtKey3 = P1 ^ 7 ;                        //数字增加

sbit sbtSel0 = P2 ^ 0 ;
sbit sbtSel1 = P2 ^ 1 ;
sbit sbtSel2 = P2 ^ 2 ;
sbit sbtLedSel = P2 ^ 3 ;

sbit sbtM485_TRN = P3 ^ 7 ;      //定义 MAX485 使能引脚,为 1 时发送,为 0 时接收

/ * --------- 变量定义 --------- * /
bit btSendBusy ;                               //为 1 时忙(发送数据),为 0 时闲
uchar ucGetDataTmp ;                           //接收数据暂存
uchar ucPutDataTmp ;                           //发送数据暂存
uchar arrSegSelect[] = {0x3f, 0x06, 0x5b, 0x4f, 0x66,
                        0x6d, 0x7d, 0x07, 0x7f, 0x6f,
                        0x77, 0x7c, 0x39, 0x5e, 0x79,
                        0x71, 0x40, 0x00
                       };                      //段选,显示 0~f


/ * --------- 串口 2 初始化及波特率发生函数 --------- * /
```

```
void Uart2Init( void )
{
    S2CON = 0x10 ;                    //定义无校验位,允许串行口 2 接收
    T2L = cstT2HL ;                   //设置波特率重装值
    T2H = cstT2HL >> 8 ;
    AUXR |= 0x14 ;                    //T2 为 1T 模式,并启动定时器 2
}

/* ---------- 系统硬件、变量初始化函数 ---------- */
void Init()
{
    P0M0 = 0xff ;                     //P0 口推挽
    P0M1 = 0x00 ;
    P2M0 = 0x0f ;                     //P2.0~P2.3 口推挽
    P2M1 = 0x00 ;
    P3M0 = 0x00 ;
    P3M1 = 0x00 ;
    P1M0 = 0x00 ;
    P1M1 = 0x00 ;                     //P1、P3 准双向口
    //外部中断 0
    IT0 = 1 ;                         //下降沿触发中断(为 0 则下降沿和上升沿均会触发中断)
    EX0 = 1 ;                         //允许外部中断 0
    PX0 = 0 ;                         //外部中断:低优先级
    //485 初始化 波特率生成
    sbtM485_TRN = 0 ;                 //初始为接收状态
    P_SW2 |= 0x01 ;                   //切换串口 2 的引脚到 P4.6,P4.7
    Uart2Init() ;
    btSendBusy = 1 ;
    IE2 |= 0x01 ;                     //开串行口 2 中断
    IP2 |= 0x01 ;                     //设置串行口中断:高优先级
    EA = 1 ;                          //开总中断
    //数码管选择
    sbtLedSel = 0 ;                   //开启数码管显示
    sbtSel0 = 1 ;
    sbtSel1 = 1 ;
    sbtSel2 = 1 ;                     //选择第 8 位数码管显示
    ucPutDataTmp = 0 ;
}

/* ---------- 延时函数 ---------- */
void delay( void )
{
    uchar i, j;
    for( i = 0; i < 255; i++)
        for( j = 0; j < 255; j++)
            ;
}

/* ---------- 串口 2 中断处理程序 ---------- */
```

```
void Uart2_Process( void ) interrupt 8 using 1
{
    if( S2CON & cstUart2Ri )
    {
        ucGetDataTmp = S2BUF ;
        ucPutDataTmp = ucGetDataTmp ;
        S2CON & = ～cstUart2Ri;                     //接收中断标志位清 0
    }
    if( S2CON & cstUart2Ti )
    {
        btSendBusy = 0 ;                            //清除忙信号
        S2CON & = ～cstUart2Ti ;                    //发送中断标志位清 0
    }
}

/ * ---------- 外部中断 0 处理程序 ---------- * /
void ExInt0_Process() interrupt 0
{
    sbtM485_TRN = 1 ;
    S2BUF = ucPutDataTmp ;
    while( btSendBusy ) ;
    btSendBusy = 1 ;
    sbtM485_TRN = 0 ;
}

/ * ---------- 主函数 ---------- * /
void main( void )
{
    Init() ;
    while( 1 )
    {
        ucPutDataTmp % = 16 ;
        P0 = arrSegSelect[ucPutDataTmp] ;

        if( sbtKey3 == 0 )
        {
            delay();
            if( sbtKey3 == 0 )
            {
                while( !sbtKey3 );
                ucPutDataTmp++;
            }
        }
        if( sbtKey2 == 0 )
        {
            delay();
            if( sbtKey2 == 0 )
            {
                while( !sbtKey2 );
```

```
                    ucPutDataTmp -- ;
                }
            }
        }
    }
```

2. 分析说明

程序设计主要分为：串行口通信、按键检测和数码管显示 3 个部分。

两块单片机初始化后均为接收状态。通过按键扫描模块对 K2、K3 进行按键判断，单片机对 P3.3 和 P1.7 的电平检测，每检测到端口有低电平产生则相应实现变量 ucPutDataTmp 的加减，通过数码管与流水灯选择位 P2.3＝0 将数据传递给 P0 口通过数码管显示出来。

当按下 K1 键触发外部中断 0，单片机由接收态转换为发送态，将数据通过 485 模块传递给另一块单片机显示出来，然后立即返回接收状态，从而实现双机通信。

10.5 思考题

1. 为什么串行通信重新获得关注？

2. 串口数据收发同步有几种方法？

3. 串行通信中的数据校验有什么作用？常见数据校验类型有哪些？

4. STC15 系列单片机串口 1 如何配置工作模式、波特率、引脚？

5. 试比较 RS-485 与 RS-232 标准。

6. 设计：如何使用 printf 库函数实现串口打印？有何用途？

## 第11章

红外通信

红外通信的收发系统由发射和接收两大部分组成,可以使用专用集成电路芯片来进行编/解码,也可以使用单片机来进行编/解码。使用专用集成电路的优点是成本低,而单片机系统则可以获得更大的灵活性。本章将学习红外线串行收发知识,从而掌握通过单片机编程实现编码和解码。

11.1 红外线收发

红外线是波长为750nm~1mm的电磁波,它的频率高于微波而低于可见光,是一种人眼看不到的光线。由于红外线的波长较短,对障碍物的衍射能力差,所以更适合应用在需要短距离无线通信的场合,进行点对点的直线数据传输。

在工业现场,红外通信因可以实现完全的电气隔离而日益受到重视。利用红外线通信技术的电器遥控因其具有体积小、功耗低、功能强、价格低等特点,被广泛应用于电视、影碟机、空调等电器设备的控制中,是目前应用最为广泛的一种通信和控制方法。

红外通信的收发通过数据电脉冲和红外光脉冲之间的相互转换实现无线的数据收发,框图如图11-1所示,图中上面发射部分一般包括编码调制、驱动、红外发射管等部分;图中下面接收部分包括红外接收管含放大、解调、解码部分。

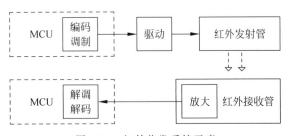

图 11-1 红外收发系统示意

在遥控发射端,数据电脉冲编码为一串高、低电平的组合,为提高发射系统的效率,增加发射距离,减少误码,需要调制后经驱动再发射。调制波的载波频率各有不同,常见的如30~56kHz。

不同的调制频率需要接收端采用与之对应的接收电路或接收管。接收部分的红外接收采用一种光敏二极管,红外接收管接收到的信号要经过放大、解调等才能得到可用于识别的脉冲信号。目前很多应用中都采用接收、接收电路等部分集成在一起的成品红外接收管。

成品红外接收管的优点是不需要复杂的调试,使用起来如同一只三极管,非常方便。

11.2 任务 红外测试

11.2.1 发射管与接收管

红外通信有着成本低廉、连接方便、简单易用和结构紧凑的特点,在小型的移动设备中获得了广泛的应用,如图 11-2 所示。

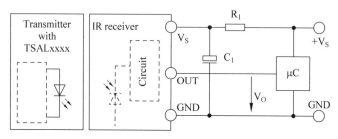

图 11-2 红外发射管与接收管应用电路

学习板选用 5mm 圆头有边的红外发射管,高 8.7mm 脚长 29mm,主要特性:发光波长 940nm,正向电压 1.3~1.5V,正向电流 20~100mA,脉冲电流 700~1000mA,辐射强度 25~220mW/sr,发光角度可选 20°、30°、45° 和 60°,工作温度 −40℃~100℃,使用寿命 8 万小时,焊接温度 3 秒内 260℃。此元件为红外发射管,发射范围与发射驱动电路与接收的灵敏度直接相关,因此发射范围不属于它的属性,此发射管安装在遥控器上面的经验值范围是 10m。

红外接收管是 VISHAY 的 38kHz 载波的 TSOP34838。接收管面视引脚分别为:1 输出,2 地,3 电源。主要特点:非常低的供电,集成光照检测器和前置放大器,集成脉冲编码调制(Pulse Code Modulation,PCM)滤波器,增强的电磁干扰防护,2.5~5.5V 供电范围,增强的环境光防护,对电源电压纹波和噪声不敏感。

11.2.2 红外通信测试电路

学习板红外通信电路如图 11-3 所示。红外接收管 IR_R 用于接收红外发光二极管 IR_T 发出的红外信号,从而达到一个通信的目的。但在自然环境中并非只有红外发光二极管能发出红外线,自然光、日光灯灯光等光线中都含有红外线,故红外接收管需要对红外信号进行区分,把无关信号过滤掉。

因此,红外接收管被设计为只能接受一定频率范围内的红外线脉冲。例如,当红外发光二极管每隔 13μs 发出一次红外线脉冲,发光时间也为 13μs,即发出了一个 38kHz 的红外脉冲信号,而这个信号的频率恰好在接收头的接收范围内,接收头就会接收此红外信号并把这个 38kHz 的红外信号方波转换成电信号,如图 11-4 所示。而自然环境中的红外干扰信号不在接收头的接收频率内,接收头不会接收。

在我们的日常生活中,红外收发十分常用。电视机和空调的遥控的使用就是一个常见的示例。遥控器和电器上的接收器也是按类似的原理进行信号收发的,目的就是为了排除环境中的红外线的干扰。

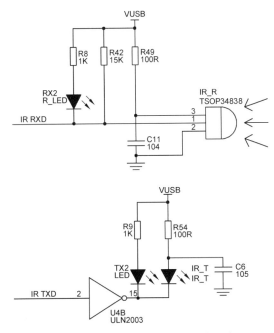

图 11-3　红外发送接收电路连接示意

接在 P3.6 的红外线接收管可将收到的 38kHz 的脉冲转换成低电平,使 P3.6 的输入为 0;没收到脉冲时,会持续输出高电平,即 P3.6 输入为 1,如图 11-5 红外收发实测波形图,上方为红外方波波形,下方为接收管处理后的电平。因此,发送一方利用接在 P3.5 的红外发光二极管发出 38kHz 的红外脉冲即可让接收一方的接收管收到;接收方判断 P3.6 的电平决定是否点亮 LED 灯。

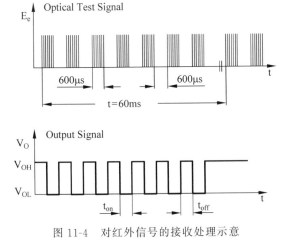

图 11-4　对红外信号的接收处理示意

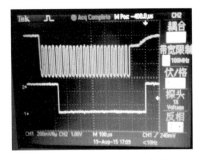

图 11-5　红外收发实测波形图

11.2.3　规划设计

目标:本节学习单片机对红外线通信的编/解码并以 LED 显示的方式。熟悉 Z1 代码风格。

资源：STC-B 学习板 2 块、PC、Keil 4 软件、STC-ISP 软件(V6.8 以上)。

任务：

(1) 再次下载本工程 Hex 文件，并对照测试结果仔细观察将实现的功能。

(2) 参考 Z1 代码风格，利用 C51 编程实现任务功能。

(3) 测试发射管固定亮度条件下的发射角度和红外收发的接收距离。

功能：

(1) 按键 K1(P3.2 引脚)改变标志位，每 100 毫秒发送一次红外信号。

(2) 定时器 T0 中断(13μs 定时)，当标志位 0 时翻转 P3.5 输出 38kHz 方波，否则输出高电平。

(3) P3.6 引脚的低电平表示接收到了红外信号，LED 灯 L0 显示结果。

测试结果：

需要两块学习板，如图 11-6，学习板右边用于发送，左边用于接收。按住发送板的按键 K1 每 100 毫秒发送红外信号一次。接收板在接收到红外信号后，最右(下)侧 L0 会发光。

图 11-6　案例测试结果

11.2.4　实现步骤

1. 参考代码

```
/ * * * * * * * * * * * * * * * * * * * * * *
myIr 红外通信测试
型号:STC15F2K60S2 主频:11.0592MHz
 * * * * * * * * * * * * * * * * * * * * * * /
# include <STC15F2K60S2.H>
# define uchar unsigned char
/ * --------- 引脚别名定义 --------- * /
sbit sbtLedSel = P2 ^ 3;                    //LED 灯与数码管显示切换
sbit sbtKey1 = P3 ^ 2;                      //按键 K1 对应外部中断
sbit sbtGetIr = P3 ^ 6;                     //P3.6 连接红外接收管
```

```
sbit sbtPutIr = P3 ^ 5;                    //P3.5 连接红外线发光二极管

/* --------- 变量定义 --------- */
uchar ucPutIrFlagN = 1;                    //标记位,标记是否发送脉冲.0:发送、1:不发送

/* -------- 初始化定时器 T0 函数 --------- */
void InitT0()                              //定时器 T0 初始化
{
    AUXR |= 0x80;                          //1T
    TMOD &= 0xF0;                          //清除之前的设置
    TMOD |= 0x02;                          //设置为 8 位自动重装
    TL0 = 0x70;                            //定时器初始值
    TH0 = 0x70;                            //自动重装置
    TF0 = 0;                               //清除 TF0 标记
    TR0 = 1;                               //T0 开始运行
}


/* -------- 延时函数 --------- */
void Delay()                               //延时 100ms
{
    unsigned char i, j, k;
    i = 5;
    j = 52;
    k = 195;
    do
    {
        do
        {
            while ( --k );
        }
        while ( --j );
    }
    while ( --i );
}

/* -------- 定时器 0 中断函数 --------- */
void T0_Processs() interrupt 1
{
    if( ucPutIrFlagN == 0 )         //如果 ucPutIrFlagN = 0
        sbtPutIr = ~sbtPutIr;       //P3.5 根据定时器中断的频率产生翻转(频率设为 38kHz)
    else
        sbtPutIr = 0;               //不发射
}

/* -------- 主函数 --------- */
void main()
{
    //设置推挽输出
    P0M0 = 0XFF;
```

```
        POM1 = 0X00;
        P2M0 = 0XFF;
        P2M1 = 0X00;

        P0 = 0;                              //初始化 P0
        sbtLedSel = 1;                       //选择 LED 发光

        InitT0();
        ET0 = 1;                             //打开定时器 T0 中断
        EA = 1;                              //打开总中断

        while( 1 )
        {
            P0 = !sbtGetIr;                  //P0 显示值
            while( !sbtKey1 )                //如果 K1 保持按下
            {
                ucPutIrFlagN = 0;            //发射红外线脉冲
                Delay();
                ucPutIrFlagN = 1;            //不发射红外线脉冲
                Delay();
            }
        }
    }
```

2. 分析说明

发送：不断检测按键 K1(P3.2 引脚)的电平。当 K1 为低电平时，认为按键被按下，每隔一段时间设置一次标志位。定时器 T0 每 13μs 检测一次标志位，若标志位为 0 则使 P3.5 引脚电平不断发生翻转，间歇地发出 38kHz 红外光。在 K1 没有被按下的时候确保标志位值 1，使得 P3.5 引脚输出低电平。

接收：不断检测 P3.6 引脚的电平。若 P3.6 输入了低电平，则代表接收到了红外信号，点亮 LED 灯。

11.3　任务　红外通信 1

各种通信采用不同的通信协议，如串口通信、485 通信、有线网络通信、无线通信等等，通信的协议不同通信的媒介也不一样，红外通信以红外光为通信媒介，将信号加载在红外线上进行传输。

11.3.1　规划设计

目标：理解红外通信方法，学习将串口 1 发生的编码经红外通信发射和串口 1 接收字节方式的双机通信。

资源：STC-B 学习板 2 块、PC、Keil 4 软件、STC-ISP 软件(V6.8 以上)。

任务：

(1) 再次下载本工程 Hex 文件，并对照测试结果仔细观察将实现的功能。

（2）参考 Z1 代码风格，利用 C51 编程实现任务功能。

（3）测试提高了的串口波特率情况下，红外通信成功与否。

功能：

（1）按 K1 键负责红外通信的数据发送。

（2）按 K2 键实现数码管上的数值加 1。

（3）按 K3 键切换电路板发送或接收状态，L0 号灯亮表示此板为发送方，否则此板为接收方。

（4）双方都为发送方时，无法接收数据。

（5）发送方的数码管显示将发送数据，接收方的数码管显示已接收数据。

测试结果：

需要两块学习板，如图 11-7 所示，此时左边学习板用于发送，右边学习板用于接收。按键 K1 发送数据，按键 K2 让数据值加 1，按键 K3 设置学习板是发送或接收，灯亮情况反映当前学习板的收发设置：L0 号灯亮说明该学习板为发送方，不亮则为接收方。发送方发送数据（如"1"）后，接收方数码管上会显示接收到的数字。

图 11-7　案例测试结果

程序设计关键点：

（1）如何将串行接口的数据装载到红外收发这座通信桥梁上呢？

为了使红外发送电路知道在什么时候发送什么样的数据，我们只需要查看串行接口 P3.7 上发送的数据是什么，让红外发光二极管按照 P3.7 发送的数据做出相应的发光行为，接收一方便能从连接在 P3.6 引脚上的红外接收管接收到数据，然后对数据进行解调，从而达到了通信的目的。

（2）发送数据时，红外发光二极管在什么时候需要发光，如何发光？

当串口发送 0 时，红外发光二极管需要发出 38kHz 的光；当串口发送端发送 1 时，红外发光二极管不发光。

（3）串口的波特率如何进行设置？

由于红外接收头在接收到 38kHz 的红外脉冲信号一段时间后，才能把信号完成有效转换，故波特率尽量设低，否则红外接收管接收红外脉冲的时间太短，无法对信号进行转化。

11.3.2 实现步骤

1. 参考代码

```c
/***********************
myIr1 红外通信 1,单字节
型号:STC15F2K60S2 主频:11.0592MHz
***********************/
#include<STC15F2K60S2.H>
#define uint unsigned int
#define uchar unsigned char

/*--------- 宏定义 --------- */
#define cstKeyCheckTime 75          //按键消抖的周期
#define cstKeyMinTime 50            //按键被识别为按下时需检测到的最少次数

/*--------- 引脚别名定义 --------- */
sbit sbtSel0 = P2 ^ 0;              //位选信号
sbit sbtSel1 = P2 ^ 1;             //位选信号
sbit sbtSel2 = P2 ^ 2;             //位选信号
sbit sbtLedSel = P2 ^ 3;           //数码管和 LED 的选择信号

sbit sbtPutIr = P3 ^ 5;            //红外线发送引脚
sbit sbtGetIr = P3 ^ 7;            //串口 1 发送引脚

sbit sbtKey1 = P3 ^ 2;             //按键 1 发送信号
sbit sbtKey2 = P3 ^ 3;             //按键 2 数据加 1
sbit sbtKey3 = P1 ^ 7;             //按键 3 收发模式开关

/*--------- 变量定义 --------- */
int time = cstKeyCheckTime;        //按键消抖周计数(一个周期检测 cstKeyCheckTime 次)
int intKey1Cnt = 0;                //周期中检测到 sbtKey1 = 0 的次数
int intKey2Cnt = 0;                //周期中检测到 sbtKey2 = 0 的次数
int intKey3Cnt = 0;                //周期中检测到 sbtKey3 = 0 的次数
int intKey1State = 1;              //K1 状态:设置为 0 代表已按下,1 代表未按下
int intKey2State = 1;              //K2 状态:设置为 0 代表已按下,1 代表未按下
int intKey3State = 1;              //k3 状态:设置维 0 代表已按下,1 代表未按下

uint uiSeg7Num = 0;                //数码管显示的数字
uchar ucPutIrFlagN = 1;            //状态标记:0 代表可发送,1 和 2 代表不可发送
int intMyBuf = 11;                 //接收缓冲,用于收发标志 0xca 的判断
uchar arrSegSelect[] =             //段选,显示 0~f
{
    0x3f, 0x06, 0x5b, 0x4f,
    0x66, 0x6d, 0x7d, 0x07,
    0x7f, 0x6f, 0x77, 0x7c,
    0x39, 0x5e, 0x79, 0x71
};
```

```
/* --------- 函数声明 --------- */
//中断函数除外
void TimerInit();              //定时器设置
void Uart1Init();              //串口 1 设置
void Init();                    //初始化,推挽,设置中断开关
void DigSelct( int );          //设置数码管位选
void CheckKey();               //消抖检测以及按键操作(定时器 2 中断中调用)


/* --------- 主函数 --------- */
void main()
{
    TimerInit();               //设置定时器
    Uart1Init();               //设置串口 1
    Init();                    //初始化
    while( 1 );
}


/* --------- 初始化函数 --------- */
//设置推挽,中断开关设置
void Init()
{
    P0M1 = 0x00;
    P0M0 = 0xff;
    P2M1 = 0x00;
    P2M0 = 0x08;
    //中断开关设置,详见数据手册 P458
    ET1 = 0;                   //禁止 T1 中断
    ET0 = 1;                   //打开定时器 T0 中断
    ES = 1;                    //打开串口 1 中断
    IE2 = 0X04;                //打开定时器 2 中断
    EA = 1;                    //打开总中断
}


/* --------- 串口 1 初始化函数 --------- */
void Uart1Init()               //设置方法见数据手册 P621(串口 1 设置)和 P498(定时器 T1 设置)
{
    PCON &= 0x7F;              //波特率不倍速,SMOD = 0
    SCON = 0x50;               //串口 1 使用工作方式 1,REN = 1(允许串行接收)
    AUXR &= 0xFE;              //串口 1 选择定时器 T1 作为波特率发生器,S1ST2 = 0
    AUXR1 = 0x40;              //串口 1 在 P3.6 接收,在 P3.7 发送
    PS = 1;                    //设置串口中断为最高优先级
}


/* --------- 定时器初始化函数 --------- */
void TimerInit()               //设置方法见数据手册 P498
{
    AUXR |= 0x40;              //定时器 T1 为 1T 模式,速度是传统 8051 的 12 倍,不分频
    TMOD &= 0x0F;              //清除 T1 模式位
    TMOD |= 0x20;              //设置 T1 模式位,使用 8 位自动重装模式
```

```
        TL1 = 0x70;
        TH1 = 0x70;                    //设置 T1 重装值
        TR1 = 1;                       //T1 运行控制位置 1,允许 T1 计数

        AUXR |= 0x80;                  //定时器 T0 为 1T 模式,的速度是传统 8051 的 12 倍,不分频
        TMOD &= 0xF0;                  //清除 T0 模式位
        TMOD |= 0x02;                  //设置 T0 模式位,使用 8 位自动重装模式
        TL0 = 0x70;
        TH0 = 0x70;                    //设 T0 重装值
        TF0 = 0;                       //T0 溢出标志位清零
        TR0 = 1;                       //T0 运行控制位置 1,允许 T0 计数

        //定时器 T2 用于显示和按键消抖,500μs 定时 16 位自动重装
        AUXR |= 0x04;                  //定时器 T2 为 1T 模式
        T2L = 0x66;                    //低位重装值
        T2H = 0xEA;                    //高位重装值
        AUXR |= 0x10;                  //定时器 2 开始计时
    }

/* --------- 数码管显示位的选择函数 --------- */
void DigSelct( int x )
{
    sbtSel0 = x % 2;
    sbtSel1 = x % 4 / 2;
    sbtSel2 = x / 4;
}


/* --------- 按键检测函数 --------- */
//消抖周期中一次按键的检测,以及检测 cstKeyCheckTime 次后的操作(需要多次重复调用)
void CheckKey()
{
    time--;
    if( sbtKey1 == 0 )
        intKey1Cnt++;
    if( sbtKey2 == 0 )
        intKey2Cnt++;
    if( sbtKey3 == 0 )
        intKey3Cnt++;
    if( time <= 0 )                    //一个周期结束
    {
        if( intKey1Cnt >= cstKeyMinTime )   //判断 sbtKey1 被检测为按下的次数是否大于按
                                            //键识别被为按下需检测到的最少次数
        {
            if( intKey1State == 1 )         //判断是否已经被按下
            {
                if( ucPutIrFlagN == 0 )     //判断是否可以发送
                {
                    ucPutIrFlagN = 1;       //第一次先发送一个标志 PS:如果不增加这个标志,
                                            //在日光灯下来回遮挡接收头可能会接收到干扰信号
```

```
                    SBUF = 0xca;              //标志为 0xca,发送完后在串口中断中再发送数据
                }
                intKey1State = 0;         //状态改变为已经被按下
            }
        }
        else
            intKey1State = 1;             //状态改变为未被按下

        if( intKey2Cnt >= cstKeyMinTime )
        {
            if( intKey2State == 1 )
            {
                uiSeg7Num++;              //数据加 1
                uiSeg7Num %= 10;
                intKey2State = 0;
            }
        }
        else
            intKey2State = 1;

        if( intKey3Cnt >= cstKeyMinTime )
        {
            if( intKey3State == 1 )
            {
                ucPutIrFlagN = !ucPutIrFlagN;      //能否发送的切换
                REN = ~REN;               //接收允许标志位,1 代表可接收,0 代表不可接收
                intKey3State = 0;
            }
        }
        else
            intKey3State = 1;

        time = cstKeyCheckTime;
        intKey1Cnt = 0;
        intKey2Cnt = 0;
        intKey3Cnt = 0;
    }
}

/* --------- 定时器 0 中断服务函数 --------- */
void T0_Process() interrupt 1
{
    if( sbtGetIr == 0 )                    //sbtPutIr 根据 sbtGetIr 的信号产生脉冲
    {
        sbtPutIr = ~sbtPutIr;
    }
    else                                   //如果 P3.7 = 1 则 P3.5 输出 0
        sbtPutIr = 0;
}
```

```
/* ---------- 串口 1 中断服务函数 ---------- */
//发送完毕 TI 自动置 1,产生中断;接收完毕 RI 值 1,产生中断
void Uart1_Process() interrupt 4
{
    if( TI )                        //判断是否发送中断
    {
        TI = 0;                     //发送中断请求标志位清 0
        if( ucPutIrFlagN == 1 )     //判断是否第一次发送
        {
            ucPutIrFlagN = 2;       //第二次发送数据
            SBUF = uiSeg7Num;       //发送 uiSeg7Num
        }
        if( ucPutIrFlagN == 2 )     //判断是否第二次发送完毕
            ucPutIrFlagN = 0;       //发送完 ucPutIrFlagN 清零
    }
    if( RI )                        //判断是否接收中断
    {
        RI = 0;                     //接收中断请求标志位清 0
        if( intMyBuf == 0xca )      //判断上一次是否收到 0xca 标志
            uiSeg7Num = SBUF;       //正式接收数据
        intMyBuf = SBUF;            //把这次接收到的数据存入自定义的缓存中,等待下一次的比较
    }
}

/* ---------- 定时器 2 中断服务函数 ---------- */
void T2_Process() interrupt 12
{

    P0 = 0;                             //P0 清零
    sbtLedSel = ~sbtLedSel;             //切换显示
    if( sbtLedSel == 0 )
    {
        DigSelct( 7 );                  //选择数码管的第七位
        P0 = arrSegSelect[uiSeg7Num];   //设置数码管显示内容
    }
    else
        P0 = !ucPutIrFlagN;             //设置发光的 LED 灯
        CheckKey();                     //按键消抖检测
}
```

2. 分析说明

1) 程序工作过程(不包括按键工作过程)

发送:

收到发送的命令,在 P3.7 发出串行信号。此时定时器 T0 已被设置为每 $13\mu s$(38kHz) 触发一次中断,检测串口发送引脚 P3.7 的电平高低,若 P3.7 为低电平,P3.5(红外发送端) 电平翻转,否则 P3.5 置零(即通过 P3.7 来控制 P3.5 是否发出脉冲)。

接收:

(1) 红外线接收管把接收到的红外信号转换成电平输入到接收引脚 P3.6,串口 1 接收

到数据。

(2) 串口 8 位数据接收完毕,接收方程序从接收缓冲寄存器 SBUF 中读出接到的数据。

(3) 把接收内容显示在数码管中。

2) 定时器的使用

本程序使用了三个定时器:T0、T1 和 T2。

(1) T0:设置为 $13\mu s$ 中断一次,每次检测 P3.7 的电平高低,决定 P3.5 是否需要进行电平翻转,从而产生 38kHz 的红外脉冲。

(2) T1:作为串口 1 的波特率发生器(2400bps@11.0592MHz),不产生中断。

(3) T2:用于控制按键消抖检测和数码管扫描的频率。

说明:因为红外收发容易接收到外界环境光信号,所以在发送前应发出一个收发确认信号,让接收方接收数据。程序中,发送数据前先发送数据 0xca 作为发送确认标志。

数据发送完毕后,根据串口 1 的特点,P3.7 引脚会持续输出高电平,此时 P3.5 引脚持续输出低电平,红外发光二极管不发光。

11.4 任务 红外通信 2

11.3 节介绍了红外发送接收功能主要依靠 2 个部分来实现,一是红外收发电路,二是串行接口。红外收发电路用于数据的传输,相当于一座通信的桥梁;串行接口建立在这座桥梁的两端,能把我们需要传输的数据通过红外收发电路这座桥梁进行收发。红外收发多个字节原理与红通信收发单个字节的原理相同。

规划设计

目标:理解红外通信方法,学习将串口 1 发生的编码经红外通信发射和串口 1 接收多个字节方式的双机通信。

资源:STC-B 学习板 2 块、PC、Keil 4 软件、STC-ISP 软件(V6.8 以上)。

任务:

(1) 再次下载本工程 Hex 文件,并对照测试结果仔细观察将实现的功能。

(2) 参考 Z1 代码风格,利用 C51 编程实现任务功能。

功能:

(1) 按 K3 键修改发送数据的位数,数码管上由右往左逐一亮起相应的位数,位数超出 8 位后是 1 位。

(2) 按 K2 键负责调整将发送的数据最高位(范围 0~F),即调整多位数需逐位操作,可以从最低位开始调整完后,按 K3 键增加一位,再调整。

(3) 按 K1 键按一下,将发送方的数据发送给接收方。

(4) 发送方的数码管显示将发送数据,接收方的数码管显示已接收数据。

测试结果:

需要两块学习板,如图 11-8 所示,此时右边学习板用于发送,左边学习板用于接收。如发送多位数 100,先按 K3 键移动仅个位,按 K2 键修改个位数为 0,再按 K3 键增加一位,K2 键修改十位数为 0,继续按 K3 键增加百位且 K2 键修改为 1。按 K1 键按下发送数据,发送方数码管的数字显示在接收方数码管(接收的数据 100)。

图 11-8 案例测试结果

程序设计关键点:

1)如何将多个字节一个个地进行发送

在上一个字节发送完毕后,才能发送下一个字节,因此我们可以在数据发送完毕后引起的中断中发送下一个字节。

2)发送

(1)收到发送的命令,REN 清 0(不允许串口接收),发出发送标志 0xca,引起串口发送中断。

(2)在每次串口发送的中断中,把字节一个个地发送。

(3)数据发送完毕后,发出发送结束标志 0x55,最后把 REN 置 1(允许串口接收)。

说明:定时器 T0 已被设置为 13μs(38kHz)触发一次中断,检测串口发送引脚 P3.7 的电平高低,若 P3.7 为低电平,P3.5(红外发送端)电平翻转,否则 P3.5 置零(即通过 P3.7 来控制 P3.5 是否发出脉冲)。

3)接收

(1)红外线接收头接收到发送标志 0xca 后开始接收数据。

(2)在每次串口接收的中断中,从缓冲寄存器 SBUF 中读出接收到的内容。

(3)接收到发送结束标志 0x55 后结束接收数据。

(4)把接收内容显示在数码管中。

4)定时器的使用

本程序设计使用三个定时器:T0、T1 和 T2。

(1)T0:设置为 13μs 中断一次,每次检测 P3.7 的电平高低,决定 P3.5 是否需要进行电平翻转,从而产生 38kHz 的红外脉冲。

(2)T1:作为串口 1 的波特率发生器,不产生中断。

(3)T2:用于控制按键消抖检测和数码管扫描的频率。

说明:因为不确定传递的数据的个数,所以在数据发送前发送一个标志 0xca,让接收方开始接收数据；数据发送完成后发送一个标志0x55，让接收方结束接收数据。

数据发送完毕后，根据串口1的特点，P3.7引脚会持续输出高电平，此时P3.5引脚持续输出低电平，红外发光二极管不发光。

11.5 思考题

1. 设计：测试发射管固定亮度条件下的发射角度和红外收发的接收距离。
2. 设计：测试串口波特率提高的情况下，红外通信成功与否。
3. 如何将串行接口的数据装载到红外收发这座通信桥梁上呢？
4. 为什么在红外发送前应发出一个收发确认信号？
5. 如何将多个字节一个个地进行红外发送？
6. 设计：按STC-B_DEMO模板思路实现11.4节任务代码。
7. 设计：参考14.5节任务规划说明实现一个格力空调遥控器。

## 第 12 章

外设 IIC 通信

集成电路总线(Inter-Integrated Circuit,IIC 或 I²C),是 PHILIPS 公司于 20 世纪 80 年代推出的一种串行总线,是具备多主机系统所需的包括总线裁决和高低器件同步功能的高性能串行总线。本章介绍 IIC 通信原理、C51 模块化编程、常用 C51 库,从器件到电路,完成非易失存储器和三轴加速度稍复杂外设案例的 C51 编程。

12.1 IIC 通信

IIC 总线的主要优点是其简单和有效的直联组件方式减少了电路板的空间和芯片引脚数,降低了互联成本。另一个优点是:它支持多主控,其中任何能够进行发送和接收的设备都可以成为主总线。

12.1.1 IIC 总线特性

IIC 总线的特性:

(1) 两条总线线路。一条是串行数据线(SDA),另一条是串行时钟线(SCL)。总线通过上拉电阻接正电源。当总线空闲时,两根线均为高电平。连到总线上的任一器件输出的低电平都将使总线的信号变低,即各器件的 SDA 和 SCL 都是线"与"的关系。

(2) 器件地址唯一。每个连接到总线的器件可以通过唯一的地址和一直存在的简单的主机/从机关联,并由软件设定地址,主机可以作为主机发送器或主机接收器.

(3) 多主机总线,它是一个真正的多主机总线,如果两个或更多主机同时初始化数据传输,则可以通过冲突检测和仲裁防止数据被破坏。

(4) 传输速度快。串行的 8 位双向数据传输位速率在标准模式下可达 100kb/s,快速模式下可达 400kb/s,高速模式下可达 3.4Mb/s。

(5) 具有滤波作用。片上的滤波器可以滤去总线数据线上的毛刺波保证数据完整。

(6) 连接到相同总线 IC 数量只受到总线最大电容 400pF 限制。

12.1.2 IIC 数据传输

IIC 总线在传送数据过程中共有 3 种类型的信号,分别如下。

开始信号:SCL 为高电平时,SDA 由高电平向低电平跳变,开始传送数据。

结束信号：SCL 为高电平时，SDA 由低电平向高电平跳变，结束传送数据。

应答信号：接收数据的 IC 在接收到 8bit 数据后，向发送数据的 IC 发出特定的低电平脉冲，表示已收到数据。如 CPU 向受控单元发出一个信号后，等待受控单元发出一个应答信号，CPU 接收到应答信号后，根据实际情况作出是否继续传递信号的判断。若未收到应答信号，则判断为受控单元出现故障。

SDA 数据线上的数据要保持稳定，必须使时钟信号线保持高电平。如果 SDA 数据高低状态要变化，就需要等待 SCL 时钟信号线变为低电平，如图 12-1 所示。

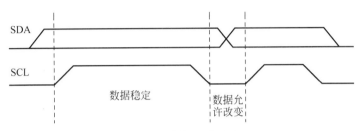

图 12-1　数据改变时序

在数据传输时，有两个重要的传输位：START（开始位）和 STOP（结束位）。START 位处在当 SDA 信号线上的状态由高到低转换且 SCL 信号线为高时。STOP 位处在 SDA 信号线上的状态由低到高转换且 SCL 信号线为高时。在位传输时，开始与结束的位置如图 12-2 所示。

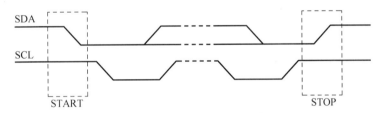

图 12-2　开始位与结束位时序

在字节传输时，传输到 SDA 线上的第一个字节必须为 8 位；每次传输的字节数不限；每个字节后面必须跟一个响应位。数据在传输时，首先传输最有意义位 MSB。传输的过程中，如果从设备不能一次接收完一个字节，就使时钟置为低电平，迫使主设备等待；从设备能接收下一个字节后，释放 SCL 线，继续后面的数据传输，如图 12-3 所示。

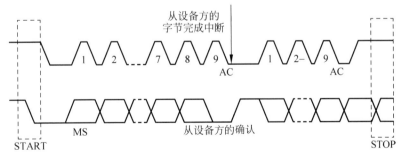

图 12-3　字节传输时序

12.1.3 IIC 数据帧格式

IIC 总线上传输字节数据既包括地址,又包括真正的数据。在起始信号后必须传送一个从机地址。7 位寻址字节的位定义为 D7～D1 代表地址,D0 位代表数据传送方向($R/\overline{W}$),1 是主机读取从机数据,0 是主机向从机写数据。每次数据传送总是由主机产生的终止信号结束。

在总线的一次数据传送过程中,可以有以下几种组合方式,格式如图 12-4 所示,阴影部分表示数据由主机向从机传送,无阴影部分则表示数据由从机向主机传送,S 开始 P 结束,A 应答(0 电平)$\overline{A}$ 非应答(1 电平)。

(1) 主机向从机发送数据,数据传送方向在整个传送过程中不变。

(2) 主机在第一个字节后,立即由从机读数据。

(3) 传送过程中,当需要改变传送方向时,起始信号和从机地址都被重复产生一次,但两次读/写方向正好相反。

图 12-4　数据帧格式

12.2　模块化编程

大多数 C 程序都不是小得足够放入一个单独的文件中,反而由多个文件构成的原则更容易让人接受。一个由几个源文件以及一些常用的头文件组成一个典型程序中,源文件包含函数的定义和外部变量,而头文件包含可以在源文件之间共享的信息。

12.2.1 源文件

通常,程序分割成多个源文件,以 .c 为扩展名。每个源文件包含程序的部分内容,主要是函数的定义和变量。其中一个源文件必须包含程序出发点的 main 函数。

程序分裂成多个源文件有许多显著的优点:

(1) 把相关的函数和变量集合在单独一个文件中可以帮助明了程序的结构。

(2) 可以单独对每一个源文件进行编译。如果程序规模很大而且需要频繁改变(这一点在程序开发过程中是非常普遍的)的话,这种方法可以极大地节约时间。

(3) 当把函数集合在单独的源文件中时,会更容易在其他程序中重新使用这些函数。

12.2.2 头文件

头文件当把程序分割为几个源文件时,问题也随之产生了:某文件中的函数如何能调用定义在其他文件中的函数呢?函数如何能访问其他文件中的外部变量呢?两个文件如何能共享同一个宏定义或类型定义呢？

如果打算几个源文件可以访问相同的信息，那么将把此信息放入一个文件中，然后利用 ♯include 指令把文件的内容带进每个源文件中。把按照此种方式包含的文件称为是头文件，扩展名为. h。

头文件包含时需要注意以下方面：

(1) ♯include <文件名>搜寻系统头文件所在目录（或多个目录），♯include"文件名"搜寻前一种方式目录之前先搜寻当前目录。为保证可移植性，♯include 指令不包含路径和驱动器信息。

(2) 多个（甚至全部）源文件共享的宏定义和类型定义应该放在头文件中。好处：不用把定义复制给需要的源文件可以节约时间；改变宏定义或类型定义只需要编辑单独的头文件，而不需要修改所有使用宏或类型的源文件；不需要担心由于源文件包含相同宏或类型的不同定义而导致的矛盾。

(3) 共享函数原型放进头文件中，在所有调用函数的地方包含头文件。如：当调用定义在其他文件中的函数 f 时，要始终确保编译器在调用之前看到函数 f 的原型。在含有函数 f 定义的源文件中始终包含声明函数 f 的头文件。

(4) 为确保变量的所有声明和变量的定义一致，通常把共享变量的声明放置在头文件中，需要访问特殊变量的源文件可以稍后包含适当的头文件，使得在这些文件中可以访问或修改这些变量。在变量声明的开始处放置 extern 关键字提示编译器变量是在程序中其他位置定义的，因此不需要为变量分配空间（源文件中对变量定义或初始化后才分配）。

(5) 为了防止头文件多次包含可能使得源文件包含同一个头文件（特别是包含了类型定义时）两次而产生编译错误的结果，将用 ♯ifndef 和 ♯endif 两个指令来把文件的内容闭合起来。

12.2.3 分割文件

程序设计时把程序划分成多个文件方法各异，下面是其中一些处理步骤：

(1) 把每组函数集合放入单独的源文件中（比如 device1. c）。

(2) 另外，创建和源文件同名的头文件，只是扩展名为. h。在此例中，头文件是 device1. h。

(3) device1. h 文件中放置函数的原型，而函数的定义则是在 device1. c 中。

(4) 在 device1. h 文件中不需要也不应该声明只为用于 device1. c 内部而设计的函数。

(5) 每个需要调用定义在 device1. c 文件中的函数的源文件都包含 device1. h 文件。

(6) device1. c 文件也包含 device1. h 文件，这是为了编译器可以检查 device1. h 文件中的函数原型是否与 device1. c 文件中的函数定义相一致。

(7) main 函数将出现在某个文件中，这个文件的名字与程序的名字相匹配。

12.3 常用 C51 库

Keil C51 编译器提供了大量可以直接调用的库函数，正确且灵活使用库函数可以使程度代码简单、结构清晰、易于调试和维护。

1. 基本库 intrins. h

基本库函数有 9 个库函数如表 12-1 所示,需要包含头文件♯include<intrins. h>,使编译时直接将固定的代码插入到当前行而不用产生函数调用,大大提高程序效率。

表 12-1　基本库函数

函数名与定义	功　　能
unsigned char _crol_(unsigned char vrbl,unsigned char n)	将字符型数据 vrbl 循环左移 n 位,相当于左移指令 RL
unsigned int _irol_(unsigned int vrbl,unsigned char n)	将整型数据 vrbl 循环左移 n 位,相当于左移指令 RL
unsigned long _lrol_(unsigned long vrbl,unsigned char n)	将长整型数据 vrbl 循环左移 n 位,相当于左移指令 RL
unsigned char _cror_(unsigned char vrbl,unsigned char n)	将字符型数据 vrbl 循环右移 n 位,相当于左移指令 RR
unsigned int _iror_(nsigned int vrbl,unsigned char n)	将整型数据 vrbl 循环右移 n 位,相当于右移移指令 RR
unsigned int _lror_(unsigned long vrbl,unsigned char n)	将长整型数据 vrbl 循环右移 n 位,相当于右移移指令 RR
bit _testht_(bitx)	相当于 JBC bit 指令
unsigned char _chkfloat_(float vrbl)	测试并返回浮点数状态
Void _nop_(void)	产生一个 NOP 指令

2. 字符库 ctype. h

字符库函数有 16 个库函数如表 12-2 所示,需要包含头文件♯include<ctype. h>,主要是字符判断和转换功能。

表 12-2　字符库函数

函数名及定义	功 能 说 明
bit isalpha(char c)	检查参数字符是否为英文字母,是则返回 1,否则返回 0
bit isalnum(char c)	检查参数字符是否为英文字母或数字字符,是则返回 1,否则返回 0
bit iscntrl(char c)	检查参数值是否为控制字符(值在 0x00～0x1F 之间或等于 0x7F),如果是则返回 1,否则返回 0
bit isdigit(char c)	检查参数的值是否为十进制数字 0～9,是则返回 1,否则返回 0
bit isgraph(char c)	检查参数是否为可打印字符(不包括空格),可打印字符的值域为 0x21～0x7E,是则返回 1,否则返回 0
bit isprint(char c)	除了与 isgraph 相同之外,还接受空格符(0x20)
bit ispunct(charc)	检查字符参数是否为标点、空格或格式字符。如果是空格或是 32 个标点和格式字符之一(假定使用 ASCII 字符集中 128 个标准字符),则返回 1,否则返回 0
bit islower(charc)	检查参数字符的值是否为小写英文字母,是则返回 1,否则返回 0
bit isuppu(charc)	检查参数字符的值是否为大写英文字母,是则返回 1,否则返回 0
bit isspace(charc)	检查参数字符是否为下列之一:空格、制表符、回车符、换行符、垂直制表符和送纸(值为 0x09～0x0D),或为 0x20。是则返回 1,否则返回 0
bit isxdigit(char c)	检查参数字符是否为十六进制数字字符,是则返回 1,否则返回 0

函数名及定义	功　能　说　明
char toint(char c)	将 ASCII 字符的 0～9、a～f(大小写无关)转换为十六进制数字,对于 ASCII 字符的 0～9。返回值为 0H～9H,对于 ASCII 字符的 a～f(大小写无关),返回值为 0AH～0FH
char tolower(char c)	将大写字符转换成小写形式,如果字符参数不在 'A'～'Z' 之间,则该函数不起作用
char _tolower(char c)	将字符参数 c 与常数 0x20 逐位相或,从而将大写字符转换为小写字符
char touppe(char c)	将字符参数 c 与常数 0xDF 逐位相与,从而将小写字符转换为大写字符
char toascii(char c)	将任何字符型参数值缩小到有效的 ASCII 范围之内,即将参数值和 0x7F 相与,从而去掉第 7 位以上的所有数位

3. 数学库 math.h

数学库函数有 22 个库函数如表 12-3 所示,需要包含头文件 ♯include<math.h>,包含了主要的数学运算。

表 12-3　数学库函数

函数名及定义	功　能　说　明
int abs(int x) char cabs(char x) float fabs(float x) long labs(long x)	计算并返回 x 的绝对值,如果 x 为正,则不改变就返回,如果为负,则返回相反数。其余三个函数除了变量和返回值类型不同之外,其他功能完全相同
float exp(float x) float log(float x) float log10(float x)	exp 计算并返回浮点数 x 的指数函数 log 计算并返回浮点数 x 的自然对数(自然对数以 e 为底,e=2.718 282) log10 计算并返回浮点数 x 以 10 为底的 x 的对数
float sqrt(float x)	计算并返回的正平方根
float cos(float x) float sin(float x) float tan(float x)	cos 计算并返回 x 的余弦值 sin 计算并返回 x 的正弦值 tan 计算并返回 x 的正切值,所有函数的变量范围都是 $-\pi/2 \sim +\pi/2$,变量的值必须在 $\pm65\,535$ 之间,否则产生一个 NaN 错误
float acos(float x) float asin(float x) float atan(float x) float atan2(float y,float x)	acos 计算并返回 x 的反余弦值 asm 计算并返回 x 的反正弦值 atan 计算并返回 x 的反正切值,它们的值域为 $-\pi/2 \sim +\pi/2$。atan2 计算并返回 y/x 的反正切值,它们的值域为 $-\pi \sim +\pi$
float cosh(float x) float sinh(float x) float tanh(float x)	chsh 计算并返回 x 的双曲余弦值 sinh 计算并返回 x 的双曲正弦值 tanh 计算并返回 x 的双曲正切值
float ceil(float x)	计算并返回一个不小于 x 的最小整数(作为浮点数)
float floor(float x)	计算并返回一个不大于 x 的最大整数(作为浮点数)
float modf(float x,float * ip)	将浮点数 x 分成整数和小数两部分,两者都含有与 x 相同的符号,整数部分放入 * ip,小数部分作为返回值
float pow(float x,float y)	计算并返回 x^y 的值,如果 x 不等于 0,而 y=0,则返回 1。当 x=0 且 y≤1,或当 x<0 且 y 不是整数时,则返回 NaN 错误

4. 输入输出库 stdio.h

输入输出库函数如表 12-4 所示,需要包含头文件♯include < stdio. h >,包含了主要的输入输出函数。通过单片机的串口工作,如果希望支持其他 I/O 接口,只需要改动_getkey( )和 putchar( )函数,库中所有其他 I/O 函数都依赖这两个函数。

表 12-4　输入输出库函数

函数名及定义	功 能 说 明
char _getkey(void)	等待从 8051 串口读入一个字符,这个函数是改变整个输入端口机制时应修改的唯一的一个函数
char getchar(void)	使用_getkey 从串口读入字符,并将读入的字符马上传给 putchar 函数输出,其他与_getkey 函数相同
char * gets(char * s,int n)	该函数通过 getchar 从串口读入一个长度为 n 的字符串并存入由指针、指向的数组。输入时,一旦检测到换行符就结束字符输入。输入成功时,返回传入的参数指针,失败时返回 NULL
char ungetchar(char c)	将输入字符回送输入缓冲区,因此下次 gets 或 getchar 可用该字符,成功时返回 char 型值 c,失败时返回 EOF,不能用 ungetchar 处理多个字符
char putchar(char c)	通过 8051 串行口输出字符,与函数_getkey 一样,这是改变整个输出机制所需修改的唯一一个函数
int printf(const char * fmstr[,argument]…)	以第一个参数指向字符串指定的格式通过 8051 串行口输出数值和字符串,返回值为实际输出的字符数
int sprintf (char * s, const char * fmstr[,argument]…)	与 printf 的功能相似,但数据不是输出到串行口,而是通过一个指针 s 送入内存缓冲区,并以 ASCII 码的形式存储。参数 fmstr 与函数 printf 一致
int puts(const char * s)	利用 putchar 函数将字符串和换行符写入串行口,错误时返回 EOF,否则返回 0
int scanf(const char * s)	在格式控制串的控制下,利用 getchar 函数从串行口读入数据,每遇到一个符合格式控制串 fmstr 规定的值,就将它按顺序存入由参数指针 argument 指向的存储单元。注意,每个参数都必须是指针。scanf 返回它所发现并转换的输入项数,若遇到错误则返回 EOF
int sscanf(char * s, frnstr[,argument]…)	与 scanf 的输入方式相似,但字符串的输入不是通过串行口,而是通过指针指向的数据缓冲区
void vprintf(const char * s, char * fmstr,char * argptr)	将格式化字符串和数据值输出到由指针 s 指向的内存缓冲区内。该函数似于 sprintf( ),但它接收一个指向变量表的指针而不是变量表。返回值为实际写入到输出字符串中的字符数。格式控制字符串 fmstr 与 printf 函数一致

12.4　任务　非易失存储器测试

非易失性存储器(nonvolatile memory)是掉电后数据能够保存的存储器,它不用定期地刷新存储器内容。这包括所有形式的只读存储器(ROM),像是可编程只读存储器(PROM)、可擦可编程只读存储器(EPROM)、电可擦除只读存储器(EEPROM)和闪存。在许多常见的应用中,微处理器要求非易失性存储器来存放其可执行代码、变量和其他暂态数据(例如采集到的温度、光照等数据)。

12.4.1 AT24C02 存储芯片

AT24C02 是一个 2K 位串行 CMOS EEPROM，内部含有 256 字节，一个 16 字节页写缓冲器，一个 IIC 总线接口，一个专门的写保护功能。主要特性：工作电压 1.8V～5.5V，输入输出引脚兼容 5V，输入引脚经施密特触发器滤波抑制噪声，兼容 400kHz，支持硬件写保护，读写次数约 100 万次，数据可保存 100 年。引脚功能如图 12-5 所示。

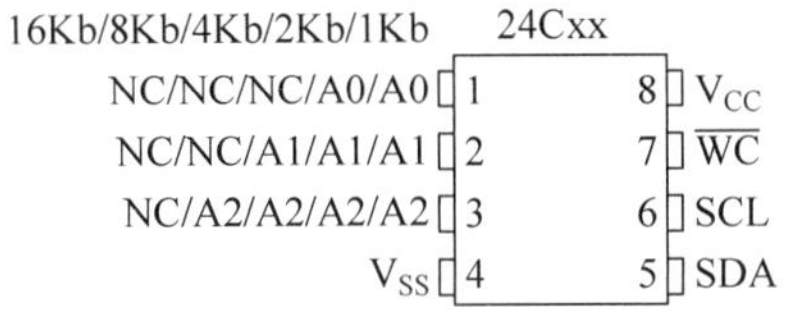

```
16Kb/8Kb/4Kb/2Kb/1Kb      24Cxx
NC/NC/NC/A0/A0 □ 1        8 □ V_CC
NC/NC/A1/A1/A1 □ 2        7 □ W̅C̅
NC/A2/A2/A2/A2 □ 3        6 □ SCL
          V_SS □ 4        5 □ SDA
```

引脚名称	功能
A0、A1、A2	器件地址选择
SDA	串行数据/地址
SCL	串行时钟
WC	写保护
Vcc	+1.8V～6.0V工作电压
V_SS	地

图 12-5 外观与引脚功能

1. 寻址方式

AT24C02 的存储容量为 2Kb，内部分成 32 页，每页为 8Byte，那么共 $32 \times 8Byte = 256Byte$（简写 256B），操作时有两种寻址方式：芯片寻址和片内子地址寻址。

（1）芯片寻址。AT24C02 的芯片地址前面固定的为 1010，那么其地址控制字格式就为 1010A2A1A0R/W，其中 A2、A1、A0 为可编程地址选择位，R/W 为芯片读写控制位，"0"表示对芯片进行写操作，"1"表示对芯片进行读操作。

（2）片内子地址寻址。芯片寻址可对内部 256B 中的任一个进行读/写操作，其寻址范围为 00H～FFH，共 256 个寻址单元。

2. 时序波形

AT24C02 的时序波形图如图 12-6 所示。从时间参数可知道每段的时间花费，分为 100kHz 和 400kHz 两种时钟输入情况，100kHz 是标准产品配置，而 400kHz 是 2.5～5.5V 型号 W 产品所用。

3. 读写方式

串行 EEPROM 一般有两种写入方式：一种是字节写入方式，一种是页写入方式。

页写入与初始字节写入一样先发送第一个数据，但主机在收到答复后不会发送停止信号，而是接着发送剩余的数据（7 个字节），直到 1 页数据（共 8 个字节）发送完毕之后发送停止信号，等待一页缓冲写入完毕。

编写驱动按页写入方式比字节写入方式效率提高，但也可能在一页写入数据跨页（超过 8 字节）时出现数据覆盖错误。因为一页操作的时候，地址高 5 位表示页地址维持不变低 3 位页内地址（共 8 个）按照每收到一个数据就自动加 1。当页内地址到最大时，如果还有数据（写入超过一页上限 8 字节），则数据将依规放到页的起始地址处，覆盖页内地址中之前存

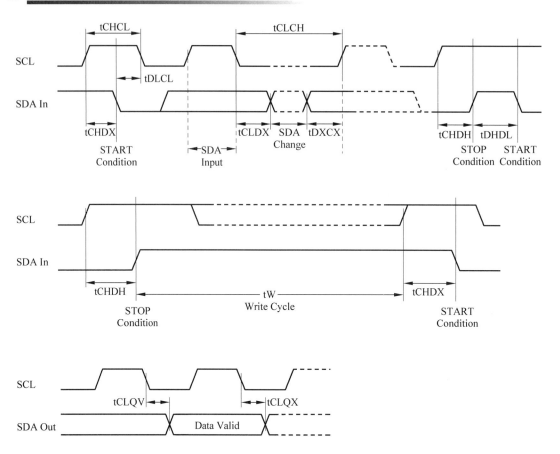

Symbol	Alt.	Parameter.	100KHz:**Min.**	100KHz:**Max.**	400KHz:**Min.**	400KHz:**Max.**	Unit
f_C	f_{SCL}	Clock Frequency		100		400	kHz
t_{CHCL}	t_{HIGH}	Clock Pulse Width High	4000		600		ns
t_{CLCH}	t_{LOW}	Clock Pulse Width Low	4700		1300		ns
t_{DL1DL2}	t_F	SDA Fall Time	20	300	20	300	ns
t_{DXCX}	$t_{SU:DAT}$	Data In Set Up Time	250		100		ns
t_{CLDX}	$t_{HD:DAT}$	Data In Hold Time	0		0		ns
t_{CLQX}	t_{DH}	Data Out Hold Time	200		200		ns
t_{CLQV}	t_{AA}	Clock Low to Next Data Valid(Access Time)	200	3500	200	900	ns
t_{CHDX}	$t_{SU:STA}$	Start Condition Set Up Time	4700		600		ns
t_{DLCL}	$t_{HD:STA}$	Start Condition Hold Time	4000		600		ns
t_{CHDH}	$t_{SU:STO}$	Stop Condition Set Up Time	4000		600		ns
t_{DHDL}	t_{BUF}	Time between Stop Condition and Next Start Condition	4700		1300		ns
t_W	t_{WR}	Write Time		10		5	ms

图 12-6　时序波形与参数

放的数据。

读操作的初始化方式和写操作时相同,仅把 R/W 位置为 1 即可,也可分为三类不同的读操作方式:立即读取、随机读取和顺序连读。

12.4.2　存储测试电路

学习板非易失存储器电路,如图 12-7 所示,WP 接地可以进行写和读操作。AT24C02 通过 IIC_SCL 和 IIC_SDA 与单片机相连,单片机以 IIC 总线的方式对非易失存储器进行读写。

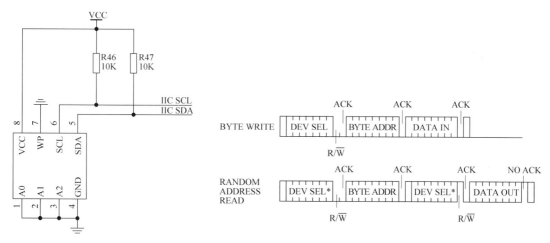

图 12-7　存储器测试电路

写一个字节时序,第一个 DEV SEL 是器件选择信号,器件选择的范围为(000～111),总共可以选择 8 个 AT24C02 芯片器件。但是本实验只用到了 1 个 24C02 芯片,所以对应的器件管脚地址 A2A1A0 为 000。第二个信号 BYTE ADDR 是地址信号,表示要对哪一个地址进行操作,第三个 DATA IN 则是写入的数据。而读操作则是多了一步,DEV SEL 设备选择和 BYTE ADDR 字节地址后,还有一个 DEV SEL,但此信号的最后一位为高,表示是读操作,随后从机会把相应地址的数据发送给主机。

12.4.3　规划设计

目标:本节学习 AT24C02 的 IIC 总线存储地址按字节写入方式操作,以及读取数据并显示在数码管上。

资源:STC-B 学习板、PC、Keil 4 软件、STC-ISP 软件(V6.8 以上)。

任务:

(1) 再次下载本工程 Hex 文件,并对照测试结果仔细观察将实现的功能。

(2) 根据参考代码,认识 IIC 总线驱动函数的信号波形发生、初始化、字节写和读操作。

(3) 参考 Z1 代码风格,利用 C51 编程实现任务功能。

功能:

(1) 按 K1 键写入数据并读取数据。

(2) 按 K3 键增加写入数据的地址。

（3）按 K2 键增加写入数据值。

（4）循环读取当前地址上的数据，并即时更新显示。

（5）数码管左两位显示写入地址，中间两位显示写入数据，右边两位显示读取的数据。一开始默认显示全为 00-00-00。

（6）写入的数据，掉电后依然不变。

测试结果：

数码管默认显示 00-00-XX（多次实验后 00 地址会存在写入过的数据，其他地址也可能出现有数据情况），如图 12-8 所示。按下 K3 键，要写入数据的地址加 1。按下 K2 键要写入的数据加 1。按下 K1 键，向存储器写入数据并读取数据，并显示在数码管上。数码管左边两位（第一、第二位）是写入的地址，数码管中间两位（第四、第五位）是写入的数据，数码管右边两位（第七、第八位）是显示从非易失存储器读取的数据。

图 12-8　案例测试结果

12.4.4　实现步骤

1. 参考代码

```
#include <STC15F2K60S2.h>
#define uint unsigned int
#define uchar unsigned char
#define FOSC 11059200L      //晶振频率
#define T_ms 0.1            //定时时间为 0.1ms
#define NMAX_KEY 10
/*位声明*/
sbit Key1 = P3 ^ 2;         //按下 K1 键,向存储器写入数据并读取该地址的数据,显示在数码管上
sbit Key2 = P3 ^ 3;         //按下 K2 键,要写入的数据加 1
sbit Key3 = P1 ^ 7;         //按下 K3 键,要写入的地址加 1
sbit led = P2 ^ 3;          //LED 灯与数码管切换引脚
sbit SDA = P4 ^ 0;          //I2C 总线的数据线
sbit SCL = P5 ^ 5;          //I2C 总线的时钟线
/*变量定义*/
uchar duan[] = {0x3f, 0x06, 0x5b, 0x4f, 0x66, 0x6d, 0x7d, 0x07, 0x7f, 0x6f, 0x77, 0x7c,
0x39, 0x5e, 0x79, 0x71};                                //数码管段选,显示 0~f
uchar wei[] = {0x00, 0x01, 0x02, 0x03, 0x04, 0x05, 0x06, 0x07}; //数码管位选
uchar flag1;                                            //数码管循环扫描变量
uchar write_addr;                                       //写入地址
uchar write_date;                                       //写入数据
```

```
uchar read_date;                              //读出数据
/ * 按键计数消抖变量 * /
uchar G_count;                                //定时器 0 中断计数值
uint Key1_count;                              //K1 键在 1ms 内达到低电平的次数
uint Key2_count;                              //K2 键在 1ms 内达到低电平的次数
uint Key3_count;                              //K3 键在 1ms 内达到低电平的次数
uint Key_count;
bit flg_1ms;                                  //表示 1ms 时间到
bit Key1_C; / * key1 当前的状态 * /
bit Key1_P; / * key1 前一个状态 * /
bit Key2_C; / * key2 当前的状态 * /
bit Key2_P; / * key2 前一个状态 * /
bit Key3_C; / * key3 当前的状态 * /
bit Key3_P; / * key3 前一个状态 * /

void SMG1( uchar date1, uchar date2, uchar date3 )   //数码管显示函数
{
    flag1++;
    if( flag1 == 8 )
    {
        flag1 = 0;
    }
    P0 = 0x00;
    P2 = wei[flag1];
    switch( flag1 )
    {
        case 0:
            P0 = duan[date1 / 16];        break;
        case 1:
            P0 = duan[date1 % 16];        break;
        case 2:
            P0 = 0x40;                    break;
        case 3:
            P0 = duan[date2 / 16];        break;
        case 4:
            P0 = duan[date2 % 16];        break;
        case 5:
            P0 = 0x40;                    break;
        case 6:
            P0 = duan[date3 / 16];        break;
        default:
            P0 = duan[date3 % 16];        break;
    }
}

void KEY_init()                               //按键消抖模块初始化
{
    G_count = 0;
    flg_1ms = 0;
```

```
        Key1_C = 1; /*key1 当前的状态*/
        Key1_P = 1; /*key1 前一个状态*/
        Key2_C = 1; /*key2 当前的状态*/
        Key2_P = 1; /*key2 前一个状态*/
        Key3_C = 1; /*key3 当前的状态*/
        Key3_P = 1; /*key3 前一个状态*/
        Key1_count = 0x80 + NMAX_KEY / 3 * 2;
        Key2_count = 0x80 + NMAX_KEY / 3 * 2;
        Key3_count = 0x80 + NMAX_KEY / 3 * 2;
        Key_count = NMAX_KEY;
    }

    void delay()                        //延时 4μs
    {
        ;;
    }

    void IIC_init()                     //IIC 总线初始化
    {
        SCL = 1;
        delay();
        SDA = 1;
        delay();
    }
    void start()                        //主机启动信号
    {
        SDA = 1;
        delay();
        SCL = 1;
        delay();
        SDA = 0;
        delay();
    }
    void stop()                         //停止信号
    {
        SDA = 0;
        delay();
        SCL = 1;
        delay();
        SDA = 1;
        delay();
    }
    void respons()                      //从机应答信号
    {
        uchar i = 0;
        SCL = 1;
        delay();
        while( SDA == 1 && ( i < 255 ) )  //表示若在一段时间内没有收到从器件的应答则
            i++;                          //主器件默认从器件已经收到数据而不再等待应答信号
```

```
        SCL = 0;
        delay();
}
void writebyte( uchar date )                //对 24C02 写一个字节数据
{
        uchar i, temp;
        temp = date;
        for( i = 0; i < 8; i++)
        {
            temp = temp << 1;
            SCL = 0;
            delay();
            SDA = CY;
            delay();
            SCL = 1;
            delay();
        }
        SCL = 0;
        delay();
        SDA = 1;
        delay();
}

uchar readbyte()                            //从 24C02 读一个字节数据
{
        uchar i, k;
        SCL = 0;
        delay();
        SDA = 1;
        delay();
        for( i = 0; i < 8; i++)
        {
            SCL = 1;
            delay();
            k = ( k << 1 ) | SDA;
            delay();
            SCL = 0;
            delay();
        }
        delay();
        return k;
}
void write_add( uchar addr, uchar date )    //对 24C02 的地址 addr,写入一个数据 date
{
        start();
        writebyte( 0xa0 );
        respons();
        writebyte( addr );
        respons();
        writebyte( date );
```

```
            respons();
            stop();
        }
        uchar read_add( uchar addr )                    //从 24C02 的 addr 地址,读一个字节数据
        {
            uchar date;
            start();
            writebyte( 0xa0 );
            respons();
            writebyte( addr );
            respons();
            start();
            writebyte( 0xa1 );
            respons();
            date = readbyte();
            stop();
            return date;
        }

        void IO_init()                                  //IO 口初始化,变量初始化
        {
            P2M1 = 0x00;                                 //设置 P0 口和 P2^3 推挽输出
            P2M0 = 0x08;
            P0M1 = 0x00;
            P0M0 = 0xff;                                 //按键无须推挽
            led = 0;                                     //关 LED 显示
            P0 = 0x00;
            write_addr = 0x00;                           //写入地址初始化
            write_date = 0x00;                           //写入数据初始化
        }

        void Timer0_Init()                               //计时器 0 初始化
        {
            TMOD = 0x00;                                 //计时器 0 工作方式 0,16 位自动重装计数
            AUXR = 0x80;                                 //1T 模式,T0x12 = 1,
            EA = 1;                                      //开总中断
            ET0 = 1;                                     //开定时器 0 中断
            TH0 = ( 65536 - T_ms * FOSC / 1000 ) / 256;  //给定时器赋初值
            TL0 = ( 65536 - T_ms * FOSC / 1000 );
            TR0 = 1;                                     //启动定时器
        }

        void Timer_T0() interrupt 1                      //定时器 0 中断函数
        {
            G_count++;
            if( G_count == 10 )
            {
                flg_1ms = 1;                             //1ms 时间到,flg_1ms = 1
                G_count = 0x00;
```

```
    }
    SMG1( write_addr, write_date, read_date );        //在定时器中断中调用数码管显示函数
}


int main()                                             //主函数
{
    IO_init();                                         //I/O口初始化
    Timer0_Init();                                     //定时器0初始化
    KEY_init();                                        //按键消抖模块初始化
    IIC_init();                                        //IIC总线初始化
    while( 1 )
    {
        while( flg_1ms )                               //1ms时间到,判断按键状态
        {
            flg_1ms = 0;
            read_date = read_add( write_addr );        //读出地址为write_addr的数据
            if( Key1 == 0 )
                Key1_count -- ;
            if( Key2 == 0 )
                Key2_count -- ;
            if( Key3 == 0 )                            //按键是按下状态
                Key3_count -- ;
            Key_count -- ;                             //总的次数减1
            if( Key_count == 0 )                       //10次用完了
            {
                if( Key1_count < 0x80 )
                {
                    Key1_C = 0;
                    if( Key1_P == 1 )                  //下降沿(按键做动作)
                    {
                        Key1_P = 0;
                        write_add( write_addr, write_date );  //向地址write_addr写入数据
                    }
                }
                if( Key1_count >= 0x80 )
                {
                    Key1_C = 1;
                    if( Key1_P == 0 )
                        Key1_P = 1;                    //上升沿(假设不做动作那就继续)
                }
                if( Key2_count < 0x80 )
                {
                    Key2_C = 0;
                    if( Key2_P == 1 )                  //下降沿(按键做动作)
                    {
                        Key2_P = 0;
                        write_date++;                  //按键数据加1
                        if( write_date == 0xff )       //假如输入数据大于0xff,则为0x00
```

```
                                write_date = 0x00;
                        }
                    }
                    if( Key2_count >= 0x80 )
                    {
                        Key2_C = 1;
                        if( Key2_P == 0 )
                            Key2_P = 1;                    //上升沿(假设不做动作那就继续)
                    }
                    if( Key3_count < 0x80 )
                    {
                        Key3_C = 0;
                        if( Key3_P == 1 )                  //下降沿(按键做动作)
                        {
                            Key3_P = 0;
                            write_addr++;                  //按键写入地址 + 1
                            if( write_addr == 0xff )
                                write_addr = 0;
                        }
                    }
                    if( Key3_count >= 0x80 )
                    {
                        Key3_C = 1;
                        if( Key3_P == 0 )
                            Key3_P = 1;                    //上升沿(假设不做动作那就继续)
                    }
                    Key1_count = 0x80 + NMAX_KEY / 3 * 2;  //新一轮的判断
                    Key2_count = 0x80 + NMAX_KEY / 3 * 2;
                    Key3_count = 0x80 + NMAX_KEY / 3 * 2;
                    Key_count = NMAX_KEY;
            }
        }   //read_date = read_add(read_addr); 读数据函数放在此处数码管会无法及时显示
    }
}
```

2. 分析说明

程序步骤：

（1）IIC 总线驱动函数。按时序要求和软件延时思路完成信号波形发生，再单字节读写时序完成时序操作。

（2）初始化模块。主函数完成 I/O 口、定时器 0、按键消抖模块、IIC 总线的初始化。

（3）主函数的主循环。每次 1ms 时间到则清零时间标志位，读出地址为 write_addr 的数据，按键消抖后判断下降沿状态并按 K3 键地址加、按 K2 键数据加、按 K1 键写操作执行动作。

（4）定时器 0 中断。定时 0.1ms 完成：累加 10 次后将 1ms 时间标志置 1，数码管显示处理。

12.5　任务　三轴加速度测试

12.5.1　ADXL345 三轴加速度芯片

ADXL345 是一款小而薄的超低功耗 3 轴加速度计,分辨率高达 13 位,测量范围达 $\pm 16g$。数字输出数据为 16 位二进制补码格式,可通过 SPI(3 线或 4 线)或 IIC 数字接口访问。

ADXL345 非常适合移动设备应用。该器件提供多种特殊检测功能:活动和非活动检测功能通过比较任意轴上的加速度与用户设置的阈值来检测有无运动发生;敲击检测功能可以检测任意方向的单振和双振动作;自由落体检测功能可以检测器件是否正在掉落。这些功能可以独立映射到两个中断输出引脚中的一个。低功耗模式支持基于运动的智能电源管理,从而以极低的功耗进行阈值感测和运动加速度测量。

ADXL345 采用 $3\text{mm} \times 5\text{mm} \times 1\text{mm}$,14 引脚小型超薄塑料封装,如图 12-9 所示。它的主要特性:

(1) 电源电压范围:2.0V 至 3.6V。I/O 电压范围:1.7V 至 Vs。宽温度范围(-40℃ 至 +85℃)。抗冲击能力:10 000g。

(2) 超低功耗:Vs=2.5V 时(典型值),测量模式下低至 23μA,待机模式下为 0.1μA 功耗随带宽自动按比例变化。

(3) 用户可选的分辨率有 10 位固定分辨率和全分辨率。后者分辨率随 g 范围提高而提高,$\pm 16g$ 时高达 13 位,在所有 g 范围内保持 4mg/LSB 的比例系数。

(4) 正在申请专利的嵌入式存储器管理系统采用 FIFO 技术,可将主机处理器负荷降至最低。

(5) 单振/双振检测,活动/非活动监控,自由落体检测。

(6) SPI(3 线和 4 线)和 IIC 数字接口。

(7) 灵活的中断模式,可映射到任一中断引脚。

(8) 通过串行命令可选测量范围。通过串行命令可选带宽。

引脚编号	引脚名称	描述
1	$V_{CC\,I/O}$	数字接口电源电压。
2	GND	该引脚必须接地。
3	RESERVED	保留。该引脚必须连接到VS或保持断开。
4	GND	该引脚必须接地。
5	GND	该引脚必须接地。
6	Vs	电源电压。
7	$\overline{CS}$	片选。
8	INT1	中断1输出。
9	INT2	中断2输出。
10	NC	内部不连接。
11	RESERVED	保留。该引脚必须接地或保持断开。
12	SDO/ALT ADDRESS	串行数据输出(SPI 4线)/备用I²C地址选择(I²C)。
13	SDA/SDI/SDIO	串行数据(I²C)/串行数据输入(SPI 4线)/串行数据输入和输出(SPI 3线)。
14	SCL/SCLK	串行通信时钟。SCL为I2C时钟, SCLK为SPI时钟。

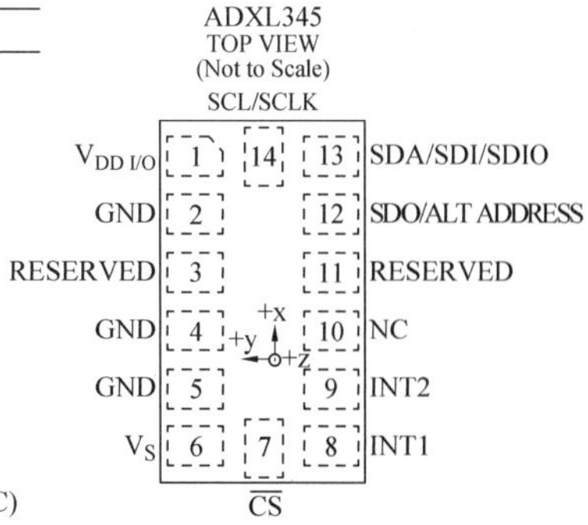

图 12-9　芯片外观(顶视)和引脚功能

ADXL345 可以在倾斜检测应用中测量静态重力加速度,输出响应与相对于重力方向的关系如图 12-10 所示。它还可以测量运动或冲击导致的动态加速度。其高分辨率

（3.9mg/LSB），能够测量不到 1.0°的倾斜角度变化。

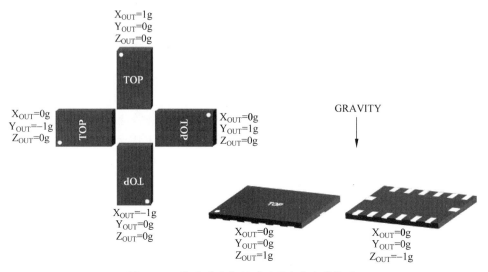

图 12-10　输出响应与相对于重力方向的关系

12.5.2　三轴加速度(电子水平尺)测试电路

通过简单 2 线式连接至处理器，同时 $\overline{CS}$ 引脚拉高至 VDD I/O，ALT ADDRESS 引脚接地，ADXL345 处于 IIC 模式，如图 12-11 所示。

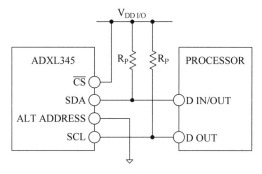

图 12-11　IIC 模式

ADXL345 满足一定总线参数，便能支持标准（100kHz）和快速（400kHz）数据传输模式，支持单个或多个字节的读取/写入。ALT ADDRESS 引脚处于高电平，器件的 7 位 IIC 地址是 0x1D（随后为 R/$\overline{W}$ 位）。此时转化为 0x3A 写入，0x3B 读取。通过 ALT ADDRESS 引脚（引脚 12）接地，可以选择备用 IIC 地址 0x53（随后为 R/$\overline{W}$ 位）。此时转化为 0xA6 写入，0xA7 读取。

对于任何不使用的引脚，没有内部上拉或下拉电阻，因此，CS 引脚或 ALT ADDRESS 引脚悬空或不连接时，任何已知状态或默认状态不存在。

由于通信速度限制，使用 400 kHz IIC 时，最大输出数据速率为 800Hz，与 IIC 通信速度按比例呈线性变化。使用 100kHz IIC 时，输出数据速率 ODR 最大限值为 200Hz。以高于推荐的最大值和最小值范围的输出数据速率运行，可能会对加速度数据产生不良影响，包括采样丢失或额外噪声。

ADXL345 的 IIC 时序波形和时间参数如图 12-12 所示。

参数	限值[1,2]		单位	描述
	参数	最大值		
f_{SCL}		400	kHz	SCL 时钟频率
t_1	2.5		μs	SCL 周期时间
t_2	0.6		μs	t_{HIGH}, SCL 高电平时间
t_3	1.3		μs	t_{LOW}, SCL 低电平时间
t_4	0.6		μs	t_{HD}, STA, 起始/重复起始条件保持时间
t_5	100		ns	t_{SU}, DAT, 数据建立时间
$t_6^{3,4,5,6}$	0	0.9	μs	t_{HD}, DAT, 数据保持时间
t_7	0.6		μs	t_{SU}, STA, 重复起始建立时间
t_8	0.6		μs	t_{SU}, STO, 停止条件建立时间
t_9	1.3		μs	t_{BUF}, 一个结束条件和起始条件之间的总线空闲时间
t_{10}		300	ns	t_R, 接收时 SCL 和 SDA 的上升时间
	0		ns	t_R, 接收或传送时 SCL 和 SDA 的上升时间
t_{11}		250	ns	t_F, 接收时 SDA 的下降时间
		300	ns	t_F, 传送时 SCL 和 SDA 的下降时间
	$20+0.1C_b^7$		ns	t_F, 传送或接收时 SCL 和 SDA 的下降时间
C_b		400	pF	各条总线的容性负载

[1] 限值基于特性数据：$f_{SCL}=400kHz$ 和 3mA 吸电流，未经生产测试。

[2] 所有值均参考表 11 中的 VIH 和 VIL 电平值。

[3] t_6 为 SCL 下降沿测得的数据保持时间。适用于传输和应答数据。

[4] 发送器件必须为 SDA 信号（相对于 SCL 信号的 $V_{IH(min)}$）内部提供至少 300ns 的输出保持时间，以便桥接 SCL 下降沿未定义区域。

[5] 如果器件 SCL 信号的低电平周期（t_3）没有延长，则必须满足 t_6 最大值。

[6] t_6 最大值根据时钟低电平时间（t_3）、时钟上升时间（t_{10}）和最小数据建立时间（$t_{S(min)}$）而定。该值计算公式为 $t_6(max)=t_3-t_{10}-t_{S(min)}$。

[7] Cb 是一条总线的总电容（单位：pF）。

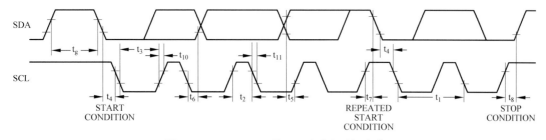

图 12-12　ADXL345 的 IIC 波形和时间参数

学习板的 ADXL35 三轴加速度测试电路，如图 12-13 所示。

初始化时，ADXL345 在启动序列期间工作在 100Hz ODR，在 INT1 引脚上有 DATA_READY 中断。设置其他中断或使用 FIFO 时，建议所使用的寄存器在 POWER_CTL 和 INT_ENABLE 寄存器之前进行设置。

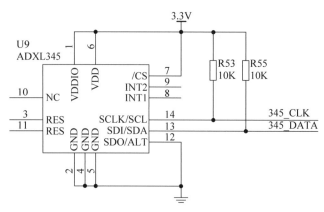

图 12-13   电子水平尺测试电路

读取数据时,DATA_READY 中断信号表明数据寄存器中的三轴加速度数据已被更新。当新数据就绪时它会被置为高电平。通过 DATA_FORMAT 寄存器,中断信号可设置为由低电平变为高电平,利用低-高跃迁来触发中断服务例程。可从 DATAX0、DATAX1、DATAY0、DATAY1、DATAZ0 和 DATAZ1 寄存器中读取数据。为了确保数据的一致性,推荐使用多字节读取从 ADXL345 获取数据。

ADXL345 为 16 位数据格式,如图 12-14 所示。从数据寄存器中获取加速度数据后,用户必须对数据进行重建。

D15	D14	D13	D12	D11	D10	D9	D8	D7	D6	D5	D4	D3	D2	D1	D0
SIGN	SIGN	SIGN	SIGN	D11	D10	D9	D8	D7	D6	D5	D4	D3	D2	D1	D0

DATAX1
DATAY1
DATAZ1 —— DATAX0
DATAY0
DATAZ0

图 12-14   XYZ 数据格式

DATAX0 是 X 轴加速度的低字节寄存器,DATAX1 是高字节寄存器。在 13 位模式下高 4 位是符号位。注意,可通过 DATA _FORMAT 寄存器设置其他数据格式要在 POWER_CTL 和 INT_ENABLE 寄存器之前进行设置。

同时 ADXL345 具有偏移寄存器,可进行偏移校准。偏移寄存器的数据格式是 8 位、二进制补码。偏移寄存器的分辨率 15.6mg/LSB。如果偏移校准的精度必须高于 15.6mg/LSB,需要在处理器中进行校准。偏移寄存器将写入到寄存器的值相加来测试加速度。例如,如果偏移为 +156mg,那么应该往偏移寄存器写入 -156mg。

12.5.3   规划设计

目标:本节是通过三轴加速度计 ADXL345 测得重力加速度在 x、y、z 方向的分加速度,通过分加速度计算出芯片在 x、y、z 方向的倾角,再由数码管显示出来。0 号和 1 号数码管显示 x 轴方向的倾角,3 号和 4 号数码管显示 y 轴方向的倾角,6 号和 7 号数码管显示 z 轴方向的倾角。按键 K1、K2、K3 实现校准功能。

资源:STC-B 学习板 2 块、PC、Keil 4 软件、STC-ISP 软件(V6.8 以上)。

任务：

（1）再次下载本工程 Hex 文件，并对照测试结果仔细观察将实现的功能。

（2）参考 Z1 代码风格，利用 C51 编程实现任务功能。

（3）学习检测 A345 芯片功能是否完好。

功能：

（1）ADXL345 测得重力加速度在 x、y、z 方向的分加速度，通过分加速度和对角线公式计算出芯片在 x、y、z 方向的倾角。

（2）按 K1 键、K2 键、K3 键实现校准功能。

（3）数码管显示：0 号和 1 号数码管显示 x 轴方向的倾角，3 号和 4 号数码管显示 y 轴方向的倾角，6 号和 7 号数码管显示 z 轴方向的倾角。

测试结果：

（1）下载后偏移显示：按下学习板上 RST 键，0、1 号数码管显示当前学习板所处位置相对于按 RST 键时学习板所处位置时 x 轴方向重力加速度的偏移值的低字节数据，同样，3、4 显示 y 轴方向重力加速度的偏移值的低字节数据，6、7 号数码管显示 z 轴方向重力加速度的偏移值的低字节数据，如图 12-15 所示。

图 12-15　案例测试结果

（2）下载后校准：首先将学习板按照 x 方向重力加速度为 $1g$，y、z 方向重力加速度为 $0g$ 位置摆放，按下 K3 键，获取该特殊位置的寄存器数据值，相应的六个数码管分别显示为 010000；然后将学习板按照 y 方向重力加速度为 $1g$，x、z 方向重力加速度为 $0g$ 位置摆放，按下 K2 键获取该特殊位置的寄存器数据值，相应的六个数码管分别显示为 020000；最后将开发板按照 z 方向重力加速度为 $1g$，x、y 方向重力加速度为 $0g$ 位置摆放，按下 K1 键获取该特殊位置的寄存器数据值，相应的六个数码管分别显示为 030000。

（3）当三个按键按完之后，将之前获取的特定位置的寄存器数值对该器件进行偏移校正并经过一定公式计算转换成相关角度值显示在相应的数码管，即 0 号和 1 号数码管显示 x 方向的倾角，3 号和 4 号数码管显示 y 方向的倾角，6 号和 7 号数码管显示 z 方向的倾角。

（4）然后沿 x、y、z 方向慢慢地旋转任意角度，数码管显示相应的角度数值（0°～90°）。

说明：三个按键以及学习板的摆放顺序可以任意，也可以按多次，但是必须保证每个按键都按下一次，即每轮校准都需要三个按键至少各按下一次，一旦每个按键都按下一次就表示该轮校准成功。按不同的按键时要与学习板相应的摆放位置一致，否则倾斜角会计算不准确。

12.5.4 实现步骤

1. 参考代码

程序分成 HardWare 驱动文件夹，Func 功能文件夹，User 应用文件夹，如图 12-16 所示为工程层次图。

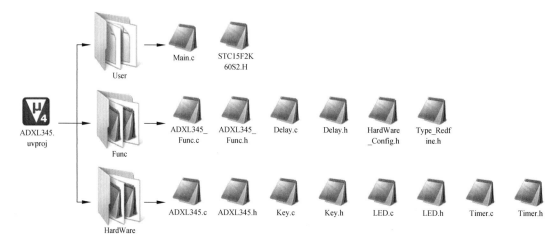

图 12-16 工程层次图

（1）User/Main.c 主函数所在的源文件。

```
# include "HardWare_Config.h"
# include < math.h>
int main( void )
{   uchar devid;
    Delay( 500 );                        //上电延时
    LED_Init();
    AD_Init();
    Timer0_Init();
    Timer1_Init();
    Init_ADXL345();                      //初始化 ADXL345
    devid = Single_Read_ADXL345( 0X00 ); //读出的数据为 0XE5，表示正确
    if( devid != 0xE5 )
        while( 1 ) { }
    Multiple_Read_ADXL345();
    offX = ( Buffer[1] << 8 ) + Buffer[0];
    offY = ( Buffer[3] << 8 ) + Buffer[2];
    offZ = ( Buffer[5] << 8 ) + Buffer[4];
    while( 1 )
    {   if( keyFuncFlag ) { Key_Func(); keyFuncFlag = 0; }
```

```
            if( ready == 0 && readyX == 0 && readyY == 0 && readyZ == 0 && collectFlag == 1 )
            {   Multiple_Read_ADXL345(); ACC_XYZ( 0 ); collectFlag = 0; }
            if( ready == 1 && collectFlag == 1 )
            {   Multiple_Read_ADXL345(); ACC_XYZ( 1 ); collectFlag = 0; }
        }
    }
```

（2）Func/ADXL345.c 相关数据处理源文件。

```
# include "ADXL345_Func.h"
# include < math.h >
uchar standard_Collect_ADXL345_Num[3] = {30, 20, 10};
uchar geY = 0, geX = 0, shiY = 0, shiX = 0, geZ = 0, shiZ = 0;    //显示变量 uchar
int x0g[2], y0g[2], z0g[2], x1g, y1g, z1g;               //校准时的基准值
int offX = 0, offY = 0, offZ = 0;                        //初始偏移值
double factorX = 0, factorY = 0, factorZ = 0;            //重力因子
int dataX = 0, dataY = 0, dataZ = 0;                     //处理后的 x,y,z 重力加速度寄存器值
uint sumY = 0, sumX = 0, sumZ = 0;                       //x,y,z 重力加速度寄存器值的累加和
double angleX = 0, angleY = 0, angleZ = 0;               //最后计算出的 x,y,z 轴角度值
int real_Collect_ADXL345_Num = 0;                        //x,y,z 轴加速度寄存器值得累加次数
int speed = 0;
uchar ready = 0, readyX = 0, readyY = 0, readyZ = 0;
uchar collectFlag = 0;
void Get_X()
{   int dis_data;
    dis_data = ( ( Buffer[1] << 8 ) + Buffer[0] ) - offX;        //合成数据
    if( dis_data < 0 ) dis_data = - dis_data;
    dataX = dis_data; }
void Get_Y()
{   int dis_data;
    dis_data = ( ( Buffer[3] << 8 ) + Buffer[2] ) - offY;        //合成数据
    if( dis_data < 0 ) dis_data = - dis_data;
    dataY = dis_data; }
void Get_Z()
{   int dis_data;
    dis_data = ( ( Buffer[5] << 8 ) + Buffer[4] ) - offZ;        //合成数据
    if( dis_data < 0 ) dis_data = - dis_data;
    dataZ = dis_data; }
void Cal_XYZ()
{   double temp_y, temp_x, temp_z;
    temp_x = ( ( double )sumX ) / standard_Collect_ADXL345_Num[speed] * factorX;
    temp_y = ( ( double )sumY ) / standard_Collect_ADXL345_Num[speed] * factorY;
    temp_z = ( ( double )sumZ ) / standard_Collect_ADXL345_Num[speed] * factorZ;
    angleX = ( double )( acos( ( double )( ( temp_x / ( sqrt( temp_x * temp_x + temp_y *
temp_y + temp_z * temp_z ) ) ) ) ) * 180 / 3.14159265 );        //X 轴角度值
    angleY = ( double )( acos( ( double )( ( temp_y / ( sqrt( temp_x * temp_x + temp_y *
temp_y + temp_z * temp_z ) ) ) ) ) * 180 / 3.14159265 );        //Y 轴角度值
    angleZ = ( double )( acos( ( double )( ( temp_z / ( sqrt( temp_x * temp_x + temp_y *
temp_y + temp_z * temp_z ) ) ) ) ) * 180 / 3.14159265 );        //Z 轴角度值
```

```
    }
void ACC_XYZ( int flag )
{   Get_X(); Get_Y(); Get_Z();
    sumX += dataX; sumY += dataY; sumZ += dataZ;
    real_Collect_ADXL345_Num++;
    if( real_Collect_ADXL345_Num == standard_Collect_ADXL345_Num[speed] )
    {   if( flag == 0 )
        {   sumX = sumX / standard_Collect_ADXL345_Num[speed] % 256;
            sumY = sumY / standard_Collect_ADXL345_Num[speed] % 256;
            sumZ = sumZ / standard_Collect_ADXL345_Num[speed] % 256;
            shiX = sumX / 16; geX = sumX % 16;
            shiY = sumY / 16; geY = sumY % 16;
            shiZ = sumZ / 16; geZ = sumZ % 16; }
        if( flag == 1 )
        {   int tempx, tempy, tempz;
            Cal_XYZ();
            tempx = 90 - ( ( ( int )( angleX * 10 ) ) / 10 );
            tempy = 90 - ( ( ( int )( angleY * 10 ) ) / 10 );
            tempz = 90 - ( ( ( int )( angleZ * 10 ) ) / 10 );
            shiX = tempx / 10; geX = tempx % 10;
            shiY = tempy / 10; geY = tempy % 10;
            shiZ = tempz / 10; geZ = tempz % 10; }
        real_Collect_ADXL345_Num = 0;
        sumY = 0; sumX = 0; sumZ = 0;
    } }
```

（3）Func/ADXL345_Func.h 相关数据处理头文件。

```
#ifndef __ADXL345_Func_H_
#define __ADXL345_Func_H_
#include "ADXL345.h"
#define COLLECT_ADXL345_FREQUENCY 12            //ADXL345 数据采集频率
extern uchar standard_Collect_ADXL345_Num[3];   //ADXL345 数据更新采集次数
extern uchar geY, geX, shiY, shiX, geZ, shiZ;   //X,Y,Z 轴倾斜角的高地位值
extern int x0g[2], y0g[2], z0g[2], x1g, y1g, z1g;//校准时的基准值
extern int offX, offY, offZ;                    //初始偏移值
extern double factorX, factorY, factorZ;        //重力因子
extern int dataX, dataY, dataZ;                 //处理后的 x,y,z 重力加速度寄存器值
extern uint sumY, sumX, sumZ;                   //x,y,z 重力加速度寄存器值的累加和
extern double angleX, angleY, angleZ;           //最后计算出的 x,y,z 轴角度值
extern int real_Collect_ADXL345_Num; //x,y,z 轴加速度寄存器值得累加次数
extern int speed;            //数据更新速度,与 standard_Collect_ADXL345_Num[speed]使用
extern uchar ready, readyX, readyY, readyZ;     //初始数据采集标志位(校准)
extern uchar collectFlag;                       //数据采集标志位
void Get_X();                                   //获取 x 轴加速度偏移值
void Get_Y();                                   //获取 y 轴加速度偏移值
void Get_Z();                                   //获取 z 轴加速度偏移值
void Cal_XYZ();                                 //计算 x,y,z 轴倾斜角
void ACC_XYZ( int flag );                       //累加 n 次 x,y,z 轴加速度值,用于求平均值
#endif
```

（4）Func/Delay.c 延时源文件。

```c
# include "Delay.h"
void Delay( unsigned int k )
{   uint i, j;
    for( i = 0; i < k; i++)
    {    for( j = 0; j < 121; j++) {;} } }
void Delay5us()                     //@11.0592MHz
{   unsigned char i;
    _nop_();
    i = 11;
    while ( -- i ); }
```

（5）Func/Delay.h 延时头文件。

```c
# ifndef __ Delay_H_
# define __ Delay_H_
# include "Type_Redfine.h"
void Delay(uint k);
void Delay5us();                    //延时 5μs(STC90C52RC@12M)
# endif
```

（6）Func/TypeRedfine.h 类型配置头文件。

```c
# ifndef __ TypeRedfine_H_
# define __ TypeRedfine_H_
# include < stdio.h >
# include < INTRINS.H >
typedef unsigned char uchar;
typedef unsigned int uint;
typedef unsigned short WORD;
# endif
```

（7）Func/TypeRedfine.h 硬件设备配置头文件。

```c
# ifndef __ HardWare_Config_H_
# define __ HardWare_Config_H_
# include "LED.h"
# include "Timer.h"
# include "Key.h"              //Keil library
# include "ADXL345.h"          //Keil library
# include "ADXL345_Func.h"
# endif
```

（8）HardWare/ADXL345.c 读写操作源文件。

```c
# include "ADXL345.h"
# include "Delay.h"
# include "LED.h"
```

```
uint Buffer[8];
void ADXL345_Start()
{    SDA = 1;                               //拉高数据线
     SCL = 1;                               //拉高时钟线
     Delay5us();                            //延时
     SDA = 0;                               //产生下降沿
     Delay5us();                            //延时
     SCL = 0; }                             //拉低时钟线
void ADXL345_Stop()
{    SDA = 0;                               //拉低数据线
     SCL = 1;                               //拉高时钟线
     Delay5us();                            //延时
     SDA = 1;                               //产生上升沿
     Delay5us(); }                          //延时
void ADXL345_SendACK( bit ack )
{    SDA = ack;                             //写应答信号
     SCL = 1;                               //拉高时钟线
     Delay5us();                            //延时
     SCL = 0;                               //拉低时钟线
     Delay5us(); }                          //延时
bit ADXL345_RecvACK()
{    SCL = 1;                               //拉高时钟线
     Delay5us();                            //延时
     CY = SDA;                              //读应答信号
     SCL = 0;                               //拉低时钟线
     Delay5us();                            //延时
     return CY; }
void ADXL345_SendByte( uchar dat )
{    uchar i;
     for ( i = 0; i < 8; i++)               //8 位计数器
     {    dat <<= 1;                        //移出数据的最高位
          SDA = CY;                         //送数据口
          SCL = 1;                          //拉高时钟线
          Delay5us();                       //延时
          SCL = 0;                          //拉低时钟线
          Delay5us(); }                     //延时
     ADXL345_RecvACK(); }
uchar ADXL345_RecvByte()
{    uchar i;
     uchar dat = 0;
     SDA = 1;                               //使能内部上拉,准备读取数据,
     for ( i = 0; i < 8; i++)               //8 位计数器
     {    dat <<= 1;
          SCL = 1;                          //拉高时钟线
          Delay5us();                       //延时
          dat |= SDA;                       //读数据
          SCL = 0;                          //拉低时钟线
          Delay5us(); }                     //延时
     return dat; }
```

```
void Single_Write_ADXL345( uchar REG_Address, uchar REG_data )
{    ADXL345_Start();                        //起始信号
     ADXL345_SendByte( SlaveAddress );        //发送设备地址 + 写信号
     ADXL345_SendByte( REG_Address );         //内部寄存器地址
     ADXL345_SendByte( REG_data );            //内部寄存器数据
     ADXL345_Stop(); }                        //发送停止信号
uchar Single_Read_ADXL345( uchar REG_Address )
{    uchar REG_data;
     ADXL345_Start();                         //起始信号
     ADXL345_SendByte( SlaveAddress );        //发送设备地址 + 写信号
     ADXL345_SendByte( REG_Address );         //发送存储单元地址,从 0 开始
     ADXL345_Start();                         //起始信号
     ADXL345_SendByte( SlaveAddress + 1 );    //发送设备地址 + 读信号
     REG_data = ADXL345_RecvByte();           //读出寄存器数据
     ADXL345_SendACK( 1 );
     ADXL345_Stop();                          //停止信号
     return REG_data; }
void Init_ADXL345()
{    Single_Write_ADXL345( 0x31, 0x0B );      //测量范围,正负 16g,13 位模式
     Single_Write_ADXL345( 0x2C, 0x0a );      //速率设定为 12.5
     Single_Write_ADXL345( 0x2D, 0x08 );      //选择电源模式
     Single_Write_ADXL345( 0x2E, 0x80 ); }    //使能 DATA_READY 中断
void Multiple_Read_ADXL345( void )
{    uchar i;
     ADXL345_Start();                         //起始信号
     ADXL345_SendByte( SlaveAddress );        //发送设备地址 + 写信号
     ADXL345_SendByte( 0x32 );                //发送存储单元地址,从 0x32 开始
     ADXL345_Start();                         //起始信号
     ADXL345_SendByte( SlaveAddress + 1 );    //发送设备地址 + 读信号
     for ( i = 0; i < 6; i++ )                //连续读取 6 个地址数据,存储中 BUF
     {    Buffer[i] = ADXL345_RecvByte();      //BUF[0]存储 0x32 地址中的数据
          if ( i == 5 )
          { ADXL345_SendACK( 1 ); }           //最后一个数据需要回 NOACK
          else
          { ADXL345_SendACK( 0 ); } }         //回应 ACK
     ADXL345_Stop(); }                        //停止信号
```

(9) HardWare/ADXL345.h 读写操作头文件。

```
# ifndef __ADXL345_H_
# define __ADXL345_H_
# include "STC15F2K60S2.h"
# include "Type_Redfine.h"
# defineSlaveAddress 0xA6//定义器件在 IIC 总线中的从地址,根据 ALT ADDRESS 地址引脚不同修改
sbit SCL = P2^5; //P1^0;                      //IIC 时钟引脚定义
sbit SDA = P2^6; //P1^1;                      //IIC 数据引脚定义
extern uint Buffer[8];                        //接收数据缓存区
void ADXL345_Start();                         //IIC 起始信号
```

```
void ADXL345_Stop();                            //IIC 停止信号
void ADXL345_SendACK(bit ack);                  //IIC 发送应答信号 (0:ACK 1:NAK)
bit ADXL345_RecvACK();                          //IIC 接收应答信号(0:ACK 1:NAK)
void ADXL345_SendByte(uchar dat);               //向 IIC 总线发送一个字节数据
uchar ADXL345_RecvByte();                       //从 IIC 总线接收一个字节数据
/ * * * * * * * * * * * * * * * * * * * * * * * * * * * *
功能描述:往 ADXL345 某一寄存器写入一字节数据
uchar REG_Address(寄存器地址) uchar REG_data(要写入的数据)
void Single_Write_ADXL345(uchar REG_Address,uchar REG_data);
/ * * * * * * * * * * * * * * * * * * * * * * * * * * * *
功能描述:从 ADXL345 某一寄存器读取一字节数据
uchar REG_Address(寄存器地址) uchar REG_data(读取到的数据)
 * * * * * * * * * * * * * * * * * * * * * * * * * * * * /
uchar Single_Read_ADXL345(uchar REG_Address);
void Init_ADXL345();                            //初始化 ADXL345
/ * * * * * * * * * * * * * * * * * * * * * * * * * * *
功能描述:连续读出 ADXL345 内部寄存器数据到 Buffer 中,寄存器地址范围 0x32~0x37
 * * * * * * * * * * * * * * * * * * * * * * * * * * * * /
void Multiple_Read_ADXL345(void);
# endif
```

（10）HardWare/Key.c 按键功能实现源文件。

```
# include "Key.h"
# include "ADXL345_Func.h"
# include < math.h >
uchar keyFuncFlag = 0, keyScanFlag = 0, keyNum = 0;
struct keyStruct keyValue = {{PRESSNUM, PRESSNUM, PRESSNUM, PRESSNUM, PRESSNUM, PRESSNUM,
PRESSNUM, PRESSNUM}, {1, 1, 1, 1, 1, 1, 1, 1}, {1, 1, 1, 1, 1, 1, 1, 1}};
uint AD_Get( void )
{   uint tempAD;
    if( ADC_CONTR & 0x10 )
    {   ADC_CONTR & = 0xef; ADC_CONTR | = 0x08;
        tempAD = ADC_RES >> 5;
        return tempAD; }
    return 0x07; }
void AD_Init( void )
{   P1ASF = 0x80; ADC_CONTR = 0x8F;
    CLK_DIV = 0x00; ADC_RES = 0x00; }
void Key_Scan( void )
{   uint i;
    uint tempKey;
    if( keyScanFlag )
    {   keyScanFlag = 0;
        if( P32 == 0 ) keyValue.pressNum[0] -- ;
        if( P33 == 0 ) keyValue.pressNum[1] -- ;
        tempKey = AD_Get();
        switch( tempKey )
```

```
            {   case 0: keyValue.pressNum[2] -- ;      break;
                case 1: keyValue.pressNum[3] -- ;      break;
                case 2: keyValue.pressNum[4] -- ;      break;
                case 3: keyValue.pressNum[5] -- ;      break;
                case 4: keyValue.pressNum[6] -- ;      break;
                case 5: keyValue.pressNum[7] -- ;      break;
                default: break; }
        if( keyNum == SENSITIVITY )
        {   keyFuncFlag = 1;
            for( i = 0; i < 8; i++)
            {   if( keyValue.pressNum[i] < 0x80 )
                {   keyValue.previousState[i] = keyValue.presentState[i];
                    keyValue.presentState[i] = 0; }
                else
                {   keyValue.previousState[i] = keyValue.presentState[i];
                    keyValue.presentState[i] = 1; } }
            keyNum = 0;
            for( i = 0; i < 8; i++) keyValue.pressNum[i] = PRESSNUM;
        }   }   }
void Key_Func()
{   if( ( keyValue.previousState[2] == 1 ) && ( keyValue.presentState[2] == 0 ) )
    {   ready = 0; readyX = 1;
        geY = 0; geX = 1;
        shiX = 0; shiY = 0;
        geZ = 0; shiZ = 0;
        Multiple_Read_ADXL345();
        z0g[0] = ( Buffer[5] << 8 ) + Buffer[4];
        y0g[1] = ( Buffer[3] << 8 ) + Buffer[2];
        x1g = ( Buffer[1] << 8 ) + Buffer[0];
        if( readyZ == 1 && readyY == 1 && readyX == 1 )
        {   readyX = 0; readyY = 0; readyZ = 0;
            offX = ( x0g[0] + x0g[1] ) / 2;
            offY = ( y0g[0] + y0g[1] ) / 2;
            offZ = ( z0g[0] + z0g[1] ) / 2;
            factorX = ( double )1000 / abs( x1g - offX );
            factorY = ( double )1000 / abs( y1g - offY );
            factorZ = ( double )1000 / abs( z1g - offZ );
            ready = 1;      }   }
    if( ( keyValue.previousState[1] == 1 ) && ( keyValue.presentState[1] == 0 ) )
    {   ready = 0; readyY = 1;
        geY = 0; geX = 2;
        shiX = 0; shiY = 0;
        geZ = 0; shiZ = 0;
        Multiple_Read_ADXL345();
        x0g[1] = ( Buffer[1] << 8 ) + Buffer[0];
        z0g[1] = ( Buffer[5] << 8 ) + Buffer[4];
        y1g = ( Buffer[3] << 8 ) + Buffer[2];
        if( readyX == 1 && readyY == 1 && readyZ == 1 )
        {   readyX = 0; readyY = 0; readyZ = 0;
```

```
                    offX = ( x0g[0] + x0g[1] ) / 2;
                    offY = ( y0g[0] + y0g[1] ) / 2;
                    offZ = ( z0g[0] + z0g[1] ) / 2;
                    factorX = ( double )1000 / abs( x1g - offX );
                    factorY = ( double )1000 / abs( y1g - offY );
                    factorZ = ( double )1000 / abs( z1g - offZ );
                    ready = 1; } }
        if( ( keyValue.previousState[0] == 1 ) && ( keyValue.presentState[0] == 0 ) )
        {   ready = 0;   readyZ = 1;
            geY = 0;     geX = 3;
            shiX = 0;    shiY = 0;
            geZ = 0;     shiZ = 0;
            Multiple_Read_ADXL345();
            x0g[0] = ( Buffer[1] << 8 ) + Buffer[0];
            y0g[0] = ( Buffer[3] << 8 ) + Buffer[2];
            z1g = ( Buffer[5] << 8 ) + Buffer[4];
            if( ( readyX == 1 ) && ( readyY == 1 ) && ( readyZ == 1 ) )
            {   readyX = 0; readyY = 0; readyZ = 0;
                offX = ( x0g[0] + x0g[1] ) / 2;
                offY = ( y0g[0] + y0g[1] ) / 2;
                offZ = ( z0g[0] + z0g[1] ) / 2;
                factorX = ( double )1000 / abs( x1g - offX );
                factorY = ( double )1000 / abs( y1g - offY );
                factorZ = ( double )1000 / abs( z1g - offZ );
                ready = 1; } } }
```

（11）HardWare/Key.h 按键功能实现头文件。

```
# ifndef __Key_H_
# define __Key_H_
# include "STC15F2K60S2.H"
# include "Type_Redfine.h"
# define KEYNUM 8                              //板子上的按键总数
# define SENSITIVITY 50                        //
# define KEY_SCAN_FREQUENCY 2                  //按键扫描频率
# define PRESSNUM (0x80 + (SENSITIVITY/3 * 2))
extern uchar keyFuncFlag,keyScanFlag,keyNum;   //按键扫描相关标志位
/*** 按键扫描计数结构体 ***/
struct keyStruct{
    uint pressNum[KEYNUM];
    uint previousState[KEYNUM];
    uint presentState[KEYNUM];};
extern struct keyStruct keyValue;
void AD_Init(void);                            //初始化按键相关 AD
uint AD_Get(void);                             //获取按键 AD 值
void Key_Scan(void);                           //按键扫描
void Key_Func();                               //按下不同的按键做相应的动作
# endif
```

（12）HardWare/LED.c 数码管显示控制源文件。

```
# include "LED.h"
# include "Delay.h"
# include "ADXL345_Func.h"
uint digtalDuan[16] = {0x3f, 0x06, 0x5b, 0x4f, 0x66, 0x6d, 0x7d, 0x07,
                       0x7f, 0x6f, 0x77, 0x7c, 0x39, 0x5e, 0x79, 0x71 };
void LED_Init( void )
{   P0M1 = 0x00;   P0M0 = 0xff;
    P2M1 = 0x00;   P2M0 = 0x08;
    SEL3 = 0; }
void LED_Display( uint position, uint display_Data )
{   SEL2 = position / 4; SEL1 = position % 4 / 2; SEL0 = position % 2;
    P0 = digtalDuan[display_Data]; }
void LED_Scan()
{   LED_Display( 0, shiX );   Delay5us();   P0 = 0X00;
    LED_Display( 1, geX );    Delay5us();   P0 = 0X00;
    LED_Display( 3, shiY );   Delay5us();   P0 = 0X00;
    LED_Display( 4, geY );    Delay5us();   P0 = 0X00;
    LED_Display( 6, shiZ );   Delay5us();   P0 = 0X00;
    LED_Display( 7, geZ );    Delay5us();   P0 = 0X00; }
```

（13）HardWare/LED.h 数码管显示控制头文件。

```
# ifndef __LED_H_
# define __LED_H_
# include "STC15F2K60S2.H"
# include "Type_Redfine.h"
# include "Delay.h"
sbit    SEL0 = P2^0;                        //定义 LED 相关 I/O 引脚
sbit    SEL1 = P2^1;
sbit    SEL2 = P2^2;
sbit    SEL3 = P2^3;
extern uint digtalDuan[16];                 //数码管显示 0~F 相关数据
void LED_Init(void);                        //初始化数码管相关 I/O
void LED_Display(uint position,uint display_Data); //数码管显示
void LED_Scan(void);                        //数码管扫描
# endif
```

（14）HardWare/Timer.c 定时器控制源文件。

```
# include "Timer.h"
# include "Key.h"
# include "LED.h"
# include "ADXL345_Func.h"
uint timer500usNum = 0, timer100usNum = 0;
void Timer1_Init( void )                //100 微秒@11.0592MHz
{   AUXR &= 0xBF;                        //定时器时钟 12T 模式
```

```
        TMOD &= 0x0F;                         //设置定时器模式
        IE | = 0x88;                          //开启定时器中断
        TL1 = 0x33;                           //设置定时初值
        TH1 = 0xFE;                           //设置定时初值
        TF1 = 0;                              //清除 TF1 标志
        TR1 = 1;      }                       //定时器 1 开始计时
void Timer0_Init( void )                      //100 微秒@11.0592MHz
{    AUXR &= 0x7F;                            //定时器时钟 12T 模式
        TMOD &= 0xF0;                         //设置定时器模式
        TMOD | = 0x01;                        //设置定时器模式
        IE | = 0x82;
        TL0 = 0xA4;                           //设置定时初值
        TH0 = 0xFF;                           //设置定时初值
        TF0 = 0;                              //清除 TF0 标志
        TR0 = 1;      }                       //定时器 0 开始计时
void Timer0_Interrupt( void ) interrupt 1     //定时器 0 中断服务函数
{    TR0 = 0;
        LED_Scan();
        TL0 = 0xA4;                           //设置定时初值
        TH0 = 0xFF;                           //设置定时初值
        TR0 = 1;      }
void Timer1_Interrupt( void ) interrupt 3     //定时器 1 中断服务函数
{    TR1 = 0;
        timer500usNum++;
        if( timer500usNum % KEY_SCAN_FREQUENCY == 0 )
        {    keyNum++;
            keyScanFlag = 1;
            Key_Scan();    }
        if( timer500usNum % COLLECT_ADXL345_FREQUENCY == 0 )
        {    timer500usNum = 0;
            collectFlag = 1;    }
        TL1 = 0x33;                           //设置定时初值
        TH1 = 0xFE;                           //设置定时初值
        TR1 = 1;          }
```

（15）HardWare/Timer.c 定时器控制头文件。

```
# ifndef __Timer_H_
# define __Timer_H_
# include "STC15F2K60S2.H"
# include "Type_Redfine.h"
extern uint timer500usNum,timer100usNum;      //500μs 时标志位,以及相应的次数
void Timer0_Init(void);                       //定时器 0 初始化函数
void Timer1_Init(void);                       //定时器 1 初始化函数
# endif
```

2. 分析说明

1）程序工作过程

硬件初始化,初始化 ADXL345,读取 ADXL345 数据,偏移校正,计算出 xyz 方向的倾

角,由数码管显示。

2) I/O 引脚及相关寄存器配置

```
sbit led_sel = P2^3 ;              //数码管与 LED 灯切换引脚
sbit DAT = P2^5;                   //IIC 总线的数据线
    sbit CLK = P2^6;               //IIC 总线的时钟线
    sbit led = P2^3;
    sbit Key1 = P3^2;
```

3. ADXL345 测试程序说明

本测试以查清楚 ADXL345B 芯片故障的具体原因。

1) 根据数码管显示

0——不能访问 ADXL345。ADXL345 芯片损坏或电路板焊接问题;

1——芯片在待机状态。焊接正常,对 ADXL345 的访问控制存在问题;

3 ——芯片在测量状态。焊接正常,对 ADXL345 的访问控制基本正常。

2) 串行通信口输出信息:(1200bps,8,N,1)

每帧数据为 31 字节,十六进制格式。具体为:

A5、5A、(后接 29 个寄存器 0x1D~0x39 值)

其中 x、y、z 三轴加速度的测量值分别为(右对齐,13b 有效,补码,每个数字代表 3.9mg):

(0x33,0x32)—— x 轴加速度测量值

(0x35,0x34)—— y 轴加速度测量值

(0x37,0x36)—— z 轴加速度测量值

可根据这 6 个寄存器值,判断 ADXL345B 是否正常:

(1) 若与方位发生对应变化,说明 ADXL345B 芯片可能正常,或其中某个轴正常。

(2) 若方位发生变化,其值不变或很小变化,说明 ADXL345B 逻辑部分可正常访问,但其内部加速度传感器部分不能正常工作。

12.6 思考题

1. IIC 总线有什么特点?

2. IIC 总线在传送数据过程中共有几种类型的信号? 分别是什么样的信号波形?

3. 模块化编程时为什么要将程序分裂成多个源文件? 可能引起什么问题?

4. 头文件包含时需要注意哪些方面?

5. 程序设计时把程序划分成多个文件的一般方法是什么?

6. 常用 C51 库有哪些? 分别有哪些功能?

7. 试述串行 EEPROM 的字节写入方式。

8. 生活中哪些场景可以使用三轴加速度芯片?

9. 设计:按 STC-B_DEMO 模板思路实现 12.4 节任务代码。

10. 设计:测试以查清楚 ADXL345B 芯片故障的具体原因。

11. 设计:如何在复杂交互中驱动 ADXL345B 和导航按键实现更多按键功能。

## 第 13 章

外 设 应 用

前面已经介绍了计算机应用系统处理数字信号、模拟信号和通信信号的分立接口模块。本章通过学习板上实时时钟、调频收音机两大案例模块综合应用更多地外设，并利用扩展接口外接丰富的专用板完成电压、距离、重量、长度、转角等物理量测量，以及多机不同平台间的数据传输。

13.1 DS1302 时钟芯片

生活中大多数时钟是非实时的，只要把电池取下来时钟就将停止工作，或者当你的时钟电池耗尽时它也将停止工作。在掉电之后时钟将停止走秒，并丢失掉电前的时间。就像我们的老式诺基亚手机在拆卸电池之后再次安装电池开机会出现要求时间重置的界面，其无法保证手机在掉电之后依然维持时钟走秒。而实时时钟就很好地解决了这个难题。

13.1.1 DS1302 概述

DS1302 是 DALLAS 公司推出的涓流充电时钟芯片，内含有一个实时时钟/日历和 31 字节静态 RAM，如图 13-1 所示，外接 32.768kHz 晶体，为芯片提供计时脉冲，在学习板的纽扣电池（位于电路板左下方圆柱体）的持续供电下，实现 DS1302 的独立时间走动。我们可以直接对 DS1302 的寄存器进行读写，然后把时分秒等数据显示在学习板的数码管上面。

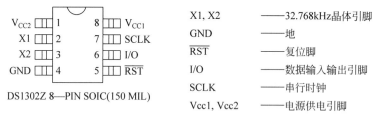

X1, X2	——32.768kHz晶体引脚
GND	——地
$\overline{RST}$	——复位脚
I/O	——数据输入输出引脚
SCLK	——串行时钟
Vcc1, Vcc2	——电源供电引脚

图 13-1　DS1302Z 外观和引脚功能

实时时钟的核心晶体频率为 $32\,768\mathrm{Hz}$。它为分频计数器提供精确的与低功耗的时基信号。它可以用于产生秒、分、时、日等信息。为了确保时钟长期的准确性，晶体必须正常工作，不能受到干扰。

1. 特性

DS1302 是由 DS1202 改进而来，增加了以下的特性：双电源管脚用于主电源和备份电源供应 V_{CC1} 为可编程涓流充电电源附加七个字节存储器，它广泛应用于电话传真便携式仪器以及电池供电的仪器仪表等产品领域，下面将主要的性能指标作一综合：

- 实时时钟具有能计算 2100 年之前的秒、分、时、日、日期、星期、月、年的能力以及闰年调整的能力。
- 31×8 位暂存数据存储 RAM。
- 串行 I/O 口方式使得引脚数量最少。
- 宽范围工作电压 2.0～5.5V。
- 电源为 2.0V 时电流小于 300nA。
- 读/写时钟或 RAM 数据时有两种传送方式单字节传送和多字节传送字符组方式。
- 8 脚 DIP 封装或可选的 8 脚 SOIC 封装根据表面装配。
- 简单 3 线接口。
- 与 TTL 兼容 $V_{CC}=5V$。
- 可选工业级温度范围 −40℃～+85℃。

2. 内部结构

DS1302 内部如图 13-2 所示,结构包括:

- POWER CONTROL:电源控制模块。
- INPUT SHIFT REGISTERS:输入移位寄存器。
- COMMAND AND CONTROL LOGIC:通信与逻辑控制器。
- OSCILLATOR AND DIVIDER:晶体振荡器及分频器。

DS1302 的内部主要组成部分有:移位寄存器、控制逻辑、振荡器、实时时钟以及 RAM。虽然数据分成两种,但是对单片机的程序而言,其实是一样的,就是对特定的地址进行读写操作。

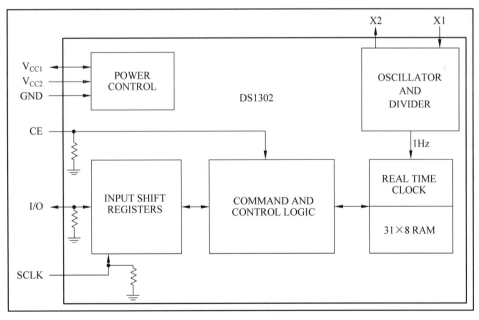

图 13-2 DS1302 内部结构

13.1.2 DS1302 测试电路

DS1302 与单片机的连接也仅需要 3 条线: $\overline{RST}$(CE)引脚、SCLK 串行时钟引脚、I/O

串行数据引脚，V_{CC2} 为备用电源，如图 13-3 所示。

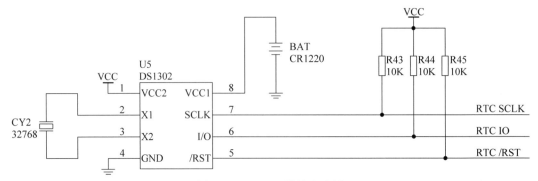

图 13-3　DS1302 模块电路图

CLK 和 I/O 虽然和 IIC 总线接在一条引脚上，但 DS1302 其实并不是使用 IIC 总线，而是一种三线式总线。

DS1302 的 2、3 引脚外接 32.768kHz 晶振的晶体，为芯片提供计时脉冲，通过秒寄存器的最高位控制晶振的工作状态，当为高时，停止工作；当为低时，晶振开始工作，实时模块自动计时。

实时时钟的晶振频率为什么是 32768Hz？实时时钟时间是以振荡频率来计算的。故它不是一个时间器而是一个计数器。而一般的计数器都是 16 位的。又因为时间的准确性很重要，故振荡次数越低，时间的准确性越低，所以必定是个高次数。32 768Hz＝2^{15} 即分频 15 次后为 1Hz，周期为 1s；经过工程师的经验总结，32 768Hz 时钟最准确。

SCLK 引脚作为输入引脚，用于在串行接口上控制数据的输入与输出。

I/O 引脚作为输入输出引脚，为实时时钟的数据线。

/RST 引脚作为输入引脚，在读、写数据时必须置为高电平。该引脚有两个功能：第一，CE 开始控制字访问移位寄存器的控制逻辑；其次，CE 提供结束单字节或多字节数据传输的方法。

13.1.3　DS1302 时序

DS1302 是一种三线式总线，如图 13-4～图 13-6 所示读写时序。

单个字节读：在前 8 个 SCLK 时钟周期内，上升沿写入控制字，在后 8 个 SCLK 时钟周期内，下降沿读取数据字；均从最低位开始。

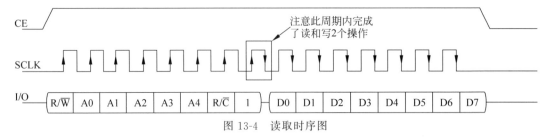

图 13-4　读取时序图

单个字节写：在前 8 个 SCLK 时钟周期，上升沿写入控制字，在后 8 个 SCLK 时钟周期，上升沿写入数据字；均从最低位开始。

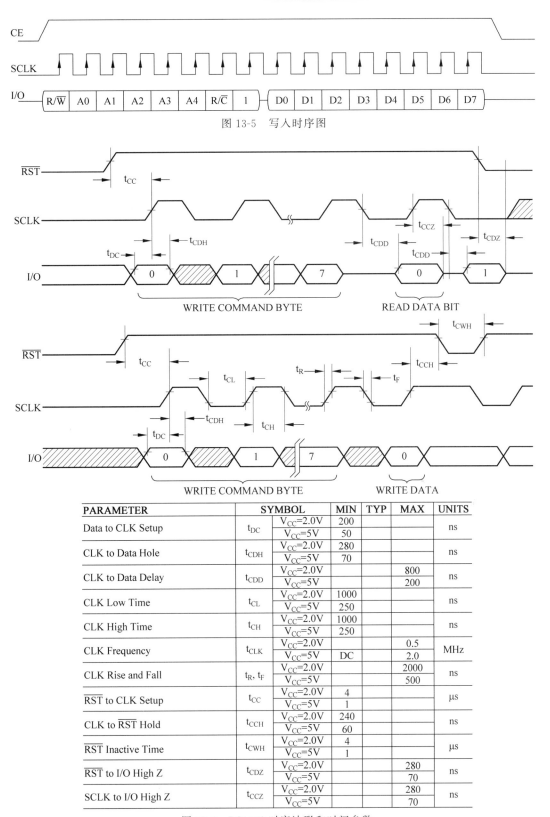

图 13-5 写入时序图

图 13-6 DS1302 时序波形和时间参数

PARAMETER	SYMBOL		MIN	TYP	MAX	UNITS
Data to CLK Setup	t_{DC}	V_{CC}=2.0V	200			ns
		V_{CC}=5V	50			
CLK to Data Hole	t_{CDH}	V_{CC}=2.0V	280			ns
		V_{CC}=5V	70			
CLK to Data Delay	t_{CDD}	V_{CC}=2.0V			800	ns
		V_{CC}=5V			200	
CLK Low Time	t_{CL}	V_{CC}=2.0V	1000			ns
		V_{CC}=5V	250			
CLK High Time	t_{CH}	V_{CC}=2.0V	1000			ns
		V_{CC}=5V	250			
CLK Frequency	t_{CLK}	V_{CC}=2.0V			0.5	MHz
		V_{CC}=5V	DC		2.0	
CLK Rise and Fall	t_R, t_F	V_{CC}=2.0V			2000	ns
		V_{CC}=5V			500	
$\overline{RST}$ to CLK Setup	t_{CC}	V_{CC}=2.0V	4			μs
		V_{CC}=5V	1			
CLK to $\overline{RST}$ Hold	t_{CCH}	V_{CC}=2.0V	240			ns
		V_{CC}=5V	60			
$\overline{RST}$ Inactive Time	t_{CWH}	V_{CC}=2.0V	4			μs
		V_{CC}=5V	1			
$\overline{RST}$ to I/O High Z	t_{CDZ}	V_{CC}=2.0V			280	ns
		V_{CC}=5V			70	
SCLK to I/O High Z	t_{CCZ}	V_{CC}=2.0V			280	ns
		V_{CC}=5V			70	

一个时钟周期是一个下降沿之后的上升沿序列。对于数据传输而言,数据必须在有效的时钟的上升沿输入,在时钟的下降沿输出。如果 CE 为低,所有的 I/O 引脚变为高阻抗状态,数据传输终止。

13.2 RDA5807FP 收音机芯片

13.2.1 RDA5807FP 概述

RDA5807FP 系列是新一代的单芯片广播调频立体声调谐器,全集成了合成器、中频选择、广播数字系统和多路信号译码器,如图 13-7 所示。该调谐器采用 CMOS 工艺,支持多接口,仅需要最少的外部元件。包装尺寸 SOP16 且完全免调整,非常适合便携式设备,广泛应用于便携通信设备、便携式收音机等立体声收音,移动 TV、MP3、MP4 播放器等内置式 FM 全频段无线接收、掌上计算机及笔记本计算机等周边应用。

SYMBOL	PIN	DESCRIPTION
GND	2,5,6,11,14	Ground. Connect to ground plane on PCB
RF GND	3	RF Ground. Connect to RF ground plane to PCB
FMIN	4	FM single input
RCLK	9	32.768kHz reference clock input
VDD	10	Power supply
LOUT,ROUT	13,12	Right/Left audio output
SCLK	7	Clock input for serial control bus
SDA	8	Data input/output for serial control bus
GPIO1,GPIO2,GPIO3	1,16,15	General purpose input/output

图 13-7 RDA5807FP 外观与引脚功能

RDA5807FP 接收器采用数字低中频结构,集成了支持 50～115MHz 的 FM 广播频段的低噪声放大器(LNA)、多相镜像抑制混合阵列、可编程增益控制(PGA)、高分辨率模数转换器(ADC)、音频数字信号处理器(DSP)和高保真数模转换器(DAC)。内部结构如图 13-8 所示,主要特性:

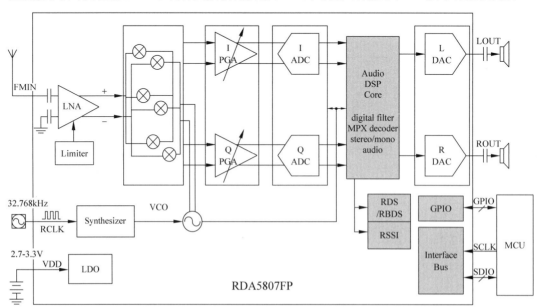

图 13-8 RDA5807FP 内部结构

- CMOS 工艺的单芯片全集成 FM 调谐器。
- 低功耗,正常 3V 供电时总电流消耗低至 20mA。
- 支持全球频段特点：50～108MHz。
- 支持灵活的频道细分模式：100kHz、200kHz、50kHz 和 25kHz。
- 支持广播数字系统 RDS/RBDS。
- 数字式低中频调谐器：镜像抑制下变频器、高性能的 A/D 转换器、内部执行中频选择。
- 全集成数字频率综合器：片上射频和中频振荡器(VCO)、片上环路滤波器。
- 可自主搜台调谐。
- 时钟晶振输入支持 32.768kHz、12MHz、24MHz、13MHz、26MHz、19.2MHz、38.4MHz。
- 数字自动增益控制(AGC)。
- 数字自适应噪声抵消：单声道/立体声切换、软静音、高频切点。
- 可编程的去加重(50/75μs)。
- 接收信号强度指示(RSSI)和信噪比。
- 低音增强、音量控制和静音。
- 支持 IIC 两线接口、IIS 数字输出接口。
- 直接支持 32Ω 电阻加载。
- 集成低压差线性稳压器(LDO)：2.7～3.3V 工作电压。

13.2.2　RDA5807FP 测试电路

测试电路供电 3.3V,12MHz 时钟输入,如图 13-9 所示。JACK 接标准 32Ω 电阻的耳机或音响,音频接口一脚由 ANT 输入当成 FM 天线。因 RDA5807FP 仅支持 IIC 控制接口,与单片机通信包含 2 个信号：SCLK 和 SDA。

13.2.3　RDA5807FP 时序

IIC 数据是由 START、命令字节、数据字节及每个字节后的 ACK 或 NACK 比特,以及 STOP 组成。RDA5807FP 读时序波形与时间参数如图 13-10 所示。

RDA5807FP 命令字节包括一个 7 比特的 chip 地址(0010000b)和一个读写 r/w 命令比特。写操作是数据字节由 MCU 输出,读操作是数据字节由 RDA5807FP 输出。

RDA5807FP 的 IIC 接口中寄存器的地址是不可见的。它有一个固定的起始寄存器地址(写操作时为 02H,读操作时为 0AH),并有一个内部递增计数器(到了最大地址 3AH 之后 00H)。

写操作时,MCU 写入寄存器的顺序如下：02H 的高字节、02H 的低字节、03H 的高字节……直到最后一个寄存器。RDA5807FP 在 MCU 写入每个字节后都会返回一个 ACK。MCU 给出 STOP 来结束寄存器操作。

读操作时,在 MCU 给出命令字节后,RDA5807FP 会送出数据字节,顺序如下：0AH 高字节、0AH 低字节、0BH 高字节……直到 RDA5807FP 接收到从 MCU 发出的 NACK。除了最后一个字节,MCU 在读到每个字节后都要给出 ACK,在读到最后一个字节后,MCU 给出 NACK 使 RDA5807FP 把总线交给 MCU,然后 MCU 发出 STOP,结束整个操作。

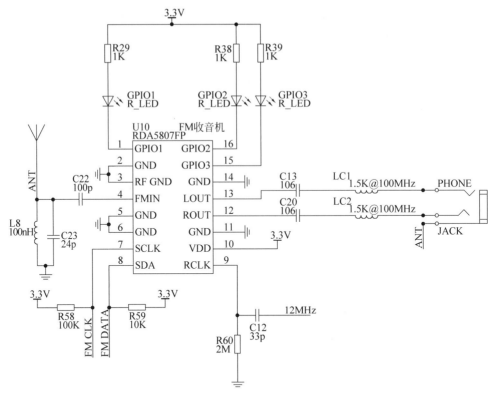

图 13-9　RDA5807FP 测试电路

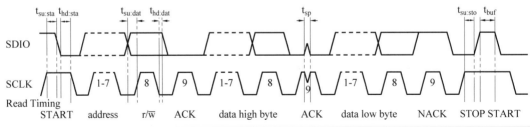

PARAMETER	SYMBOL	TEST CONDITION	MIN	TYP	MAX	UNIT
SCLK Frequency	f_{scl}		0	-	400	kHz
SCLK High Time	t_{high}		0.6	-	-	μs
SCLK Low Time	t_{low}		1.3	-	-	μs
Setup Time for START Condition	$t_{su:sta}$		0.6	-	-	μs
Hole Time for START Condition	$t_{hd:sta}$		0.6	-	-	μs
Setup Time for STOP Condition	$t_{su:sto}$		0.6	-	-	μs
SDIO Input to SCLK↑ Setup	$t_{su:dat}$		100	-	-	ns
SDIO Input to SCLK↓ Hold	$t_{hd:dat}$		0	-	900	ns
STOP to START Time	t_{buf}		1.3	-	-	μs
SDIO Output Fall Time	$t_{f:out}$		$20+0.1C_b$	-	250	ns
SDIO Input, SCLK Rise/Fall Time	$t_{r:in}/t_{f:in}$		$20+0.1C_b$	-	300	ns
Input Spike Suppression	t_{sp}		-	-	50	ns
SCLK, SDIO Capacitive Loading	C_b		-	-	50	pF
Digital Input Pin Capacitance					5	pF

图 13-10　读时序波形与时间参数

13.3　扩展接口

学习板提供了一个板外扩展接口方便大量外设可以直接使用,功能强大、连接简单、结构清晰、易于调试。扩展接口如图 13-11 所示,引脚为 1:5V 电源,2:单片机 P1.1,3:单片机 P1.0,4:GND 地。

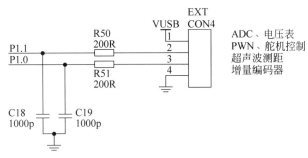

图 13-11　扩展接口

10.4 节时有串行口 2 使用扩展接口做 485 通信,串行口 2 的工作模式、波特率计算、工作过程的使用方法参考串行口 1 的 10.2 节,串行口 2 的相关寄存器如图 13-12 所示。

符号	描述	地址	位地址及符号 MSB							LSB	复位值
S2CON	Serial 2 Control register	9AH	S2SM0	-	S2SM2	S2REN	S2TB8	S2RB8	S2TI	S2RI	0000 0000B
S2BUF	Serial 2 Buffer	9BH									xxxx xxxxB
T2H	定时器2高8位,装入重装数	D6H									0000 0000B
T2L	定时器2低8位,装入重装数	D7H									0000 0000B
AUXR	辅助寄存器	8EH	T0x12	T1x12	UART_M0x6	T2R	T2_C/T̄	T2x12	EXTRAM	S1ST2	0000 0001B
IE	Interrupt Enable	A8H	EA	ELVD	EADC	ES	ET1	EX1	ET0	EX0	0000 0000B
IE2	Interrupt Enable 2	AFH	-	-	-	-	-	-	ESPI	ES2	xxxx xx00B
IP2	Interrupt Priority 2 Low	B5H	-	-	-	-	-	-	PSPI	PS2	x000 0000B
P_SW2	外围设备功能切换控制寄存器	BAH	-	-	-	-	-	S4_S	S3_S	S2_S	xxxx x000B

图 13-12　串口 2 寄存器

串行口 2 数据缓冲寄存器(S2BUF)的地址是 9BH,实际是两个缓冲器,写 S2BUF 的操作完成待发送数据的加载,读 S2BUF 的操作可获得已接收到的数据。两个操作分别对应两个不同的寄存器,一个是只写寄存器,一个是只读寄存器。

定时器 2 寄存器 T2H(地址为 D6H,复位值为 00H)及寄存器 T2L(地址为 D7H,复位值为 00H)用于保存重装时间常数。

注意

对于 STC15 系列单片机,串口 2 永远是使用定时器 2 作为波特率发生器,串口 2 不能够选择其他定时器作其波特率发生器；串口 1 默认选择定时器 2 作为其波特率发生器,也可以选择定时器 1 作为其波特率发生器。

通过设置寄存器 P_SW2 中的 S2_S 位,可以将串口 2 在 2 组[P1.0/RxD2,P1.1/TxD2](S2_S：0 时)和[P4.6/RxD2_2,P4.7/TxD2_2](S2_S：1 时)引脚之间任意切换。

STC1 系列部分单片机集成了 3 路可编程计数器阵列(CCP/PCA)模块,可用于软件定时器、外部脉冲的捕捉、高速脉冲输出以及脉宽调制(PWM)输出。

STC15F2K60S2 系列单片机的 CCP/PWM/PCA 均可以在 3 组不同管脚之间进行切换：

- [CCP0/P1.1，CCP1/P1.0，CCP2/CCP2_2/P3.7]；
- [CCP0_2/P3.5，CCP1_2/P3.6，CCP2/CCP2_2/P3.7]；
- [CCP0_3/P2.5，CCP1_3/P2.6，CCP2_3/P2.7]

STC15 系列 1T 8051 单片机 CCP/PCA/PWM 特殊功能寄存器配置详见 STC 官方手册第 11 章。

13.4 任务 实时时钟测试

13.4.1 规划设计

目标：本节学习 DS1302 芯片、晶振、电池和数码管实现实时时钟的数码管显示。

资源：STC-B 学习板(含纽扣电池)、PC、Keil 4 软件、STC-ISP 软件(V6.8 以上)。

任务：

(1) 再次下载本工程 Hex 文件,并对照测试结果仔细观察将实现的功能。

(2) 根据参考代码,认识 DS1302 总线驱动函数的信号波形发生、初始化、字节写和读操作。

(3) 参考 Z1 代码风格,利用 C51 编程实现任务功能。

功能：

(1) 上电后,实时时钟正常走秒。

(2) 数码管显示格式"时-分-秒"。下载后默认显示"00-00-00"。

(3) USB 线供电停止时,电池能替补供电。

测试结果：

(1) 下载 Hex 文件至学习板,如图 13-13 所示,此时数码管显示一个走秒的时钟。

图 13-13 案例测试结果

（2）记住此时的时间，拔掉 USB 供电接口，间隔数秒，接上 USB 供电接口，可以发现在断电期间，时钟时间依然在正常走动。

13.4.2 实现步骤

1. 参考代码

```c
#include "STC15F2K60S2.H"              //头文件
#include "intrins.H"                   //头文件
//宏定义
#define uchar unsigned char
#define uint unsigned int

//DS1302 寄存器的定义
#define DS1302_second_write 0X80
#define DS1302_minutes_write 0X82
#define DS1302_hour_write 0X84
#define DS1302_date_write 0X86
#define DS1302_week_write 0X8A
#define DS1302_month_write 0X88
#define DS1302_year_write 0X8C

#define DS1302_second_read 0X81
#define DS1302_minutes_read 0X83
#define DS1302_hour_read 0X85
#define DS1302_date_read 0X87
#define DS1302_week_read 0X8B
#define DS1302_month_read 0X89
#define DS1302_year_read 0X8D

//位定义
sbit RTC_sclk = P1 ^ 5;                //时钟控制引脚,控制数据的输入输出
sbit RTC_rst = P1 ^ 6;                 //CE 引脚,读写时必须置高电平
sbit RTC_io = P5 ^ 4;                  //数据引脚

//显示的位定义
sbit led_sel = P2 ^ 3;
uchar wei[] = {0x00, 0x01, 0x02, 0x03, 0x04, 0x05, 0x06, 0x07};    //数码管位选
uchar duan[] = {0x3f, 0x06, 0x5b, 0x4f, 0x66, 0x6d, 0x7d, 0x07, 0x7f, 0x6f, 0x77, 0x7c,
0x39, 0x5e, 0x79, 0x71};                //显示 0~f

//定义时间结构体
typedef struct _systemtime_
{
    uchar second;
    uchar minute;
    uchar hour;
    uchar day;
    uchar week;
```

```
        uchar month;
        uchar year;
    } systemtime;
    systemtime t;

    uchar i;
    uchar temp;

    //DS1302 写一字节的数据
    void DS1302WriteByte( uchar dat )
    {
        uchar i;
        RTC_sclk = 0;                    //初始时钟线置 0
        _nop_(); _nop_();
        for( i = 0; i < 8; i++)          //开始传输 8 位数据
        {
            RTC_io = dat & 0x01;         //取最低位
            _nop_(); _nop_();
            RTC_sclk = 1;                //时钟线拉高,制造上升沿,数据被传输
            _nop_(); _nop_();
            RTC_sclk = 0;                //时钟线拉低,为下一个上升沿做准备
            dat >> = 1;                  //数据右移一位,准备传输下一位数据
        }
    }
    //DS1302 读一个字节的数据
    uchar DS1302ReadByte()
    {
        uchar i, dat;
        _nop_(); _nop_();
        for( i = 0; i < 8; i++)
        {
            dat >> = 1;                  //要返回的数据右移一位
            if( RTC_io == 1 )            //当数据线为高时,证明该位数据为1
                dat | = 0x80;
            RTC_sclk = 1;
            _nop_(); _nop_();
            RTC_sclk = 0;                //制造下降沿
            _nop_();
            _nop_();
        }
        return dat;                      //返回读取出的数据
    }
    //读相应地址中一个字节的数据
    uchar DS1302Read( uchar cmd )
    {
        uchar dat;
        RTC_rst = 0;                     //初始 CE 置 0
        RTC_sclk = 0;                    //初始时钟置 0
        RTC_rst = 1;                     //初始 CE 置 1,传输开始
```

```
        DS1302WriteByte( cmd );                 //传输命令字
        dat = DS1302ReadByte();                 //读取得到的时间
        RTC_sclk = 1;                           //时钟线拉高
        RTC_rst = 0;                            //读取结束,CE置0,结束数据传输
        return dat;                             //返回得到的时间日期
    }
//在相应地址中写数据
void DS1302Write( uchar cmd, uchar dat )
{
        RTC_rst = 0;                            //初始CE置0
        RTC_sclk = 0;                           //初始时钟置0
        RTC_rst = 1;                            //置1,传输开始
        DS1302WriteByte( cmd );                 //传输命令字,要写入的时间的地址
        DS1302WriteByte( dat );                 //写入修改的时间
        RTC_sclk = 1;                           //时钟线拉高
        RTC_rst = 0;                            //读取结束,CE = 0,结束数据的传输
}
//DS1302 的时间值获取程序
systemtime GetDA1302()
{
    systemtime time;
    uchar realvalue;
    realvalue = DS1302Read( DS1302_second_read );
    time.second = ( ( realvalue & 0x70 ) >> 4 ) * 10 + ( realvalue & 0x0f );
    realvalue = DS1302Read( DS1302_minutes_read );
    time.minute = ( ( realvalue & 0x70 ) >> 4 ) * 10 + ( realvalue & 0x0f );
    realvalue = DS1302Read( DS1302_hour_read );
    time.hour = ( ( realvalue & 0x70 ) >> 4 ) * 10 + ( realvalue & 0x0f );
    realvalue = DS1302Read( DS1302_date_read );
    time.day = ( ( realvalue & 0x70 ) >> 4 ) * 10 + ( realvalue & 0x0f );
    realvalue = DS1302Read( DS1302_week_read );
    time.week = ( ( realvalue & 0x70 ) >> 4 ) * 10 + ( realvalue & 0x0f );
    realvalue = DS1302Read( DS1302_month_read );
    time.month = ( ( realvalue & 0x70 ) >> 4 ) * 10 + ( realvalue & 0x0f );
    realvalue = DS1302Read( DS1302_year_read );
    time.year = ( ( realvalue & 0x70 ) >> 4 ) * 10 + ( realvalue & 0x0f );
    return time;
}
//DS1302 初始化程序
void Init_DS1302()
{
    DS1302Write( 0X8E, 0X00 );                  //写保护关
    temp = DS1302Read( DS1302_second_read ) & 0x7f;
    DS1302Write( DS1302_second_write, temp );
    DS1302Write( 0X8E, 0X80 );                  //写保护置1
}
//系统初始化程序
void init()
{
```

```
        P2M0 = 0XFF; P2M1 = 0X00;
        P0M0 = 0XFF; P0M1 = 0X00;

        led_sel = 0;                             //选通数码管
        TMOD = 0X01;                             //定时器 0,工作方式 1
        EA = 1;                                  //打开总中断
        TH0 = ( 65535 - 1000 ) / 256;            //设置定时初值
        TL0 = ( 65535 - 1000 ) % 256;
        TR0 = 1;                                 //启动定时器
        ET0 = 1;                                 //开启定时器中断
    }
    //定时器 0 中断服务程序
    void time0() interrupt 1
    {
        TH0 = ( 65535 - 1000 ) / 256;            //设置定时初值
        TL0 = ( 65535 - 1000 ) % 256;
        EA = 0;
        i++;
        if( i == 8 ) i = 0;
        led_sel = 0;
        P0 = 0X00;
        P2 = wei[i];
        switch( i )
        {
            case 0 :
                P0 = duan[t.hour / 10];          break;
            case 1 :
                P0 = duan[t.hour % 10];          break;
            case 3 :
                P0 = duan[t.minute / 10];        break;
            case 4 :
                P0 = duan[t.minute % 10];        break;
            case 6 :
                P0 = duan[t.second / 10];        break;
            case 7 :
                P0 = duan[t.second % 10];        break;
            default :
                P0 = 0x40;                       break;
        }
        EA = 1;
    }

    void main()
    {
        init();
        if( DS1302Read( DS1302_second_read ) & 0X80 )
            Init_DS1302();
        while( 1 )
        {
```

```
            t = GetDA1302();
        }
    }
```

2. 分析说明

1）程序步骤

初始化，包括定时器及其他相关的控制变量。

读取秒寄存器值，判断秒寄存器值最高位。最高位为 1 表示实时时钟暂停工作需要初始化，否则执行下一步默认。

默认进入循环显示时分秒模式。

2）引脚定义

```
/ ******** DS1302 ******** /
sbit RTC_sclk = P1^5;                    //时钟线引脚,控制数据的输入与输出
sbit RTC_rst = P1^6;                     //CE 线引脚,读、写数据时必须置为高电平
sbit RTC_io = P5^4;                      //实时时钟的数据线引脚
/ ******** 数码管显示 ****** /
sbit led_sel = P2^3;                     //流水灯和数码管选通引脚
uchar wei[] = {0x00,0x01,0x02,0x03,0x04,0x05,0x06,0x07};
uchar duan[] = {0x3f,0x06,0x5b,0x4f,0x66,0x6d,0x7d,0x07,0x7f,0x6f,0x77,0x7c,
0x39,0x5e,0x79,0x71};
```

3）变量定义

```
//定义时间结构体
typedef struct _systemtime_
{   uchar second;
    uchar minute;
    uchar hour;
    uchar day;
    uchar week;
    uchar month;
    uchar year;
}systemtime;
systemtime t;
```

当需要存储相关数据项的集合时，结构体是一种合理的选择。结构体中是可能具有不同类型的元素，C 语言中称结构体的成员，其他语言中也称记录的字段。

作为声明结构体标记的替换，使用 typedef 来定义真实的类型名。类型 systemtime 的名字必须出现在定义的末尾。之后可以像内置类型那样使用 systemtime。

4）寄存器配置说明

（1）DS1302 相关寄存器。DS1302 内部共有 12 个寄存器，其中有 7 个寄存器与日历、时钟相关，存放的数据位为 BCD 码形式。此外，DS1302 还有年份寄存器、控制寄存器、充电寄存器、时钟突发寄存器及与 RAM 相关的寄存器等，如表 13-1 所示。

控制字寄存器存放命令编码用于访问 DS1302 寄存器。控制字寄存器如图 13-14 所示。

表 13-1　DS1302 部分寄存器

READ	WRITE	BIT 7	BIT 6	BIT 5	BIT 4	BIT 3	BIT 2	BIT 1	BIT 0	RANGE
81h	80h	CH	10 Seconds			Seconds				00~59
83h	82h	10 Minutes				Minutes				00~59
85h	84h	$12/\overline{24}$	0	$\dfrac{10}{\overline{AM/PM}}$	Hour	Hour				1~12/0~23
87h	86h	0	0	10 Date		Date				1~31
89h	88h	0	0	0	10 Month	Month				1~12
8Bh	8Ah	0	0	0	0	0	Day			1~7
8Dh	8Ch	10 Year				Year				00~99
8Fh	8Eh	WP	0	0	0	0	0	0	0	—
91h	90h	TCS	TCS	TCS	TCS	DS	DS	RS	RS	—

位 7：必须是逻辑 1，如果它为 0，则不能把数据写入到 DS1302 中。

位 6：如果为 0，则表示存取日历时钟数据，为 1 表示存取 RAM 数据；此程序中没有涉及 RAM 存取数据，所以位 6 置为 0。

位 5~位 1(A4~A0)：指示操作单元的地址；

位 0(最低有效位)：为 0 写操作，为 1 读操作。

7	6	5	4	3	2	1	0
1	RAM$\overline{CK}$	A4	A3	A2	A1	A0	RD$\overline{WR}$

图 13-14　控制字寄存器

秒寄存器：

位 7：CH 时间暂停位，为 1 时钟振荡器停止工作，为 0 时，时钟振荡器启动；

初始化时，要启动时钟振荡器，在禁止写保护的情况下通过如下语句实现：

```
temp = DS1302Read (0x81)&0x7f ;
DS1302Write (0x80,temp);              //晶振开始工作
```

小时寄存器：

位 7：12 或 24 小时工作模式选择位。为 1 时 12 小时工作模式，此时位 5 为 AM/PM 位，低电平对应 AM，高电平对应 PM；在 24 小时模式下，位 5 为第二个 10 小时位表示（20~23 时）。

写保护寄存器：

位 7：WP 是写保护位，工作时除 WP 外的其他位都置为 0，写操作之前 WP 必须为 0，当 WP 为 1 时不能进行写操作。

```
DS1302Write (0x8E,0x00);              //禁止写保护位
DS1302Write (0x8E,0x80);              //写保护位置 1
```

（2）定时器相关寄存器。

初始化时，设置定时器 0，工作模式 1 即 16 位不可重装载模式。

13.5 任务 可校准的实时时钟

实时时钟不但可以作为家用,更可以在公共场合使用,如车站、码头、商场等场所,一个稳定可靠的时钟在我们的日常生活中具有很实际的意义,特别是在各种嵌入式系统中用于记录事件发生的时间和相关信息,如通信工程、电力自动化、工业控制等自动化程度高的领域的无人值守环境中。

规划设计

目标:本节学习 DS1302 芯片、晶振、电池和数码管实现实时时钟的数码管显示,并实现准确校准实时时钟的时间。

资源:STC-B 学习板、PC、Keil 4 软件、STC-ISP 软件(V6.8 以上)。

任务:

(1) 再次下载本工程 Hex 文件,并对照测试结果仔细观察将实现的功能。

(2) 参考 Z1 代码风格,利用 C51 编程实现任务功能。

(3) 参考 STC-B_DEMO 模板组织程序。

功能:

(1) 上电后,实时时钟正常走秒。

(2) 数码管显示格式"时-分-秒"。下载后默认显示"00-00-00"。校准设置当前"时分秒"个位小数点会亮起,如"01-02.-03"。

(3) USB 线供电停止时,电池能替补供电。

(4) 导航按键的左键(时)、右键(秒)、确认键(分);

(5) 导航按键的上键:控制时分秒的数值增1;

(6) 导航按键的下键:控制时分秒的数值减1;

(7) 数字按键 K1 键:进入或退出时间设置状态;

测试结果:

(1) 用 STC ISP 打开并下载 Hex 文件;

(2) 如图 13-15 所示,默认下载后显示时分秒信息;

(3) 按下按键 K1,进入时分秒设置,默认对分进行设置,例如显示"01-02.-03"(每块学习板当前显示时间各不相同),02 右下角的小数点表示当前设置的是分钟(小数点亮对应位置可以通过导航按键的上下键进行值调节),按导航按键的上或下键增减分钟值;

(4) 按导航按键的左(时)、右(秒)、确认键(分),结合上、下键进行值调节;

(5) 再次按下按键 K1 退出时分秒设置;

(6) 时钟依靠自身的晶振跑起来,显示调节后时钟时分秒值。

本节在 13.4 节的实时时钟基础上,利用按键 K1 以及导航键实现了时间的校准。

程序保持主循环中获取时间,另外增加导航按键和数字按键综合校准时钟模块,利用 ADC 口对来自导航按键不同方向的电压值进行采集,采用 ADC 查询方式并将获取的转换结果只取值高三位,将此值作为导航按键方向判断标准。导航按键是通过 ADC 采集电压的改变从而判断按下的方向,而数字按键是通过电平的直接改变判断是否按下。定时器 1 中断服务依然提供数码管显示。

图 13-15　案例测试结果

13.6　任务　FM 收音机

13.6.1　规划设计

目标:本节通过案例理解简单收音机的原理,尤其是理解收音机芯片 RDA5807P 的相关功能与工作原理,通过与 RDA5807P 芯片通信,然后设置相关寄存器的值可以收听一定频率的广播电台并且能够调节音量。

资源:STC-B 学习板、PC、耳机(3.5mm 接口)、Keil 4 软件、STC-ISP 软件(V6.8 以上)。

任务:

(1) 再次下载本工程 Hex 文件,并对照测试结果仔细观察将实现的功能。

(2) 根据参考代码,认识 IIC 总线驱动函数的信号波形发生、初始化、字节写和读操作。

(3) 根据参考代码,认识收音机功能的实现原理和寄存器设置。

(4) 参考 Z1 代码风格,利用 C51 编程实现任务功能。

功能:

程序初始化时收听的是频率值为 97.5MHz 的电台,通过按导航按键的中键可以点亮和熄灭数码管,按下导航按键的右键往高频率方向调电台,按下导航按键的左键往低频率的方向调电台。能搜索的电台最大频率为 108MHz,最小为 87.5MHz,调频高于 108MHz 时则为 87.5MHz,低于 87.5MHz 时则为 108MHz,每次电台的频率加 0.1MHz 或减 0.1MHz。按下按键 K2 可以调大电台音量,按下按键 K1 调小电台音量。第 1 号和第 2 号数码管显示当前电台音量,第 6~8 号数码管显示当前电台频率。

测试结果：

（1）用 STC ISP，打开并下载工程中的 Hex 文件。

（2）下载后，如图 13-16 所示，初始电台频率为 97.5MHz（可根据当地电台情况，自行设定为可以播放的电台频率）。

（3）调节导航按键可以手动调节电台频率，加或者减。

（4）按 K2 键增加音量，按 K1 键减少音量。

（5）1,2 号数码管显示音量，6,7,8 号数码管显示电台频率。

图 13-16　案例测试结果

13.6.2　实现步骤

1. 参考代码

（1）main.c 主函数源文件。

```
# include "KEY.H"
//# include "led.h"
# include "Delay.h"
# include "FM.h"

unsigned char Radio_Write_Data[8] =
{   0xc0, 0x11,              //02H:音频输出,静音禁用,12MHZ,启用状态
    0x1a, 0x50,              //03H:97500kHz,频率使能 87~108MHz(US/Europe),步进 100kHz
    0x40, 0x02,              //04H:1~0 为 GPIO1(10 为低,灯亮;11 为高,灯灭),...
    0x88, 0xa5 };            //a5 中的 5 为初始音量

unsigned long frequency = 0;
unsigned int chan = 0;
unsigned char volume;
/*系统初始化函数,初始化系统的 A/D,I/O 口以及收音机芯片(RDA5807P) */
void Init()
{   Init_KEY();
    Config_LED();
    P4M0 = 0x00; P4M1 = 0x00; /* FM 硬件初始化 */
```

```
    P5M0 = 0xff; P5M1 = 0x00;
    Init_Radio();
    P2_3 = 0; }
/* 主函数,初始化系统,然后循环调用按键监听函数以及数码管显示函数 */
void main()
{   Init();
    while( 1 )
    {   Frequency_Display();
        Search_Keyscan();
        KeyScan(); } }
```

(2) FM.c 收音机驱动与功能源文件。

```
#include "FM.h"
/* 初始化电台函数,将电台初始化收听频率设置为 87500 */
void Init_Radio()
{   Get_CHAN();
    Get_Frequency();
    IIC_Radio_WriteData();
    Delay( 50 ); }
/********* RDA5807P 芯片的 IIC 操作函数 ********* /
void IIC_Radio_Start()                //IIC 通信开始
{   FM_DATA = UP; FM_CLOCK = UP;
    FM_DATA = DOWN; Delayus( 10 );
    FM_CLOCK = DOWN; Delayus( 10 ); }
void IIC_Radio_Stop()                 //IIC 通信结束
{   FM_DATA = DOWN;
    FM_CLOCK = UP; Delayus( 10 );
    FM_DATA = UP; Delayus( 10 ); }
void IIC_Radio_MACK()                 //主机应答信号
{
    FM_DATA = DOWN; Delayus( 10 );
    FM_CLOCK = UP; Delayus( 10 );
    FM_CLOCK = DOWN; Delayus( 10 );
    FM_DATA = UP;
}
void IIC_Radio_ACK()                  //从机应答信号
{   unsigned char i = 0;
    FM_CLOCK = UP;
    while( ( FM_DATA == 1 ) && ( i < 250 ) ) i++;
    FM_CLOCK = DOWN; Delayus( 10 ); }
//写入 1 字节数据
void IIC_Radio_WriteByte( unsigned char Data )
{   unsigned char i;
    for( i = 0; i != 8; i++)
    {   FM_CLOCK = DOWN; Delayus( 10 );
        FM_DATA = ( bit ) ( Data & 0x80 );
        Data = Data << 1; Delayus( 10 );
```

```
                FM_CLOCK = UP; Delayus( 10 ); }
        FM_CLOCK = DOWN; Delayus( 10 );
        FM_CLOCK = UP; Delayus( 10 ); }
//往从机一次写入 8 字节数据
void IIC_Radio_WriteData()
{   unsigned char i;
    IIC_Radio_Start();              //IIC 开始
    IIC_Radio_WriteByte( 0x20 );    //主机向 IIC 总线上写入从机的地址信息,与从机建立通信
    IIC_Radio_ACK();                //等待从机收到后回应 ACK
    for( i = 0; i < 8; i++ )        //连续写入 8 字节数据
    {   IIC_Radio_WriteByte( Radio_Write_Data[i] );
        IIC_Radio_MACK(); }
    IIC_Radio_Stop(); }
//获取 CHAN 值
void Get_CHAN()
{   chan = Radio_Write_Data[2];
    chan = chan * 4 + Radio_Write_Data[3] / 64; }
//获取电台频率值,即 CHAN 转频率
void Get_Frequency()
{   frequency = 100 * chan + 87000; }
//将电台频率转化为 PLL 值的函数
void FrequencyToChan( void )        //频率转 CHAN
{   chan = ( frequency - 87000 ) / 100; }
//手动搜台函数,参数 flag 决定是向上还是向下搜台,每次只能调频 100kHz
void Manual_Search( unsigned char flag )
{   if( flag == 1 )     //flag == 1,表示向上搜台,并且保证电台频率不能超出 87 500～108 000
    {   frequency += 100;
        if( frequency > MAX_Frequency ) frequency = MIN_Frequency; }
    else if( flag == -1 )       //flag == 1,表示向下搜台
    {   frequency -= 100;
        if( frequency < MIN_Frequency ) frequency = MAX_Frequency; }
    FrequencyToChan();          //将频率转化为 CHAN
    Radio_Write_Data[2] = chan / 4;
    Radio_Write_Data[3] = ( ( chan % 4 ) << 6 ) | 0x10;
    IIC_Radio_WriteData();      //然后将 CHAN 写入收音机芯片的相关寄存器实现手动调频的功能
}
//设置收音机音量,参数 flag 决定是增大还是减小音量
void SetVolume( unsigned char flag )
{   volume = Radio_Write_Data[7] & 0x0f;
    if( flag == 1 )             //flag == 1 增大音量
    {   if( volume == 15 ) volume = 0;
        else volume++; }
    else
    {   if( volume == 0 ) volume = 15;          //flag == 0 减少音量
        else volume--; }
    Radio_Write_Data[7] = ( Radio_Write_Data[7] & 0xf0 ) | ( volume & 0x0f );
    IIC_Radio_WriteData();      //将改变后的音量值写入收音机芯片的相关寄存器从而达到
                                //调节收音音量的效果
}
```

```
//将电台频率和音量值显示到相应的数码管
void Frequency_Display()
{   unsigned long fre;
    fre = frequency / 100;
    volume = Radio_Write_Data[7] & 0x0f;
    //音量显示
    if( volume < 10 ) Display_LED_Num( volume, 1, 0 );
    else
    {   Display_LED_Num( volume / 10, 1, 0 );
        Display_LED_Num( volume % 10, 2, 0 ); }
    //频率显示
    if( fre / 1000 )
    {   Display_LED_Num( fre / 1000, 5, 0 );
        Display_LED_Num( fre % 1000 / 100, 6, 0 );
        Display_LED_Num( fre % 1000 % 100 / 10, 7, 1 );
        Display_LED_Num( fre % 1000 % 100 % 10, 8, 0 ); }
    else
    {   Display_LED_Num( fre / 100, 6, 0 );
        Display_LED_Num( fre % 100 / 10, 7, 1 );
        Display_LED_Num( fre % 100 % 10, 8, 0 ); } }
```

（3）FM. h 收音机驱动与功能头文件。

```
#ifndef _FM_H_
#define _FM_H_
#include "reg51. h"
#include "Delay. h"
#include "led. h"

#define MAX_Frequency 108000            //最大电台频率
#define MIN_Frequency 87500             //最小电台频率
#define DOWN 0                          //低电平值
#define UP 1                            //高电平值
/ ******* 引脚别名定义 ***** /
sbit FM_CLOCK = P4 ^ 5;
sbit FM_DATA = P2 ^ 7;

extern unsigned char Radio_Write_Data[8];   //写入 RDA5807P 芯片的前 8 字节数据
extern unsigned long frequency;             //当前收音机收听的电台频率
extern unsigned int chan;                   //CHAN 值(参考原理说明文档)
extern unsigned char volume;                //电台音量值

void Init_Radio();
/ *********** IIC ********** /
void IIC_Radio_Start();
void IIC_Radio_Stop();
void IIC_Radio_MACK();
void IIC_Radio_ACK();
```

```
void IIC_Radio_WriteByte( unsigned char Data );
void IIC_Radio_WriteData();

/ ********* 2 - wire Bus ********* /
void Radio_WriteByte( unsigned char dat );
void Radio_WriteData();
/ ********** General ********** /
void Get_CHAN();                              //频率转 CHAN
void Get_Frequency();                         //CHAN 值转频率值
void FrequencyToChan( void );                 //频率转 CHAN
void Manual_Search( unsigned char flag );
void Frequency_Display();
void SetVolume( unsigned char flag );         //设置音量
#endif
```

（4）key.c 按键驱动与功能源文件。

```
#include "key.h"
/* Init_KEY 函数,初始化 P1.7 口为 ADC */
void Init_KEY()
{   P1ASF = P1_7_ADC;
    ADC_RES = 0;
    ADC_CONTR = ADC_POWER | ADC_FLAGE | ADC_START | ADC_SPEEDHH | ADC_CHANNEL;
    Delay( 2 ); }
/* GetADC 函数,获得 AD 转换的值 */
unsigned char GetADC()
{   unsigned char result;
    ADC_CONTR = ADC_POWER | ADC_START | ADC_SPEEDHH | ADC_CHANNEL;
    _nop_(); _nop_(); _nop_(); _nop_();
    while( !( ADC_CONTR & ADC_FLAGE ) );
    ADC_CONTR &= ~ADC_FLAGE;
    result = ADC_RES;
    return result; }
/* 导航键扫描函数
* 由于导航按键是模拟量按键,因此通过获取各按键的 A/D 转换值来判断相应的按键按下,然后执
行相应的动作 */
void Search_Keyscan()
{   unsigned char key, num;
    key = GetADC();                           //获取模拟按键按下的 AD 值
    if( ( key >= 96 ) && ( key <= 127 ) )     //确定键 AD 值 111
    {   key = GetADC();
        if( ( key >= 96 ) && ( key <= 127 ) )
        {   while( 1 )
            {   key = GetADC();
                Frequency_Display();
                if( key > 240 ) break; } } }
    else if( ( key >= 128 ) && ( key <= 160 ) )   //左键 AD 值 148,手动调台,减 0.1
    {   key = GetADC();
```

```
            if( ( key >= 128 ) && ( key <= 160 ) )
            {   while( 1 )
                {   key = GetADC();
                    Frequency_Display();
                    if( key > 240 ) break; }
                num = -1;
                Manual_Search( num ); } }
        else if( ( key >= 32 ) && ( key <= 63 ) )   //右键 AD 值 38 手动调台,加 0.1
        {   key = GetADC();
            if( ( key >= 32 ) && ( key <= 63 ) )
            {   while( 1 )
                {   key = GetADC();
                    Frequency_Display();
                    if( key > 240 ) break; }
                num = 1;
                Manual_Search( num ); } }
        else return ; }
/* 按键 1 和按键 2 扫描函数
 * 判断按键 1 和 2 是否按下,如果按下则执行相应的动作 */
void KeyScan()
{   if( KEY1 == 0 )                              //按键 1 按下,调小音量
    {   Delayus( 50 );
        while( !KEY1 ) Frequency_Display();
        SetVolume( 0 ); }
    if( KEY2 == 0 )                              //按键 2 按下,调大音量
    {   Delayus( 50 );
        while( !KEY2 ) Frequency_Display();
        SetVolume( 1 ); } }
```

（5）key.h 按键驱动与功能头文件。

```
#ifndef_KEY_H_
#define _KEY_H_
#include "reg51.h"
#include "Delay.h"
#include "FM.h"
/* 用来初始化 A/D 转化相关寄存器的数据 ****/
#define P1_7_ADC 0x80
#define ADC_POWER 0X80
#define ADC_FLAGE 0X10
#define ADC_START 0X08
#define ADC_SPEEDLL 0X00
#define ADC_SPEEDL 0X20
#define ADC_SPEEDH 0X40
#define ADC_SPEEDHH 0X60
#define ADC_CHANNEL 0X07
```

```
/******引脚别名定义****/
sbit KEY1 = P3^2;
sbit KEY2 = P3^3;
sbit KEY3 = P1^7;
void Init_KEY();
unsigned char GetADC();
void Search_Keyscan();
void KeyScan();
#endif
```

（6）led.c 数码管显示驱动源文件。

```
#include "led.h"
/* Config_LED 函数,配置 LED 用到的 I/O 口 */
void Config_LED()
{   CLK_DIV = 0X00;
    P0M0 = 0XFF; P0M1 = 0X00;
    P2M0 = 0x00; P2M1 = 0x00; }
/* Display_LED_Num 函数,设置数码管显示的数
 * 第 j 个数码管显示数为 i,flag = 1 时显示的带小数点,flag = 0 时,不带小数点 */
void Display_LED_Num( int i, int j, unsigned char flag )
{   unsigned char num[] =
    {   0x3f, 0x06, 0x5b, 0x4f,0x66, 0x6d, 0x7d, 0x07, 0x7f, 0x6f };
    unsigned char num1[] =
    {   0xbf, 0x86, 0xdb, 0xcf, 0xe6, 0xed, 0xfd, 0x87, 0xff, 0xef };
    switch( j )
    {   case 1:  P2_2 = 0;   P2_1 = 0;   P2_0 = 0;   break;
        case 2:  P2_2 = 0;   P2_1 = 0;   P2_0 = 1;   break;
        case 3:  P2_2 = 0;   P2_1 = 1;   P2_0 = 0;   break;
        case 4:  P2_2 = 0;   P2_1 = 1;   P2_0 = 1;   break;
        case 5:  P2_2 = 1;   P2_1 = 0;   P2_0 = 0;   break;
        case 6:  P2_2 = 1;   P2_1 = 0;   P2_0 = 1;   break;
        case 7:  P2_2 = 1;   P2_1 = 1;   P2_0 = 0;   break;
        default: P2_2 = 1;   P2_1 = 1;   P2_0 = 1;   break; }
    if( flag )
    {   P0 = num1[i];   Delayus( 500 );
        P0 = 0x00;      Delayus( 500 ); }
    else
    {   P0 = num[i];    Delayus( 500 );
        P0 = 0X00;      Delayus( 500 ); } }
```

（7）led.h 数码管显示驱动头文件。

```
#ifndef _LED_H_
#define _LED_H_
#include "reg51.h"
#include "Delay.h"
/****引脚别名定义****/
```

```
    sbit P2_0 = P2^0;
    sbit P2_1 = P2^1;
    sbit P2_2 = P2^2;
    sbit P2_3 = P2^3;
    void Config_LED();
    void Display_LED_Num( int i, int j, unsigned char flag);
    #endif
```

（8）Delay.c 延时源文件。

```
    #include "Delay.h"
    /* Delayus 函数 */
    void Delayus( int i )
    {    while ( i-- )
        {   _nop_(); _nop_();    }   }
    /* Delay 函数 */
    void Delay( char n )
    {    int x;
        while( n-- )
        {    x = 5000;
            while( x-- );    }        }
```

（9）Delay.h 延时头文件。

```
    #ifndef _DELAY_H_
    #define _DELAY_H_
    #include "intrins.h"

    void Delayus( int i );
    void Delay( char n );
    #endif
```

2. 分析说明

1）程序步骤

本程序主要是做一个具有手动调台，调节音量功能的相对简单的收音机。主要思想：先初始化相关硬件，包括数码管、按键、A/D、FM 模块等。

数码管同时显示音量与频率，然后循环检测按键。

根据不同的按键动作实现收音机相关部分的功能：

（1）检测到导航左键，手动搜索频率（减）。

（2）检测到导航右键，手动搜索频率（加）。

（3）检测到按 K2 键，调高音量。

（4）检测到按 K1 键，调低音量。

2）相关寄存器

功能说明如表 13-2 所示，其中 02H～05H 为写寄存器，而读寄存器为 0AH、0BH。

表 13-2　RDA5807FP 相关寄存器

位	15bit	14bit	13bit	12bit	11bit	10bit	9bit	8bit	7bit	6bit	5bit	4bit	3bit	2bit	1bit	0bit
02H	DHIZ 音频输出	DMUTE 静音控制	MONO 声道选择	BASS 低音增强	RESERVED		SEEKUP 搜索方向	SEEK 搜索控制	SKMODE 搜索模式	CLK_MODE 时钟模式					SOFT RESET 软复位	ENABLE 上电
说明	0=高阻 1=正常	0=静音 1=正常	0=立体声 1=单声道	0=禁用 1=开始	保留=0		0=向下搜索 1=向上搜索	0=停止搜索 1=开启	0=到边界继续 1=到边界停止	000=32.768kHz 001=12Mhz 101=24Mhz 010=13Mhz 110=26Mhz 011=19.2Mhz 111=38.4Mhz					0=不复位 1=复位	0=禁用 1=启用
默认值	0	0	0	0	0		0	0	0	0					0	0
03H	CHAN 频率										RESERVED	TUNE 调谐	BAND 波段选择		SPACE 频率间距	
说明	BAND=0,频率=信道间距(KHz)*CHAN+87MHz; BAND=1,频率=信道间距(KHz)*CHAN+76MHz										保留=0	0=禁用 1=启用	00=87~108MHz 01=76~91MHz 10=76~108MHz		00=100kHz 01=200kHz 10=50kHz 11=12.5kHz	
04H	RESERVED	STCIEN 搜索中断	RESERVED		DE 去重	RESERVED				I2S_ENABLED I2S总线	GPIO3 通用IO3		GPIO2 通用IO2		GPIO1 通用IO1	
说明		0=禁用 1=使能	保留=0		0=75微秒 1=50微秒	保留=0				0=禁用 1=使能	00=高阻态 01=声道指示 10=低电平 11=高电平		00=高阻态 01=中断 10=低电平 11=高电平		00=高阻态 01=保留 10=低电平 11=高电平	
默认值	0	0	0		0	0				0	0		0		0	
05H	INT_MODE 中断模式	RSSI数值成正比							LNA_PORT_SEL 输入端口选择		LNA_ICSEL_BIT 放大器电流		VOLUME 音量			
说明	0=5毫秒中断 1=直至读取reg0	RSSI数值成正比 0000000=最小RSSI							01=LNAN 10=LNAP 11=双输入		01=2.1mA 10=2.5mA 11=3mA		0000=最小,1111=最大			
默认值	0	0							1	1	1		0			
0AH	RESERVED	STC 搜索指示	SF 搜索指示	RESERVED		ST 立体声指示	READ CHAN 读取频率									
说明		0=不完成 1=完成	0=成功 1=失败	保留=0		0=单声道 1=立体声	读取频率 8'h00 BAND=0,频率=信道间距(KHz)*CHAN+87MHz; BAND=1,频率=信道间距(KHz)*CHAN+76MHz									
默认值	0	0	0	0		0	0									
0BH	RSSI						RESERVED	FM TRUE 当前频率	FM READY 用于软件搜索	RESERVED						
说明	000000=最小 111111=最大							0=不是电台 1=是电台	0=准备 1=没有准备好							
默认值	0						0	0	0	0						

13.7 任务 扩展接口测试（双通道电压表）

13.7.1 规划设计

目标：本节学习使用 AD 采集扩展接口 P1_0 和 P1_1 电压的值，并显示在数码管上。

资源：STC-B 学习板、导线 2 根、电池 1 个、PC、Keil 4 软件、STC-ISP 软件（V6.8 以上）。

任务：

（1）再次下载本工程 Hex 文件，并对照测试结果仔细观察将实现的功能。

（2）复习 ADC 双通道切换工作原理。

（3）参考 Z1 代码风格，利用 C51 编程实现任务功能。

功能：

（1）扩展口 P1.0 相应的电压数据显示在数码管最左侧三位。

（2）扩展口 P1.1 相应的电压数据显示在数码管最右侧三位。

测试结果：

（1）用 STC ISP 下载并打开工程中的 Hex 文件。

（2）如图 13-17 所示，分别将扩展口 P1.0 和 P1.1 外接电池正极（或＜5V 的直流电源），电源负极一定要接扩展口 GND 端。

（3）数码管上会显示对应的 P1.0 口（左三位数码管）和 P1.1 口（右三位数码管）的电压值。

图 13-17　案例测试结果（P1.0）

13.7.2 实现步骤

1. 参考代码

```
#include "STC15F2K60S2.H"
#define uint unsigned int
#define ulint unsigned long

sbit SEL0 = P2 ^ 0;                       //定义引脚
sbit SEL1 = P2 ^ 1;
sbit SEL2 = P2 ^ 2;
```

```
sbit SEL3 = P2 ^ 3;

uint time = 0;                          //延时
uint flag = 1;                          //标志位,区分 P1_0 和 P1_1
uint count_0 = 0;                       //执行 P1_0 的次数
uint count_1 = 0;                       //执行 P1_1 的次数
ulint sum_0 = 0;                        //P1_0 接口 AD 值的总和
ulint sum_1 = 0;                        //P1_1 接口 AD 值的总和
uint P1_0 = 0;                          //P1_0
uint P1_1 = 0;                          //P1_1

//设置用于显示 P1_0 电压的三个变量(电压范围在 0~5,显示小数点后两位)
uint U0_bai = 0;                        //百位(电压个位整数位)
uint U0_shi = 0;                        //十位(小数点后十分位)
uint U0_ge = 0;                         //个位(小数点后百分位)
//设置用于显示 P1_1 电压 U1 的三个变量
uint U1_bai = 0;                        //百位
uint U1_shi = 0;                        //十位
uint U1_ge = 0;                         //个位
//定义中间转换变量
float f0 = 0.0, f1 = 0.0;
int i0 = 0, i1 = 0;

//数码管上显示 0 - F
char segtable[] = {0x3f, 0x06, 0x5b, 0x4f, 0x66, 0x6d, 0x7d, 0x07,
                   0x7f, 0x6f, 0x77, 0x7c, 0x39, 0x5e, 0x79, 0x71
                  };
//显示小数点的数组(0~5V)
char segtabletwo[] = {0xbf, 0x86, 0xdb, 0xcf, 0xe6, 0xed};

void Delay( int n );
void weixuan( char i );
void SEG_Display();
void InitADC_P1_0();
void InitADC_P1_1();
void date_processP1_0();
void date_processP1_0();

void Delay( int n )                     //延时函数
{
    int x;
    while( n-- )
    {
        x = 60;
        while( x-- );
    }
}

void weixuan( char i )                  //数码管位的选择
```

```
{
    SEL2 = i / 4;
    SEL1 = i % 4 / 2;
    SEL0 = i % 2;
}
void SEG_Display()
{
    //用于显示 P1_0 电压值
    P0 = 0; weixuan( 0 ); P0 = segtabletwo[U0_bai]; Delay( 10 );
    P0 = 0; weixuan( 1 ); P0 = segtable[U0_shi]; Delay( 10 );
    P0 = 0; weixuan( 2 ); P0 = segtable[U0_ge]; Delay( 10 );
    //用于显示 P1_1 电压值
    P0 = 0; weixuan( 5 ); P0 = segtabletwo[U1_bai]; Delay( 10 );
    P0 = 0; weixuan( 6 ); P0 = segtable[U1_shi]; Delay( 10 );
    P0 = 0; weixuan( 7 ); P0 = segtable[U1_ge]; Delay( 10 );
}

//用定时器1使得AD分时采集P1.0和P1.1口的AD值,并显示在数码管上,左侧显示P1.0,右侧显
示 P1.1
void U0_U1()
{
    P0M1 = 0x00;          //设置 P0 为推挽模式,点亮数码管
    P0M0 = 0xff;
    P2M1 = 0x00;
    P2M0 = 0x08;          //将 P2^3 设置为推挽模式,其余为准双向口模式
    SEL3 = 0;             //熄灭 LED 灯

    IE = 0xa8;            //EA=1打开总中断,EADC=1允许A/D转化中断,ET1=1允许T1中断
    TMOD = 0x10;          //使用定时器1,16位不可重装载模式,TH1、TL1全用
    TH1 = ( 65535 - 40000 ) / 256;   //高8位赋初值,定时40 000周期
    TL1 = ( 65535 - 40000 ) % 256;   //低8位赋初值
    TR1 = 1;                         //启动定时器1

    while( 1 )
    {
        SEG_Display();
    }
}

void InitADC_P1_0()                  //初始化 P1_0
{
    P1ASF = 0xff;    //将 P1 口作为模拟功能 A/D 使用
    ADC_RES = 0;     //寄存器 ADC_RES 和 ADC_RESL 保存 A/D 转化结果
    ADC_RESL = 0;    //初始赋值 0
    ADC_CONTR = 0x88; //ADC_POWER=1打开A/D转换器电源;ADC_START=1启动模拟转换器
                     //ADC;CHS=000 选择 P1^0 作为 A/D 输入使用
    CLK_DIV = 0x20;  //ADRJ=1:ADC_RES[1:0]存放高2位ADC结果,ADC_RESL[7:0]存放低
                     //8 位 ADC 结果
}
```

```
void InitADC_P1_1()                              //初始化 P1_1
{
    P1ASF = 0xff;
    ADC_RES = 0;
    ADC_RESL = 0;
    ADC_CONTR = 0x89;                            //CHS = 001 选择 P1^1 作为 A/D 输入使用
    CLK_DIV = 0x20;
}

//分别取出 U0 和 U1 的电压值(保留两位小数)
void date_processP1_0()
{
    i0 = f0;
    U0_bai = i0;
    i0 = f0 * 10;
    U0_shi = i0 % 10;
    i0 = f0 * 100;
    U0_ge = i0 % 10;
}
void date_processP1_1()
{
    i1 = f1;
    U1_bai = i1;
    i1 = f1 * 10;
    U1_shi = i1 % 10;
    i1 = f1 * 100;
    U1_ge = i1 % 10;
}

void Timer1_Routine() interrupt 3                //3 为定时器 1 中断编号
{
    IE = 0x00;                                   //关闭总中断
    TR1 = 0;                                     //定时器 1 停止
    TH1 = ( 65535 - 40000 ) / 256;              //重新赋值
    TL1 = ( 65535 - 40000 ) % 256;
    if( flag == 1 )
    {
        InitADC_P1_1();                          //初始化 P1_1
    }
    else
    {
        InitADC_P1_0();                          //初始化 P1_0
    }
    flag = - flag;
    IE = 0xa8;                                    //打开总中断
    TR1 = 1;                                      //启动定时器 1
}

//AD 中断
```

```
void adc_isr() interrupt 5 using 1
{
    time++;
    IE = 0x00;                                          //关闭中断
    if( time > 2000 )
    {
        if( flag == 1 )
        {
            P1_0 = ( sum_0 + count_0 / 2 ) / count_0;   //四舍五入
            f0 = ( 5 * P1_0 ) / 1024.0;                 //转换成电压
            sum_0 = 0;
            count_0 = 0;
            time = 0;
            date_processP1_0();
        }
        if( flag == - 1 )
        {
            P1_1 = ( sum_1 + count_1 / 2 ) / count_1;   //四舍五入
            f1 = ( 5 * P1_1 ) / 1024.0;                 //转换成电压
            sum_1 = 0;
            count_1 = 0;
            time = 0;
            date_processP1_1();
        }
    }
    if( flag == 1 )                                     //对应 P1_0 处理
    {
        count_0++;
        sum_0 += ADC_RES * 256 + ADC_RESL;              //求 count_0 次 AD 值的和
    }
    if( flag == - 1 ) //对应 P1_1 处理
    {
        count_1++;
        sum_1 += ADC_RES * 256 + ADC_RESL;              //求 count_1 次 AD 值的和
    }
    ADC_CONTR & = ～0X10;                                //转换完成后,ADC_FLAG 清零
    ADC_CONTR | = 0X08;                                 //转换完成后,ADC_START 赋 1
    IE = 0xa8;                                           //打开中断
}

void main()
{
    U0_U1();
}
```

2. 分析说明

程序步骤:

首先通过定时器 T1 分时的初始化 P1.0 和 P1.1,并对应不同的 flag 标志位。

产生 AD 中断时根据 flag 标志位判断接收到的是 P1.0 或 P1.1 口的 AD 值进行累加。

累计次数计满,将 AD 值转化为电压值,并显示在数码管上。

13.8 任务 超声波测距

13.8.1 HC-SR04 超声波测距模块

HC-SR04 超声波测距模块外观如图 13-18 所示,正视引脚定义从左往右分别为 V_{cc}、Trig(控制端)、Echo(接收端)、Gnd。产品特色:

(1) 典型工作用电压:5V。

(2) 超小静态工作电流:小于 2mA。

(3) 感应角度:不大于 15°。

(4) 探测距离:2~400cm。

(5) 高精度:可达 0.3cm。

(6) 盲区(2cm)超近。

(7) 完全兼容 GH-311 防盗模块。

图 13-18 超声波模块

HC-SR04 模块工作原理,时序如图 13-19 所示:

(1) 采用 I/O 触发测距,Trig 控制端送一个 $10\mu s$ 以上高电平。

(2) 模块自动发送 8 个 40kHz 的方波,自动检测是否有信号返回。

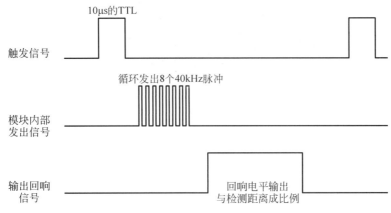

图 13-19 超声波时序图

（3）有信号返回，即 Echo 接收端收到声波后输出高电平，回响高电平持续的时间就是超声波从发射到返回的时间。

（4）测试距离＝(回响高电平时间×声速(340m/s))/2。

13.8.2 规划设计

目标：本节学习根据晶振频率和声音的传播速度测量实际距离，并把实际距离显示在数码管上。

资源：STC-B 学习板、HC-SR04 超声波测距模块、PC、Keil 4 软件、STC-ISP 软件(V6.8以上)。

任务：

（1）再次下载本工程 Hex 文件，并对照测试结果仔细观察将实现的功能。

（2）参考 Z1 代码风格，利用 C51 编程实现任务功能。

功能：

把单片机的 P1^0 对应 Echo，P1^1 对应 Trig，定时器 T1 用于两次测距间隔至少 60ms，定时器 T0 用于计算 Echo 回响信号输出高电平的持续时间。根据晶振频率和传播的时间以及声音的传播速度就可以测出实际距离。并把实际距离显示在数码管上。

测试结果：

（1）把测距模块 HC-SR04 插入右侧数码管边上的 EXT 四个孔中，发射超声波的装置朝向板子的外侧，一定要插牢。

（2）用 STC ISP 打开并下载工程中的 Hex 文件。

（3）如图 13-20 所示，把测距模块朝向需要测距的物体，右侧四位数码管显示了测量的距离(单位：毫米)。

（4）测距范围 20～400cm，超出范围数码管显示零。

图 13-20　案例测试结果

注意：

（1）建议测量周期 60ms 以上，以防止发射信号对回响信号的影响。

（2）此模块不宜带电拔插，如果要带电拔插，则先让模块的 Gnd 端先连接。否则会影响模块工作。

（3）测距时，被测物体的面积不少于 $0.5m^2$ 且要尽量平整，否则会影响测试结果。

13.9 思考题

1. 为什么需要实时时钟？

2. DS1302 采用什么样的总线？读写时序如何？

3. 请说明 RDA5807FP 测试电路。

4. 学习板上扩展接口有什么作用？

5. 时间变量使用什么数据结构？如何声明？

6. 设计：如何判断 DS1302 断电后是否走秒？编程如何检测？

7. RDA5807FP 型号 FM 芯片可以使用什么通信方式？RDA5807P 型号的 FM 芯片里 SPI 通信又是什么？

8. 双通道电压表如何实现双通道切换检测？

9. 扩展接口采集数据时采用什么滤波方式？如何实现？

10. HC-SR04 超声波模块工作原理是什么？

11. 设计：在极少按键数量的项目中，如何实现一键多义？

12. 设计：按 STC-B_DEMO 模板思路实现 13.7 节任务代码。

13. 设计：按 STC-B_DEMO 模板思路实现 13.8 节任务代码。

14. 设计：参考 14.6 节任务规划说明完成一个多功能电子钟。

15. 设计：参考 14.7 节任务规划说明完成一个与 PC 通信的实时时钟。

16. 设计：参考 14.8 节任务规划说明完成一个多功能 FM 收音机。

17. 设计：参考 14.9 节任务规划说明完成倒车雷达功能。

18. 设计：参考 14.10 节任务规划说明完成电子秤功能。

19. 设计：参考 14.11 节任务规划说明完成电子尺功能。

20. 设计：参考 14.12 节任务规划说明完成电子转角测量功能。

## 第 14 章

创 意 综 合

大众创业、万众创新的活力需要将心中的创意转变为现实。本章与第 8 章一样主要介绍综合类任务,内容丰富,适合自主实验。本章中不仅包括充满趣味的小制作,如乒乓球游戏、显示歌词的音乐播放器、手速快游戏等;也包含了实用价值和技术难度较高的智能电子设备,如格力空调遥控器、多功能电子钟、可与 PC 通信的实时时钟等;以及一些可拓展模块的测量采集与通信设备,如倒车雷达、电子秤、电子尺、电子转角、PC 数据采集、红外多机、485 多机、Android 数据采集等。希望通过学习板制作出更多更有创意的电子产品项目。

14.1 任务 乒乓游戏

规划设计

目标:学习板最基础的功能就是数码管显示、LED 灯显示和按键控制,所以这里将这三个基础功能集合在一起,利用它们设计一个乒乓球游戏。

资源:STC-B 学习板、PC、Keil 4 软件、STC-ISP 软件(V6.8 以上)。

任务:

(1) 再次下载本工程 Hex 文件,并对照测试结果仔细观察将实现的功能。

(2) 参考 Z1 代码风格,利用 C51 编程实现任务功能。

功能:

(1) 数码管显示。最初为"00 VS 00"。一局的胜负是某一方取得 11 分且比对方分数大 2 为止。数码管中间显示局数比分,如果一方局数得分为 2,则表示其比赛取胜,相应数码管会有闪烁图案表示。

(2) 按键操作。右边的选手 2 按 K2 键用于开球或回击球。左边的选手 1 按 K3 键用于开球或回击球。

(3) 球路移动。球由一位亮灯代表,从最左边(最右边)出现,并逐位地向右移(左移)。当亮灯移至最右边(最左边)时,如果按下 K3(K2)键则表示回击球成功,亮灯会逆向开始移动,否则开球方得分加一。

(4) 消抖检测。每 $500\mu s$ 检测一次,75 次为一个周期,若检测到按下的次数超过周期的 2/3 则认为按键按下。

（5）定时器0中断显示。因为定时器中断的速度是很快的,而乒乓球的运动速度是比较慢的,起码是要能看清逐位移动的,所以需要进行分频操作,定义一个变量,每次定时器中断都使该变量加1,当达到一定大小时再进行某项操作,达到分频效果。

测试结果:

只需要一个学习板,如图14-1所示,按键K3用于开球(选手1即左边开球)或回击球,按键K2用于开球(选手2即右边开球)或回击球。刚开始的时候数码管上显示"00 VS 00",LED灯中间有两个亮灯,是初始状态。如果按下K3键或K2键,会有一亮灯从最左边(最右边)出现,并逐位向右移(左移),当亮灯移至最右边(最左边)时,按下K3(K2)键则表示回击球成功,亮灯会逆向开始移动,否则开球方得分加一。一局的胜负是某一方取得11分且比对方分数大2为止,数码管中间显示局数比分,如果一方局数得分为2,则表示其比赛取胜,相应数码管会有闪烁图案表示。

图14-1 案例测试结果

设计关键:

其一,如何让LED灯和数码管同时显示内容。其二,如何根据当前状态的不同和按键的不同来判断是什么情况会发生。

数码管和LED不能同时显示,需要通过引脚P2.3分时来调控,利用人眼球的视觉残留和LED灯的余晖效应来实现相应功能。

本节使用了一个定时器T0。T0设置为0.1ms中断一次,用来显示数码管和LED上的内容,程序中设定i变量是一个状态变量,分别对应着四种状态:为0时是开球方是选手1(左边)的状态,为1时是开球方是选手2(右边)的状态,为2时是等待开球的状态,为3时是比赛结束的状态。还有一些用于分频的变量,因为定时器0的中断频率是一定的,分频长度的不同,可以得到不同速度的内容的显示。根据i值的不同,会有相应的内容显示。

14.2 任务 显示歌词的 ABC 英文歌

规划设计

目标：通过按下按键 K1 来控制音乐播放以及数码管的歌词显示。

资源：STC-B 学习板、PC、Keil 4 软件、STC-ISP 软件（V6.8 以上）。

任务：

（1）再次下载本工程 Hex 文件，并对照测试结果仔细观察将实现的功能。

（2）参考 Z1 代码风格，利用 C51 编程实现任务功能。

功能：

（1）按下按键 K1 播放音乐，再次按下 K1 键可以暂停播放音乐。

（2）可播放音乐名为 *I can say ABC* 的歌曲。

（3）数码管显示初始为歌名，播放时为实时显示歌词。

测试结果：

（1）用 STC ISP 打开并下载 Hex 文件。

（2）如图 14-2 所示，数码管显示类似"ABC ge"图案。

图 14-2 案例测试结果

（3）按下 K1 键，此时播放音乐 *I can say ABC* 并同步显示播放歌曲的歌词。

（4）再次按下 K1 键，可以暂停音乐的播放。

设计说明：因使用数码管显示歌词着实有些勉强，有些字母很难在数码管上面显示，如"M"等，本节重点在于歌词的同步显示和歌曲的数字编排，即由简谱变成音乐代码。

14.3 任务 看谁手速快

规划设计

目标：综合使用蜂鸣器、数码管、LED 灯和按键 K1，设计在固定时间内，记下按 K1 键下的次数，并显示在数码管上。

资源：STC-B 学习板、PC、Keil 4 软件、STC-ISP 软件（V6.8 以上）。

任务：

（1）再次下载本工程 Hex 文件，并对照测试结果仔细观察将实现的功能。

（2）参考 Z1 代码风格，利用 C51 编程实现任务功能。

功能：

（1）LED 灯初始全亮预备信号。

（2）蜂鸣器响起为开始信号。

（3）按下 K1 键开始加 1 计数，数码管上显示按键数。

（4）时间进度由 LED 从左到右逐个点亮显示，时间结束按 K1 键失效。

测试结果：

（1）如图 14-3 所示，按下 RST 键，8 个 LED 灯全部点亮，作为预备信号；之后蜂鸣器发出响声，作为开始信号。

图 14-3 案例测试结果

（2）在开始之后，不断按下 K1 键，数码管上显示的个数不断增加，同时 LED 从左到右逐个亮起，代表时间进度信号。

（3）当 LED 从左至右全部亮起后，时间停止，此时按下 K1 键数码管不再加 1；数码管上显示的个数即在规定时间内按下 K1 键的次数。

设计说明：本节案例对按键 K1 的处理有比较高的要求，需要对 K1 键消抖，防止按键按下之后增加数据不稳定。

同时要注意时刻使数码管能清晰显示数据，防止有残影和不显示的现象。

14.4 任务 光敏计数

规划设计

目标：学会利用 AD 采集光敏电阻的变化值，实现类似按键计数的功能。

资源：STC-B 学习板、PC、Keil 4 软件、STC-ISP 软件(V6.8 以上)。

任务：

(1) 再次下载本工程 Hex 文件，并对照测试结果仔细观察将实现的功能。

(2) 参考 Z1 代码风格，利用 C51 编程实现任务功能。

功能：

当手指触摸到光敏电阻时，检测到光照强度变化来判定按键数增加然后在数码管上进行显示。

测试结果：

(1) 用 STC ISP 打开并下载工程中的 Hex 文件。

(2) 下载后，如图 14-4 所示，通过用遮光板或者手指改变光敏电阻的光照强度，可观察到数码管计数的改变。

图 14-4　案例测试结果

设计说明：

通过 AD 采集光敏电阻的值，多次检测 AD 并求其平均值，这样可以提高稳定性。本节关键就是确定合适的光照阈值，如将"(light_old/light_new)＞1.30"作为光照的阈值，此时默认为手指按下状态，计数器 datelight＋1。

14.5　任务　格力空调遥控器

14.5.1　遥控器红外编码

红外发送时，往发送口送 38kHz 的方波表示发送低电平，给发送口置零则表示发送高电平，接收端接收到 38kHz 的方波是则表示接收到低电平，否则为高电平。

格力空调遥控器红外码组成，按解码顺序排列：起始码＋35 位数据码＋连接码＋32 位数据码＋停止码。

1. 各种编码的电平宽度

数据码由"0"和"1"组成。

数据 0 的电平宽度为：600μs 低电平＋600μs 高电平。

数据 1 的电平宽度为：600μs 低电平＋1600μs 高电平。

起始码电平宽度为：9000μs 低电平＋4500μs 高电平。

连接码电平宽度为：600μs 低电平＋20 000μs 高电平。

停止码电平宽度为：600μs 低电平。

2. 数据码格式

前 35 位数据码功能如表 14-1 所示，后 32 位数据码功能如表 14-2 所示。

表 14-1　前 35 位数据码功能

1	2	3	4	5	6	7	8	9	10	11	12	13	14	15	16
模式标志			开关	风速		扫风	睡眠	温度数据				定时数据			

17	18	19	20	21	22	23	24	25	26	27	28	28	30	31	32
									0	0	0	1	0	1	0
定时数据				超强	灯光	健康	干燥	换气	所有按键都是这个值						

33	34	35
0	1	0
所有按键都是这个值		

表 14-2　后 32 位数据码功能

1	2	3	4	5	6	7	8	9	10	11	12	13	14	15	16
0	0	0	0		0	0	0			0	0	0	1	0	0
上下扫风	所有按键都是这个值			左右扫风	所有按键都是这个值			温度显示							

17	18	19	20	21	22	23	24	25	26	27	28	28	30	31	32
0	0	0	0	0	0	0	0	0	0		0				
										节能		校验码			

表 14-1～表 14-2 中，大于两位的数据都是逆序递增的，各数据的意义如表 14-3 所示。

表 14-3　部分数据码位意义

	自动	制冷	加湿	送风	制热
模式标志	000	100	010	110	001
		自动	一级	二级	三级
风速标志		00	10	01	11
		16°	17°	18～29°	30°
温度		0000	1000	逆序递增	0111

3. 校验码

校验码的形成机制如下：

校验码＝[(模式−1)＋(温度−16)＋5＋左右扫风＋换气＋节能]取二进制后四位，再逆序。

例如：如果当前空调遥控指令功能为模式 4，30 度，左右扫风，换气关闭，节能关闭，那么校验码为：(4−3)+(30−16)+5+1+0+0=23，取低四位为 0111，逆序后为 1110。

14.5.2　规划设计

目标：熟悉红外通信基本原理的基础上进一步了解格力遥控器红外编码,结合定时器、按键以及数码管实现一个功能比较简单的格力空调遥控器。

资源：STC-B 学习板、PC、Keil 4 软件、STC-ISP 软件(V6.8 以上)。

任务：

(1) 再次下载本工程 Hex 文件,并对照测试结果仔细观察将实现的功能。

(2) 参考 Z1 代码风格,利用 C51 编程实现任务功能。

功能：能实现对格力空调的开关机以及温度调节(16°~30°)。

测试结果：

(1) 将 Hex 文件下载到学习板上,如图 14-5 所示。

图 14-5　案例测试结果

(2) 按下导航按键上键表示往上调节当前指令控制的温度值。

(3) 按下导航按键下键表示往下调节当前指令控制的温度值。

(4) 按下 K1 键切换开/关指令。

(5) 按下 K2 键发送空调遥控指令。

说明：数码管第一位显示的是当前指令是开机令还是关机指令(0 表示关机指令,1 表示开机指令,由按 K1 键切换),数码管第 7,8 位表示当前指令控制的温度(由导航上下两个按键调节),由温度值和开关位共同决定一条简单空调遥控指令。

14.6　任务　多功能电子钟

规划设计

目标：在实时时钟的基础上,利用按 K1 键、K2 键、K3 键以及导航按键实现时间的校准。通过 DS1302 芯片和单片机以及外围按键控制电路实现多功能电子时钟的设计与测试。

资源：STC-B 学习板、PC、Keil 4 软件、STC-ISP 软件(V6.8 以上)。

任务:

(1) 再次下载本工程 Hex 文件,并对照测试结果仔细观察将实现的功能。

(2) 参考 Z1 代码风格,利用 C51 编程实现任务功能。

功能:

数码管会出现实时的时钟,通过按 K3 键控制年月日的设置、按 K2 键控制时分秒的设置,通过按 K1 键实现切换显示、控制,以及通过导航按键实现数值的加减等各功能模块之间的衔接。

导航按键的上键:控制时分秒或年月日的数值增 1。

导航按键的下键:控制时分秒或年月日的数值减 1。

导航按键的左键:对小时或年进行调节。

导航按键中心键:对分钟或月进行调节。

导航按键的右键:对秒针或日进行调节。

K1 键:开始进行走秒。

K2 键:进入时分秒设置状态或者闹钟设置状态。

K3 键:进入或退出万年历设置状态。

测试结果:

(1) 用 STC ISP 打开并下载 Hex 文档。

(2) 默认下载后显示时分秒信息,如图 14-6 所示。

图 14-6 案例测试结果

(3) 按下 K3 键,进行年、月、日设置,默认对月进行设置,显示 01-02.-03,02 右下角的小数点表示当前设置的是月(小数点亮对应位置可以通过导航键的上下键进行值增减)。按导航键的上或下键调节值大小。

(4) 按导航键的左键(年)、右键(日)、确认键(月),结合上、下键进行值调节。

(5) 按下 K3 键,完成年月日的设置,右下角的小数点全都不亮,表示退出了设置的模式。

(6) 按下 K2 键,进行时分秒设置,默认对分进行设置。按导航键的上或下键调节值大小。

(7) 按导航键的左(时)、右(秒)、确认键(分),结合上、下键进行值调节。

(8) 按下 K2 键,完成时分秒的设置。

(9) 按下 K1 键,时钟依靠自身的晶振跑起来。

（10）长按 K1 键，显示年月日-星期。松开 K1 键，显示当前时钟的时、分、秒。

（11）按下导航键中键确认结束校时功能测试，显示时钟的时分秒。

（12）按下 K3 键，进行年月日设置，默认对月进行设置，同时分秒设置一样。

（13）按下 K2 键，进行时分秒设置，默认对分进行设置，按下导航键中键确认结束闹钟功能测试。

14.7　任务　可与 PC 通信的实时时钟

规划设计

目标：从 DS1302 芯片中读取实时时钟模块的年、月、日、时、分、秒，对获取实时时钟模块的数据信息通过串口发送给上位机进行显示，同时上位机可以发送指令给单片机，包含地址、校准值信息，来修改单片机寄存器值，实现单片机校时功能。

资源：STC-B 学习板、PC、Keil 4 软件、STC-ISP 软件（V6.8 以上）、PC 控制软件。

任务：

（1）再次下载本工程 Hex 文件，并对照测试结果仔细观察将实现的功能。

（2）参考 Z1 代码风格，利用 C51 编程实现任务功能。

功能：

在上位机上显示出从 DS1302 中读取的时间，并显示阴历的年月日，在上位机上通过修改寄存器的值，能实现单片机的校正功能。

1）下位机（单片机应用程序）

定时器中断服务：控制数码管扫描及显示；从实时时钟模块读取到年、月、日、时、分、秒信息，通过年、月、日计算阴历年、月、日、星期，将年、月、日、星期、时、分、秒、阴历年、阴历月、阴历日 10 个字节通过定时器定时地、连续地通过串口发送给上位机。

串口中断处理：接收上位机发过来的 0xF0、寄存器地址、校准值 3 个字节数据保存，判断并完成寄存器写操作。在写之前注意禁止写保护，晶振停止工作，寄存器写入数据，启动晶振，重写写保护。

2）上位机（PC 端控制软件）

通过选定地址、校准值，单击发送按钮发送 0xF0、寄存器地址、校准值 3 字节数据给下位机；通过定时器定时访问串口是否有数据，若有就接收下位单片机发过来的 10 字节数据，经过解析后显示到对应的控件上面。

同时按键 K1 切换年月日、时分秒的显示。

测试结果：

（1）将当前任务的 Hex 文件下载到学习版。

（2）默认最右边数码管显示当前的时间。

（3）打开实时时钟工程文件中的上位机软件 SerialRTC（PC 上位机无须安装 QT）。上位机软件里根据各自串口号完成配置（如 COM3），波特率设置为 9600，数据位 8，校验位无，打开串口就可以观察时间并完成时间的校准，如图 14-7 所示。

说明：有些电路板无纽扣电池，时分秒与年月日可能会出现从零开始的情况。

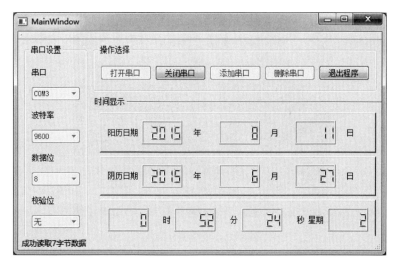

图 14-7　案例测试结果

14.8　任务　多功能收音机

规划设计

目标：本节做一个功能更多的收音机，能够实现手动调台，调音量，保存电台以及音量的功能。

资源：STC-B 学习板、PC、Keil 4 软件、STC-ISP 软件（V6.8 以上）。

任务：

（1）再次下载本工程 Hex 文件，并对照测试结果仔细观察将实现的功能。

（2）参考 Z1 代码风格，利用 C51 编程实现任务功能。

功能：

（1）具有手动调台、调音，手动设置并保存频道，频道音量调节与保存等功能。

（2）按下导航按键左右键分别表示减频调台与增频调台并保存当前频道编号。

（3）按下导航按键中键可以将相应电台的频率与频道号关联并保存到 EEPROM 中去。

（4）按下导航按键上下键分别以增频道编号、减频道编号的方式收听电台。

（5）按下 K2 键和 K1 键可以增大和调小音量并且将当前频道的音量值保存。

测试结果：

（1）用 STC ISP 打开并下载工程中的 Hex 文件。

（2）下载后，如图 14-8 所示，观察自动读取保存好的频道，并播放。

（3）按下 K2 键（音量加），K1 键（音量减）调节音量大小并保存当前频道音量。调节导航按键的上下键选择已经保存的列表中的电台，分别表示上下切换频道。

（4）调节导航按键的左右键可以手动调节频率，加或者减，调到想要的频率电台后，按下导航键的中键确认，将该频率保存到显示的列表序号中。

（5）整个过程中数码管 1 显示台号，数码管 3,4 显示音量，数码管 6,7,8 显示电台频率。

图 14-8　案例测试结果

14.9　任务　倒车雷达

规划设计

目标：本节利用超声波测距模块和无源蜂鸣器，实现倒车雷达的功能，并将距离显示在数码管上。

资源：STC-B 学习板、超声波模块、PC、Keil 4 软件、STC-ISP 软件（V6.8 以上）。

任务：

(1) 再次下载本工程 Hex 文件，并对照测试结果仔细观察将实现的功能。

(2) 参考 Z1 代码风格，利用 C51 编程实现任务功能。

功能：距离显示分为七个阶段：

(1) distance＞800mm

(2) 500mm＜distance＜800mm

(3) 300mm＜distance＜500mm

(4) 100mm＜distance＜300mm

(5) 70mm＜distance＜100mm

(6) 40mm＜distance＜70mm

(7) distance＜40mm。

当 distance 不断减小时，蜂鸣器响声越来越急促。

测试结果：

(1) 用 STC ISP 打开并下载工程中的 Hex 文件。

(2) 下载后学习板断电情况下，如图 14-9 所示，正确安装超声波模块，再放置在远离障碍物地方。

(3) 向障碍物缓慢平移学习板，数码管后四位显示距离(mm)，蜂鸣器发声会逐渐急促。

程序说明：程序中可利用三个定时器：

(1) 定时器 0，用于测量超声波测量模块接收端持续高电平的时间。

图 14-9 案例测试结果

（2）定时器 1，每隔 60ms 中断一次，使得超声波模块发出信号。

（3）定时器 2，用于控制蜂鸣器 beep 端反转，产生方波。注意不同距离情况下，蜂鸣器发声的间隔不同。

14.10 任务 电子秤

14.10.1 压力传感器与 HX711

电子秤的数据采集部分由压力传感器、信号放大器和 A/D 转换部分组成，如图 14-10 所示。信号放大和 A/D 转换部分主要由专用型高精度 24 位 A/D 转换芯片 HX711 实现。HX711 是一款专为高精度称重传感器而设计的 24 位 A/D 转换器芯片。该芯片与后端 MCU 芯片的接口和编程非常简单，所有控制信号由管脚驱动，无需对芯片内部的寄存器编程。输入选择开关可任意选取通道 A 或通道 B，与其内部的低噪声可编程放大器相连。通道 A 的可编程增益为 128 或 64，对应的满额度差分输入信号幅值分别为±20mV 或±40mV。通道 B 则为固定的 64 增益，用于系统参数检测。芯片内提供的稳压电源可以直接向外部传感器和芯片内的 A/D 转换器提供电源，系统板上无须另外的模拟电源。芯片内的时钟振荡器不需要任何外接器件。上电自动复位功能简化了开机的初始化过程。

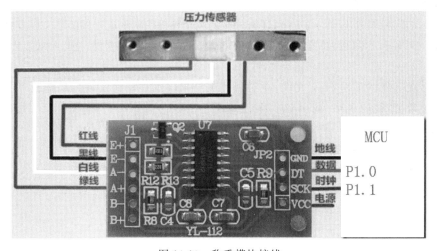

图 14-10 称重模块接线

串口通信线由引脚 PD_SCK 和 DOUT 组成,用来输出数据,选择输入通道和增益。

当数据输出引脚 DOUT 为高电平时,表明 A/D 转换器还未准备好输出数据,此时串口时钟输入信号 PD_SCK 应为低电平。当 DOUT 从高电平变低电平后,PD_SCK 应输入 25 至 27 个不等的时钟脉冲,如图 14-11 所示。

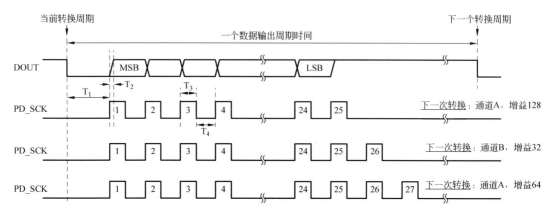

符号	说明	最小值	典型值	最大值	单位
T_1	DOUT下降沿到PD_SCK脉冲上升沿	0.1			μs
T_2	PD_SCK脉冲上升沿到DOUT数据有效			0.1	μs
T_3	PD_SCK正脉冲电平时间	0.2		50	μs
T_4	PD_SCK负脉冲电平时间	0.2			μs
⋮	⋮	⋮	⋮	⋮	⋮

图 14-11　称重模块串口通信时序

其中第一个时钟脉冲的上升沿将读出输出 24 位数据的最高位(MSB),直至第 24 个时钟脉冲完成,24 位输出数据从最高位至最低位逐位输出完成。第 25～27 个时钟脉冲用来选择下一次 A/D 转换的输入通道和增益。PD_SCK 的输入时钟脉冲数不应少于 25 或多于 27,否则会造成串口通信错误。

14.10.2　规划设计

目标:本节利用数码管与 K1 键,还有外接的电子秤模块实现电子秤的清零以及称重功能。

资源:STC-B 学习板、称重模块、PC、Keil 4 软件、STC-ISP 软件(V6.8 以上)。

任务:

(1) 再次下载本工程 Hex 文件,并对照测试结果仔细观察将实现的功能。

(2) 参考 Z1 代码风格,利用 C51 编程实现任务功能。

功能:

(1) 外接的电子秤可以通过按下 K1 键清零。

(2) 循环采集(如 1ms)放在托盘上的物体的重量并通过六位数码管显示(单位:克)。

测试结果:

(1) 用 STC ISP 打开并下载 Hex 文件。

(2) 如图 14-12 所示,按下 K1 键,则进行清零操作。

(3) 往托盘上放物体,则可在数码管上读出该物体的重量。

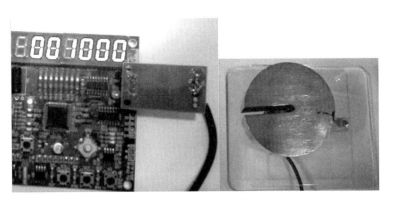

图 14-12　案例测试结果

注意

　　HX711 芯片所在的模块与单片机相连的时候,注意引脚要相互对应连接,GND 引脚与单片机的 GND 引脚相连,DT 引脚与 P1.0 引脚相连,SCK 引脚与 P1.1 相连,V_{cc} 引脚与 5V 引脚相连。另外,此型号电子秤是在工程内部进行校准,针对每个传感器的校准系数不同,所以必须通过测试调整秤的校准系数。

14.11　任务　电子尺

14.11.1　KTC 拉杆式位移传感器

　　通用 KTC 拉杆系列直线位移传感器用于对位移或者长度进行精确测量。阻值 5kΩ,测量行程 75~1250mm,两端均有 4mm 缓冲行程,线性精度 0.1%~0.04%FS,重复精度 ±0.013mm。传感器的结构设计保证安装方便,牢固可靠。拉杆前端万向节具有 0.5mm 自动对中功能,如图 14-13 所示。

图 14-13　KTC 位移传感器

　　所有传感器为绝对位置测量型,用于调节系统和测量系统中,对位移和长度进行直接测量,输出直流电压信号。也可以通过内置或者外置的 V/I 转换模块将信号转换成标准的 0~5V 或者 4~20mA 直流信号,可以满足远距传输控制要求。

14.11.2　规划设计

　　目标:本节利用数码管和外接的位移传感器模块实现电子尺功能。
　　资源:STC-B 学习板、位移测量模块、PC、Keil 4 软件、STC-ISP 软件(V6.8 以上)。

任务：

(1) 再次下载本工程 Hex 文件，并对照测试结果仔细观察将实现的功能。

(2) 参考 Z1 代码风格，利用 C51 编程实现任务功能。

功能：

(1) 外接的位移传感器模块可以通过 P1.1 通道输入。

(2) AD 按 10 位分辨率累计电压值，如 4000 次 AD 中断后，经平均处理后将位移显示在右侧四位数码管上，格式为"10.00"，单元 mm。

测试结果：

(1) 用 STC ISP 打开并下载 Hex 文件。

(2) 学习板上数码管右侧四位默认显示"10.00"。

(3) 将学习板断电，按接口标准连接好位移传感器，再通电。

(4) 手轻缓拉出再推回传感器拉杆，则可在数码管上读出长度变化，如图 14-14 所示。

图 14-14　案例测试结果

14.12　任务　电子转角测量

14.12.1　增量式旋转编码器

1. 光电编码器

光电编码器是利用光栅衍射原理将输出轴上的机械几何位移量转换成脉冲或数字量的传感器，因其结构简单、计量精度高、寿命长等优点，在精密定位、速度、长度、加速度、振动等方面得到广泛的应用。

光电编码器按编码方式分为：增量式、绝对式和混合式三种。

增量式编码器转轴旋转时，有相应的脉冲输出，其计数起点任意设定，可实现多圈无限累加和测量。编码器轴转一圈会输出固定的脉冲，脉冲数由编码器光栅的线数决定。

绝对式编码器有与位置相对应的代码输出，通常为二进制码或 BCD 码。从代码数大小的变化可以判别正反方向和位移所处的位置，绝对零位代码还可以用于停电位置记忆。绝对式编码器的测量范围常规为 $0° \sim 360°$。

2. 增量式旋转编码器工作原理

增量式旋转编码器内部转轴上自带孔角度码盘,转轴转动时两个光敏接收管转化角度码盘的时序和相位关系,如图 14-15 所示,得到其角度码盘角度位移量增加(轴侧看顺时针方向)或减少(轴侧看逆时针方向)。

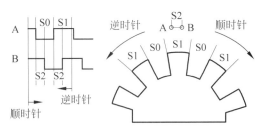

图 14-15 增量式旋转编码器工作原理

AB 两点对应两个光敏接受管,AB 两点间距为 S2,角度码盘的光栅间距分别为 S0 和 S1。通过输出波形图可知每个运动周期的时序为:顺时针运动 AB:11—01—00—10,逆时针运行 AB:11—10—00—01。

14.12.2 规划设计

目标:本节利用数码管和外接的旋转编码器模块实现电子转角测量功能。

资源:STC-B 学习板、旋转编码模块、PC、Keil 4 软件、STC-ISP 软件(V6.8 以上)。

任务:

(1) 再次下载本工程 Hex 文件,并对照测试结果仔细观察将实现的功能,如图 14-16 所示。

(2) 参考 Z1 代码风格,利用 C51 编程实现任务功能。

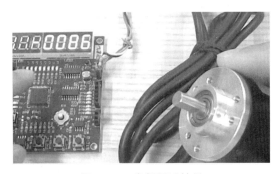

图 14-16 案例测试结果

功能:

(1) 旋转编码器模块可以通过扩展接口 P1.1 和 P1.0(对应 A 相和 B 相)输入。

(2) 数码管显示转轴角度累计变化,顺时针增加,逆时针减少。

测试结果:

(1) 用 STC ISP 打开并下载 Hex 文件。

(2) 学习板上数码管右侧四位默认显示"0000",逆时针方向旋转会出现负号。

(3) 将学习板断电,按接口标准连接好旋转编码器模块,再通电。

(4) 手缓慢顺时针(逆时针)旋转传感器转轴,则可在数码管上读出角度变化。

设计说明:

(1) A 相采用 PCA 模块 0 中断方式捕捉 P1.1 下降沿并累计加 1(先默认顺时针),进入 PCA 中断服务后查询此时 P1.0 值,如果为低电平表示方向反了,累计值减 2。

(2) 一圈能捕获 400 个下降沿,换算成 360°。

(3) 接线方式参考:绿色为 A 相,白色为 B 相,红色接 V_{CC} 正电源,黑色接地。AB 两相输出矩形正交脉冲,电路输出为 NPN 集电极开路输出型,如要使用示波器观察请在 AB 两相输出上加上两个上拉电阻。

14.13 任务 基于 PC 的数据采集系统

规划设计

目标:本节分时采集温度、光照、P1.0 电压、P1.1 电压四种 AD 值,并利用定时器以上位机要求的不同速率定时发送 AD 值,上位机把上传的四种 AD 值分别显示成波形。

资源:STC-B 学习板、PC、Keil 4 软件、STC-ISP 软件(V6.8 以上)、上位机软件。

任务:

(1) 再次下载本工程 Hex 文件,并对照测试结果仔细观察将实现的功能,如图 14-17 所示。

(2) 参考 Z1 代码风格,利用 C51 编程实现任务功能。

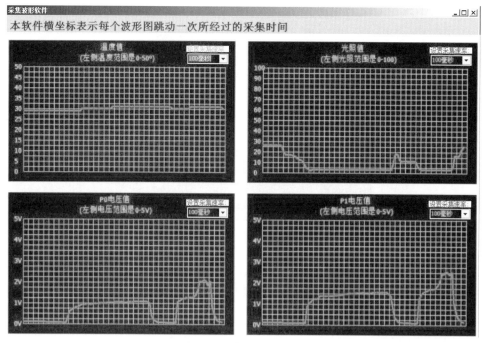

图 14-17 案例测试结果

功能:

(1) 下位机工作原理:主函数中分时初始化四种 AD,AD 中断根据不同的标志位获取相应的 AD 值,用定时器 T0 计时,T0 中断根据上位机要求的速率通过串口发送四个 AD 值。串口中断接收上位机发送过来的用于调节下位机发送速率的包,并校验和检查收到的包是否正确,如果正确则在定时器 T0 中断中修改发送数据的频率,否则丢弃该包。

(2) 上位机工作原理:接收下位机发送的包,并校验和检查收到的包是否正确,如果正确则把收到的四个字节的 AD 值分别显示成四种波形图,分别对应 P1.0 口电压值、P1.1 口电压值、温度值、光照值。上位机还可以调节下位机发送数据的频率,分别为低速、中速和高速,可以从波形图中很清楚地观察到速率的变化。每一幅波形图都有提取波形数据、保存波形图等功能。

(3) 串口通信采用协议来完成。

发送过程包含:包头(A5),中间数据(P1.0AD 值、P1.1AD 值、温度 AD 值、光照 AD 值,四种 10 位 AD 值中剩余两位的和),校验和(前面 6 字节的和,进位丢弃),共 7 字节,如:A5 01 02 71 03 60 7C。

接收过程包含:包头(5A),中间数据(上位机修改下位机传输速率),校验和(前面 2 字节的和,进位丢弃),如:5A 04 5E。

测试结果:

(1) 用 STC ISP 打开并下载 Hex 文件。

(2) 打开"工程文件"文件夹,打开"上位机"文件夹,并启动程序 Wave.exe。

(3) 采集波形软件自动连接学习板。

(4) 出现波形并正常显示即为成功。

(5) 采集的四种 AD 值显示在上位机软件上,通过改变温度和光照强度可以看出波形的变化。

(6) 改变采集速率波形绘制速度会相应发生变化。

14.14　任务　基于红外多机通信系统

规划设计

目标:本节对红外通信案例进行拓展,在两块或者多块 STC 学习板间实现红外线通信。

资源:STC-B 学习板 2 块或更多、PC、Keil 4 软件、STC-ISP 软件(V6.8 以上)、上位机软件。

任务:

(1) 再次下载本工程 Hex 文件,并对照测试结果仔细观察将实现的功能,如图 14-18 所示。

(2) 参考 Z1 代码风格,利用 C51 编程实现任务功能。

功能:

(1) 红外发送接收功能主要依靠两个部分来实现,一是红外收发电路,二是串行接口。

(2) 红外通信共发送 4 字节:

第一个字节是发送标志,只有接收到发送标志才确认通信开始;

第二个字节是接收方编号。只有接收方接收到的编号与自身编号一致时,才继续接收

图 14-18　案例测试结果

过程,否则终止接收过程;

第三个字节是发送方编号;

第四个字节是 LED 灯数据。

(3) 数码管第 0 位数字是本机的编号,第 3 位是目标接收方编号,第 7 位是发送方编号;LED 灯显示要发送(或接收到)的数据。

(4) 按 K3 键可选择需要改变的值的(在数码管第 0、3 位和 LED 灯值之间切换);当变量闪烁时,按 K2 键可让数据值加 1;按 K1 键发送数据。

测试结果:

(1) 需要多块 STC 学习板,一块板发送,其余的接收。

(2) 发送板编号为 1,接收板编号为 2。

(3) 当目标接收方收到数据后,数码管第 8 位显示发送方编号,LED 灯显示接收到的数据。其他非目标接收方不接收数据。

14.15　任务　基于 RS-485 多机通信系统

规划设计

目标:本节对 RS-485 通信案例进行拓展,实现多机通信。

资源:STC-B 学习板 2 块、PC、Keil 4 软件、STC-ISP 软件(V6.8 以上)。

任务:

(1) 再次下载本工程 Hex 文件,并对照测试结果仔细观察将实现的功能,如图 14-19 所示。

(2) 参考 Z1 代码风格,利用 C51 编程实现任务功能。

图 14-19 案例测试结果

功能：

（1）将两块学习板通过 485 外接引脚 A、B 连接起来，单片机上电后 RS-485 模块的 D/R 引脚所对应的二极管均点亮。

（2）通过按 K3 键控制数码管位选，当前设置位会不断闪烁，通过按 K2 键设定第一位数码管（本机编号）、第四位数码管（目标机编号）以及 LED 灯显示位。最后通过按 K1 键控制数据发送。

（3）若目标机编号与本机编号匹配，则本机作为从机，会将主机编号显示在本机的第 8 位数码管上，并且主从机 LED 灯显示效果相同。

（4）模拟 Modbus 协议，采用主、从技术，上位机可以与所有的下位机通信，每个主机既可以做上位机也可以做下位机，上位机每次连续发送 5 字节的数据，其基本格式为：数据包头（0x5A）＋目标机编号＋本机编号＋LED 显示数据＋检验码字节。将多个主机同时挂载在总线上，通过设定不同的本机编号即可实现多机通信。

测试结果：

（1）将两块学习板通过 RS-485 外接引脚连接起来；注意不要交叉连接，否则数据传输错误。

（2）将当前目录的 Hex 文件分别下载到两块学习板上。

（3）上电后两块学习板默认第 1，4，8 位显示 0，第 2，3 位显示－；RS-485 模块的 D/R 对应二极管均点亮。

（4）通过按 K3 键控制设定位，按 K2 键调整本机编号与目标机编号（数码管会显示出来如"5"），以及 LED 灯显示效果，按下 K1 键完成一块学习板向其他学习板发送数据（两块学习板的目标机与本机编号匹配）。

14.16 任务 基于 RS-485 总线的评分系统

14.16.1 模拟 Modbus 协议

Modbus 协议是全球第一个真正用于工业现场的总线协议，具有免费开放、多种电气接口支持、帧格式简单、易开发等特点。

本节模拟 Modbus 协议,采用主、从技术,上位机的主控制器可以与所有的下位机通信,也可以单独与一个指定的下位机通信。

模拟 Modbus 协议中,上下位机的数据包都只含 5 字节,其基本格式为:数据包头(0x5A)＋地址码(广播地址/从机地址)＋功能码＋携带数据(1 字节)＋校验码字节,携带数据部分可以扩充多个字节,可以视情况进行修改。

数据包具体定义如下。

1. 主机检测从机是否正常相关数据包:(主机与单个从机设备通信)

1)设备正常检测数据包

方向:上位机→下位机

数据包消息:数据包头＋从机地址＋检测功能码(Fun_CheckSlave)＋自定义内容(Check_Content)＋校验字节

功能:查询下位机是否正常。正常,则下位机发送回应查询数据包;不正常,则下位机不予回应;数据传输过程发生错误,下位机发送回应错误数据包,上位机可以通过设置多次轮询来重新检测该设备是否正常。

2)回应查询数据包

方向:下位机→上位机

数据包消息:数据包头＋从机地址＋检测功能码(Fun_CheckSlave)＋自定义内容(接收自主机 Check_Content)＋校验字节

3)回应错误数据包

方向:下位机→上位机

数据包消息:数据包头 ＋ 从机地址 ＋ 检测功能码(Fun_CheckSlave)＋ 错误码(ErrorInfo)＋校验字节

2. 主机获取从机评分相关数据包:(主机与单个从机设备通信)

1)获取多、单机评分数据包

方向:上位机→下位机

数据包消息:数据包头＋检测正常从机地址(0x00)＋读下位机功能码(Fun_ReadInfo)＋从机地址＋校验字节

功能:对检测正常的设备,进行一次轮询,获取评分已经准备好的从机的分数。对于单机直接进行通信,没有轮询。

2)结果返回数据包

方向:下位机→上位机

数据包消息:数据包头＋从机地址＋读下位机功能码(Fun_ReadInfo)＋从机返回的分数值＋校验字节(分数值＞100:表示上面提及的未准备好,回应错误数据包)。

3. 此轮评分结束相关数据包

复位数据包:(主机与所有从机通信)

方向:上位机→下位机

数据包消息:数据包头＋广播地址＋复位功能码(Fun_Reset)＋从机返回的分数值(0x00)＋校验字节

功能:指示所有正常连接的从机进行复位操作,准备下一轮的评分。

14.16.2 规划设计

目标：本节对 RS-485 通信案例进行拓展，实现上位机的主控制器与所有的下位机进行通信。其功能流程如图 14-20 所示。

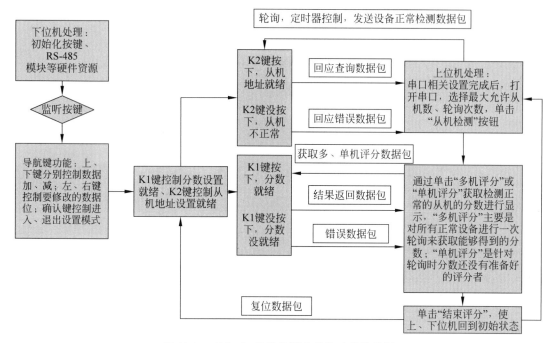

图 14-20 RS-485 总线的评分系统功能流程图

资源：STC-B 学习板两块以上、长导线多根、PC、Keil 4 软件、STC-ISP 软件（V6.8 以上）、上位机软件。

任务：

（1）再次下载本工程 Hex 文件，并对照测试结果仔细观察将实现的功能。

（2）参考 Z1 代码风格，利用 C51 编程实现任务功能。

功能：

（1）通过 RS-485 接口将多个带有 RS-485 模块的下位机控制程序的学习板挂载到总线上。

（2）学习板上电后，数码管前两位显示从机编号，后三位显示评分结果。

（3）首先按下导航按键的中心按钮进入设置模式，被选中设定的数码管小数点被点亮。

（4）然后通过控制导航按键的左右方向实现数码管的位选，上下方向实现选中数码管上数值的加减，再按一次中心按钮退出设置模式。

（5）接着按下 K2 键、K1 键标志从机编号和评分设定完成，第 1 位和第 8 位 LED 灯被点亮。

（6）先后通过控制上位机的主控制器的"从机检测"和"多机评分"按钮，获取各学习板设定的从机编号和评分，从而实现上位机与下位机的通信。其软件界面如图 14-21 所示。

测试结果：

（1）通过长导线将学习板通过 485 接口连接，再通过 USB 通信线缆与 PC 连接，下载 Hex 文件，并给单片机上电。

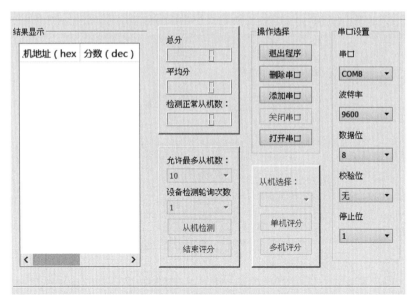

图 14-21　RS-485 总线评分上位机软件界面

（2）下载后的初始现象为：最左边两个数码管显示 00 表示从机编号，最右边 3 个数码管显示 000 表示评分。

（3）按下导航按键中心按钮进入设置模式，将从机编号和评分设置完成后再按一次中心键退出设置模式，再按下 K1 键、K2 键，标志从机设置完成。

（4）通过控制上位机进行从机检测获取下位机编号，并选中"多机评分"获取其评分，数据显示在上位机的主控制器上，最后选"结束评分"，单片机 LED 灯熄灭表示可以开始下一次评分。

14.17　任务　基于 Android 的数据采集系统

规划设计

目标：本节利用 STC15 系列单片机 A/D 转换器对光照和温度进行实时的测量，并利用串口实现单片机与蓝牙模块之间的通信，然后借助蓝牙模块实现单片机与基于 Android 开发的上位机的通信，最终将测量到的温度和光照的数据从单片机传送到上位机，并在上位机进行更为直观的实时显示。

资源：STC-B 学习板、蓝牙串口模块（杜邦线 4 根）、PC、手机（Android4.0 以上）、Keil 4 软件、STC-ISP 软件（V6.8 以上）。

任务：

（1）再次下载本工程 Hex 文件，并对照测试结果仔细观察将实现的功能。

（2）参考 Z1 代码风格，利用 C51 编程实现任务功能。

功能：

（1）单片机会实时地对光照和温度进行测量，并通过数码管对测量值进行显示（左三为温度，右三为光照）。

（2）ADC交替地测量光照和温度的值,进行多次(如2000次)AD测量并同时累计测量结果,然后再取均值来作为新的测量数据,更新显示。

（3）使用串口2来进行单片机与蓝牙模块的通信。

（4）此外,观察手机安装的基于Android开发的上位机,不仅可以看到温度和光照的具体数值,同时还能看到动态的变化曲线图。

（5）上位机与数码管的数值基本保持同步。

测试结果：

（1）通过STC-ISP将下位机程序Hex下载到单片机。

（2）用杜邦线搭建蓝牙模块的电路,串口2对应的收发引脚分别为P1.0和P1.1,将其"接收"端和蓝牙模块的TXD端相连,"发送"端和蓝牙模块的RXD端相连,再对应连接V_{CC}和GND即实现了物理上电路的连通。

（3）安卓手机下载并安装上位机程序中的APK文件 📦 Light&Temperature.apk 。安装完成后开启手机蓝牙,打开应用后单击"开始扫描"即可扫描到蓝牙设备,选中该蓝牙设备,即可查看到温度和光照的相关数据,如图14-22所示。

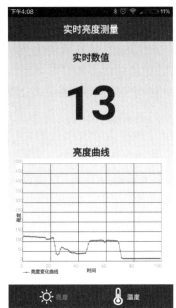 

图14-22　案例测试结果

## 第 15 章

拓 展 训 练

前面已经以 STC-B 学习板的多种案例介绍了计算机应用系统,在此基础上,可以拓展学习其他性能更强大和资源更丰富的嵌入式系统。STM32 是意法半导体(ST)公司推出的基于 ARM Cortex-M3 的 32 位微控制器系列产品。本章通过介绍 STM32 背景知识和如何学习入手,描述了配套 STM32 开发板及其外围电路,以简单案例熟悉 STM32 开发整体流程,认识 STM32 的 GPIO、地址映射、系统结构和时钟系统,对比直接配置寄存器和库开发两种不同方法,进一步理解库开发。库开发学习门槛低、开发效率高、可读性强、便于代码重用和维护,后续配合 STM32Cube 也可方便自学 L2 库、HAL 库等跨 STM32 产品移植开发。

15.1 STM32

Cortex-M3 系列处理器是 ARM 公司针对微控制器领域开发的,具有低功耗、良好的中断行为、卓越性能以及现有平台的高兼容性等特点。ST 是率先推出基于 Cortex-M3 的 32 位微控制器系列产品的厂家之一,ST 推出的基于 Cortex-M3 内核的 STM32 系列产品凭借其产品线的多样化、极高的性价比、简单易用的开发方式,使其迅速在众多 Cortex-M 微控制器中脱颖而出,成为市场的主流产品之一。

STM32 如此流行和它倡导的基于固件库的开发方式(后简称库开发)是密不可分的。STM32 的功能比 8/16 位单片机要更强大和丰富,伴随的就是寄存器数量将更多,配置操作将更复杂。如果采用直接配置寄存器的方式来进行编程,仅仅查看寄存器配置方法就是一件容易出错且相当繁琐的工作。直接配置寄存器有着开发速度慢、程序可读性差等致命弱点。STM32 库开发充分利用了分层的思想,将配置寄存器的操作封装成一个个函数,组织成库提供给用户使用。库开发也是一种自顶向下的学习方法,从学会在上层调用 API(应用程序接口),再层层追踪到 API 底层实现,可以透彻了解寄存器、CPU 内存分布,再到启动代码、开发环境的配置等。STM32 的固件库组织结构十分严谨、优美,而且简单易用,开发人员仅通过调用库里面的 API 就可以迅速搭建一个大型的程序,写出各种用户所需的应用。

STM32 库开发也是学习 STM32 很重要的内容之一。STM32 库实现了寄存器到结构体,结构体到各层 API,再到外设驱动文件的抽象,并涉及到大量的 C 语言知识,如关键字、宏、结构体、指针、类型转换、条件编译、断言、内联函数等。

学习案例工程或参与项目开发,都是很好的学习 STM32 的形式。通过亲自动手编程

实践,才能真正学到东西,在学习过程中还需要注意以下几点:

(1) 转变思维,加强运用 C 语言的能力,适应使用固件库的开发方式,建立工程意识。

(2) 熟悉 STM32 开发软硬件平台,了解 CMSIS 标准和 STM32 的系统架构。

(3) 掌握 IIC、SPI、SDIO、CAN、TCP/IP 等总线通信协议,开发灵活通信的系统驱动。

15.2 STM32 开发板

本书配套的 STM32 开发板沿袭了 STC-B 学习板的设计风格和理念,熟悉前述章节内容的读者,将更容易上手这款开发板。配套的 STM32 开发板小巧便携,只需要一条 USB 线即可进行下载和调试,板上集成了尽可能多的常用传感模块及数字器件,并预留了扩展接口,是很好的学习 STM32 的平台。下面基于开发板来引导入门 STM32,适合已经基本完成了本书前述章节的读者阅读。

15.2.1 功能与特点

STM32 开发板和 STC-B 学习板一样小巧轻便,面积约为 100mm×85mm;下载、通信、供电和调试,仅需一条 USB 线即可完成;平台同样汇聚了尽可能多的常用传感模块及数字器件。大部分时候,用户不需要外接电路,只要 PC 的软件开发环境再配上 STM32 开发板和一根 USB 线,即可随时随地开始 STM32 的学习。

如图 15-1 所示,STM32 开发板有着各式各样的经典板载元器件资源(包含了 STC-B 板资源),例如:8 位 LED 数码显示、8 个 LED 灯、3 个输入按键、1 个蜂鸣器、1 个温度测量、1 个光照测量、步进电机驱动接口、2 个通用 AD 采集接口、DS1302 实时时钟、EEPROM 存储器、红外发送和接收、485 接口、5 键导航按键、1 个霍尔传感器、数字调谐 FM 收音机。此外,STM32 开发板还多了 1 个 LCD 液晶触摸屏接口、1 个 NRF24l01 无线通信接口、1 个 CAN 总线接口、1 个 USB 接口和 1 个 SWD 接口,但是没有了三轴加速度传感器。

图 15-1 STM32 开发板

(1) 7 段数码管显示模块,8 个静态/动态显示;

(2) 8 个输出 LED 发光管;

(3) USB 转串口通信模块;

(4) 收音机模块;

(5) 红外发送模块;

(6) 红外接收模块;

(7) 霍尔传感器 1 个;

(8) 振动传感器 1 个;

(9) LCD 液晶触摸屏接口 1 个

(10) 耳机/音箱接口 1 个;

(11) 集通信、下载及单一电源供电于一体的 Mini-USB 接口 1 个;

(12) 采用 USB 接口实现 USB 从设备功能的 Mini-USB 接口 1 个;

(13) 集调试仿真、下载及单一电源供电于一体的 Mini-USB 接口 1 个;

(14) 蜂鸣器模块;

(15) 纽扣电池 1 个;

(16) SWD 调试模块;

(17) ISP 按键 1 个

(18) 复位按键 1 个;

(19) 导航按键 1 个;

(20) 按键开关 3 个;

(21) CAN 通信模块;

(22) RS-485 通信模块;

(23) 步进电机驱动模块;

(24) 外部接口 1 个,可用于双通道电压检测、超声波测距等。

(25) 光敏传感器 1 个;

(26) 热敏传感器 1 个;

(27) NRF24l01 无线通信模块 1 个;

STC-B 学习板扩展口能拓展的外部模块/元器件,如步进电机、超声波测距等,在 STM32 开发板上也同样可以扩展。另外,STM32 开发板还可以扩展 STC-B 学习板无法扩展的外部模块,比如 LCD 液晶触摸屏(可带 SD 卡)和 NRF24l01 无线通信模块。也就是说,STC-B 学习板能做的,STM32 开发板都可以做到,而且 STM32 开发板还可以实现更多复杂的功能。

15.2.2　主芯片 STM32F103VB

STM32 开发板主芯片采用 ST 公司的 STM32F103xx 系列 STM32F103VB 型号单片机,采用 LQFP 封装,有 100 个引脚,128KB 的 FLASH 和 20KB 的 RAM。STM32 开发板主芯片引脚功能如图 15-2 所示。STM32 系列的各个型号的芯片的数据手册都可以在 ST 官网下载。

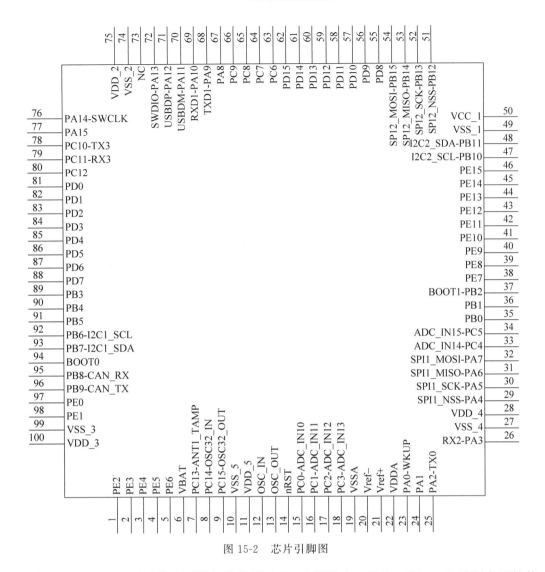

图 15-2 芯片引脚图

STM32F103xx 系列微控制器外设资源丰富、功能强大。STM32F103xB 系列主要性能如下：

（1）内核：ARM 32 位的 Cortex-M3 CPU

最高 72MHz 工作频率，在存储器的 0 等待周期访问时可达 1.25DMips/MHz（Dhrystone2.1），单周期的乘法和硬件除法。

（2）存储器。从 64KB 或 128KB 的闪存程序存储器，高达 20KB 的 SRAM。

（3）时钟、复位和电源管理。2.0～3.6V 供电和 I/O 引脚，上电/断电复位（POR/PDR）、可编程电压监测器（PVD）。

4～16MHz 晶体振荡器，内嵌出厂调校的 8MHz 的 RC 振荡器，内嵌带校准的 40kHz 的 RC 振荡器，产生 CPU 时钟的 PLL，带校准功能的 32kHz RTC 振荡器。

（4）低功耗。睡眠、停机和待机模式，VBAT 为 RTC 和后备寄存器供电。

（5）2 个 12 位模数转换器，1μs 转换时间（多达 16 个输入通道）。转换范围：0～3.6V，双采样和保持功能,温度传感器。

(6) DMA。7 通道 DMA 控制器,支持的外设:定时器、ADC、SPI、IIC 和 USART。

(7) 多达 80 个快速 I/O 端口。26/37/51/80 个 I/O 口,所有 I/O 口可以映像到 16 个外部中断;几乎所有端口均可容忍 5V 信号。

(8) 调试模式。串行单线调试(SWD)和 JTAG 接口。

(9) 多达 7 个定时器。

- 3 个 16 位定时器,每个定时器有多达 4 个用于输入捕获/输出比较/PWM 或脉冲计数的通道和增量编码器输入。
- 1 个 16 位带死区控制和紧急刹车,用于电机控制的 PWM 高级控制定时器。
- 2 个看门狗定时器(独立的和窗口型的)。
- 系统时间定时器:24 位自减型计数器。

(10) 多达 9 个通信接口。

- 多达 2 个 I2C 接口(支持 SMBus/PMBus)。
- 多达 3 个 USART 接口(支持 ISO 7816 接口、LIN、IrDA 接口和调制解调控制)。
- 多达 2 个 SPI 接口(18Mb/s)。
- CAN 接口(2.0B 主动),USB 2.0 全速接口。

(11) CRC 计算单元,96 位的芯片唯一代码。

经过前述章节的学习,我们懂得单片机要控制外围器件工作,首先要理解其工作原理,然后根据导线标号弄清楚其与主芯片的具体连接情况。STM32 开发板与 STC-B 学习板相同的部分元器件的电路和工作原理是相同的,不同之处仅在于连接到了不同主芯片的不同的引脚。若对电路仍有疑惑,可往回查看前述章节的相关知识。

15.3　开发环境

15.3.1　MDK 安装

相信学习了 51 单片机对 Keil C51 都不会陌生,MDK(Microcontroller Development Kit)和 Keil C51 一样,都是基于 μVision IDE 的微控制器开发工具,不同的是,Keil C51 针对的是 8051 内核的微控制器,而 MDK 针对的是 ARM 系列的微控制器。STM32 是基于 ARM 系列的 Cortex-M3 内核的微控制器,因此我们需要安装 MDK。

MDK 安装过程如下:

(1) 运行 MDK 安装程序 MDK412.exe。

(2) 单击 Next 按钮,如图 15-3 所示。

(3) 勾选同意许可协议的复选框,单击 Next 按钮,如图 15-4 所示。

(4) 单击 Next 按钮,默认安装在 C:\Keil 目录下,如图 15-5 所示。如果之前安装了 Keil C51,把 MDK 安装在相同路径下。

(5) 填写用户名、公司名和电子邮件名,可随便填写或输入空格,但不能不填,填好后单击 Next 按钮,如图 15-6 所示。

(6) 正在安装,如图 15-7 所示。

(7) 单击 Finish 按钮,安装完成,如图 15-8 所示。

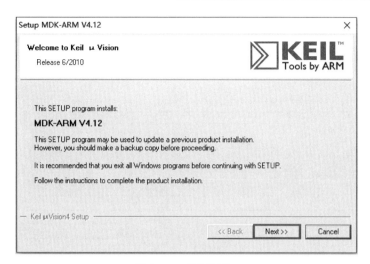

图 15-3 安装步骤 1

图 15-4 安装步骤 2

图 15-5 安装步骤 3

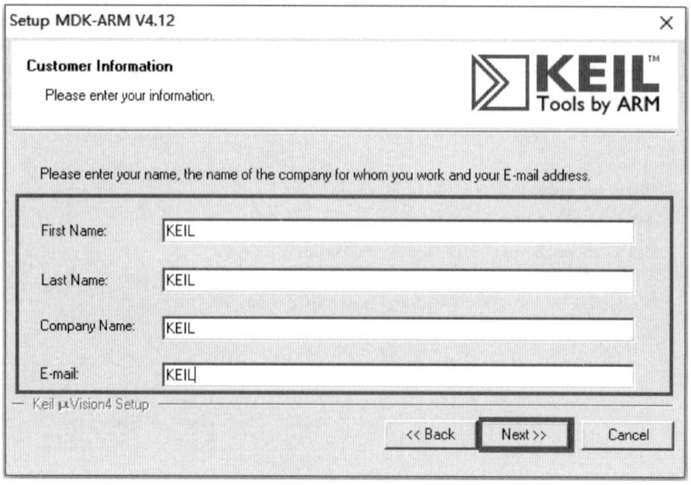

图 15-6 安装步骤 4

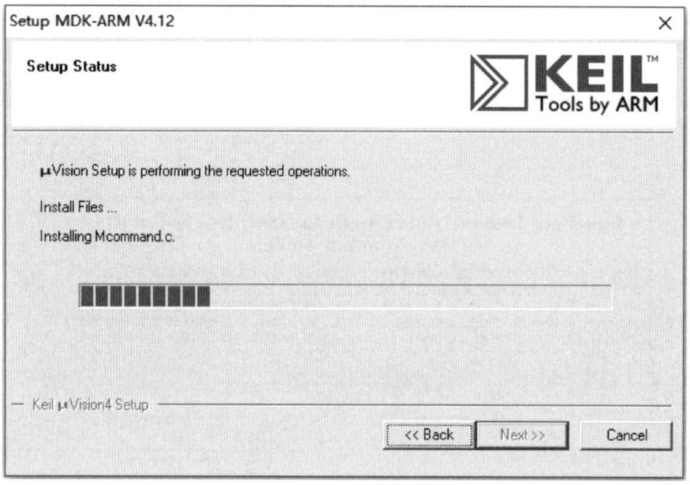

图 15-7 安装步骤 5

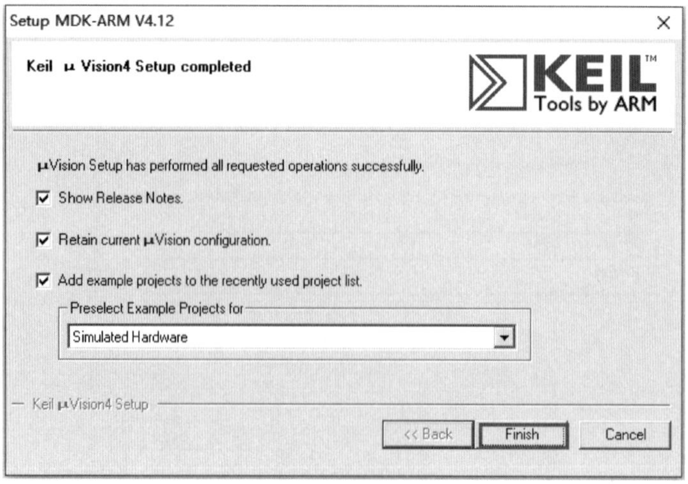

图 15-8 安装步骤 6

将 Keil C51 和 MDK 安装在同一路径之下，打开 μVision，在 Target Options 的 Device
选项卡中，可以发现当前软件支持的芯片型号既包括 51 系列的，也包括 ARM 系列。

15.3.2　程序编译与下载

建好工程模板后，若手头上有一个可以用的工程文件，接下来就可以体验一下如何编译
和下载程序了，这里使用基于配套 STM32 学习板自带案例的 LED 流水灯例程进行演示，
代码可参考 15.5 节。

1．程序编译

打开 μVision，在操作主界面的工具栏最左边有 3 个按钮，从左到右介绍这 3 个按钮的
功能，见图 15-9。

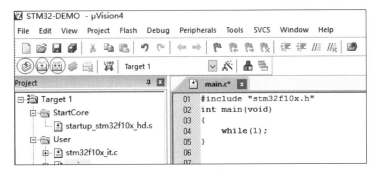

图 15-9　程序编译按钮

Translate 按钮：编译当下修改过的文件，即检查一下有没有语法错误，既不连接文件，
也不会生成可执行文件。

Build 按钮：编译当下修改过的工程，它包含了语法检查、连接动态库文件、生成可执行
文件。

Rebulid 按钮：即重新编译整个工程，与 Build 按钮实现的功能是一样的，不同的是它
是重新编译整个工程的所有文件，比较耗时。

Translate 按钮和 Rebulid 按钮用得很少，一般常用 Build 按钮来编译程序，既方便又
省时。

2．程序下载

配套的 STM32 学习板有两种下载方式，J-LINK 下载和串口下载（即 ISP），无论是哪一
种下载方式，配套的 STM32 学习板都做到了"一线"下载，只需要一根数据线就可以轻松地
下载程序。

1）J-LINK 下载

在使用 J-LINK 之前，需要先安装 J-LINK 的驱动。在线下载并找到 J-LINK 驱动安装
软件，单击安装。

用配套的数据线将 STM32 学习板 SWD 口与计算机的 USB 口相连接，如图 15-10 所示。

在下载之前，需要对 Keil 进行配置。打开 LED 流水灯的工程文件，单击工具栏的魔术
棒按钮，在弹出来的窗口中选中 Utilities 选项卡，单击 Use Target Device for Flash
Programming 单选钮，并设置选用 Cortex-M/R J-LINK/J-Trace 工具，如图 15-11 所示。

图 15-10　连接 STM32 开发板

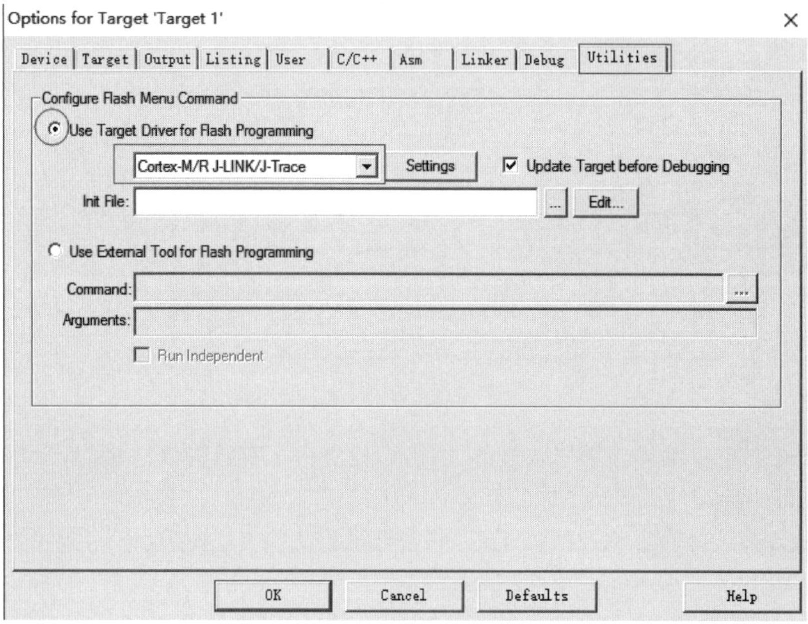

图 15-11　配置 Utilities

继续单击 Settings 按钮,在新弹出的窗口中选中 Debug 选项卡,然后把 Port 设置为 SW,Max Clock 设置为 10MHz,此时在 SW Device 窗口中显示已成功检测 J-LINK 设备,如图 15-12 所示。

继续选中 Flash Download 选项卡,添加 CPU 支持的 Flash,如图 15-13 所示,单击 OK 按钮保存设置。

单击 MDK 主界面的工具栏中的 Load 按钮,就可以将编译好的程序下载到开发板的 Flash 中了,见如图 15-14 所示。下载好程序后,需要按一下学习板上的 RESET 按键,程序才会运行。按下 RESET 按键后,即可看到学习板上的 LED 灯逐个被点亮了。

2）串口下载

和 J-LINK 一样,在使用串口下载之前,我们需要先安装串口模块的驱动。在线下载并找到 CH340 驱动安装软件,单击安装。

串口下载实际上就是将工程生成的 HEX 文件通过串口下载到学习板。单击工具栏的魔术棒按钮,在弹出来的窗口中选中的 Output 选项卡,如图 15-15 所示,然后选中 Creat

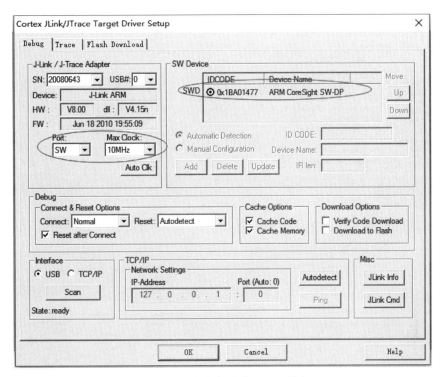

图 15-12　成功检测到 JLINK 设备

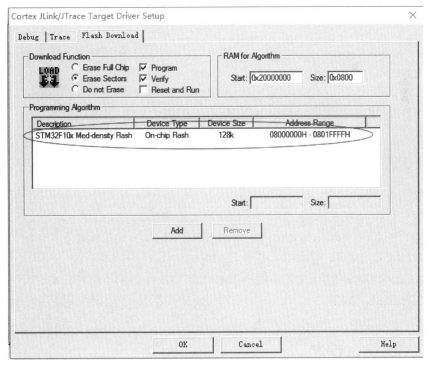

图 15-13　添加 Flash 类型

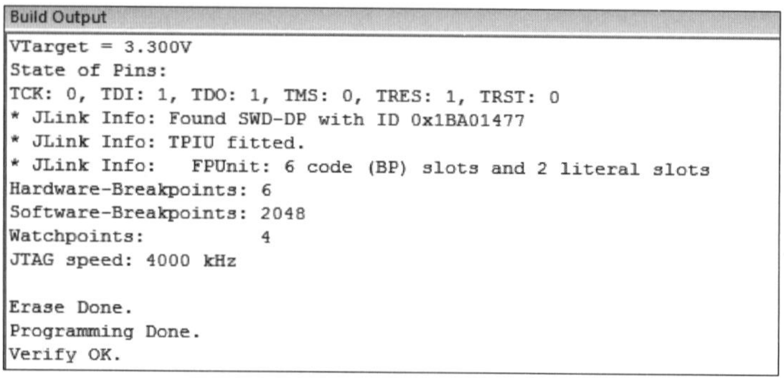

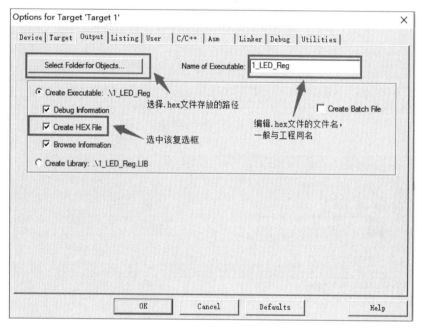

Build Output
VTarget = 3.300V
State of Pins:
TCK: 0, TDI: 1, TDO: 1, TMS: 0, TRES: 1, TRST: 0
* JLink Info: Found SWD-DP with ID 0x1BA01477
* JLink Info: TPIU fitted.
* JLink Info: FPUnit: 6 code (BP) slots and 2 literal slots
Hardware-Breakpoints: 6
Software-Breakpoints: 2048
Watchpoints: 4
JTAG speed: 4000 kHz
Erase Done.
Programming Done.
Verify OK.

图 15-14 成功下载程序

HEX File 复选框，编辑.hex 文件的文件名，并选择.hex 文件的存放目录。完成以上配置，程序编译后就会生成相应的.hex 文件存放在相应的路径下。

Options for Target 'Target 1'
Device
Target
Output
Listing
User
C/C++
Asm
Linker
Debug
Utilities
Select Folder for Objects...
Name of Executable:
1_LED_Reg
Create Executable: .\1_LED_Reg
选择.hex文件存放的路径
Debug Information
Create Batch File
Create HEX File
编辑.hex文件的文件名，
一般与工程同名
选中该复选框
Browse Information
Create Library: .\1_LED_Reg.LIB
OK
Cancel
Defaults
Help

图 15-15 配置 Output

用配套的数据线将 STM32 学习板 COM 口与计算机的 USB 口相连接。

打开串口下载软件 mcuisp.exe，选中对应的 COM 口，并将 bps 设置为 115 200，然后选择所要下载的 HEX 文件，选中“编程后执行”复选框，如图 15-16 所示。

单击“开始编程”按钮后，先后按住开发板上的 ISP 按键和 RESET 按键，再一起松开，即可启动程序下载，如图 15-17 所示。程序下载成功后将自动运行，然后就看到实验现象了。

15.3.3 调试程序

编写代码避免不了调试，调试也是编程和项目开发的重要能力之一。接下来将以调试流水灯工程(库开发版本工程)为例，简单介绍 STM32 软件仿真及硬件调试的方法。

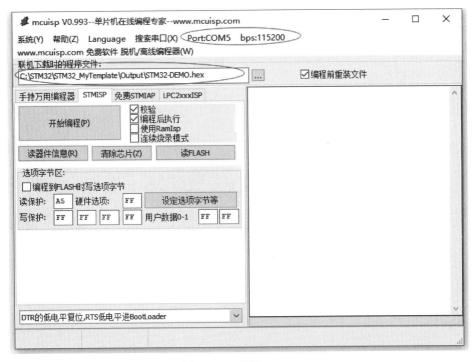

图 15-16　配置 mcuisp

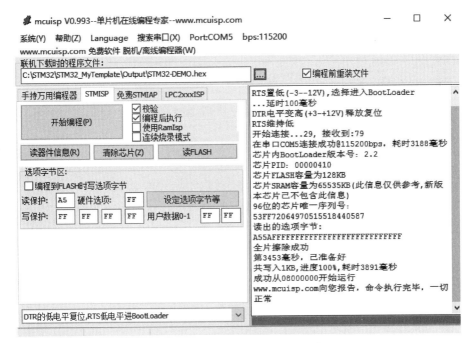

图 15-17　成功通过串口下载程序

1. MDK 软件仿真调试

软件仿真调试就是利用 MDK 软件来对 STM32 芯片进行仿真,执行工程代码。以下为代码的调试步骤:

首先进行仿真环境配置，单击𝕬，首先选择 Device 选项卡，选择仿真芯片 STM32F103VB，见图 15-18；然后选择 Target 选项卡，将仿真运行的外部晶振频率设为 12MHz，见图 15-19；最后选择 Debug 选项卡，选择 Use Simulator 单选钮，单击 OK 按钮保存所有设置，见图 15-20。

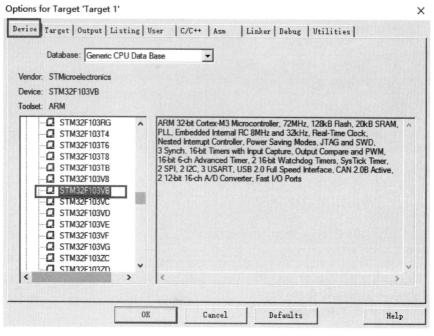

图 15-18　选择仿真芯片型号

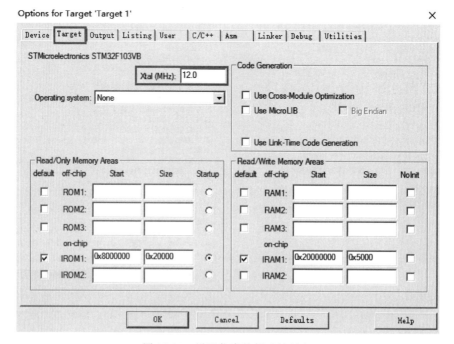

图 15-19　设置仿真外部时钟频率

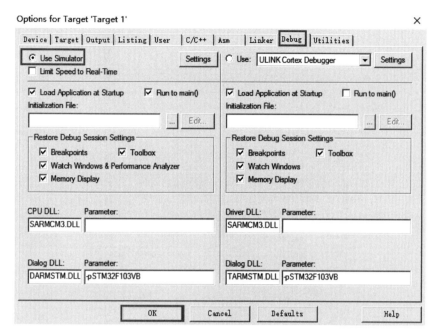

图 15-20　选择使用软件仿真器

单击 Debug 按钮，随即弹出调试界面，见图 15-21，然后就可以开始调试了。

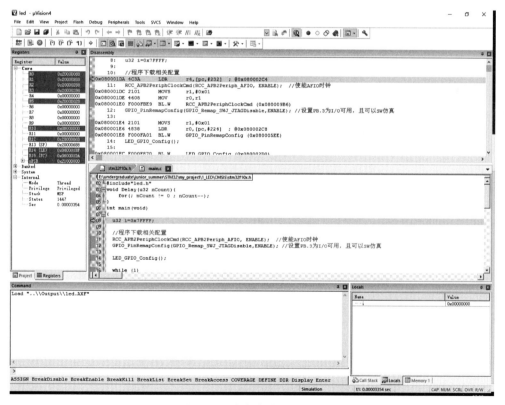

图 15-21　软件仿真调试界面

接下来可单击左上角工具栏 ▒｜▤ ◉｜↻ ↻ ↻ ↻ 分别进行复位、全速运行、结束运行、单步运行、不进入函数单步运行、运行至函数、运行至断点等操作来调试程序。

选择 Peripherals→General Purpose I/O→GPIOE，如图 15-22 所示。弹出的窗口见图 15-23，我们可以查看到 GPIOE 端口在程序运行过程中状态。

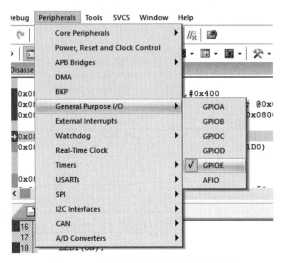

图 15-22 选择要调试的外设 GPIOE

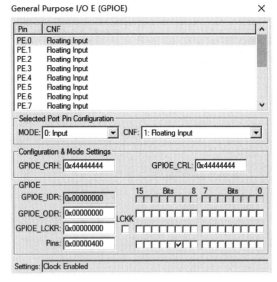

图 15-23 GPIOE 调试窗口

我们在第 3 个流水灯点亮后下一行代码设置断点，并运行程序，当程序停在断点处时，如图 15-24 所示，我们查看 GPIOE 端口的状态，如图 15-25 所示，此时 GPIOE 的 Pin10 输出高电平，其他引脚输出低电平，根据电路连接可知 GPIOE 的 Pin10 连接的正是第 3 个发光二极管 L2。

软件仿真还有很多强大的功能，就不在此一一介绍了，相关的操作说明可参看 MDK 的帮助手册。

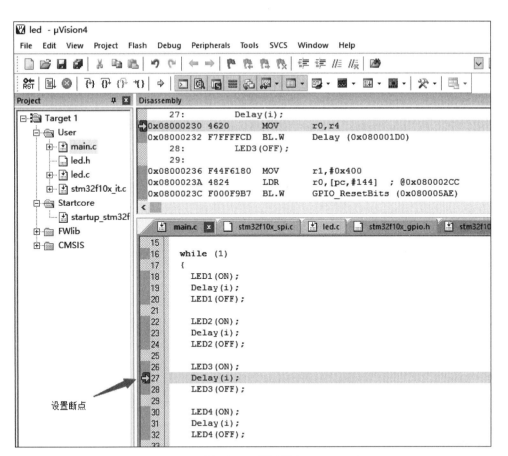

图 15-24　设置断点

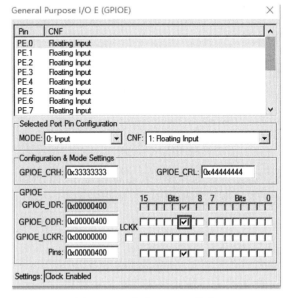

图 15-25　查看 GPIOE 状态

2. 使用 J-LINK 进行硬件调试

MDK 仿真工具很强大,但更多时候还是使用硬件调试的,因为硬件调试是让代码在真实的项目目标环境中运行。MDK 的软件仿真只能仿真芯片,不能仿真外部电路,如我们想要看 ADC 采样的数据或者验证外围器件工作是否正常,软件仿真就束手无策了。

硬件调试和软件仿真的使用大部分是相似的,如查看变量值等。硬件调试是通过 J-LINK 进行的,通过 USB 线将 STM32 开发板的 SW 口与计算机的 USB 口相连,然后先完成前面的"J-LINK 下载"的配置操作。

接击单击 🔨,在弹出的对话框中首先选择 Debug 选项卡,选择 Cortex-M/R J-LINK/J-Trace 选项,并勾选 Use,如图 15-26 所示。

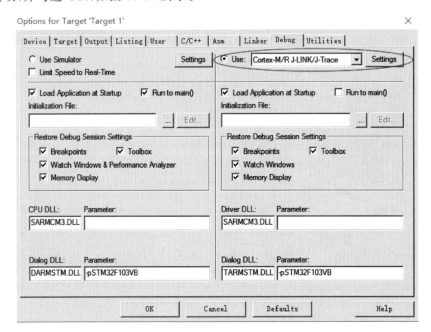

图 15-26　配置 Debug 选项

完成以上硬件调试的配置,然后编译好代码,就可以直接单击调试按钮,然后就可以像使用软件仿真那样进行硬件调试了,也可以查看变量、外设状态、寄存器值。

15.4　资料参考

学习 STM32,官方资料是最好的教程。官方资料对 STM32 的讲解准确、全面且详尽,几乎包括了开发过程中所有可能遇到的问题,是获取关于 STM32 知识的源头,这些资料都可以从 ST 官网上获取。

常用的官方资料有:

(1) stm32f10x_stdperiph_lib_um.chm。这就是 STM32f10x 标准固件库帮助文档,在使用库函数时,可以通过此文档来了解库函数原型和函数调用方法,也可以直接阅读源码里面的函数说明。

(2) STM32 参考手册。这个文档把 STM32 的时钟、存储器架构及各种外设、寄存器都描述得清清楚楚,是学习 STM32 绝佳的教材。当对库函数的源码实现感到困惑时,可查阅这个文档。如果采用直接配置寄存器方式开发,就更加需要此文档了。

(3)《ARM Cortex-M3 权威指南》。该手册是由 ARM 公司提供的,它详细讲解了 Cortex 内核的架构和特性,适合深入了解 Cortex-M3 内核。

STM32 有如此多的外设,STM32 库有如此多的函数,我们怎么记得住? 其实并不需要记住,只要会查就行了! 用到什么就查什么。那需要用到以前没用过的模块怎样才能快速上手呢? 以模数转换模块(ADC)为例,首先可以查阅"STM32 参考手册",见图 15-27,了解 ADC 的工作原理和运作方式,根据自己的需求明确需要将 ADC 配置为何种工作模式。

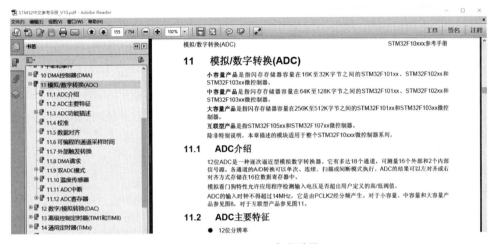

图 15-27　STM32 参考手册

然后查阅 stm32f10x_stdperiph_lib_um.chm,见图 15-28,了解如何调用 ADC 外设的库函数来实现 ADC 的配置。

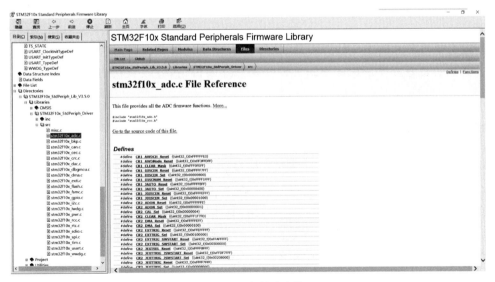

图 15-28　库帮助文档

15.5 基础知识

15.5.1 GPIO

在学习流水灯程序之前,有必要先熟悉一下 GPIO(General-Purpose I/O)。想要控制 LED 灯,实际上就是通过控制 STM32 芯片引脚电平的高低来实现。在 STM32 芯片上,I/O 引脚可以被配置成各种不同的功能,如输入或输出,所以又被称为 GPIO。通俗地说,STM32 的 GPIO,就相当于 STC 的 I/O。

STM32 的 GPIO 引脚又被分为 GPIOA、GPIOB、…、GPIOG 不同的组,每组端口分为 0~15 共 16 个不同的引脚,对于不同型号的芯片,端口的组和引脚的数量不同,具体请参考相应芯片型号的 datasheet。

因为 GPIO 的功能丰富,因此在使用其之前,需要先对其工作模式进行配置。这时就要查看《STM32 参考手册》来了解 GPIO 和相关寄存器的配置说明,如图 15-29(a)所示。《STM32 参考手册》中对每个与 GPIO 操作相关的寄存器也有详细的说明,如图 15-29(b)所示。请注意,STM32 中的寄存器都是 32 位的。

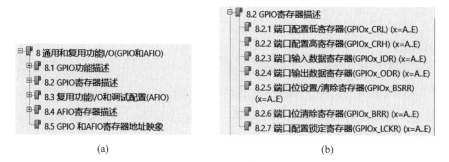

(a)   (b)

图 15-29　GPIO 相关目录

官方文档对芯片描述是最严谨的,实际开发中应以官方文档为准,读者应该养成使用官方文档的良好习惯。在此不对 GPIO 展开过多讨论,直接从代码切入,会直观明了得多。

15.5.2 地址映射

Cortex-M3 有 32 根地址线,寻址空间大小为 2^{32} b,即 4GB。ARM 公司预先都把这 4GB 的寻址空间大致地分配好了,如图 15-30 所示,它将 0x40000000 至 0x5FFFFFFF(512B)的地址空间分配给了片上外设,并由芯片厂商进行具体的寄存器至地址的映射。

对于 STM32,可以在 STM32 中文手册找到它所有片上外设寄存器的具体映射地址。当要设置某个寄存器,只需要查找到它所映射到的地址,然后通过 C 语言的指针来寻址并修地址上的内容,即可实现修改该寄存器的内容。但是通过直接寻址来设置寄存器的开发效率低,容易出错,代码可读性与兼容性也很差,在实际编程中,往往不采用这样的方式来访

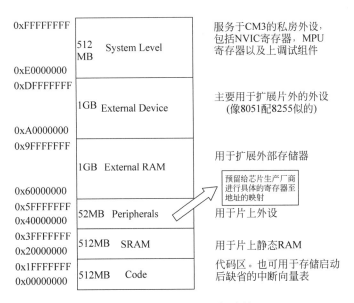

图 15-30 CM3 寻址空间映射

问寄存器。

先回顾一下 3.4 节的流水灯工程。在这个流水灯代码中，为什么直接对 P0 这个变量赋值，就能控制 P0 端口的高低电平了呢？原因在于这个代码包含了头文件 STC15F2K60S2. H（该头文件的代码见 3.4.3 节）。在 STC15F2K60S2. H 中"sfr P0＝0x80；"语句的意思就是把单片机内部地址 0x08 处的这个寄存器重新起名为 P0，以后在程序中直接操作 P0，就相当于对单片机内部的 0x80 地址处的寄存器进行操作了。

STM32 通过一系列的宏定义来实现地址的映射，这些映射都包含在头文件 stm32f10x_map.h 中，对于直接配置寄存器的开发方式，直接将 stm32f10x_map.h 包含到工程中就可以了。在 ST 库中，库文件 stm32f10x.h 同样也包含了地址映射的定义，同时还包括其他一些与 ST 库有关的代码，选用库开发时，往往选用 stm32f10x.h。当然，stm32f10x_map.h 和 stm32f10x.h 中的地址映射定义是一致的。

首先，STM32 定义了外设基地址 PERIPH_BASE，见代码清单 15-1。PERIPH_BASE 对应的正是片上外设地址空间的起始地址 0x40000000。

代码清单 15-1 stm32f10x. h 文件中对外设基址的定义

#define PERIPH_BASE   ((uint32_t)0x40000000)

STM32 芯片有 AHB 总线、APB2 总线和 APB1 总线，如图 15-31 所示，STM32 的外设都是挂载在这些总线上的。STM32 为每个总线分配了特定的地址空间，供挂载在其上面的外设使用。

以 PERIPH_BASE 为基地址，STM32 为每个总线定义了总线外设基地址，见代码清单 15-2。表 15-1 给出了每个总线的地址范围、总线外设基地址。

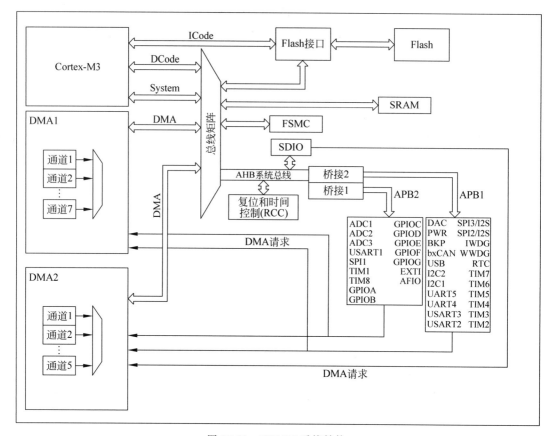

图 15-31　STM32 系统结构

代码清单 15-2　stm32f10x.h 文件中对外设基址的定义

# define APB1PERIPH_BASE	PERIPH_BASE
# define APB2PERIPH_BASE	(PERIPH_BASE + 0x10000)
# define AHBPERIPH_BASE	(PERIPH_BASE + 0x20000)

表 15-1　总线地址范围与基址

总　　线	地 址 范 围	总线外设基地址
AHB1	0x4000 0000～0x4000 FFFF	0x4000 0000
AHB2	0x4001 0000～0x4001 7FFF	0x4001 0000
AHB	0x4001 8000 ~ 0x5003 FFFF	0x4001 8000

　　不同外设都有自己的寄存器组，STM32 为外设定义了寄存器组基地址。以 GPIO 为例，GPIO 是挂载在 AHB2 总线上的，以 APB2PERIPH_BASE 为基地址，STM32 为每组 GPIO 端口定义寄存器组基地址，见代码清单 15-3。

代码清单 15-3　GPIO 基地址宏

# define GPIOA_BASE	(APB2PERIPH_BASE + 0x0800)
# define GPIOB_BASE	(APB2PERIPH_BASE + 0x0C00)

```
#define GPIOC_BASE                          (APB2PERIPH_BASE + 0x1000)
#define GPIOD_BASE                          (APB2PERIPH_BASE + 0x1400)
#define GPIOE_BASE                          (APB2PERIPH_BASE + 0x1800)
#define GPIOF_BASE                          (APB2PERIPH_BASE + 0x1C00)
#define GPIOG_BASE                          (APB2PERIPH_BASE + 0x2000)
```

最后，STM32 用结构体的形式将寄存器组进行了封装，见代码清单 15-4，GPIO_TypeDef 是 STM32 自定义的结构体，其中 __IO 也是 ST 官方库定义的宏，可以暂时忽略。

代码清单 15-4　结构体 GPIO 基地址宏

```
1.  typedef struct
2.  {
3.    __IO uint32_t CRL;
4.    __IO uint32_t CRH;
5.    __IO uint32_t IDR;
6.    __IO uint32_t ODR;
7.    __IO uint32_t BSRR;
8.    __IO uint32_t BRR;
9.    __IO uint32_t LCKR;
10. } GPIO_TypeDef;
```

以 GPIOE 为例，STM32 定义了一个类型为 GPIO_TypeDef 的指针 GPIOE，指针指向的地址为 GPIOE_BASE，也就是 GPIOE 端口寄存器组的基地址，见代码清单 15-5。

代码清单 15-5　GPIOx（x＝A..G）的定义

```
1. #define GPIOA                          ((GPIO_TypeDef *) GPIOA_BASE)
2. #define GPIOB                          ((GPIO_TypeDef *) GPIOB_BASE)
3. #define GPIOC                          ((GPIO_TypeDef *) GPIOC_BASE)
4. #define GPIOD                          ((GPIO_TypeDef *) GPIOD_BASE)
5. #define GPIOE                          ((GPIO_TypeDef *) GPIOE_BASE)
6. #define GPIOF                          ((GPIO_TypeDef *) GPIOF_BASE)
7. #define GPIOG                          ((GPIO_TypeDef *) GPIOG_BASE)
```

注意，结构体中定义的变量地址是连续的，结构体 GPIO_TypeDef 中的 7 个 32 位的无符号整型变量，正是对应着 GPIO 的 7 个地址连续的 32 位寄存器，这些寄存器的地址映像如图 15-32 所示。然后就可以通过 GPIOE->CRL 的形式来访问 GPIOE 端口寄存器组的 CRL 和其他的寄存器了。

15.5.3　时钟系统

STM32 芯片为了实现低功耗，设计了一个功能完善但却非常复杂的时钟系统。普通的 MCU 只需直接配置外设寄存器就可以使用，但 STM32 还有一个步骤，就是开启外设时钟。

偏移	寄存器	31	30	29	28	27	26	25	24	23	22	21	20	19	18	17	16	15	14	13	12	11	10	9	8	7	6	5	4	3	2	1	0
000h	GPIOx_CRL	CNF7[1:0]		MODE7[1:0]		CNF6[1:0]		MODE6[1:0]		CNF5[1:0]		MODE5[1:0]		CNF4[1:0]		MODE4[1:0]		CNF3[1:0]		MODE3[1:0]		CNF2[1:0]		MODE2[1:0]		CNF1[1:0]		MODE1[1:0]		CNF0[1:0]		MODE0[1:0]	
	复位值	0	1	0	0	0	1	0	0	0	1	0	0	0	1	0	0	0	1	0	0	0	1	0	0	0	1	0	0	0	1	0	0
004h	GPIOx_CRH	CNF15[1:0]		MODE15[1:0]		CNF14[1:0]		MODE14[1:0]		CNF13[1:0]		MODE13[1:0]		CNF12[1:0]		MODE12[1:0]		CNF11[1:0]		MODE11[1:0]		CNF10[1:0]		MODE10[1:0]		CNF9[1:0]		MODE9[1:0]		CNF8[1:0]		MODE8[1:0]	
	复位值	0	1	0	0	0	1	0	0	0	1	0	0	0	1	0	0	0	1	0	0	0	1	0	0	0	1	0	0	0	1	0	0
008h	GPIOx_IDR	保留																IDR[15:0]															
	复位值																	0	0	0	0	0	0	0	0	0	0	0	0	0	0	0	0
00Ch	GPIOx_ODR	保留																ODR[15:0]															
	复位值																	0	0	0	0	0	0	0	0	0	0	0	0	0	0	0	0
010h	GPIOx_BSRR	BR[15:0]																BSR[15:0]															
	复位值	0	0	0	0	0	0	0	0	0	0	0	0	0	0	0	0	0	0	0	0	0	0	0	0	0	0	0	0	0	0	0	0
014h	GPIOx_BRR	保留																BR[15:0]															
	复位值																	0	0	0	0	0	0	0	0	0	0	0	0	0	0	0	0
018h	GPIOx_LCKR	保留															LCKK	LCK[15:0]															
	复位值																0	0	0	0	0	0	0	0	0	0	0	0	0	0	0	0	0

图 15-32　GPIO 寄存器地址映像和复位值

图 15-33 为完整的 STM32 时钟系统，从图的左边起，时钟源一步步分配到外设时钟。

STM32 有以下 4 个时钟源：

（1）高速外部时钟（HSE）：以外部晶振作为时钟源，晶振频率可取范围为 4～16MHz，我们一般采用 8MHz 的晶振，配套的 STM32 开发板采用的是 12MHz 的晶振。

（2）高速内部时钟（HSI）：由内部 RC 振荡器产生，频率为 8MHz，但不稳定。

（3）低速外部时钟（LSE）：以外部晶振作为时钟源，主要提供给实时时钟模块，所以一般采用 32.768kHz。

（4）低速内部时钟（LSI）：由内部 RC 振荡器产生，也主要提供给实时时钟模块，频率大约为 40kHz。

高速时钟是提供给芯片的主时钟，而低速时钟只是提供给芯片中的 RTC（实时时钟）及独立看门狗使用，至于是使用外部的还是内部的，用户可以自己设置。内部时钟是由芯片内部振荡器产生的，起振较快，所以时钟在芯片刚上电的时候，默认使用内部高速时钟。而外部时钟信号是由外部的晶振输入的，在精度和稳定性上都有很大优势，所以上电之后我们再通过软件配置，转而采用外部时钟。

SYSCLK 是系统时钟，绝大部分外设的时钟都是从 SYSCLK 中得到。SYSCLK 的时钟源包括 HSI、HSE 和 PLLCLK，选择哪个时钟源作为 SYSCLK 可由用户配置。PLLCLK 实际上也是 HSI、HSE 经过分频、倍频等操作得到。最后，SYSCLK 的时钟频率最大为 72MHz。

以下是由 SYSCLK 经过一系列分频、倍频后得到的几个与开发密切相关的时钟：

（1）HCLK：由 AHB 预分频器直接输出得到，它是高速总线 AHB 的时钟信号，提供给存储器、DMA 及 Cortex 内核，是 Cortex 内核运行的时钟，CPU 主频就是这个信号，它的大小与 STM32 运算速度、数据存取速度密切相关。

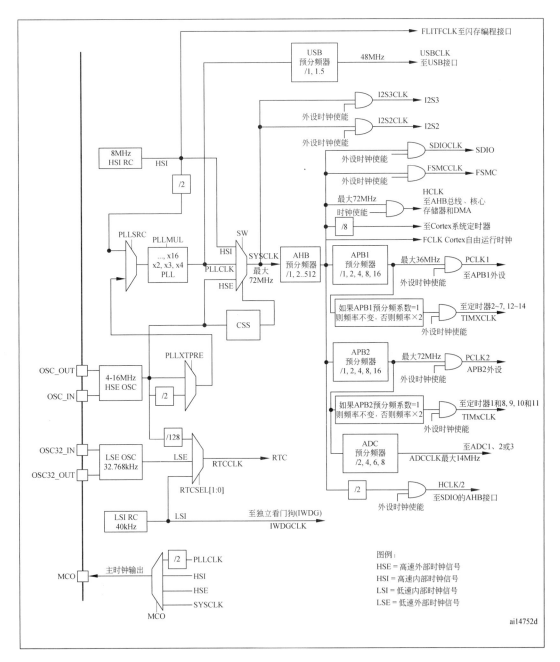

图 15-33 STM32 时钟树

（2）PCLK1：外设时钟，有 AHB1 预分频器输出得到，最大频率为 36MHz，提供给挂载在 APB1 总线上的外设使用。

（3）PCLK2：外设时钟，有 AHB2 预分频器输出得到，最大频率为 72MHz，提供给挂载在 APB2 总线上的外设使用。

在编程时，需要对时钟源和系统时钟 SYSCLK 进行配置，并打开使用到的外设的时钟，程序才能正常工作。

15.6　任务　流水灯案例

15.6.1　硬件连接

STM32 开发板的流水灯电路和 STC 学习板的是近似的,对其工作原理有疑惑可翻阅前面 STC 学习板的相关章节内容,在此不再赘述。

通过查看芯片引脚图和流水灯电路图,如图 15-34 和图 15-35,可知发光二极管 L0 到 L7,以及 LED_SEL 和主芯片引脚的连接情况如下:

- GPIOE.8 为 L0
- GPIOE.9 为 L1
- GPIOE.10 为 L2
- GPIOE.11 为 L3
- GPIOE.12 为 L4
- GPIOE.13 为 L5
- GPIOE.14 为 L6
- GPIOE.15 为 L7
- GPIOB.3 为 LED_SEL

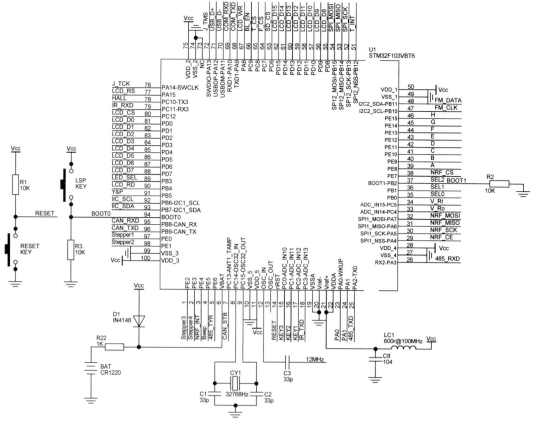

图 15-34　STM32F103VB 芯片引脚图

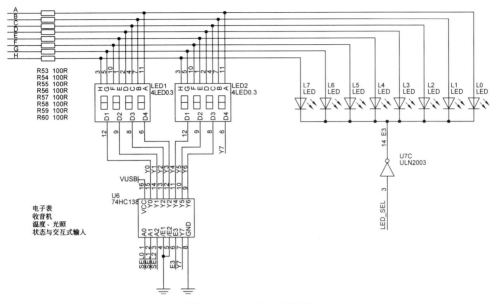

图 15-35　流水灯电路图

最终，我们通过控制 GPIOE8～GPIOE15 引脚和 GPIOB.3 引脚输出高/低电平，就可控制 8 个 LED 灯的亮灭。

15.6.2　规划设计

目标：本节编程控制 STM32 开发板的 8 个 LED 灯（L0～L7）循环地从右至左依次点亮，熟悉直接配置寄存器代码。

资源：STM32 开发板、PC、Keil MDK 软件。

任务：

（1）下载本工程案例，并对照测试结果仔细观察将实现的功能。

（2）根据参考代码，利用直接配置寄存器的方法编程实现任务功能。

15.6.3　实现步骤

1. 新建工程

新建 STM32 工程步骤如下：

新建一个文件夹，用于存放新工程相关文件，这里将文件夹命名为 LED_Reg。

打开 Keil μVision4，单击 Project→new μVision Project…，如图 15-36 所示。

图 15-36　新建工程

在弹出的对话框中选择刚才新建的文件夹路径，并输入工程名字，然后单击"保存"按钮，如图 15-37 所示。

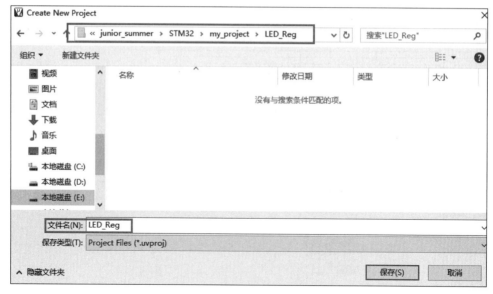

图 15-37　保存工程到指定目录

接下来在弹出的对话框中选择 Generic CPU Data Base,然后单击 OK 按钮,如图 15-38 所示。

在弹出的对话框中的 Data Base 栏中选中对应的芯片型号 STMicroelectronics → STM32F103VB,然后单击 OK 按钮,如图 15-39 所示。

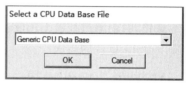

图 15-38　选择 CPU 数据库

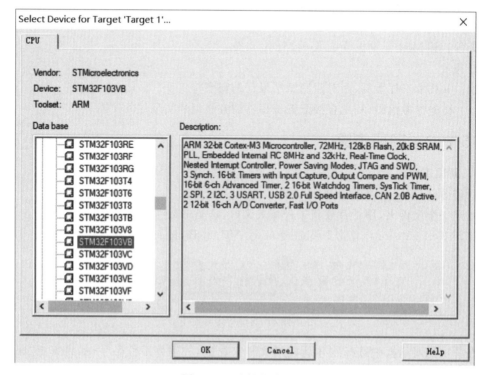

图 15-39　选择芯片型号

至此,一个新工程就基本建好了。我们可以看到,
Keil 自动为我们生成了一份启动代码 STM32F10x.s,如
图 15-40 所示。启动文件是任何处理器在上电复位之后
最先运行的一段汇编程序,在我们编写的 C 语言代码运
行之前,需要汇编语言为 C 语言的运行搭建一个合适的
环境,包括初始化堆栈指针 SP、设置异常向量表的入口

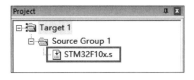

图 15-40 启动文件

地址等,然后才能运行用户的程序。没有启动代码,用户代码是无法在芯片上跑起来的。这
里我们直接用开发环境生成的启动代码就可以了。

最后,还需要根据选用的下载方式,进行 Keil 的相关配置,具体配置操作请参考前面程
序编译与下载的相关内容。

2. 代码清单

(1) 系统文件:

- STM32F10x.s
- stm32f10x_map.h

STM32F10x.s 是启动文件,新建工程的时候已经遇到过了。stm32f10x_map.h 这个
文件的功能和 STC15F2K60S2.H 是类似的,包含了 STM32f10x 所有外围寄存器的定义和
内存映射。Keil 安装自带了该文件,使用的时候直接 include 包含。

(2) 用户编写的文件:

- main.c
- led.h
- led.c

将流水灯的代码组织成三个文件,在 led.h 中声明与 LED 相关的操作接口,在 led.c 中
实现 led.h 中的定义的函数接口,在 main.c 中编写 main 函数。当然也可以像 51 单片机那
样,把代码都写在一个 .c 文件中,但对于大规模的工程,把代码杂乱的"堆"在一起显然是不
明智、不科学的,不仅加大了开发难度,也不利于代码重用与维护。从现在开始,需要注意培
养工程意识,科学合理地组织代码框架。

15.6.4 代码解析

我们先来看 led.h 这个头文件,见代码清单 15-6。

代码清单 15-6 led.h 头文件内容

```
1. #ifndef _LED_H
2. #define _LED_H
3. #include < stm32f10x_map.h >
4. void LED_GPIO_Config(void);
5. #endif
```

这个头文件的内容不多,但也把它独立成一个头文件,方便以后扩展或移植。希望读者
养成良好的工程习惯,在写头文件的时候加上类似以下的条件编译:

```
#ifndef __LED_H_
#define __LED_H_
```

...
endif

这样可以防止头文件重复包含,使得工程的兼容性更好。为什么要加两个下划线"__"? 这里加两个下画线可以避免这个宏标识符与其他定义重名,因为在其他部分代码定义的宏或变量,一般都不会出现这样有下画线的名字。

在 led. h 中,include 包含了 stm32f10x_map. h 头文件,并声明了函数 void LED_GPIO_Config(void)。led. c 中 include 包含了 led. h,并具体实现了 led. h 中定义的 LED_GPIO_Config 函数。这样,工程的其他文件想要调用 LED_GPIO_Config 函数,只需要 include 包含 led. h 这一头文件就可以了。

接下来编写 led. c 这个文件,见代码清单 15-7。

代码清单 15-7　led. c 文件内容

```
1. # include"led. h"

2. void LED_GPIO_Config(void)
3. {
4. RCC－>APB2ENR| = 1 << 3;          //使能 GPIOB 时钟
5. RCC－>APB2ENR| = 1 << 6;          //使能 GPIOE 时钟
6.
7. GPIOB－>CRL &= 0xFFFF0FFF;        //设置 PB.3 为推挽输出
8. GPIOB－>CRL | = 0x00003000;       //设置 PB.3 的最大速度为 50MHz
9.
10. GPIOE－>CRH &= 0X00000000;       //设置 PE.8～15 为推挽输出
11. GPIOE－>CRH | = 0X33333333;      //设置 PE.8～15 的最大速度 50MHz
12.
13. GPIOB－>ODR | = 0x00000008;      //设置 PB.3 输出为高电平,使能发光二极管电路
14. }
```

LED_GPIO_Config 函数实际上是用来配置与 LED 相关的寄存器。回顾一下 STC 流水灯案例中关于 LED 灯的配置,见代码清单 15-8,如果想要 LED 灯工作,首先需要将与 LED 灯相连的引脚和 LED_SEL 都配置为推挽输出的模式,然后 LED_SEL 设置为高电平,使能发光二极管电路。在 STC-B 学习板上,与 LED 相连的芯片引脚是 P0,LED_SEL 对应的是 P2.3;在 STM32 开发板上,与 LED 相连的芯片引脚则是 GPIOE. 8～GPIOE. 15,LED_SEL 对应的是 GPIOB. 3。

代码清单 15-8　单片机章节中流水灯程序部分代码

```
1. void init()
2. {
3. P0M1 = 0x00;              //P0 设推挽
4. P0M0 = 0xff;
5. P2M1 = 0x00;              //P2.3 设推挽
6. P2M0 = 0x08;
7. led_sel = 1;              //使能发光二极管电路
8. led = 0x01;               //Led 初始为 L0 点亮
9. }
```

GPIOx_CRH 和 GPIOx_CRL(x＝A..E)是 GPIOx 的两个配置寄存器。GPIOx_CRH 配置的是 GPIOx 的高 8 位端口,GPIOx_CRL 配置的是 GPIOx 的低 8 位端口。相关配置说明可查看《STM32 参考手册》,如图 15-41 所示。

端口配置高寄存器(GPIOx_CRH)(x=A..E)

偏移地址：0x04

复位值：0x4444 4444

31	30	29	28	27	26	25	24	23	22	21	20	19	18	17	16
CNF15[1:0]		MODE15[1:0]		CNF14[1:0]		MODE14[1:0]		CNF13[1:0]		MODE13[1:0]		CNF12[1:0]		MODE12[1:0]	
rw	rw	rw	rw	rw	rw	rw	rw	rw	rw	rw	rw	rw	rw	rw	rw

15	14	13	12	11	10	9	8	7	6	5	4	3	2	1	0
CNF11[1:0]		MODE11[1:0]		CNF10[1:0]		MODE10[1:0]		CNF9[1:0]		MODE9[1:0]		CNF8[1:0]		MODE8[1:0]	
rw	rw	rw	rw	rw	rw	rw	rw	rw	rw	rw	rw	rw	rw	rw	rw

位31:30 27:26 23:22 19:18 15:14 11:10 7:6 3:2	CNFy[1:0]：端口x配置位(y = 8...15)(Port x configuration bits) 软件通过这些位配置相应的I/O端口，请参考端口位配置表。 在输入模式(MODE[1:0]=00): 00：模拟输入模式 01：浮空输入模式(复位后的状态) 10：上拉/下拉输入模式 11：保留 在输出模式(MODE[1:0]>00): 00：通过推挽输出模式 01：通过开漏输出模式 10：复用功能推挽输出模式 11：复用功能开漏输出模式
位9:28 25:24 21:20 17:16 13:12 9:8. 5:4 1:0	MODEy[1:0]：端口x的模式位(y = 8...15)(Port x mode bits) 软件通过这些位配置相应的I/O端口，请参考端口位配置表。 00：输入模式(复位后的状态) 01：输出模式，最大速度10MHz 10：输出模式，最大速度2MHz 11：输出模式，最大速度50MHz

图 15-41　GPIOx_CRH 的描述

GPIOx_ODR(x＝A..E)是 GPIOx 的输出数据寄存器,通过设置 GPIOx_ODR,即可控制 GPIOx 各引脚的输出电平。相关配置说明可查看《STM32 参考手册》,如图 15-42 所示。

基于以上内容,相信能够很好地理解 led.c 中 7～13 行的代码。在前面我们学习了 STM32 的时钟系统,知道当用到哪个外设,就需要手动去打开相应的外设,这样外设才能工作。本实验用到了 I/O 端口 GPIOB 和 GPIOE,从系统时钟结构图中,见图 15-33,GPIOB 和 GPIOE 是挂在 APB2 总线之下的,因此需要通过设置 APB2 外设时钟使能寄存器 RCC_APB2ENR 来使能 GPIOB 和 GPIOE 的时钟。《STM32 使用手册》关于 RCC_APB2ENR 寄存器的配置的部分说明如图 15-43 所示。led.c 中第 4 和第 5 行代码就是用来使能 GPIOB 和 GPIOE 时钟。

端口输出数据寄存器(GPIOx_ODR)(x=A..E)
偏移地址：0Ch
复位值：0x0000 0000

31	30	29	28	27	26	25	24	23	22	21	20	19	18	17	16
保留															

15	14	13	12	11	10	9	8	7	6	5	4	3	2	1	0
ODR15	ODR14	ODR13	ODR12	ODR11	ODR10	ODR9	ODR8	ODR7	ODR6	ODR5	ODR4	ODR3	ODR2	ODR1	ODR0
rw	rw	rw	rw	rw	rw	rw	rw	rw	rw	rw	rw	rw	rw	rw	rw

位31:16	保留，始终读为0
位15:0	ODRy[15:0]：端口输出数据(y = 0...15)(Port output data) 这些位可读可写并只能以字(16位)的形式操作。 注：对GPIOx_BSRR(x = A...E)，可以分别地对各个ODR位进行独立的设置/清除。

图 15-42　GPIOx_ODR 的描述

APB2外设时钟使能寄存器(RCC_APB2ENR)
偏移地址：0x18
复位值：0x0000 0000
访问：字，半字和字节访问
通常无访问等待周期。但在APB2总线上的外设被访问时，将插入等待状态直到APB2的外设访问结束。

31	30	29	28	27	26	25	24	23	22	21	20	19	18	17	16
保留															

15	14	13	12	11	10	9	8	7	6	5	4	3	2	1	0
保留	USART1EN	保留	SPI1EN	TIM1EN	ADC2EN	ADC1EN	保留		IOPEEN	IOPDEN	IOPCEN	IOPBEN	IOPAEN	保留	AFIOEN
	rw		rw	rw	rw	rw			rw	rw	rw	rw	rw		rw

位6	IOPEEN：I/O端口E时钟使能(I/O port E clock enable) 由软件置'1'或清'0' 0：I/O端口E时钟关闭； 1：I/O端口E时钟开启。
位3	IOPEEN：I/O端口B时钟使能(I/O port B clock enable) 由软件置'1'或清'0' 0：I/O端口B时钟关闭； 1：I/O端口B时钟开启。

图 15-43　RCC_APB2ENR 的部分描述

　　最后来看 main.c，见代码清单 15-9。main.c 共定义了三个函数：Delay()、SystemClock_Config()和 main()。Delay 函数的功能是延时一段时间,相信对 Delay 函数都不陌生了,在此就不多说了。接着先来看看 SystemClock_Config 函数。

　　学习过 STM32 的时钟系统,我们知道在使用外设时钟之前,先对时钟进行配置。SystemClock_Config()完成了必要的时钟配置,最后把 SYSCLK、HCLK 和 PCLK2 配置为 72MHz,PCLK1 配置为 36MHz,时钟源选择的是外部高速时钟。

代码清单 15-9   main. c 文件内容

```
1.  #include <stm32f10x_map.h>
2.  #include "led.h"
3.  void Delay(u32 nCount){
4.  for(; nCount != 0 ; nCount -- );
5.  }
6.  void SystemClock_Config(void)
7.  {
8.  /* 将与配置时钟相关的寄存器都复位为默认值 */
9.  RCC -> CR | = 0x00000001;
10. RCC -> CFGR &= 0xF0FF0000;
11. RCC -> CR &= 0xFEF6FFFF;
12. RCC -> CR &= 0xFFFBFFFF;
13. RCC -> CFGR &= 0xFF80FFFF;
14.
15. RCC -> CIR = 0x009F0000;              //关闭所有中断
16.
17. RCC -> CR | = (1 << 16);              //使能外部高速时钟 HSE
18. while(!(RCC -> CR & (1 << 17)));      //等待 HSE 稳定
19.
20. /* FLASH 相关配置 */
21. FLASH -> ACR | = 0x00000010;
22. FLASH -> ACR &= 0x00000038;
23. FLASH -> ACR | = 0x00000002;
24.
25. /* PLLXTPRE:选择 HSE 输出
26. /* PLLSRC:选择 PLLXTPRE 的输出作为输入 PLLMUL:设置为 6 倍频
27. /* SW 选择 PLLCLK 作为输出,即选择 PLLCLK 做为系统时钟 SYSCLK
28. /* AHB 预分频器:分频系数为 1,即 HCLK = SYSCLK
29. /* AHB1 预分频器:分频系数为 2,即 PCLK1 = HCLK/2
30. /* AHB2 预分频器:分频系数为 1,即 PCLK2 = HCLK */
31. RCC -> CFGR &= 0xFFC0C00C;
32. RCC -> CFGR | = 0x00110400;
33.
34. RCC -> CR | = (1 << 24);              //使能 PLL
35. while(!(RCC -> CR & (1 << 25)));      //等待 PLL 锁定
36.
37. RCC -> CFGR | = 0x00000002;           //选择 PLL 输出作为 SYSCLK
38. while(!(RCC -> CFGR & (2 << 2)));     //等待 PLL 作为系统时钟设置成功
39. }

40. int main( void )
41. {
42. u32 i = 0x7FFFF;
43. unsigned char led = 0x01;
44.
45. SystemClock_Config();
46.
47. //程序下载的相关配置
```

```
48. RCC -> APB2ENR | = 1 << 0;                    //使能 AFIO
49. AFIO -> MAPR |= 0x02000000;                   //设置 PB.3 为 I/O 口可用,且可以 SW 仿真
50. LED_GPIO_Config();
51.
52. while(1){
53. GPIOE -> ODR &= (~0x0000ff00);                //PE.8~15 输出为低
54. GPIOE -> ODR |= (led << 8);
55. Delay(i);
56.
57. if( led == 0x80 ){
58. led = 0x01;
59. }
60. else{
61. led = led << 1;
62. }
63. }
64. }
```

使用 MDK 软件仿真,或者通过 JLINK 进行硬件调试,我们可以选择工具栏的 Peripherals →Power,Reset and Clock Control 来查看程序执行完 SystemClock_Config()之后,系统运行的时钟状态,如图 15-44 所示。

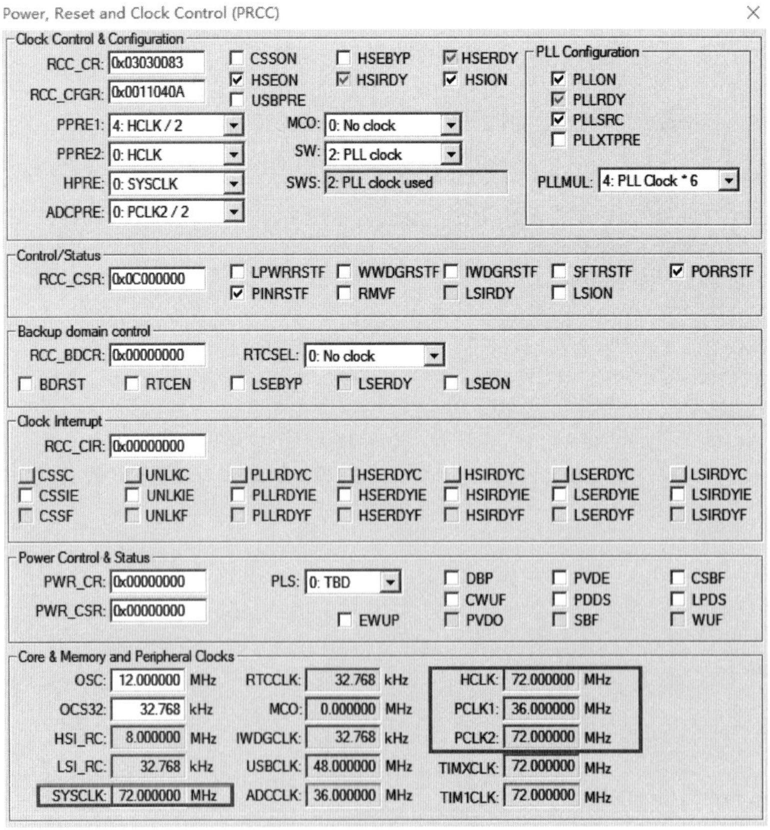

图 15-44　系统时钟状态

main 函数首先调用了 SystemClock_Config() 进行系统时钟配置。main.c 代码的第 48 行和第 49 行是用来配置 JLINK 的,少了这两行,程序将无法通过 JLink 方式下载到芯片上,这两行代码可暂时不深究,直接用就行了。剩下的部分和 STC 的流水灯案例十分相似,通过配置是 GPIOE 的输出数据寄存器 GPIOE_ODR 第 8~15 位,来控制 LED 灯的亮灭,借助按位左移运算,实现流水灯效果。

15.7 任务 深入分析流水灯案例

15.7.1 固件库

STM32 固件库是 STM32 库开发的重要内容,在编程之前,有必要对 STM32 固件库有个初步的了解。STM32 固件库可从 ST 官方网站下载,下载后得到压缩包 STM32F10x_StdPeriph_Lib_V3.5.0。教程中使用的都是 V3.5.0 版的 STM32 固件库。

解压压缩包 STM32F10x_StdPeriph_Lib_V3.5.0,得到同名文件夹,然后进入其目录,见图 15-45。

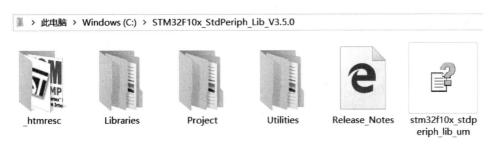

图 15-45 STM32 固件库目录

各文件夹内容说明如下。
- Libraries 文件夹:驱动库的源代码及启动文件。
- Project 文件夹:驱动库写的例子和一个工程模板。
- Utilities 文件夹:基于 ST 官方开发板的例程。
- stm32f10x_stdperiph_lib_um.chm:STM32 库帮助文档。

Libraries 文件夹的两个子文件夹 CMSIS 和 STM32F10x_StdPeriph_Driver 分别存放着关于内核与外设的库文件,在基于库进行开发时,将要用到 Libraries 文件夹下的库文件来搭建工程。STM32 库帮助文档可帮助用户了解 STM32 固件库的源码实现和使用方法,是库开发不可缺少的工具。

接下来将简单介绍一下 Libraries 文件夹中包含的库文件。这些库文件,在使用时只需直接包含进工程,无须修改,有的则需要根据具体使用情况进行配置。

1. core_cm3.c

core_cm3.c 放在了 Libraries\CMSIS\CM3\CoreSupport 下,作用是为采用 Cortex-M3 核设计 SoC 的芯片商设计的芯片外设提供一个进入 CM3 内核的接口。只要是 CM3 系列的芯片,不管是哪个厂商生产的,这两个文件都是一样的。

2. 启动文件

在学习直接配置寄存器的流水灯程序中,我们知道 Keil 可以自动生成一份启动文件。

但是为了保持库的完整性,往往会选用固件库的启动文件。

Libraries\CMSIS\CM3\DeviceSupport\ST\STM32F10x\startup\arm 中存放了多个启动文件,不同的文件对应不同芯片型号,我们需要根据所使用的芯片型号将相应的启动文件添加到工程中来。

启动文件的文件名的英文缩写的含义如下。

- cl:互联型产品,stm32f105/107 系列。
- vl:超值型产品,stm32f100 系列。
- xl:超高密度(容量)产品,stm32f101/103 系列。
- ld:低密度产品,Flash 小于 64KB。
- md:中等密度产品,Flash 等于 64KB 或 128KB。
- hd:高密度产品,Flash 大于 128KB。

配套 STM32 开发板选用的芯片是 STM32F103VB,20KB RAM 和 128KB Flash,属于中等密度产品,所以启动文件应选用 startup_stm32f10x_md.s。

3. stm32f10x.h

该文件放在 Libraries\CMSIS\CM3\DeviceSupport\ST\STM32F10x 中,这个头文件非常底层,也非常重要,包含了 STM32 寄存器地址和结构体类型定义,在使用到 STM32 固件库的地方都要包含到这个头文件。有了它,代码也就不需要 stm32f10x_map.h 了。

4. system_stm32f10x.c

该文件放在 Libraries\CMSIS\CM3\DeviceSupport\ST\STM32F10x 中,是用来配置系统时钟和总线时钟的。STM32 有着复杂的时钟系统,可以通过配置 CM3 核的核内寄存器来对外部时钟进行倍频、分频,或者选用芯片内部时钟。所有的外设都与时钟的频率有关,所以这个文件的时钟配置是很重要的。

5. 外设驱动文件

Libraries\STM32F10x_StdPeriph_Driver 下有 inc(include 的缩写)和 src(source 的缩写)两个文件夹,这两个文件夹存放的就是 ST 公司针对每个 STM32 外设而编写的库函数文件。每个外设都对应一个 .c 和 .h 后缀的文件,其命名格式为:stm32f10x_ppp.c 和 stm32f10x_ppp.h,其中 ppp 表示外设的名称。就比如模数转换(ADC)外设,其对应的驱动文件为:stm32f10x_adc.c 和 stm32f10x_adc.h,在用到 ADC 时,则需要把这两个文件包含到工程里。

这两个文件夹中还有两个命名不符合上述格式的特殊文件:misc.c 和 misc.h,包含了外设对内核中 NVIC(中断向量控制器)的访问函数,在配置中断时,必须把它添加到工程中。

6. stm32f10x_it.c

该文件存放在 Project\STM32F10x_StdPeriph_Template 中。其中,stm32f10x_it.c 是专门用来编写中断服务函数的,它已经定义好了一些异常的接口,其他普通中断服务函数还需要自己添加。51 单片机是通过中断号来定义中断服务函数接口的,而 STM32 则直接是通过函数名来定义中断服务函数接口的,也就是说 STM32 中断服务函数的函数名是给定的,不可自定义。STM32 的中断服务函数接口命名规则为:ppp_IRQHandler,ppp 为设备名称。例如,模数转换外设 ADC1 的中断服务函数接口名为 ADC1_IRQHandler。中断服务函数接口的定义都可以在启动文件中找到。

7. stm32f10x_conf.h

该文件存放在 Project\STM32F10x_StdPeriph_Template 中。stm32f10x_conf.h 被 include 包含进了 stm32f10x.h 文件中,其作用是用来配置包含哪些外设的头文件,这个头文件方便添加或删除工程中的外设驱动。

15.7.2　规划设计

目标:本节也编程控制 STM32 开发板的 8 个 LED 灯(L0~L7),循环地从右至左依次点亮,但熟悉库开发代码。

资源:STM32 开发板、PC、Keil MDK 软件。

任务:

(1) 下载本工程案例,并对照测试结果仔细观察将实现的功能。

(2) 根据参考代码,利用库开发的方法编程实现任务功能。

15.7.3　实现步骤

1. 新建工程模板

因为库开发在搭建新工程和配置方面会比较繁琐,为了方便,先新建工程模板,以后直接在工程模板上开始编程。参考以下步骤来建立工程模板。

(1) 创建文件夹,存放与工程有关的文件。

首先新建一个总的文件夹,命名为 STM32-MyTemplate,在 STM32-MyTemplate 下新建 5 个子文件夹,分别为 CMSIS、FWLib、Listing、Output 和 User,如图 15-46 所示。

图 15-46　工程模板文件夹

这 5 个文件夹的作用如下。

- CMSIS:存放启动文件和一些位于 CMSIS 层的文件。
- FWLib:存放外设的驱动文件。
- Listing:存放编译后生成的连接文件。
- Output:存放工程编译后输出的文件。
- User:存放工程文件和用户层代码,包括 main.c。

接下来需要往 CMSIS、FWLib 和 User 文件夹中添加库文件。首先将 core_cm3.c 和 core_cm3.h 两个文件,startup 文件夹,还有 stm32f10x.h,system_stm32f10x.c 和 system_stm32f10x.h 这三个文件都添加到 CMSIS 文件夹中,如图 15-47 所示。

然后将 inc 和 src 两个文件夹添加到 FWLib 文件夹中,如图 15-48 所示。

最后将 stm32f10x_it.c,stm32f10x_it.h、stm32f10x_conf.h 和 main.c(在 Project\\STM32F10x_StdPeriph_Template 下)添加到 User 文件夹中,如图 15-49 所示。

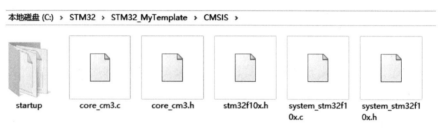

图 15-47　CMSIS 文件夹目录

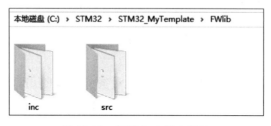

图 15-48　FWLib 文件夹目录

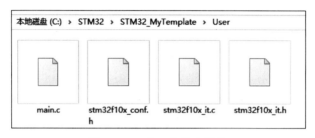

图 15-49　User 文件夹目录

（2）新建工程。

打开 Keil μVision4，单击 Project→new μVision Project…，如图 15-50 所示。

图 15-50　新建工程

将工程文件保存在 USER 文件夹下，工程取名为 STM32-DEMO，单击"保存"按钮，如图 15-51 所示。

在接下来弹出的对话框中选择 Generic CPU Data Base，然后单击 OK 按钮，如图 15-52 所示。

在接下来弹出的对话框中的 Data Base 栏中选中对应的芯片型号 STMicroelectronics→STM32F103VB，然后单击 OK 按钮，如图 15-53 所示。

接下来的窗口会询问是否需要复制 STM32 的启动代码到工程文件中，这份启动代码在 CM3 系列中都是适用的，一般情况都单击"是"按钮，但这里用的是 ST 库，库文件里面也自带了一份启动代码，为了保持库的完整性，就不需要开发环境为工程自带的启动代码，稍后自己手动添加，这里单击"否"按钮，如图 15-54 所示。

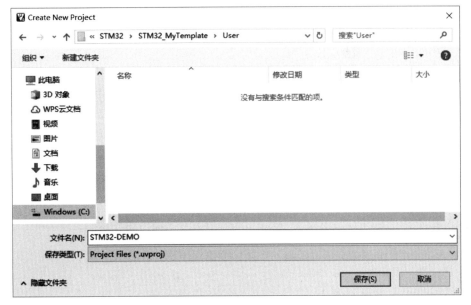

图 15-51 保存工程文件到指定目录

图 15-52 选择 CPU 数据库

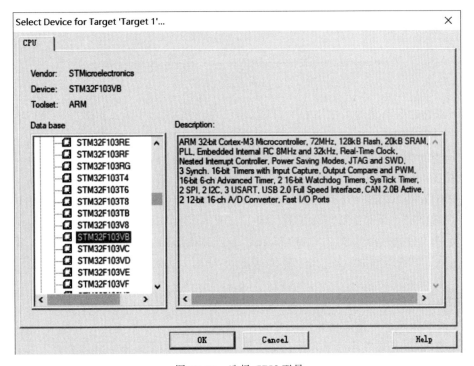

图 15-53 选择 CPU 型号

图 15-54　不选用编译器提供的启动代码

（3）往工程中添加库文件。

选中 Target 右键选中 Add Group 选项新建 4 个组，分别为 StartCore、User、FWlib 和 CMSIS，如图 15-55 所示。StartCore 用来放启动文件，User 则用来放用户自定义的应用程序，FWlib 用来放库外设驱动文件，CMSIS 用来放 CM3 系列通用文件。

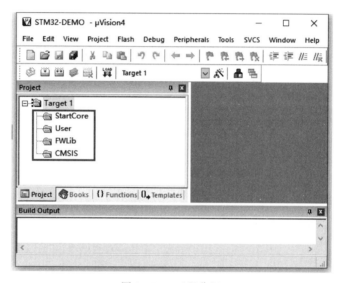

图 15-55　工程分组

接下来往这些新建的组中添加文件，双击哪个组名字就可以弹出 AddFilest 对话框来添加文件。

- 往 StartCore 组添加 startup_stm32f10x_hd. s 启动文件。
- 往 User 组添加 main. c 和 stm32f10x_it. c 这两个文件。
- 往 FWlib 组添加 src 文件夹里面的全部驱动文件，当然 src 里面的驱动文件也可以按需添加。全部添加是为了后续开发方便，况且可以通过配置 stm32f10x_conf. h 这个头文件来选择性添加，只有在 stm32f10x_conf. h 文件中配置的文件才会被编译。
- 往 CMSIS 组添加 core_cm3. c 和 system_stm32f10x. c 文件。

注意

这些组里面添加的是汇编文件或 C 文件，头文件是不需要添加的。有些文件添加到工程后无法修改，那是因为库的源文件设置了只读属性，只要把文件属性修改为可读写即可进行编辑。添加完文件后，最终效果见图 15-56。

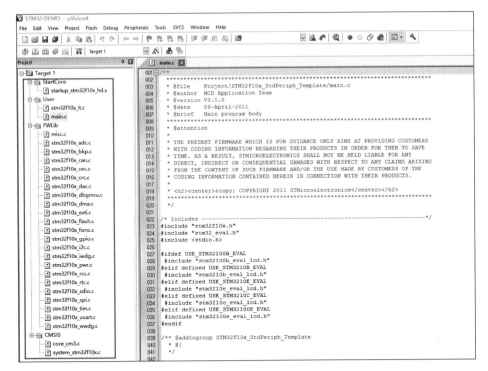

图 15-56 工程组织模板

（4）至此，工程模板已基本建好，接下来还需要修改 Keil 的一些配置参数。

单击工具栏的魔术棒按钮，在弹出来的窗口中选中 Output 选项卡，见图 15-57，选中 Creat HEX File 复选框，然后单击 Select Folder for Objects 设置编译后输出的文件保存位置，这里选择 Output 文件夹，单击 OK 按钮保存设置。

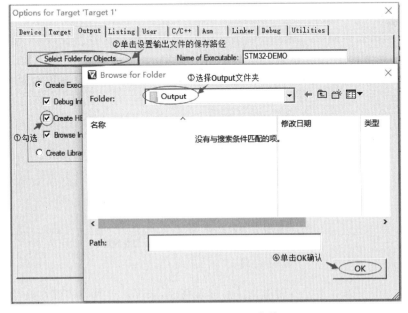

图 15-57 配置 Output 选项

选中 Listing 选项卡,见图 15-58,单击 Select Folder for Listings 设置编译后输出的文件保存位置,这里选择 Listing 文件夹。

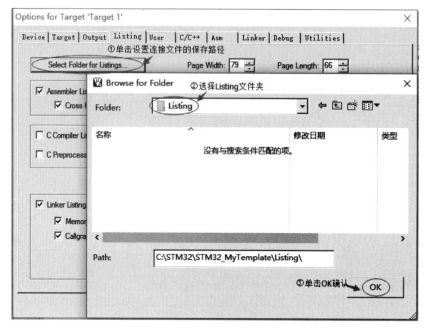

图 15-58　配置 Listing 选项

选中 C/C++ 选项卡,在 Define 文本框中添加两个宏定义：USE_STDPERIPH_DRIVER,STM32F10X_HD,如图 15-59 所示。添加 USE_STDPERIPH_DRIVER 宏定义是为了能够使用固件库,添加 STM32F10X_HD 宏定义是因为使用的芯片是大容量的,添加了这个宏之后,就可以使用库文件里面为大容量定义的寄存器了。芯片是小或中容量的时候宏就要换成 STM32F10X_LD 或 STM32F10X_MD。然后单击 Include Paths 栏的 按钮,添加库文件的搜索路径,如图 15-60 所示。如果没有添加这些路径,Keil 编译器找不到 ST 官方库的头文件就会从默认标准库搜索。默认库的路径为 Keil\ARM\INC\ST\STM32F10x,里面的文件与 inc 文件夹的内容差不多,只是旧版本与新版本库存在不兼容,无法编译成功。

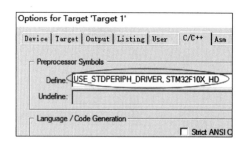

图 15-59　定义宏

因此,我们需要添加工程所用库文件的搜索路径,来屏蔽掉默认的搜索路径。都设置好以后如图 15-61 所示,最后单击 OK 按钮保存所有设置。

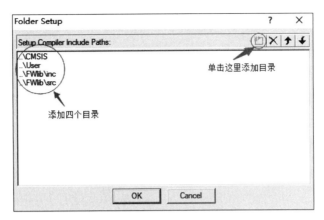

图 15-60 添加搜索路径

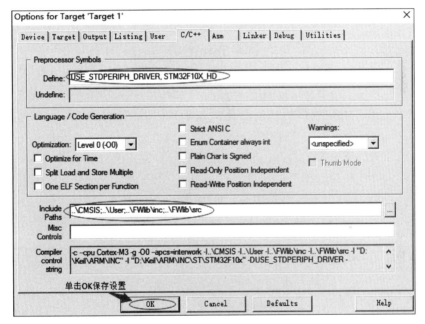

图 15-61 C/C++选项配置结果图

把 main.c 的代码全部删除,然后添加以下代码。

```
#include "stm32f10x.h"
int main(void)
{
    while(1);
}
```

单击工具栏的编译按钮来编译一下代码,编译成功,如图 15-62 所示。

最后,还需要根据选用的下载方式,进行 Keil 的相关配置,具体配置操作请参考前面程序编译与下载的相关内容。

至此,工程模板就大致完成了。最后,复制整个工程模板,重命名文件夹和工程文件,然后可以开始编写自己的程序了。

```
Build Output
Build target 'Target 1'
linking...
Program Size: Code=852 RO-data=336 RW-data=20 ZI-data=1636
FromELF: creating hex file...
"..\Output\STM32-DEMO.axf" - 0 Error(s), 0 Warning(s).
```

图 15-62　编译成功结果显示

2. 代码清单

（1）库文件：

- Startcore/startup_stm32f10x_hd. s
- CMSIS/core_cm3. c
- CMSIS/system_stm32f10x. c
- FWlib/stm32f10x_gpio. c
- FWlib/stm32f10x_rcc. c

LED 程序用到了 GPIO 和 RCC(用于设置外设时钟)这两个片上外设,所以需要把关于这两个外设的库文件添加到工程模板之中。stm32f10x_gpio. c 用于操作 I/O,而stm32f10x_rcc. c 用于配置时钟。

每个外设库对应于一个 stm32f10x_xxx. c 文件的同时还对应着一个 stm32f10x_xxx. h头文件,头文件包含了相应外设的 C 语言函数实现的声明。只有把相应的头文件也包含进工程才能够使用这些外设库。在库中有一个专门的文件 stm32f10x_conf. h 来管理所有库的头文件。默认情况下,stm32f10x_conf. h 中所有外设的头文件包含都注释掉了,当需要用到哪个外设驱动时直接把相应的注释去掉即可,非常方便。在流水灯例程中,需要取消GPIO 和 RCC 外设头文件的注释,见代码清单 15-10。

代码清单 15-10　stm32f10x_conf. h 部分代码

```
1. /* # include "stm32f10x_adc. h"     */
2. /* # include "stm32f10x_bkp. h"     */
3. /* # include "stm32f10x_can. h"     */
4. /* # include "stm32f10x_cec. h"     */
5. /* # include "stm32f10x_crc. h"     */
6. /* # include "stm32f10x_dac. h"     */
7. /* # include "stm32f10x_dbgmcu. h"  */
8. /* # include "stm32f10x_dma. h"     */
9. /* # include "stm32f10x_exti. h"    */
10. /* # include "stm32f10x_flash. h"  */
11. /* # include "stm32f10x_fsmc. h"   */
12.  # include "stm32f10x_gpio. h"
13. /* # include "stm32f10x_i2c. h"    */
14. /* # include "stm32f10x_iwdg. h"   */
15. /* # include "stm32f10x_pwr. h"    */
16.  # include "stm32f10x_rcc. h"
17. /* # include "stm32f10x_rtc. h"    */
18. /* # include "stm32f10x_sdio. h"   */
19. /* # include "stm32f10x_spi. h"    */
```

```
20. /* # include "stm32f10x_tim.h"      */
21. /* # include "stm32f10x_usart.h"    */
22. /* # include "stm32f10x_wwdg.h"     */
23. /* # include "misc.h"               */
```

（2）用户编写的文件：

- USER/main.c
- USER/led.c 及 led.h

15.7.4 时钟配置

学习了STM32的时钟系统，我们知道，要使用外设时钟，首先必须配置好系统时钟SYSCLK。在库开发中，时钟的配置由SystemInit()库函数完成。startup_stm32f10x_hd.s启动文件中，有一段启动代码，芯片被复位后，将开始运行这一段代码，见代码清单15-11。

代码清单15-11 startup_stm32f10x_hd.s 部分代码

```
1. Reset_Handler PROC
2. EXPORT Reset_Handler      [WEAK]
3. IMPORT __ main
4. IMPORT     SystemInit
5. LDR       R0, = SystemInit
6. BLX       R0
7. LDR       R0, = __ main
8. BX        R0
9. ENDP
```

在这段代码中，先调用了SystemInit()函数，然后再进入C语言中的"__main"（注意与main的区别）函数执行，这是一个C标准库的初始化函数，执行这个函数后，最终跳到用户文件中的"main"函数入口，开始运行主程序。

SystemInit()这个函数的定义在system_stm32f10x.c文件之中，它的作用就是设置系统时钟SYSCLK。函数的执行流程显示将与配置时钟相关的寄存器都复位为默认值，复位寄存器后，调用了另外一个函数SetSysClock()，SetSysClock()代码见代码清单15-12。

代码清单15-12 system_stm32f10x.c 中 SetSysClock()函数源码

```
1. static void SetSysClock(void)
2. {
3. # ifdef SYSCLK_FREQ_HSE
4. SetSysClockToHSE();
5. # elif defined SYSCLK_FREQ_24MHz
6. SetSysClockTo24();
7. # elif defined SYSCLK_FREQ_36MHz
8. SetSysClockTo36();
9. # elif defined SYSCLK_FREQ_48MHz
10. SetSysClockTo48();
11. # elif defined SYSCLK_FREQ_56MHz
```

```
12.  SetSysClockTo56();
13.  #elif defined SYSCLK_FREQ_72MHz
14.  SetSysClockTo72();
15.  #endif
16.
17.  /* If none of the define above is enabled, the HSI is used as System clock
18.  source (default after reset) */
19.  }
```

从 SetSysClock() 的源码可以知道,它是根据设置的条件编译宏来进行不同的时钟配置的。在 system_stm32f10x.c 文件的开头,已经默认有了条件编译定义,见代码清单 15-13。本工程选择了定义 SYSCLK_FREQ_72MHz 条件编译的标志符号,见代码清单 15-14,所以在 SetSysClock() 函数中将调用 SetSysClockTo72() 函数来把芯片的系统时钟 SYSCLK 设置成 72MHz。当然,前提是输入的外部时钟源 HSE 的振荡频率为 8MHz。

代码清单 15-13   system_stm32f10x.c 中的条件编译

```
1.   #ifdef SYSCLK_FREQ_HSE
2.   static void SetSysClockToHSE(void);
3.   #elif defined SYSCLK_FREQ_24MHz
4.   static void SetSysClockTo24(void);
5.   #elif defined SYSCLK_FREQ_36MHz
6.   static void SetSysClockTo36(void);
7.   #elif defined SYSCLK_FREQ_48MHz
8.   static void SetSysClockTo48(void);
9.   #elif defined SYSCLK_FREQ_56MHz
10.  static void SetSysClockTo56(void);
11.  #elif defined SYSCLK_FREQ_72MHz
12.  static void SetSysClockTo72(void);
13.  #endif
```

代码清单 15-14   system_stm32f10x.c 中的宏定义

```
1.   /* #define SYSCLK_FREQ_HSE HSE_VALUE */
2.   /* #define SYSCLK_FREQ_24MHz 24000000 */
3.   /* #define SYSCLK_FREQ_36MHz 36000000 */
4.   /* #define SYSCLK_FREQ_48MHz 48000000 */
5.   /* #define SYSCLK_FREQ_56MHz 56000000 */
6.   #define SYSCLK_FREQ_72MHz 72000000
```

SetSysClockTo72() 函数已经是最底层的库函数了,它直接与寄存器打交道,如果想知道系统时钟是如何配置成 72MHz 的话,可以结合直接配置寄存器版的系统时钟配置的代码,参考《STM32 使用手册》来研究这个函数的源码。SetSysClockTo72() 函数这个函数不仅配置了 SYSCLK,还对 HCLK、PCLK1 和 PCLK2 进行了配置,见代码清单 15-15。最终,SYSCLK、HCLK 和 PCLK2 都配置为 72MHz,PCLK1 配置为 36MHz。可以通过修改这段代码,或在用户代码中调用库函数(RCC_HCLKConfig()、RCC_PCLK1Config()、RCC_PCLK2Config())来修改 HCLK、PCLK1 和 PCLK2 的时钟配置,本工程就直接使用默认配置了。

代码清单 15-15　system_stm32f10x. c 中 SetSysClockTo72（）函数部分代码

```
1. / *  HCLK = SYSCLK * /
2. RCC－＞CFGR ｜= (uint32_t)RCC_CFGR_HPRE_DIV1;
3.
4. / *  PCLK2 = HCLK * /
5. RCC－＞CFGR ｜= (uint32_t)RCC_CFGR_PPRE2_DIV1;
6.
7. / *  PCLK1 = HCLK/2 * /
8. RCC－＞CFGR ｜= (uint32_t)RCC_CFGR_PPRE1_DIV2;
```

因为配套的 STM32 开发板选用的外部时钟源的振荡频率为 12MHz，而不是默认的 8MHz，因此，还需要对配置文件做以下修改：

（1）修改 stm32f10x. h 中 HSE_VALUE 的定义，如图 15-63 所示。

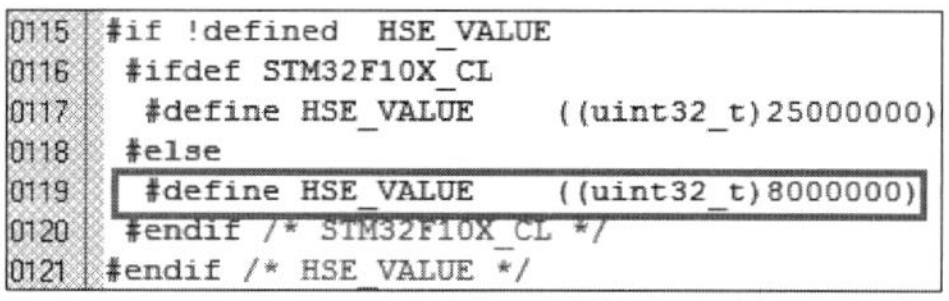

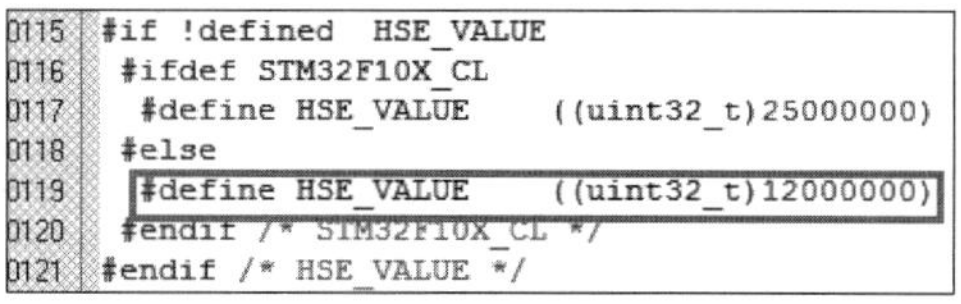

图 15-63　修改 HSE_VALUE 宏定义

（2）修改 system_stm32f10x. c 文件的 SetSysClockTo72()函数。

原来默认 HSE 为 8MHz，SetSysClockTo72()为得到 72 MHz 的时钟频率，将倍频因子设置为 9。现在 HSE 实际上是 12MHz，为得到 72 MHz 的时钟频率，需将倍频因子设置为 6，如图 15-64 所示。

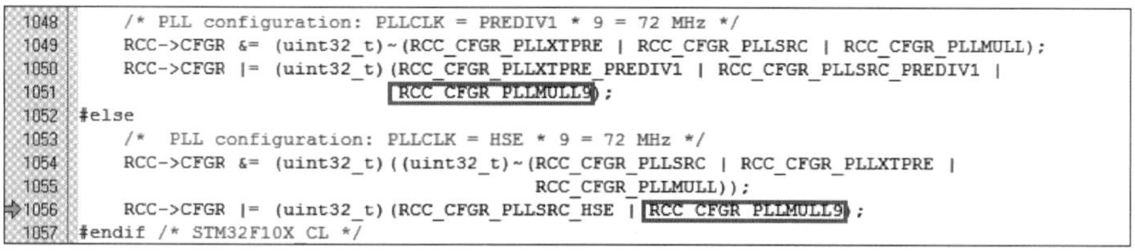

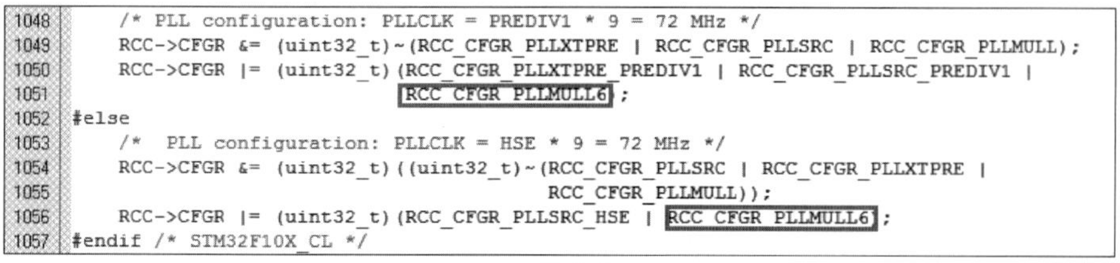

图 15-64　修改 SetSysClockTo72()函数中的时钟倍频因子

15.7.5　代码解析

先来看 led.c 这个文件,见代码清单 15-16。这里的 LED_GPIO_Config 函数和直接配置寄存器版代码中 LED_GPIO_Config 函数实现的功能是完全一样的,但前者是采用调用库函数的方式实现的,而后者则是直接配置寄存器。在 led.c 中,将要用到固件库的初始化结构体——GPIO_InitTypeDef 和初始化函数——GPIO_Init()。

代码清单 15-16　led.c 文件内容

```
1. #include"led.h"
2. void LED_GPIO_Config(void)
3. {
4. /*定义一个 GPIO_InitTypeDef 类型的结构体*/
5. GPIO_InitTypeDef GPIO_InitStructure;
6.
7. /*配置 ANB 预分频器分频系数为 1,即不分频,得到 HCLK = SYSCLK = 72MHz*/
8. RCC_HCLKConfig(RCC_SYSCLK_Div1);
9. /*配置 ANB2 预分频器分频系数为 1,即不分频,得到 PCLK2 = HCLK = 72MHz*/
10. RCC_PCLK2Config(RCC_HCLK_Div1);
11.
12. /*开启 GPIOB 和 GPIOE 的外设时钟*/
13. RCC_APB2PeriphClockCmd( RCC_APB2Periph_GPIOB | RCC_APB2Periph_GPIOE , ENABLE);
14.
15. /*配置 GPIOE*/
16. GPIO_InitStructure.GPIO_Pin = GPIO_Pin_8|GPIO_Pin_9|GPIO_Pin_10|
17. GPIO_Pin_11|GPIO_Pin_12|GPIO_Pin_13|
18. GPIO_Pin_14|GPIO_Pin_15;                  //选择要设置的 GPIOE 引脚
19. GPIO_InitStructure.GPIO_Mode = GPIO_Mode_Out_PP;   //设置引脚模式为推挽输出
20. GPIO_InitStructure.GPIO_Speed = GPIO_Speed_50MHz;  //设置引脚速度为 50MHz
21. GPIO_Init(GPIOE,&GPIO_InitStructure);      //调用库函数,初始化 GPIOE
22.
23. /*配置 GPIOB*/
24. GPIO_InitStructure.GPIO_Pin = GPIO_Pin_3;          //选择要设置的 GPIOB 引脚
25. GPIO_InitStructure.GPIO_Mode = GPIO_Mode_Out_PP;   //设置引脚模式为推挽输出
26. GPIO_InitStructure.GPIO_Speed = GPIO_Speed_50MHz;  //设置引脚速度为 50MHz
27. GPIO_Init(GPIOB,&GPIO_InitStructure);      //调用库函数,初始化 GPIOB
28.
29. /*关闭所有 led 灯*/
30. GPIO_ResetBits(GPIOE,GPIO_Pin_8|GPIO_Pin_9|GPIO_Pin_10|
31. GPIO_Pin_11|GPIO_Pin_12|GPIO_Pin_13|
32. GPIO_Pin_14|GPIO_Pin_15);
33. /*选择 led 模块工作*/
34. GPIO_SetBits(GPIOB,GPIO_Pin_3);
35. }
```

1. 初始化结构体——GPIO_InitTypeDef

GPIO_InitTypeDef 是库定义的结构体,追踪其定义原型,知道它位于 stm32f10x_gpio.h 文件中,其定义原型见代码清单 15-17。

代码清单 15-17　结构体 GPIO_InitTypeDef 原型

```
1. typedef struct
2. {
3. uint16_t GPIO_Pin;              /*!< Specifies the GPIO pins to be configured.
4.                   This parameter can be any value of @ref GPIO_pins_define */
5.
6. GPIOSpeed_TypeDef GPIO_Speed;  /*!< Specifies the speed for the selected pins.
7. This parameter can be a value of @ref GPIOSpeed_TypeDef */
8. GPIOMode_TypeDef GPIO_Mode;    /*!< Specifies the operating mode for the selected pins.
9. This parameter can be a value of @ref GPIOMode_TypeDef */
10. }GPIO_InitTypeDef;
```

从中我们知道 GPIO_InitTypeDef 结构体有三个成员,分别为 uint16_t 类型的 GPIO_Pin、GPIOSpeed_TypeDef 类型的 GPIO_Speed 以及 GPIOMode_TypeDef 类型的 GPIO_Mode。从它们的命名也可以看出,这三个成员变量分别与选择 I/O 引脚、设置引脚最大速度和工作模式有关。

uint16_t 类型的 GPIO_Pin 为将要选择配置的引脚,在 stm32f10x_gpio.h 文件中有关 GPIO_Pin 的宏定义,见代码清单 15-18。这些宏的值,就是允许给结构体成员 GPIO_Pin 赋的值,如果给 GPIO_Pin 赋值为 GPIO_Pin_0,表示选择了 GPIO 端口的第 0 个引脚,在后面会通过一个函数把这些宏的值进行处理,设置相应的寄存器,实现对 GPIO 端口的配置。如 led.c 第 16~18 行,意思是将要选择 GPIO 的 Pin8 到 Pin15 引脚进行配置。

代码清单 15-18　GPIO_Pin_x（x＝0..15，ALL）的宏定义

```
1. #define GPIO_Pin_0      ((uint16_t)0x0001) /*!< Pin 0 selected */
2. #define GPIO_Pin_1      ((uint16_t)0x0002) /*!< Pin 1 selected */
3. #define GPIO_Pin_2      ((uint16_t)0x0004) /*!< Pin 2 selected */
4. #define GPIO_Pin_3      ((uint16_t)0x0008) /*!< Pin 3 selected */
5. #define GPIO_Pin_4      ((uint16_t)0x0010) /*!< Pin 4 selected */
6. #define GPIO_Pin_5      ((uint16_t)0x0020) /*!< Pin 5 selected */
7. #define GPIO_Pin_6      ((uint16_t)0x0040) /*!< Pin 6 selected */
8. #define GPIO_Pin_7      ((uint16_t)0x0080) /*!< Pin 7 selected */
9. #define GPIO_Pin_8      ((uint16_t)0x0100) /*!< Pin 8 selected */
10. #define GPIO_Pin_9      ((uint16_t)0x0200) /*!< Pin 9 selected */
11. #define GPIO_Pin_10     ((uint16_t)0x0400) /*!< Pin 10 selected */
12. #define GPIO_Pin_11     ((uint16_t)0x0800) /*!< Pin 11 selected */
13. #define GPIO_Pin_12     ((uint16_t)0x1000) /*!< Pin 12 selected */
14. #define GPIO_Pin_13     ((uint16_t)0x2000) /*!< Pin 13 selected */
15. #define GPIO_Pin_14     ((uint16_t)0x4000) /*!< Pin 14 selected */
16. #define GPIO_Pin_15     ((uint16_t)0x8000) /*!< Pin 15 selected */
17. #define GPIO_Pin_All    ((uint16_t)0xFFFF) /*!< All pins selected */
```

GPIOSpeed_TypeDef 和 GPIOMode_TypeDef 又是两个库定义的新类型,GPIOSpeed_TypeDef 原型见代码清单 15-19。

代码清单 15-19　GPIOSpeed_TypeDef 的原型

```
1. typedef enum
2. {
3. GPIO_Speed_10MHz = 1,
4. GPIO_Speed_2MHz,
5. GPIO_Speed_50MHz
6. }GPIOSpeed_TypeDef;
```

这是一个枚举类型,定义了 3 个枚举常量。这些常量可用于表示 GPIO 引脚可以配置成的各个最高速度,我们在为结构体中的 GPIO_Speed 赋值的时候,就可以直接用这些含义清晰地枚举标识符了。如 led.c 第 20 行,给 GPIO_Speed 赋值为"GPIO_Speed_50MHz",意思就是设置最大速度为 50MHz。

同样,GPIOMode_TypeDef 也是一个枚举类型定义符,原型见代码清单 15-20。

代码清单 15-20　GPIOMode_TypeDef 的原型

```
1. typedef enum
2. { GPIO_Mode_AIN = 0x0,
3. GPIO_Mode_IN_FLOATING = 0x04,
4. GPIO_Mode_IPD = 0x28,
5. GPIO_Mode_IPU = 0x48,
6. GPIO_Mode_Out_OD = 0x14,
7. GPIO_Mode_Out_PP = 0x10,
8. GPIO_Mode_AF_OD = 0x1C,
9. GPIO_Mode_AF_PP = 0x18
10. }GPIOMode_TypeDef;
```

这个枚举类型也定义了很多含义清晰的枚举常量,是用来帮助配置 GPIO 引脚的模式的,如 GPIO_Mode_AIN 为模拟输入、GPIO_Mode_IN_FLOATING 为浮空输入模式。代码 led.c 第 19 行是指把引脚设置为通用推挽输出模式。

于是,可以总结 GPIO_InitTypeDef 类型结构体的作用,即整个结构体包含 GPIO_Pin、GPIO_Speed 和 GPIO_Mode 三个成员,对这三个成员赋予不同的数值可以对 GPIO 端口进行不同的配置,同时这些可配置的数值已经由 ST 的库文件封装成见名知义的枚举常量,这使得编写代码变得非常简单。

2. 初始化函数库——GPIO_Init()

在前面已经接触到 ST 库文件,以及各种各样由 ST 库定义的新类型,但所有这些都是为库函数服务的。代码 led.c 第 27 行用到了初始化 GPIO 的库函数 GPIO_Init()。使用库函数的时候,只需要知道它的功能,输入什么类型的参数以及允许的参数值就足够了,这些都可以通过查找库帮助文档获得,帮助文档中对 GPIO_Init() 的说明如图 15-65 所示。

这个函数有两个输入参数,分别为 GPIO_TypeDef 和 GPIO_InitTypeDef 型的指针,其允许的值为 GPIOA…GPIOG 和 GPIO_InitTypeDef 型指针变量。在调用的时候,第一个参数指明了它要对哪组 GPIO 端口进行初始化,初始化的配置以第二个参数 GPIO_InitTypeDef 结构体的成员值为准。代码 led.c 第 27 行调用 GPIO_Init() 后,GPIOE 的

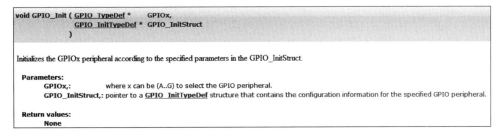

图 15-65 GPIO_Init()的说明

Pin8~Pin15 就被配置成了最高频率为 50MHz 的通用推挽输出模式了。

实际上,GPIO_Init()函数就是把输入的参数按照一定的规则转换,最终还是通过读写寄存器,实现配置 GPIO 端口的功能。有兴趣的读者可以自己去分析一下 GPIO_Init()的源码实现。

想要 GPIO 端口工作,必须先打开它的时钟。代码 led.c 第 13 行通过调用了库函数 RCC_APB2PeriphClockCmd 来打开 GPIOE 和 GPIOB 端口的时钟。帮助文档中对 RCC_APB2PeriphClockCmd 函数的说明如图 15-66 所示。

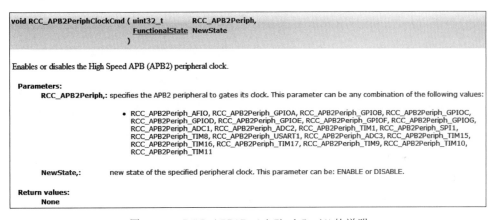

图 15-66 RCC_APB2PeriphClockCmd()的说明

接下来看头文件 led.h,见代码清单 15-21。在 led.h 头文件的部分,首先包含了前面提到的最重要的 ST 库必备头文件 stm32f10x.h。有了它才可以使用各种库定义、库函数。

代码清单 15-21 led.h 文件的内容

```
1. # ifndef _LED_H
2. # define _LED_H
3. # include "stm32f10x.h"
4. void LED_GPIO_Config(void);
5.
6. # define ON 1
7. # define OFF 0
8. //带参宏,可以像内联函数一样使用
9. # define LED1(a) if(a == 1)\
```

```
10. GPIO_SetBits(GPIOE,GPIO_Pin_8);\
11. else \
12. GPIO_ResetBits(GPIOE,GPIO_Pin_8)
13. #define LED2(a) if(a)\
14. GPIO_SetBits(GPIOE,GPIO_Pin_9);\
15. else\
16. GPIO_ResetBits(GPIOE,GPIO_Pin_9)
17. #define LED3(a) if(a)\
18. GPIO_SetBits(GPIOE,GPIO_Pin_10);\
19. else \
20. GPIO_ResetBits(GPIOE,GPIO_Pin_10)
21. #define LED4(a) if(a)\
22. GPIO_SetBits(GPIOE,GPIO_Pin_11);\
23. else \
24. GPIO_ResetBits(GPIOE,GPIO_Pin_11)
25. #define LED5(a) if(a)\
26. GPIO_SetBits(GPIOE,GPIO_Pin_12);\
27. else \
28. GPIO_ResetBits(GPIOE,GPIO_Pin_12)
29. #define LED6(a) if(a)\
30. GPIO_SetBits(GPIOE,GPIO_Pin_13);\
31. else \
32. GPIO_ResetBits(GPIOE,GPIO_Pin_13)
33. #define LED7(a) if(a)\
34. GPIO_SetBits(GPIOE,GPIO_Pin_14);\
35. else \
36. GPIO_ResetBits(GPIOE,GPIO_Pin_14)
37. #define LED8(a) if(a)\
38. GPIO_SetBits(GPIOE,GPIO_Pin_15);\
39. else \
40. GPIO_ResetBits(GPIOE,GPIO_Pin_15)
41. #define LED_SEL(a) if(a) \
42. GPIO_SetBits(GPIOB,GPIO_Pin_3); \
43. else \
44. GPIO_ResetBits(GPIOB,GPIO_Pin_3)
45.
46. #endif
```

在 led.h 的第 9~44 行,是我们利用 GPIO_SetBits() 和 GPIO_ResetBits() 库函数编写的带参宏定义,带参宏与 C++ 中的内联函数作用类似。在编译过程中,编译器会把带参宏展开,在相应的位置替换为宏展开的代码。其中的反斜杠符号"\"称为续行符,用来连接上下行代码,表示下面一行代码属于"\"所在的代码行。"\"的语法很严格,在它的后面不能有空格、注释等一切"杂物",否则会出现编译错误。

led.h 文件的第 4 行中声明了在 led.c 定义的 LED_GPIO_Config 函数。因此,我们要使用 led.c 文件定义的函数时,只要把 led.h 包含到调用该函数的文件中即可。

最后来看一下 main.c,见代码清单 15-22。main.c 的开头部分首先包含了所需的头文件:stm32f10x.h 和 led.h,然后定义了简单的延时函数,这个直接配置寄存器版的代码是一致的。

代码清单 15-22　main.c 文件的内容

```
1.  # include "stm32f10x.h"
2.  # include"led.h"
3.  void Delay(u32 nCount){
4.  for(; nCount != 0 ; nCount -- );
5.  }
6.  int main(void)
7.  {
8.  u32 i = 0x7FFFF;
9.
10. //程序下载相关配置
11. RCC_APB2PeriphClockCmd(RCC_APB2Periph_AFIO, ENABLE); //使能 AFIO 时钟
12. GPIO_PinRemapConfig(GPIO_Remap_SWJ_JTAGDisable,ENABLE); //设置 PB.3 为 I/O 可用,且可以
     SW 仿真
13.
14. LED_GPIO_Config();
15.
16. while (1)
17. {
18. LED1(ON);
19. Delay(i);
20. LED1(OFF);
21.
22. LED2(ON);
23. Delay(i);
24. LED2(OFF);
25.
26. LED3(ON);
27. Delay(i);
28. LED3(OFF);
29.
30. LED4(ON);
31. Delay(i);
32. LED4(OFF);
33.
34. LED5(ON);
35. Delay(i);
36. LED5(OFF);
37.
38. LED6(ON);
39. Delay(i);
40. LED6(OFF);
41.
42. LED7(ON);
43. Delay(i);
44. LED7(OFF);
45.
```

```
46. LED8(ON);
47. Delay(i);
48. LED8(OFF);
49. }
50. }
```

main.c 第 11~12 行是通过调用库函数来实现直接配置寄存器版的 main.c 文件的第 11~12 行代码的功能,即配置 JLink。main 函数中调用了 led.c 中的编写好的 LED_GPIO_Config 函数,完成对 GPIOE 的 Pin8~Pin15 和 GPIOB 的 Pin3 的初始化。紧接着就在 while(1)循环里不断执行在 led.h 文件中编写的带参宏代码,加上延时函数,使各盏 LED 轮流亮灭。当然,在 LED 控制部分,如果不习惯带参宏的方式,也可以直接使用 GPIO_SetBits()和 GPIO_ResetBits()库函数来实现。

到此,整个控制 LED 灯工程的讲解就完成了。

15.8　总结

基于流水灯工程,对直接配置寄存器和库开发流程做个简单的总结。

直接配置寄存器:

(1) 根据功能要求,列出所需要用的外设。流水灯工程中,为控制 LED 灯需要用到 GPIO 外设。

(2) 查看 STM32 参考手册,了解外设的功能、使用方式,根据需求确定外设配置。流水灯工程需要将 GPIOE 的 Pin8~Pin15 和 GPIOB 的 Pin3 配置为推挽输出。

(3) 明确编程目标后,即可开始编程。首先,需要进行时钟配置。配置系统时钟 SYSCLK 是必不可少的,又因为 GPIO 外设挂载在 APB2 总线下,所以在流水灯工程中,还必须配置的两个时钟为 SYSCLK 和 PCLK2。

(4) 打开外设时钟,对外设进行配置。在流水灯工程的 LED_GPIO_Config()函数中,打开了 GPIOE 和 GPIOB 外设的时钟,并根据步骤(2)对这两个外设进行了配置。

(5) 针对具体要求,编写 main 应用程序。

以上配置都是通过直接读写寄存器实现,我们需要经常查看《STM32 参考手册》去了解寄存器的配置说明,这是个十分费时的过程,还很容易出错,实际开发中往往会选用库开发的方式进行项目开发。

库开发:

(1) 根据功能要求,列出所需要用的外设。流水灯工程中,为控制 LED 灯需要用到 GPIO 外设。

(2) 查看《STM32 参考手册》,了解外设的功能、使用方式,根据需求确定外设配置。流水灯工程需要将 GPIOE 的 Pin8~Pin15 和 GPIOB 的 Pin3 配置为推挽输出。

(3) 在工程模板的基础上创建新工程,根据需要使用到的外设,修改配置文件 stm32f10x_conf.h。流水灯工程用到的外设有 GPIO 和 RCC,所以 stm32f10x_conf.h 需要包含 stm32f10x_gpio.h 和 stm32f10x_rcc.h。

（4）通过修改 system_stm32f10x.c 文件，配置系统时钟。流水灯工程通过定义宏 SYSCLK_FREQ_72MHz，使得 SetSysClockTo72() 函数被调用，并将 SYSCLK 和 PCLK2 设置为 72MHz。

（5）打开外设时钟，对外设进行配置。在 ST 库中，每个外设都对应了一个初始化结构体和初始化函数，根据控制要求，定义并填充初始化结构体，然后调用初始化函数即可实现外设的配置。在流水灯工程中，配置 GPIO 用到了初始化结构体为 GPIO_InitTypeDef，填充完这个结构体后，我们调用了 GPIO_Init() 函数实行 GPIO 的配置。

（6）针对具体要求，编写 main 应用程序。

在库开发中，我们则常常要用到帮助手册 stm32f10x_stdperiph_lib_um.chm，来查看 ST 库结构体、库函数的说明和使用方法。在利用库开发其他工程的时候，其开发步骤也是类似的。在配置其他外设的时候，也是通过填充结构体、调用库函数实现的。ST 库为开发者屏蔽掉了复杂的寄存器操作，转而提供简单易用的函数接口，极大地提高了开发效率。

学习流水灯工程不只是为了学会如何点亮 LED 灯，而是希望熟悉 STM32 的存储架构、地址映射、时钟树、寄存器读写、库文件、库的使用及开发工程的步骤等内容，建立 STM32 库开发的思维模式，为以后的学习打下扎实的基础。

附录 A

ASCII 编码表

美国标准信息交换代码（American Standard Code for Information Interchange，ASCII）是基于拉丁字母的，现今最通用的单字节编码系统。

Dec	Hx	Oct	Char	Dec	Hx	Oct	Chr	Dec	Hx	Oct	Chr	Dec	Hx	Oct	Chr
0	0	000	NUL (null)	32	20	040	Space	64	40	100	@	96	60	140	`
1	1	001	SOH (start of heading)	33	21	041	!	65	41	101	A	97	61	141	a
2	2	002	STX (start of text)	34	22	041	"	66	42	102	B	98	62	142	b
3	3	003	ETX (end of text)	35	23	043	#	67	43	103	C	99	63	143	c
4	4	004	EOT (end of transmission)	36	24	044	$	68	44	104	D	100	64	144	d
5	5	005	ENQ (enquiry)	37	25	045	%	69	45	105	E	101	65	145	e
6	6	006	ACK (acknovledge)	38	26	046	&.	70	46	106	F	102	66	146	f
7	7	007	BEL (bell)	39	27	047	'	71	47	107	G	103	67	147	g
8	8	010	BS (backspace)	40	28	050	(	72	48	110	H	104	68	150	h
9	9	011	TAB (horizontal tab)	41	29	051	)	73	49	111	I	105	69	151	i
10	A	012	LF (NL line feed, new line)	42	2A	052	*	74	4A	112	J	106	6A	152	j
11	B	013	VT (vertical tab)	43	2B	053	+	75	4B	113	K	107	6B	153	k
12	C	014	FF (NP form feed, new page)	44	2C	054	,	76	4C	114	L	108	6C	154	l
13	D	015	CR (carriage return)	45	2D	055	—	77	4D	115	M	109	6D	155	m
14	E	016	SO (shift out)	46	2E	056	.	78	4E	116	N	110	6E	156	n
15	F	017	SI (shift in)	47	2F	057	/	79	4F	117	O	111	6F	157	o
16	10	020	DLE (data link escape)	48	30	060	0	80	50	120	P	112	70	160	p
17	11	021	DC1 (device control 1)	49	30	060	1	81	5	121	Q	113	71	161	q
18	12	022	DC2 (device control 2)	50	32	062	2	82	52	122	R	114	72	162	r
19	13	023	DC3 (device control 3)	51	33	063	3	83	53	123	S	115	73	163	s
20	14	024	DC4 (device control 4)	52	34	064	4	84	54	124	T	116	74	164	t
21	15	025	NAK (negative acknowledge)	53	35	065	5	85	55	125	U	117	75	165	u
22	16	026	SYN (synchronous idle)	54	36	066	6	86	56	126	V	118	76	166	v
23	17	027	ETB (end of trans. block)	55	37	067	7	87	57	127	W	119	77	167	w
24	18	030	CAN (cancel)	56	38	070	8	88	58	130	X	120	78	170	x
25	19	031	EM (end of medium)	57	39	071	9	89	59	131	Y	121	79	171	y
26	1A	032	SUB (substitute)	58	3A	072	:	90	5A	132	Z	122	7A	172	z
27	1B	033	ESC (escape)	59	3B	073	;	91	5B	133	[	123	7B	173	{
28	1C	034	FS (file separator)	60	3C	074	<	92	5C	134	\	124	7C	174		
29	1D	035	GS (group separator)	61	3D	075	=	93	5D	135	]	125	7D	175	}
30	1E	036	RS (record separator)	62	3E	076	>	94	5E	136	^	126	7E	176	~
31	1F	037	US (unit separator)	63	3F	077	?	95	5F	137	_	127	7F	177	DEL

附录 B

APPENDIX B

MCS-51 系列单片机指令

类别	机器码	助 记 符	功 能	对标志影响				字节数	周期数
				P	OV	AC	CY		
A	28~2F	ADD A，Rn	(A)+(Rn)→A	√	√	√	√	1	1
A	25	ADD A，direct	(A)+(direct)→A	√	√	√	√	2	1
A	26,27	ADD A，@Ri	(A)+((Ri))→A	√	√	√	√	1	1
A	24	ADD A，♯data	(A)+data→A	√	√	√	√	2	1
A	38~3F	ADDC A，Rn	(A)+(Rn)+Cy→A	√	√	√	√	1	1
A	35	ADDC A，direct	(A)+(direct)+Cy→A	√	√	√	√	2	1
A	36,37	ADDC A，@Ri	(A)+((Ri))+Cy→A	√	√	√	√	1	1
A	34	ADDC A，♯data	(A)+data+Cy→A	√	√	√	√	2	1
A	98~9F	SUBB A，Rn	(A)-(Rn)-Cy→A	√	√	√	√	1	1
A	95	SUBB A，direct	(A)-(direct)-Cy→A	√	√	√	√	2	1
A	96,97	SUBB A，@Ri	(A)-((Ri))-Cy→A	√	√	√	√	1	1
A	94	SUBB A，♯data	(A)-data-Cy→A	√	√	√	√	2	1
A	04	INC A	(A)+1→A	√	×	×	×	1	1
A	08~0F	INC Rn	(Rn)+1→Rn	×	×	×	×	1	1
A	05	INC direct	(direct)+1→direct	×	×	×	×	2	1
A	06,07	INC @Ri	((Ri))+1→(Ri)	×	×	×	×	1	1
A	A3	INC DPTR	(DPTR)+1→DPTR	×	×	×	×	1	2
A	14	DEC A	(A)-1→A	√	×	×	×	1	1
A	18~1F	DEC Rn	(Rn)-1→Rn	×	×	×	×	1	1
A	15	DEC direct	(direct)-1→direct	×	×	×	×	2	1
A	16,17	DEC @Ri	((Ri))-1→(Ri)	×	×	×	×	1	1
A	A4	MUL AB	(A)·(B)→AB	√	×	×	√	1	4
A	84	DIV AB	(A)/(B)→AB	√	×	×	√	1	4
A	D4	DA A	对 A 进行十进制调整	√	√	√	√	1	1
L	58~5F	ANL A，Rn	(A)∧(Rn)→A	√	×	×	×	1	1
L	55	ANL A，direct	(A)∧(direct)→A	√	×	×	×	2	1
L	56,57	ANL A，@Ri	(A)∧((Ri))→A	√	×	×	×	1	1
L	54	ANL A，♯data	(A)∧ data→A	√	×	×	×	2	1
L	52	ANL direct，A	(direct)∧(A)→direct	×	×	×	×	2	1

类别	机器码	助　记　符	功　　能	P	OV	AC	CY	字节数	周期数
L	53	ANL direct,♯data	(direct)∧data→direct	×	×	×	×	3	2
L	48~4F	ORL A,Rn	(A)∨(Rn)→A	√	×	×	×	1	1
L	45	ORL A,direct	(A)∨(direct)→A	√	×	×	×	2	1
L	46,47	ORL A,@Ri	(A)∨((Ri))→A	√	×	×	×	1	1
L	44	ORL A,♯data	(A)∨data→A	√	×	×	×	2	1
L	42	ORL direct,A	(direct)∨(A)→direct	×	×	×	×	2	1
L	43	ORL direct,♯data	(direct)∨data→direct	×	×	×	×	3	2
L	68~6F	XRL A,Rn	(A)⊕(Rn)→A	√	×	×	×	1	1
L	65	XRL A,direct	(A)⊕(direct)→A	√	×	×	×	2	1
L	66,67	XRL A,@Ri	(A)⊕((Ri))→A	√	×	×	×	1	1
L	64	XRL A,♯data	(A)⊕data→A	√	×	×	×	2	1
L	62	XRL direct,A	(direct)⊕(A)→direct	×	×	×	×	2	1
L	63	XRL direct,♯data	(direct)⊕data→direct	×	×	×	×	3	2
L	E4	CLR A	0→A	√	×	×	×	1	1
L	F4	CPL A	/(A)→A	×	×	×	×	1	1
L	23	RL A	A循环左移一位	×	×	×	×	1	1
L	33	RLC A	A带进位循环左移一位	×	×	×	×	1	1
L	03	RR A	A循环右移一位	×	×	×	×	1	1
L	13	RRC A	A带进位循环右移一位	×	×	×	×	1	1
L	C4	SWAP A	A半字节交换	×	×	×	×	1	1
M	E8~EF	MOV A,Rn	(Rn)→A	√	×	×	×	1	1
M	E5	MOV A,direct	(direct)→A	√	×	×	×	2	1
M	E6,E7	MOV A,@Ri	((Ri))→A	√	×	×	×	1	1
M	74	MOV A,♯data	data→A	√	×	×	×	2	1
M	F8~FF	MOV Rn,A	(A)→(Rn)	×	×	×	×	1	1
M	A8--AF	MOV Rn,direct	(direct)→Rn	×	×	×	×	2	2
M	78~7F	MOV Rn,♯data	data→Rn	×	×	×	×	2	1
M	F5	MOV direct,A	(A)→direct	×	×	×	×	2	1
M	88~8F	MOV direct,Rn	(Rn)→direct	×	×	×	×	2	1
M	85	MOV direct1,direct2	(direct2)→direct1	×	×	×	×	3	2
M	86,87	MOV direct,@Ri	((Ri))→direct	×	×	×	×	2	2
M	75	MOV direct,♯data	data→direct	×	×	×	×	3	2
M	F6,F7	MOV @Ri,A	(A)→(Ri)	×	×	×	×	1	2
M	A6,A7	MOV @Ri,direct	direct→(Ri)	×	×	×	×	2	2
M	76,77	MOV @Ri,♯data	data→(Ri)	×	×	×	×	2	2
M	90	MOV DPTR,♯data16	data16→DPTR	×	×	×	×	3	1
M	93	MOVC A,@A+DPTR	((A)+(DPTR))→A	×	×	×	×	1	2
M	83	MOVC A,@A+PC	((A)+(PC))→A	×	×	×	×	1	2
M	E2,E3	MOVX A,@Ri	((Ri)+P2)→A	√	×	×	×	1	2
M	E0	MOVX A,@DPTR	((DPTR))→A	√	×	×	×	1	2
M	F2,F3	MOVX @Ri,A	(A)→(Ri)+(P2)	√	×	×	×	1	2

续表

类别	机器码	助　记　符	功　　能	对标志影响				字节数	周期数
				P	OV	AC	CY		
M	F0	MOV @DPTR,A	(A)→(DPTR)	×	×	×	×	1	2
M	C0	PUSH direct	(SP)+1→SP (direct)→SP	×	×	×	×	2	2
M	D0	POP direct	((direct))→direct(SP)-1→SP	×	×	×	×	2	2
M	C8~8F	XCH A,Rn	(A)←→(Rn)	√	×	×	×	1	1
M	C5	XCH A,direct	(A)←→(direct)	√	×	×	×	2	1
M	C6,C7	XCH A,@Ri	(A)←→((Ri))	√	×	×	×	1	1
M	D6,D7	XCHD A,@Ri	(A)0--3←→((Ri))0--3	√	×	×	×	1	1
B	C3	CLR C	0→Cy	×	×	×	√	1	1
B	C2	CLR bit	0→bit	×	×	×		2	1
B	D3	SETB C	1→Cy	×	×	×	√	1	1
B	D2	SETB bit	1→bit	×	×	×		2	1
B	B3	CPL C	/(Cy)→Cy	×	×	×	√	1	1
B	B2	CPL bit	/(bit)→bit	×	×	×		2	1
B	82	ANL C,bit	(Cy)∧(bit)→Cy	×	×	×	√	2	2
B	B0	ANL C,/bit	(Cy)∧/(bit)→Cy	×	×	×	√	2	2
B	72	ORL C,bit	(Cy)∨(bit)→Cy	×	×	×	√	2	2
B	A0	ORL C,/bit	(Cy)∨/(bit)→Cy	×	×	×	√	2	2
B	A2	MOV C,bit	(bit)→Cy	×	×	×	√	2	1
B	92	MOV bit,C	(Cy)→bit	×	×	×	√	2	1
C	*1	ACALL addr11	(PC)+2→PC (SP)+1→SP (PC)L→SP (SP)+1→SP (PC)H→SP addr11→PC10~0	×	×	×	×	2	2
C	12	LCALL addr16	(PC)+2→PC　(SP)+1→SP (PC)L→SP (SP)+1→SP　(PC)H→SP addr16→PC	×	×	×	×	3	2
C	22	RET	((SP))→PCH(SP)-1→SP ((SP))→PCL(SP)-1→SP	×	×	×	×	1	2
C	32	RETI	((SP))→PCH(SP)-1→SP ((SP))→PCL(SP)-1→SP 从中断返回	×	OV	×	×	1	2
C	*1	AJMP addr11	addr11→PC10~0	×	×	×	×	2	2
C	02	LJMP addr16	addr16→PC	×	×	×	×	3	2
C	80	SJMP rel	(PC)+(rel)→PC	×	×	×	×	2	2
C	73	JMP @A+DPTR	(A)+(DPTR)→PC	×	×	×	×	1	2
C	60	JZ rel	(PC)+2→PC 若(A)=0,(PC)+(rel)→PC	×	×	×	×	2	2
C	70	JNZ rel	(PC)+2→PC 若(A)≠0,(PC)+(rel)→PC	×	×	×	×	2	2

类别	机器码	助 记 符	功 能	对标志影响				字节数	周期数
				P	OV	AC	CY		
C	40	JC rel	$(PC)+2 \rightarrow PC$ 若$(Cy)=1,(PC)+(rel) \rightarrow PC$	×	×	×	×	2	2
C	50	JNC rel	$(PC)+2 \rightarrow PC$ 若$(Cy)=0,(PC)+(rel) \rightarrow PC$	×	×	×	×	2	2
C	20	JB bit,rel	$(PC)+3 \rightarrow PC$ 若$(bit)=1,(PC)+(rel) \rightarrow PC$	×	×	×	×	3	2
C	30	JNB bit,rel	$(PC)+3 \rightarrow PC$ 若$(bit) \neq 1,(PC)+(rel) \rightarrow PC$	×	×	×	×	3	2
C	10	JBC bit,rel	$(PC)+3 \rightarrow PC$ 若$(bit)=1,0 \rightarrow bit$, $(PC)+(rel) \rightarrow PC$	×	×	×	√	3	2
C	B5	CJNE A,direct,rel	$(PC)+3 \rightarrow PC$ 若$(A) \neq (direct)$,则$(PC)+(rel) \rightarrow PC$ 若$(A)<(direct)$,则$1 \rightarrow Cy$	×	×	×	√	3	2
C	B4	CJNE A,♯data,rel	$(PC)+3 \rightarrow PC$ 若$(A) \neq data$,则$(PC)+(rel) \rightarrow PC$ 若$(A)<DATA$,则$1 \rightarrow CY$ < font >	×	×	×	√	3	2
C	B8~8F	CJNE Rn,♯data,rel	$(PC)+3 \rightarrow PC$ 若$(Rn) \neq data$,则$(PC)+(rel) \rightarrow PC$ 若$(Rn)<DATA$,则$1 \rightarrow CY$ < font >	×	×	×	√	3	2
C	B6,B7	CJNE @Ri,♯data,rel	$(PC)+3 \rightarrow PC$ 若$((Ri)) \neq data$,则$(PC)+(rel) \rightarrow PC$ 若$((Ri))<DATA$,则$1 \rightarrow CY$ < font >	×	×	×	√	3	2
C	D8--DF	DJNZ Rn,rel	$(PC)+2 \rightarrow PC,(Rn)-1 \rightarrow Rn$ 若$(Rn) \neq 0$,则$(PC)+(rel) \rightarrow PC$	×	×	×	×	3	2
C	D5	DJNZ direct,rel	$(PC)+2 \rightarrow PC,(direct)-1 \rightarrow direct$ 若$(direct) \neq 0$,则$(PC)+(rel) \rightarrow PC$	×	×	×	×	3	2
C	00	NOP	空操作	×	×	×	×	1	1

参 考 文 献

[1] 徐成,凌纯清,刘彦,等.嵌入式系统导论[M].北京:中国铁道出版社,2011.

[2] 曾峰,巩海洪,曾波.印刷电路板(PCB)设计与制作[M].2版.北京:电子工业出版社,2005.

[3] 吴懿平,鲜飞.电子组装技术[M].武汉:华中科技大学出版社,2006.

[4] 沃尔润激光.WER激光雕刻产品[OL]. http://www.voiernlaser.com.

[5] 深圳睿达.RDCAM激光雕刻切割软件 V8.0操作说明书. http://www.rd-acs.com.

[6] 杨欣,张延强,张铠麟.实例解读51单片机完全学习与应用[M].北京:电子工业出版社,2011.

[7] 口袋猫猫.STC单片机学习板产品详情[OL]. https://shop353256206.taobao.com/index.htm.

[8] STC micro.STC15系列单片机手册[OL]. http://www.STCMCU.com.

[9] 刘平.STC15单片机实践指南(C语言版)[M].北京:清华大学出版社,2016.

[10] 电子产品论坛.免费的单片机C语言教程和视频教程[OL]. http://forum.eepw.com.cn/forum/
175/1.

[11] 徐爱钧,徐阳.Keil C51单片机高级语言应用编程与实践[M].北京:电子工业出版社,2013.

[12] Allegro MicroSystems.A3144手册[OL]. http://www.allegromicro.com/zh-CN.aspx.

[13] 芯源电子.51单片机经典入门[OL]. http://chipsource.e-eway.com/.

[14] 惠思通云课堂.轻轻松松玩转51单片机[OL]. http://ke.huistone.com/.

[15] 张俊.匠人手记:一个单片机工作者的实践与思考[M].2版.北京:北京航空航天大学出版
社,2014.

[16] 宋雪松,李冬明,崔长胜.手把手教你学51单片机(C语言版)[M].北京:清华大学出版社,2014.

[17] 常州宝工电机.电机产品[OL]. http://www.bg-motor.com/.

[18] 周坚.平凡的探索:单片机工程师与教师的思考[M].北京:北京航空航天大学出版社,2010.

[19] Vishay.TSOP34838手册[OL]. http://www.vishay.com/.

[20] 肖明耀,程莉,刘平.STC15增强型单片机应用技能实训[M].北京:中国电力出版社,2016.

[21] 方恺晴,张洪杰,刘三一,等.计算机硬件技术基础实验教程[M].2版.北京:清华大学出版
社,2017.

[22] 黄智伟,李月华.嵌入式系统中的模拟电路设计[M].北京:电子工业出版社,2014.

[23] King K N.C语言程序设计——现代方法[M].吕秀锋,译.北京:人民邮电出版社,2007.

[24] Dallas Semi.DS1302手册[OL]. http://www.dalsemi.com.

[25] RDA Micro.RDA5807FP手册[OL]. http://www.rdamicro.com/.

[26] 海芯科技.HX711手册[OL]. http://www.aviaic.com/.

[27] 米朗.KTC电子尺产品[OL]. http://www.mirantech.com/.

[28] 刘火良,杨森.STM32库开发实战指南[M].北京:机械工业出版社,2013.

[29] ST.STM32参考手册[OL]. http://www.st.com/.

[30] ARM.Cortex-M3权威指南[OL]. http://www.arm.com/.

图 书 资 源 支 持

感谢您一直以来对清华大学出版社图书的支持和爱护。为了配合本书的使用，本书提供配套的资源，有需求的读者请扫描下方的"书圈"微信公众号二维码，在图书专区下载，也可以拨打电话或发送电子邮件咨询。

如果您在使用本书的过程中遇到了什么问题，或者有相关图书出版计划，也请您发邮件告诉我们，以便我们更好地为您服务。

我们的联系方式：

地　　址：北京市海淀区双清路学研大厦 A 座 714

邮　　编：100084

电　　话：010-83470236　010-83470237

资源下载：http://www.tup.com.cn

客服邮箱：tupjsj@vip.163.com

QQ：2301891038（请写明您的单位和姓名）

用微信扫一扫右边的二维码,即可关注清华大学出版社公众号。

教学资源·教学样书·新书信息

人工智能科学与技术
人工智能|电子通信|自动控制

资料下载·样书申请

书圈